TI-*nspire*

CX Ⅱ CAS 계산기를 활용한

기초 미분적분학

TI-*nspire* CX II CAS 계산기를 활용한

기초 미분적분학

지은이 조정수 · 劉雯婷
펴낸이 조경희
펴낸곳 경문사
펴낸날 2023년 12월 1일 1판 1쇄
등 록 1979년 11월 9일 제1979-000023호
주 소 04057, 서울특별시 마포구 와우산로 174
전 화 (02)332-2004 팩스 (02)336-5193
이메일 kyungmoon@kyungmoon.com

값 25,000원

ISBN 979-11-6073-664-9

TI–*nspire*

CX Ⅱ CAS 계산기를 활용한

기초 미분적분학

PRECALCULUS

| 조정수 · 劉雯婷 지음 |

• TI–*nspire* CX Ⅱ CAS 계산기 사용자를 위한 활용서

KM 경문사

머리말

PREFACE

미분적분학은 이해가 쉽지 않은 수학 분야입니다. 사람은 물건을 보고 만져보는 몸의 감각 경험을 통해 지식을 습득합니다. 그런데 수학 지식은 인간의 이러한 감각 경험으로 느낄 수 없는 추상 대상이나 존재를 다룹니다. 그렇다면 미분적분학을 감각 경험으로 어떻게 다룰 수 있을까요? 공학 도구인 TI Nspire CAS 계산기는 여러분에게 감각 경험 중 가장 중요한 시각화를 제공해 주는 뛰어난 기능을 가지고 있습니다. 이 기능을 통해 여러분은 기초 미분적분학의 많은 개념을 눈으로 직접 보고 다루는 경험을 하게 됩니다. 어려웠던 미분적분학 개념들을 여러분의 손으로 잡을 수 있게 될 것입니다.

CAS는 Computer Algebra Systems의 약자로 컴퓨터 대수시스템을 뜻합니다. 미분적분학에서 다루는 대부분의 문자와 식 계산이나 조작을 쉽고 사소하게 만들어줍니다. 마치 걸어서 가면 너무 먼 길이 자동차로는 아무 일도 아닌 사소한 일이 되어 버리는 것과 같습니다. CAS 계산기를 사용해서 여러분의 풀이에서 어느 부분의 계산이나 절차, 방법이 틀렸는지 확인하는 것도 가능합니다. 그래프 그리기와 표 작성이 자동으로 되어 지금까지 허비했던 많은 시간과 노력을 절감하게 하여 더 의미 있는 수학 학습을 가능하게 합니다.

어떤 사람들은 CAS 계산기 사용이 어렵고 복잡해서 시간 낭비라고 합니다. 자동차 운전을 배울 때 여러분이 투자했던 시간과 노력, 돈에 비하면 결코 더 힘들고 비싸지 않습니다. 뛰어난 도구를 자유자재로 활용하는 데는 그만큼의 노력이 필요합니다. 이 책을 통해 TI Nspire CAS 계산기 사용을 인내심을 가지고 천천히 배워나간다면 여러분에게 이 CAS 계산기는 앞으로 수학 공부에 큰 도움을 주는 동반자가 될 것입니다.

미래는 인공지능과 빅데이터가 주도하는 사회라고 합니다. 사람이 직접 손으로 처리하는 것이 불가능할 만큼 데이터 양이 많고 처리 속도도 빠르다는 뜻입니다. 인간은 문제해결을 위한 방법과 전략을 찾고 인공지능 기계는 이 방법과 전략을 실행하고 데이터를 처리하는 일을 할 때입니다. 인공지능에게 이런 일을 시키려면 우리는 기계가 이해하는 언어와 기계가 작동하는 방식을 알아야 합니다. TI Nspire CAS 계산기는 여러분의 미분적분학 공부에서 인간 학습 영역과 기계 작동 영역을 구분하는 경험을 제공합니다. 꾸준한 이 경험을 통해 여러분은 미래 인공지능 사회를 준비하게 될 것입니다.

본 교재인 '기초 미분적분학'은 고등학교 수학과 대학 미분적분학 중간 수준의 다양한 내용을 다루고 있습니다. 미분적분학의 기초 내용을 TI Nspire CAS 계산기의 초보 기능부터 단계별로 자세하고 쉽게 설명하고 있습니다. 이 책에서 다루는 내용과 계산기 기능을 습득하게 되면 대학 미분적분학에서 학습하는 높은 수준의 내용을 이해할 수 있으며 이를 위한 계산기 사용에 큰 어려움이 없을 것으로 기대합니다.

어려운 일을 쉽게 해결하고자 할 때 그리고 불가능한 일을 가능한 일로 만들고자 할 때 우리는 공학 도구의 도움을 받습니다. 부족한 능력을 비관하여 수학 학습을 포기하는 것보다 적절한 공학 도구를 선택하여 활용한다면 포기는 희망으로 바뀔 것입니다. TI Nspire CAS 계산기 사용과 활용 능력은 앞으로 여러분의 미분적분학 수학 학습에 희망을 줄 것이며 여러분의 수학 수준과 질을 크게 향상시켜 줄 것입니다.

공동 저자

조정수, 劉雯婷

차례
CONTENTS

머리말 iv

0장 들어가기 1

0.1 준비하기 – 사용하기 전 준비사항 2
0.2 시작하기 6
0.3 초기 설정 방법 9
0.4 키 입력 연습 10
0.5 함수의 그래프와 표 만들기 연습 14

1장 함수와 그래프 17

1.1 문자와 식을 사용한 조작 18
1.2 함수를 정의하고 함숫값 구하기 20
1.3 함수의 그래프 그리기와 화면 조절 21

2장 방정식 31

2.1 일차방정식 32
2.2 그래프를 이용하여 방정식 풀기 36
2.3 이차방정식 41
2.4 근의 공식 46
2.5 여러 유형의 방정식 50

3장 다항함수 55

3.1 이차함수의 그래프 56
3.2 고차 다항함수 61
3.3 다항식의 나눗셈과 조립제법 72
3.4 복소수 80
3.5 복소수 근과 대수학의 기본 정리 83

4장	유리함수	89
	4.1 유리함수와 점근선	90
	4.2 유리함수의 그래프	93
	4.3 부분분수 분해법	98
5장	지수함수와 로그함수	103
	5.1 지수함수와 그래프	104
	5.2 로그함수와 그래프	110
	5.3 로그의 성질	118
	5.4 지수방정식과 로그방정식	124
6장	삼각함수 I	129
	6.1 각과 측정	130
	6.2 사인, 코사인 함수의 그래프	134
	6.3 탄젠트, 코탄젠트 함수의 그래프	138
	6.4 합성함수의 그래프	143
	6.5 삼각함수 기본 성질	146
	6.6 삼각함수의 성질 증명	149
	6.7 삼각함수의 역함수	152
7장	삼각함수 II	159
	7.1 삼각함수의 덧셈정리	160
	7.2 삼각함수의 배각공식	164
	7.3 삼각방정식의 풀이	170
	7.4 삼각항등식	174
	7.5 삼각함수의 활용1 - 사인법칙	177
	7.6 삼각함수의 활용2 - 코사인법칙	184

차례
CONTENTS

8장 복소수 189

8.1 평면벡터와 그 연산 190
8.2 복소수의 극형식 203
8.3 드무아브르의 정리와 거듭제곱근 210

9장 행렬 217

9.1 행렬의 정의 218
9.2 행렬의 연산 221
9.3 행렬의 곱셈 226
9.4 행렬식 229
9.5 역행렬 232

10장 연립방정식과 행렬 235

10.1 대입법과 미지수가 두 개인 연립일차방정식 236
10.2 소거법과 미지수가 두 개인 연립일차방정식 240
10.3 연립일차방정식과 행렬 246
10.4 역행렬과 연립일차방정식 254

11장 수열과 급수 257

11.1 수열 258
11.2 등차수열 263
11.3 등비수열 268
11.4 수열의 합 273
11.5 수열의 일반항 274
11.6 급수의 소개 278

12장 매개변수방정식과 극좌표 283

12.1 평면 곡선과 매개변수방정식 284
12.2 극좌표 292
12.3 극방정식의 그래프 298

CAS TIP

CAS TIP 1 거듭제곱, 자동 복사, 방향키 10
CAS TIP 2 명령어 찾아서 입력하기 11
CAS TIP 3 π, factor, solve, 분수 입력 12
CAS TIP 4 입력줄 자동복사와 수정하기 14
CAS TIP 5 그래프 함수식 이동하기 14
CAS TIP 6 분할 화면 표 출력과 화면 이동 16
CAS TIP 7 새 화면 시작과 변수 초기화 18
CAS TIP 8 화면창 조정하기 22
CAS TIP 10 화면창 간단한 조정 방법 27
CAS TIP 11 정의역에 대한 그래프 자동 그리기 28
CAS TIP 12 여러 그래프의 함숫값 동시에 비교하기 29
CAS TIP 13 윗줄 출력값 사용하기 33
CAS TIP 14 소수 자릿값 설정하기 51
CAS TIP 15 그래프에 대한 대응표 만들기 58
CAS TIP 16 그래프 읽기 65
CAS TIP 17 분수, 소수 출력: Auto, Exact, Approximate 73
CAS TIP 18 인수분해 명령어 사용법 86
CAS TIP 19 벡터 그리기 193
CAS TIP 20 행렬 입력과 행, 열 추가 및 삭제 219
CAS TIP 21 방정식의 그래프 그리기 240
CAS TIP 22 행렬의 기본 행 연산 247

□ 참고문헌 305
□ 찾아보기 306

CHAPTER

0 시작 가이드

1 준비하기 - 사용하기 전 준비사항

Nspire CAS를 시작하려면 시작키 [on]를 누른다. 그리고 종료는 [ctrl]과 [on]을 동시에 누른다. 이제부터 특별한 언급이 없는 경우 Nspire CAS를 Nspire라고 한다.

1.1 작업창 영역

스크래치 패드
간단한 계산이나
그래프를 그릴 때 사용
(연습장 기능)

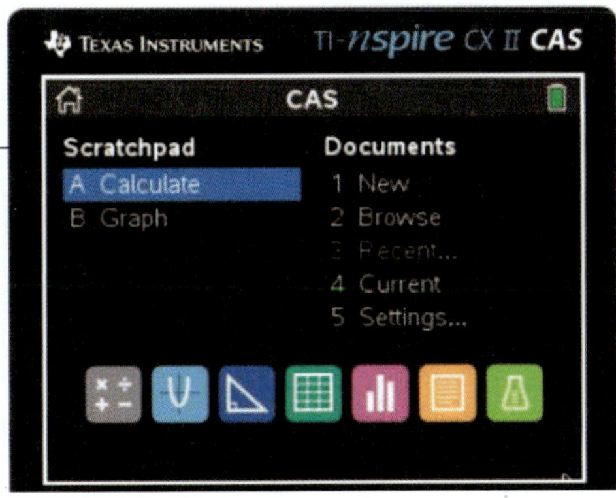

문서
1. 새 문서
2. 파일 관리자
3. 최근 저장 5개 문서 목록
4. 현재 사용 문서
5. 계산기 설정 변경

작업 화면 모두 보기

네비게이션 패드

실행 취소
되돌리기

스크래치패드
저장키

탭키
선택 항목 이동
함수 입력

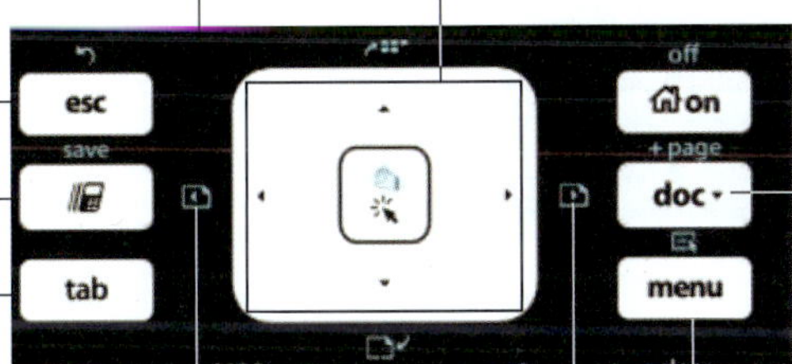

이전 화면 마우스키 다음 화면

문서키
문서 관리 및 설정

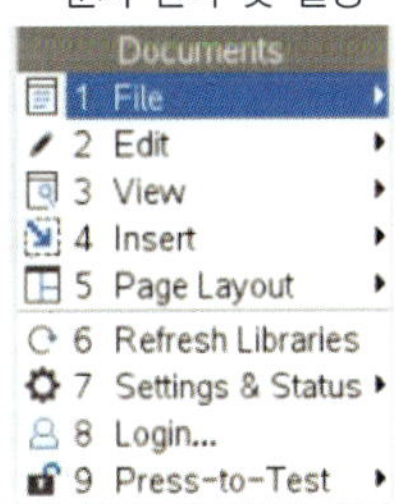

메뉴키
작업 앱 선택

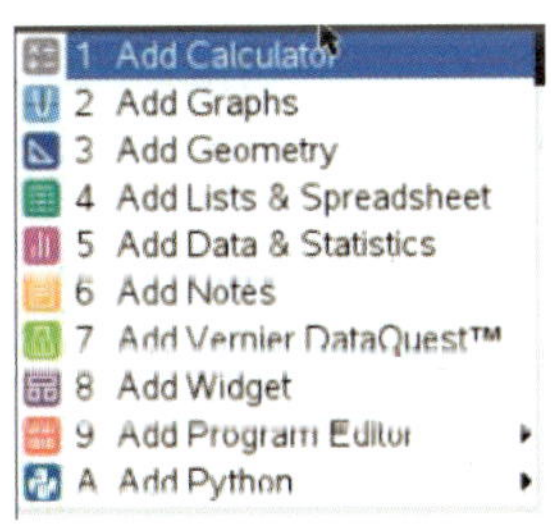

1.3 숫자/기호 입력 영역

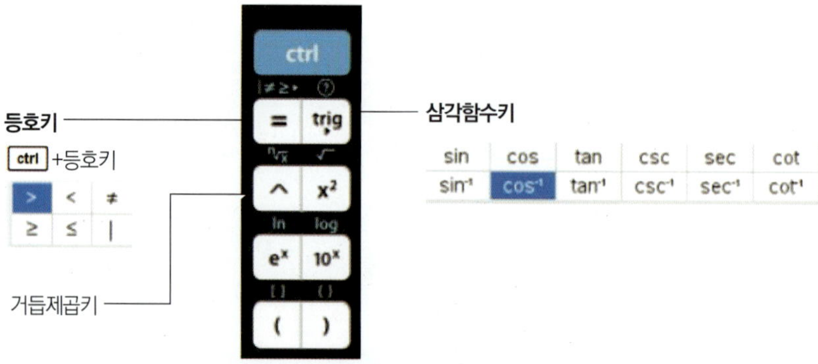
등호키
ctrl +등호키
> < ≠
≥ ≤ |
거듭제곱키
삼각함수키
sin cos tan csc sec cot
sin⁻¹ cos⁻¹ tan⁻¹ csc⁻¹ sec⁻¹ cot⁻¹

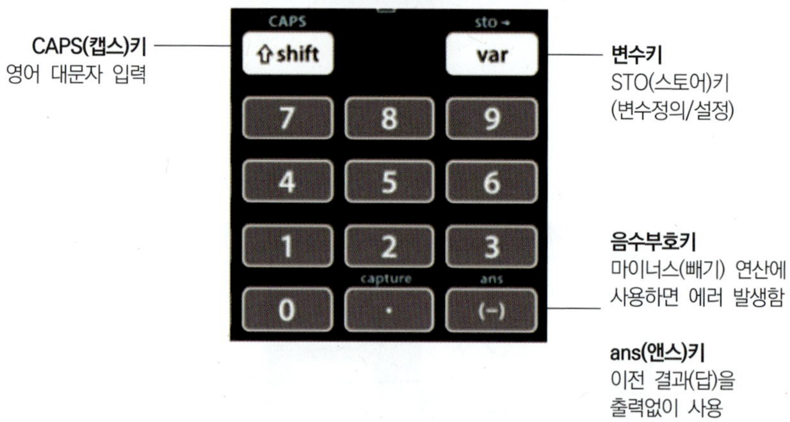
CAPS(캡스)키
영어 대문자 입력
변수키
STO(스토어)키
(변수정의/설정)
음수부호키
마이너스(빼기) 연산에
사용하면 에러 발생함
ans(앤스)키
이전 결과(답)을
출력없이 사용

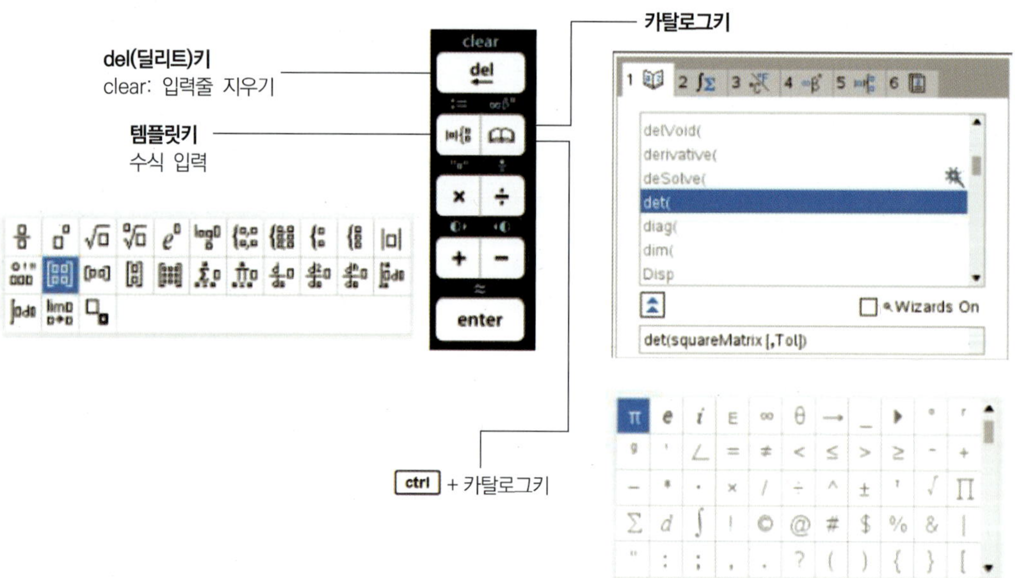
del(딜리트)키
clear: 입력줄 지우기
템플릿키
수식 입력
카탈로그키
ctrl + 카탈로그키
delVoid(
derivative(
deSolve(
det(
diag(
dim(
Disp
Wizards On
det(squareMatrix [,Tol])

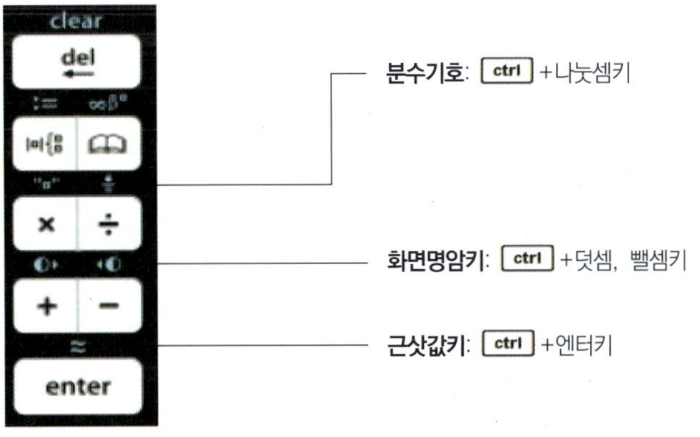

1.4 문자 및 변수 입력 영역

2 시작하기

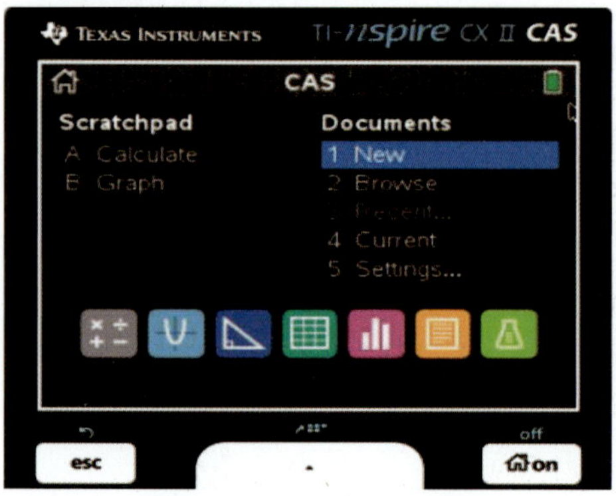

1. [on]를 누른다. 방향키로 Docu-1.New 선택

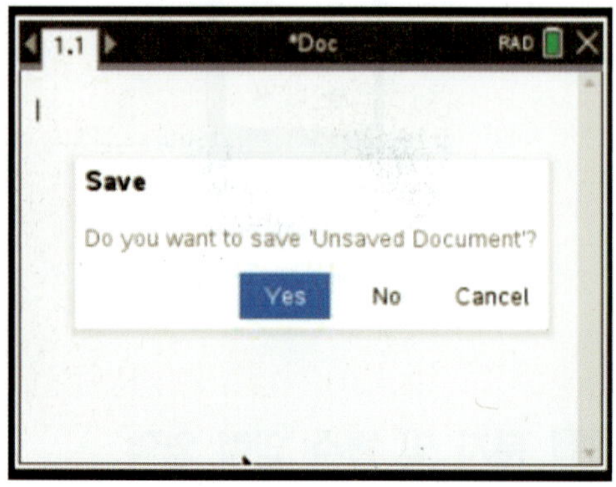

2. 이전에 작업한 내용이 있을 때는 저장 명령어 Save 창 열림. 저장할 내용이 없으면 보통 No를 선택함

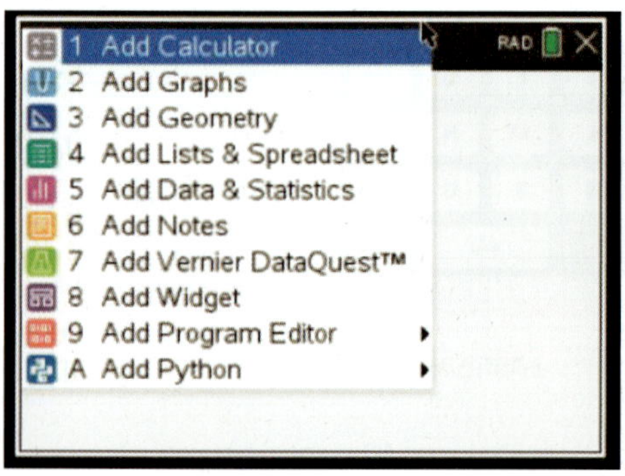

3. 작업 앱 선택

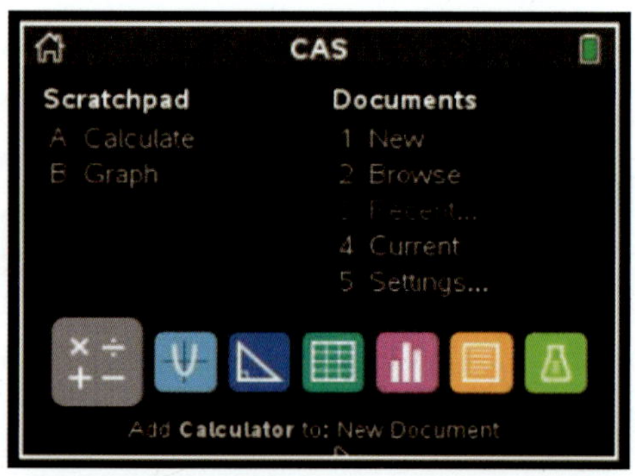

4. 또는 방향키를 이용하여 작업 앱 아이콘을 바로 선택하여 작업창을 열 수도 있음

Calculator(계산 및 대수 앱)
Graphs(그래프 앱)
Geometry(기하 앱)
Lists & Spreadsheet(스프레드시트 앱)
Data & Statistics(통계 앱)
Notes(텍스트 앱)
Vernier DataQuest(버니어 데이터 수집 앱)

2.1 Problem과 Page 추가

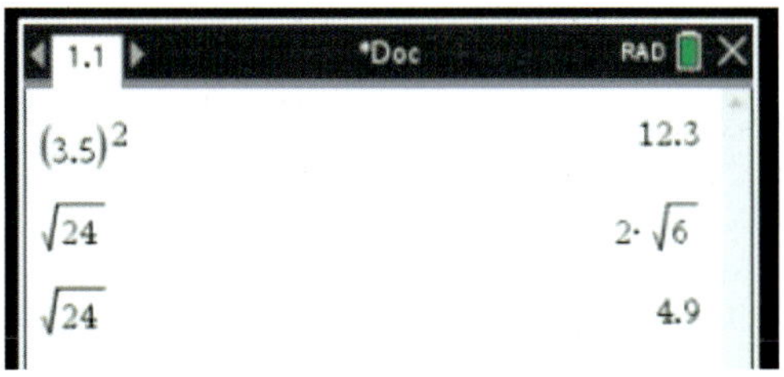

- **1.1**에서 앞 1은 문제 번호이고 뒤 1은 페이지 번호이다.
- 결과에 4.9는 [ctrl] [enter] 를 눌러서 근삿값을 구한 것이다.

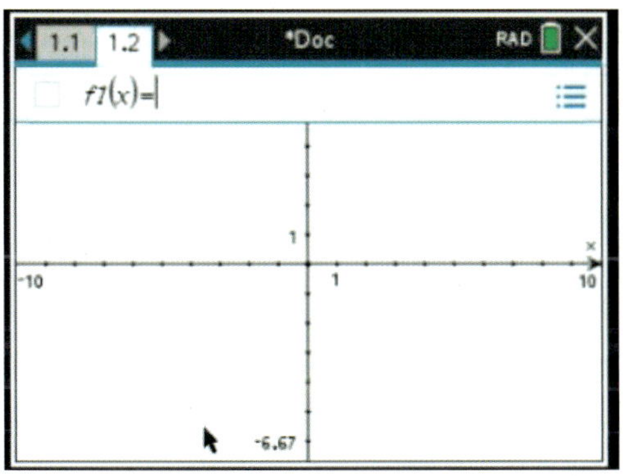

- 문제 1은 그대로 두고 그래프를 그리려면 [ctrl] + I (Page 추가)를 누른다. 작업 앱이 열리고 2:Add Graphs(그래프 앱)을 선택한다.
- 그래프 앱을 선택하였으므로 Page가 추가되어 화면에 **1.2** 번호가 붙여진 경우이다. 이제부터 함수 그래프를 그릴 수 있다.

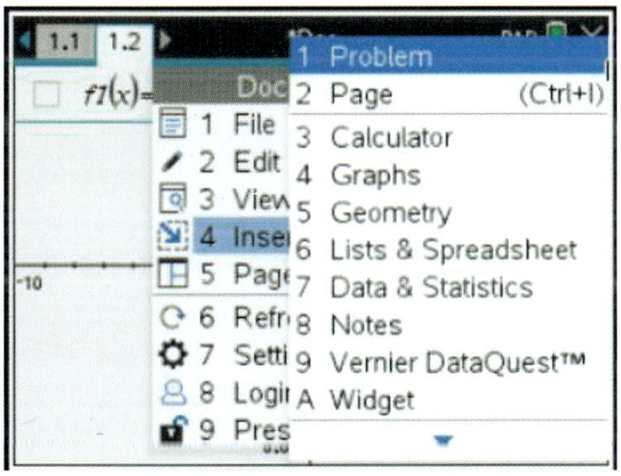

문제 추가 ctrl + doc와 페이지 추가 ctrl + I

- 다른 문제를 풀려고 하면 문제를 추가해야 한다.
- 문제나 페이지 추가는 [doc▾] 키로도 가능하다.
- 4:Insert를 선택, 1:Problem을 선택하면 작업 앱이 나온다. 원하는 작업앱을 선택하는데 여기서는 다시 [계산 및 대수 앱]을 선택한 경우이다.

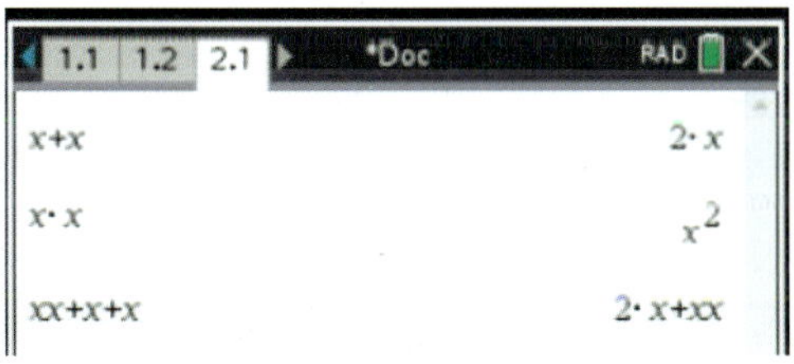

- Problem을 추가하여 화면 번호가 **2.1**로 바뀌었다.

2.2 문제 및 페이지 관리

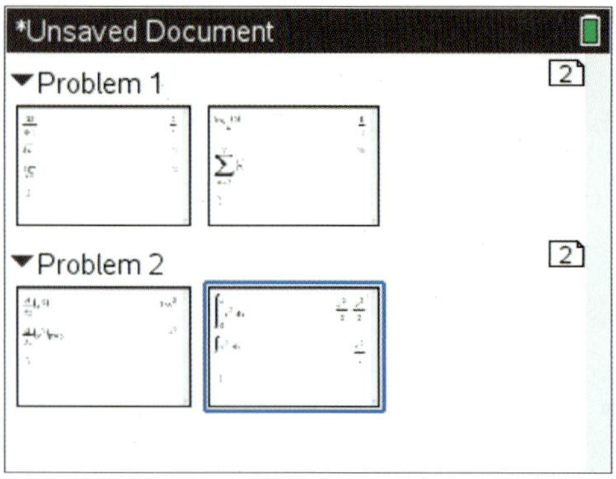

문제, 페이지 관리

- [ctrl] + 상방향키를 누르면 모든 작업 화면을 볼 수 있다.
- Problem1과 Problem2 각각 2개 화면으로 작업했음을 알 수 있다.
- 방향키로 Problem과 Page를 선택하면 파란색 테두리가 나타나고 여기서 [enter]하면 그 작업창으로 돌아갈 수 있다.

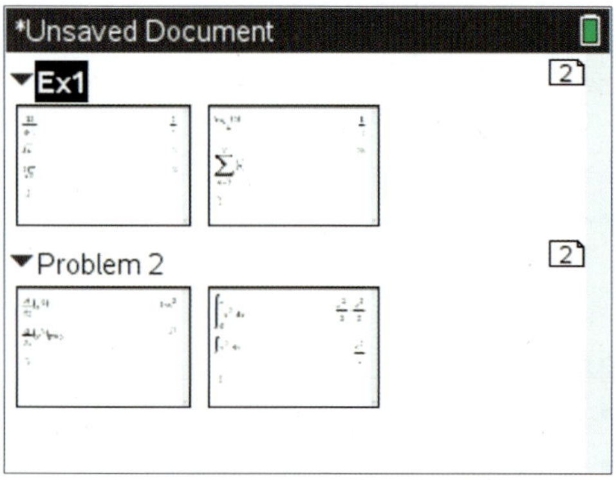

문제 이름 변경 및 관리

- 방향키로 해당 Problem을 선택한다.
- 아래 그림처럼 **5 Rename**으로 문제 이름을 변경한다.
- Page는 이름 변경이 없다.
- Page를 자르기, 복사, 삭제, 이동 등은 일반 워드에서 기능과 동일하게 사용하면 된다.

Problem이나 Page 선택 후 [menu]를 누른 경우

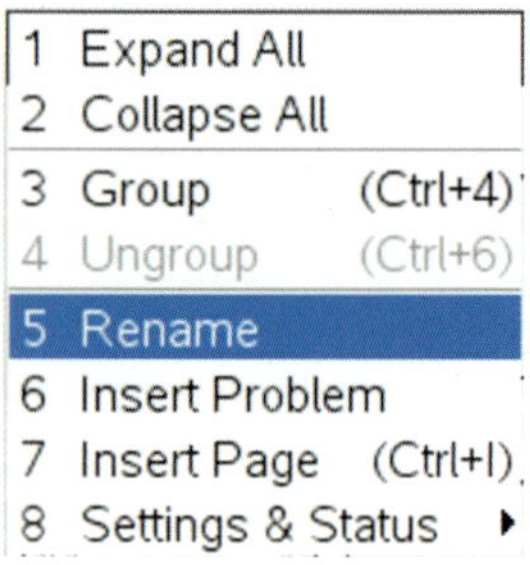

Problem이나 Page 선택 후 [ctrl]+[menu]를 누른 경우

3 초기 설정 방법

대부분의 계산기처럼 Nspire도 가장 최근 설정과 최근 계산 기록을 저장하고 있다. Nspire를 사용하여 새로운 문제를 시작하려면, 초기 설정으로 돌아가서 화면을 깨끗이 지워야 한다. 초기 설정은 다음과 같이 두 가지 방법으로 할 수 있다.

3.1 초기 설정으로 돌아가기

이 절차는 Nspire 설정을 초기화한다. 이때 메모리나 저장된 프로그램은 삭제되지 않는다.

1. Nspire 뒤편의 reset 버튼을 누르면 Nspire는 생산 때의 초기 설정으로 돌아간다.
2. General/Graphs & Geometry 영역을 각자 따로 초기 설정하려면 [on] 키에서 5:Settings에서 2:Document Settings를 누르고 초기화할 영역을 선택한다. 오른쪽 방향키 ▶로 이동하여 Make Default를 누른다.

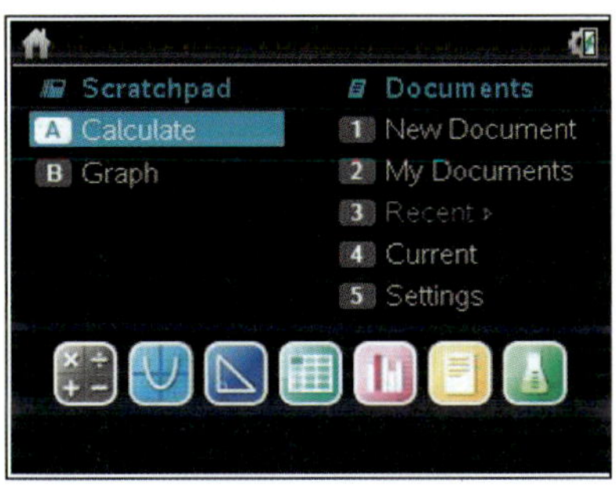

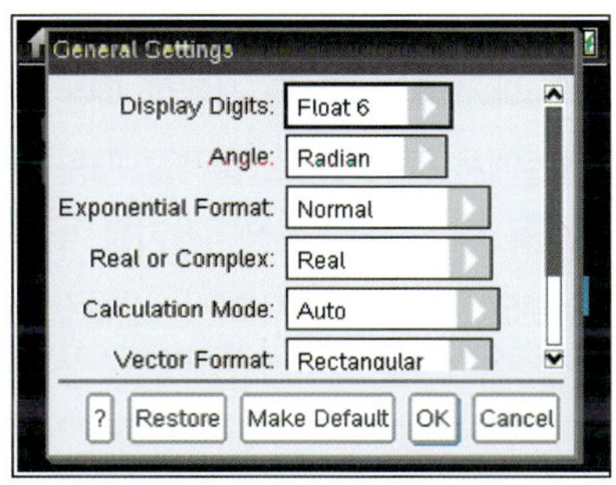

3.2 새 문제 시작하기(변수 초기화와 화면 지우기)

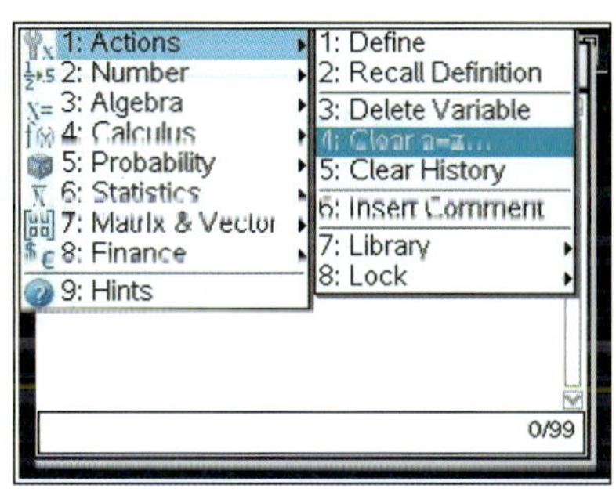

다음 단계는 [계산 및 대수 앱] 화면에서 지금까지 작업한 화면의 기록과 이전에 정의되었던 변수를 모두 삭제한다. 새 문제를 시작할 때마다 이 절차를 먼저 실행하는 것이 좋다.

1. [menu] 를 누른다.
2. (변수 초기화) 1: Actions > 4:Clear a-z를 선택한 후 [Enter] 를 누르면 Nspire에 저장된 변수가 초기화된다.
3. (화면 지우기) 1: Action > 5:Clear History를 선택하면 화면의 입력줄이 모두 깨끗이 지워진다.

4 키 입력 연습

4.1 산술 계산

아래의 모든 실행 예들은 Nspire를 RADIAN 모드와 AUTO calculation 모드로 실행한 것이다. 키의 사용과 키 위치를 익히기 위해서 아래 표에 제시된 예를 직접 입력해 보자.

CAS TIP 1 거듭제곱, 자동 복사, 방향키, 입력 삭제

- 키를 입력한 후, 명령어를 실행하려면 [Enter]를 누른다.
- 거듭제곱을 입력하려면 [^]을 누른다.
- 제곱근을 입력하려면 [ctrl] [x²]를 누른다.
- 이전 입력이나 결과를 복사하여 사용하려면 상방향키를 사용하여 원하는 줄을 선택한 후 [Enter]를 누르면 입력줄에 그 내용이 자동 복사된다.
- 상위메뉴에서 하위메뉴를 선택할 때는 오른쪽 방향키 ▶를 누른다.
- 하위메뉴에서 상위메뉴로 올라갈 때는 왼쪽 방향키 ◀나 [Esc] 키를 누른다.
- 열린 창을 닫을 때는 항상 [Esc]키를 누른다.
- 뒤에서부터 한 글자씩 지우기는 [del], 한 줄씩 지우기는 [ctrl][del]

문제	입력	결과
3.5^2 계산	3.5 [^] 2	12.25
$\left(\frac{7}{2}\right)^2$ 계산	(7 ÷ 2) [^] 2	$\frac{49}{4}$
$\sqrt{24}$ 계산	[ctrl] [x²] 24	$2\sqrt{6}$
$\frac{1}{\sqrt{2}}$ 계산	1 ÷ [ctrl] [x²] 2	$\frac{\sqrt{2}}{2}$
$60°21'$을 π라디안으로 변환	60 [π▸]° 입력 후 21 [π▸]'를 입력하고 [Enter]	$\frac{1207\pi}{3600}$
$60°21'$을 라디안으로 변환	60 [π▸]° 입력 후 21 [π▸]'를 입력하고 / [Enter]	1.05331

문제	입력	결과
1.26을 degree, minutes, seconds(DMS)로 변환	1.26 📖 D(D로 시작하는 항목)를 누르고 ▸ DMS 찾아 선택	72°11′ 33.6559″
6×87000 계산	6×87000	522000
$6\times(8.7\times 10^4)$ 계산	$6\times 8.7i4$	522000
$(8.3\times 10^4)\times(6\times 10^{-23})$ 계산	8.3i4 × 6i (−) 23	$4.98E-18$
$7^5 < 5^7$인가?	7^5 < 5^7	true
108을 소인수분해	[menu] 키를 누르고 3:Algebra > 2:Factor를 선택한 후 factor(108) 또는 수에 관한 기능이므로 2:Number > 3:Factor를 해도 가능	$2^2 \cdot 3^3$
10! 계산	[menu] 키를 누르고 5:Probability > 1:Factorial(!)을 선택	3628800
{26.3, 24.1, 22.4, 36.4, 12.2}의 평균	[menu] 키를 누르고 6:Statistics > 3:List Math > 3: Mean를 선택한 후 mean ({26.3, 24.1, 22.4, 36.4, 12.2})	24.28
{26.3, 24.1, 22.4, 36.4, 12.2}의 표준편차	[menu] 키를 누르고 6:Statistics > 3:List Math > 7: Sample Standard Deviation을 선택한 후 stDevSamp ({26.3, 24.1, 22.4, 36.4, 12.2})	8.66701
12와 15의 최소공배수	📖 누르고 1:A-z를 선택, L(lcm이므로 영어 L)을 누르고 lcm이 나올 때까지 명령어를 내려서 찾는다. lcm을 선택한 후 lcm(12,15)	60

CAS TIP 2 명령어 찾아서 입력하기

Nspire의 모든 명령어 목록을 보려면 카탈로그키 📖 를 누른다. 목록에서 명령어를 빨리 찾기 위해 명령어의 첫 글자를 누른다. 예를 들어, and를 찾고자 할 때는 📖 을 누르고 a를 입력한다. and가 나올 때까지 알파벳순으로 정렬된 목록을 스크롤 다운한다.

4.2 문자와 식 계산

이 절은 간단한 문자와 식을 계산하는 규칙과 키 사용을 연습하는 예들이다.

CAS TIP 3 **π, factor, solve, 분수 입력**

- π를 입력하려면 [π▸]에서 π를 찾아 누른다.
- factor(인수분해)나 solve(방정식 해구하기) 사용 때 실수 범위에서 값을 구할 때는 factor(식, x), solve(식, x)로 입력한다.
- 분수를 입력할 때 [ctrl][÷]를 사용하면 편리하다.

문제	입력	결과
$x+x$	$x+x$	$2\cdot x$
$x\times x$	$x\times x$	x^2
$xx+x\times x$	$xx+x\times x$	x^2+xx
$a\times x+b\times x$	$a\times x+b\times x$	$(a+b)\cdot x$
$\dfrac{(x^2-y^2)}{(x-y)}$	$(x$ [^] $2-y$ [^] $2)\div(x-y)$	$x+y$
$2(y-x)$	$2(y-x)$	$-2\cdot(x-y)$
$(x-y)(x-y)$	$(x-y)\times(x-y)$	$(x-y)^2$
$(x-y)(x+y)$	$(x-y)\times(x+y)$	$(x+y)\cdot(x-y)$
$(x^2y^3)^{-2}$	$(x$ [^] $2\times y$ [^] $3)$ [^] [(-)] 2	$\dfrac{1}{x^4\cdot y^6}$
$\dfrac{55}{6}$(가분수)를 대분수로	[menu] 키를 누르고 2:Number > 7:Fraction Tools > 1:Proper Fraction을 선택한 후 propFrac$(55\div6)$ 입력 또는 [menu] 키를 누르고 3:Algebra > 9:Fraction Tools에서도 가능	$9+\dfrac{1}{6}$
$3x-2$를 $x+1$로 나누기	[menu] 키를 누르고 3:Algebra > 9:Fraction Tools > 1:Proper Fraction을 선택한 후 propFrac$((3x-2)\div(x+1))$	$3-\dfrac{5}{x+1}$

문제	입력	결과
$r=2\text{cm}$ 일 때, πr^2 구하기(참값)	[π▸] (π 선택) $\times r$ [^] $2\|r=2$ |(조건제시기호, bar) 기호는 [ctrl] [=]에 있음	$4\cdot\pi$
$r=2\text{cm}$ 일 때, πr^2 구하기(근삿값)	[π▸] (π 선택) $\times r$ [^] $2\|r=2$하고 [ctrl] [enter]	12.5664
$r=h+3$ 일 때, πr^2 구하기	[π▸] (π 선택) $\times r$ [^] $2\|r=h+3$	$(h+3)^2\cdot\pi$
$(x+y)^3$ 전개	[menu] 키를 누르고 3:Algebra > 3:Expand를 선택한 후 expand($(x+y)$ [^] 3)	$x^3+3\cdot x^2\cdot y$ $+3\cdot x\cdot y^2+y^3$
x^2-9을 유리수 범위에서 인수분해	[menu] 키를 누르고 3:Algebra > 2:Factor를 선택한 후 factor(x [^] $2-9$)	$(x-3)\cdot(x+3)$
x^2-3을 유리수 범위에서 인수분해	[menu] 키를 누르고 3:Algebra > 2:Factor를 선택한 후 factor(x [^] $2-3$)	x^2-3
x^2-3을 실수 범위에서 인수분해	[menu] 키를 누르고 3:Algebra > 2:Factor를 선택한 후 factor(x [^] $2-3, x$)	$(x+\sqrt{3})\cdot$ $(x-\sqrt{3})$
$\frac{2}{x}+\frac{3}{y}$을 간단히 하기	[menu] 키를 누르고 2:Number > 7:Fraction Tools > 4:Common Denominator를 선택한 후 ComDenom$(2\div x+3\div y)$	$\frac{3\cdot x+2\cdot y}{x\cdot y}$
x에 관한 방정식 $x+y-5=2x-5y$ 풀기	[menu] 키를 누르고 3:Algebra > 1:Solve를 선택한 후 solve($x+y-5=2x-5y, x$)	$x=6\cdot y-5$
x에 관한 방정식 $x^2-9=0$ 풀기	[menu] 키를 누르고 3:Algbra > 1:Solve를 선택한 후 solve($x12-9=0, x$)	$x=-3$ or $x=3$
$x>0$ 일 때, x에 관한 방정식 $x^2-9=0$ 풀기	[menu] 키를 누르고 3:Algbra > 1:Solve를 선택한 후 solve($x12-9=0, x)\|x>0$	$x=3$
h에 대하여 $V=\pi r^2 h$ 풀기	[menu] 키를 누르고 3:Algbra > 1:Solve를 선택한 후 solve($V=\pi\times r$ [^] $2\times h, h$)	$h=\frac{v}{\pi\cdot r^2}$

5 함수의 그래프와 표 만들기 연습

다음 절차는 특정 함수의 그래프와 표를 만드는 방법이다.

CAS TIP 4 입력줄 자동복사와 수정하기

이전에 입력한 식을 수정하려면 방향키 ▲를 사용하여 원하는 식을 하이라이트한 다음 [Enter]를 누른다. 그러면 입력줄에 수정하려는 식이 자동으로 복사되어 수정이 가능하다.

예제 1

함수 $f(x)=x(x+3)(x-2)$일 때, 다음 물음에 답하여라.

(1) 함수 f의 그래프를 적절한 크기의 화면창에 그려라.

(2) $f(1)$의 값을 구하여라.

(3) $x=1$ 근방에서 극솟값을 구하여라.

(4) $x \in \{0,\ 0.5,\ 1,\ 1.5,\ 2\}$에 대하여 $f(x)$의 대응표를 만들어라.

▶ 풀이

CAS TIP 5 그래프 함수식 이동하기

그래프를 그린 후 그래프와 함수식이 겹쳐지는 경우가 있다. 이때는 함수식 위에 커서를 두고 마우스키 [click]을 1초간 눌러 손모양이 주먹으로 바뀌면 방향키를 사용하여 원하는 방향으로 이동한 후 [Enter]를 누른다.

(1) 새로운 문제를 풀기 위해 [on]를 누르고, 1:New, 작업 앱들이 나타나면 2:Add Graphs를 선택한다. $f1(x)=x\times(x+3)\times(x-2)$를 입력한다.
이것은 x축의 범위가 -10에서 10 사이인 화면창에서 $f(x)$의 그래프이다.
화면창의 크기는 [menu]를 누르고 4:Window/Zoom > 1:Window Settings를 선택하여 조정할 수 있다. CAS TIP 8(화면창 조정하기)을 참조한다.

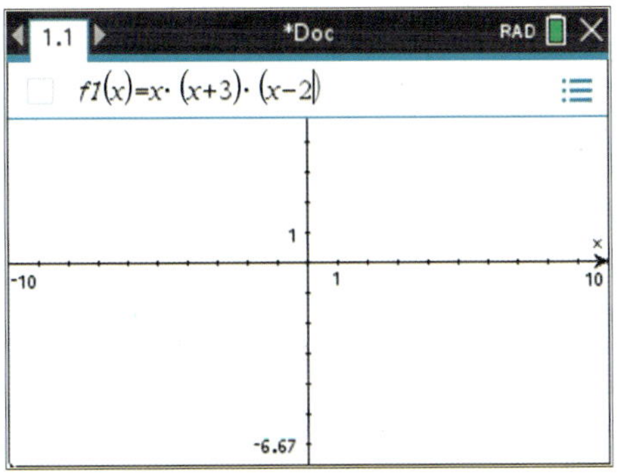

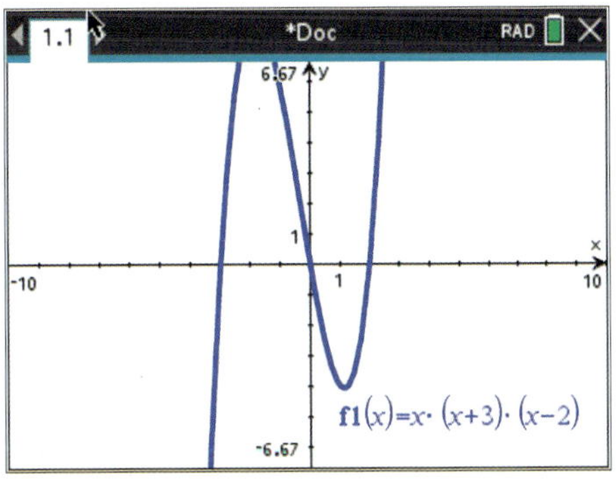

(2) 좌표값을 찾으려면 menu 를 누르고 5:Trace > 1:Graph Trace를 선택한다. enter를 누르면 $x=1$의 함숫값인 그래프 위의 점 $(1,\ -4)$로 커서가 이동한다.

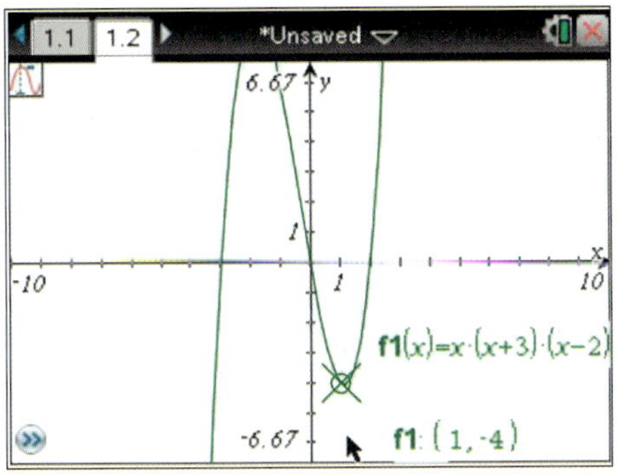

(3) menu 를 누르고 6:Analyze Graph > 2:Minimum을 선택한다.

그래프를 보면 극솟값의 위치가 $x=1$ 근처이므로 lower bound(아래 경계값)는 0으로 하고 enter, upper bound(위 경계값)는 2로 해서 enter를 누르면 커서가 근삿값 형태의 극솟값 $(1.12,\ -4.06)$으로 바로 이동한다.

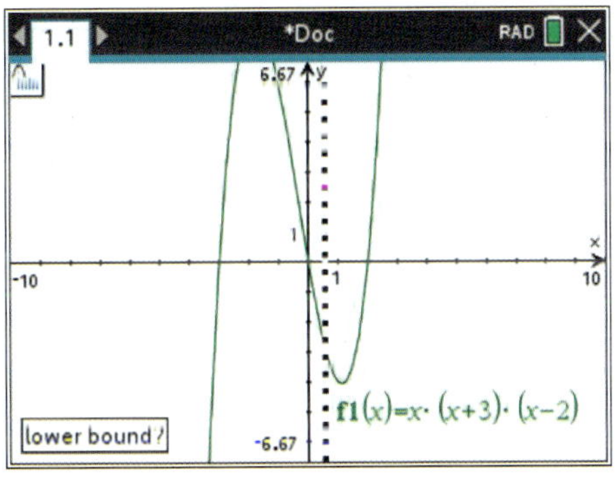

(4) [enter]를 누르고 7:Table > 1:Split-screen Table을 선택한다.

Table 환경설정을 변경하려면 Table 페이지에서 [enter]를 누르고 2:Table > 5:Edit Table Settings를 선택한다. 방향키나 탭키 [tab]를 사용하여 커서를 Table Step으로 이동 후 표의 간격 0.5를 입력하고 오른쪽 방향키로 커서를 이동한다. 설정을 저장하기 위해 아래의 [OK]를 선택하고 [enter]를 누른다.

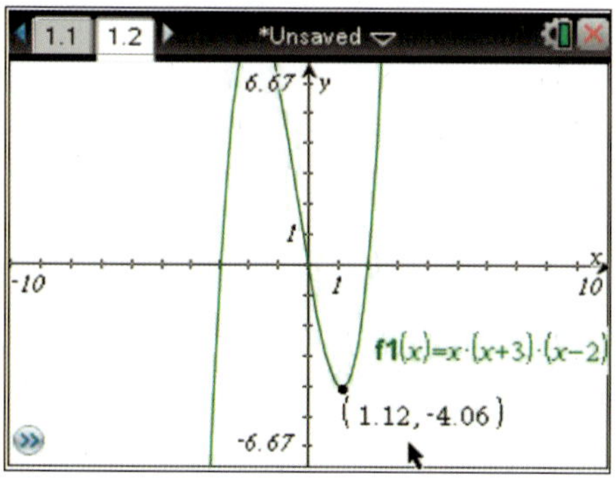

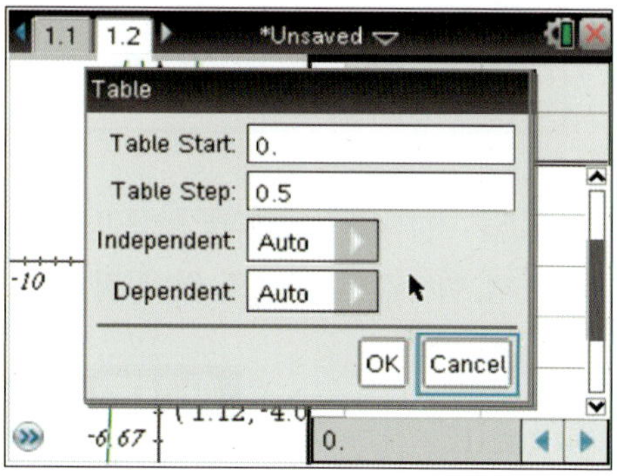

(5) 함수 $f(x)$의 대응표가 나타난다. 윈도우에 보이지 않는 x의 값을 보려면 방향키 ▲▼를 누른다.

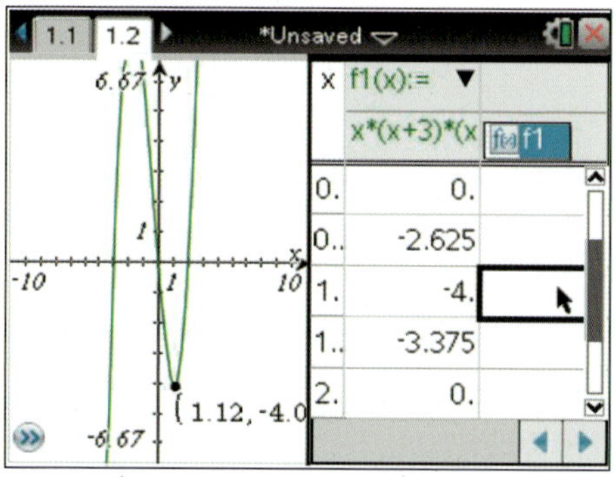

CAS TIP 6 분할 화면 표 출력과 화면 이동

- 그래프와 대응표를 좌우 2단 화면으로 출력하려면 [Ctrl] [T]를 누른다. 한번 더 누르면 대응표가 사라진다.
- 2단 화면에서 화면 이동은 [Ctrl] [tab]를 누른다.
- Table에서 열의 폭넓이를 조정하려면 원하는 열의 제일 첫 셀의 경계선에 ←‖→ 커서를 두고 [menu] 1 : Action > 2:Resize > 1:Resize Column Width를 선택한다. ◀▶를 이용하여 폭넓이를 변경할 수 있다.
- [menu]의 1:Action이나 2:Table에서 표와 관련된 다양한 다른 기능을 실행할 수 있다.

CHAPTER

1 함수와 그래프 FUNCTIONS and GRAPHS

1.1 문자와 식을 사용한 조작

1 변수의 정의와 사용

1. 문자가 여러 가지 값을 취할 때 그 문자를 **변수**(variable)라 한다. 변수가 취하는 값의 범위를 **변역**이라 한다. 변수가 숫자와 다른 점은 여러 숫자를 동시에 나타낼 수 있으며, 변수는 자릿값의 개념이 없고, 변수는 사용자 마음대로 사용 가능하다. 그리고 변수는 원하는 어떤 식으로든지 정의할 수 있으며, 변수가 나타내고 있는 값에 아무런 영향을 주지 않은 채 변수를 바꿀 수 있다. 예를 들어, $2x+3=15$에서 x를 y로 바꾼 $2y+3=15$라는 방정식으로 표현해도 방정식 자체에는 아무런 변화가 없다.

2. 변수의 사용 방법

(1) 변수는 숫자나 문자를 나타낼 때는 이름으로 사용된다.
(2) 방정식에서는 이산 미지수로 사용된다.
(3) 부등식에서는 연속 미지수로 사용된다.
(4) 항등식에서는 일반화된 숫자로 사용된다.
(5) 함수에서는 독립변수와 종속변수로 사용된다.
(6) 공식에서는 매개변수로 사용된다.
(7) 다항식에서는 부정형으로 사용된다.

예제 1

$x=2$, $y=-3$일 때, 다음 식의 값을 구하여라.

(1) $5x$　　(2) y^2　　(3) $-3x+5y$　　(4) $15\left(-\frac{5}{3}x+2\right)$

CAS TIP 7 **새 화면 시작과 변수 초기화**

새로운 문제나 과제를 풀 때는 항상 [⌂on] Documents > 1.New로 화면을 깨끗이 지우고 이전에 사용했던 변수의 값을 초기값으로 되돌려 설정해야 한다. Problem이나 Page 추가 참조

풀이

(3)을 입력할 때 음수 부호키 (−)를 사용하는 것에 주의해야 한다.
(4)를 입력할 때 $(-5x)/3$으로 입력할 수도 있고 또는 $(-5/3)x$로 입력할 수도 있다.

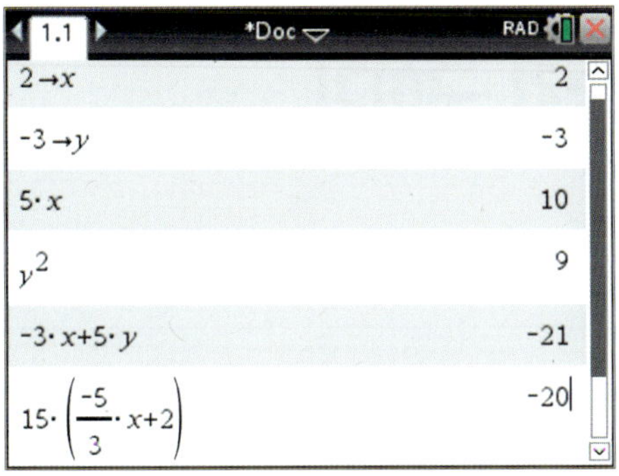

- 숫자 2를 변수 x에 지정하는 →는 STO▸ 로 입력한다.
- 변수 지정을 $x:=2$, $y:=-3$으로 해도 가능하다. 콜론이퀄키는 ctrl 📖 로 입력한다.

예제 2

함수 $g(x)=(x+2)^3-3$을 정의하고 다음을 구하여라.

(1) $g(-2)$　　　(2) $g(2a)$　　　(3) $g(a-2)-g(3)$

▶ 풀이

함수를 정의할 때는 오른쪽 화면처럼 define을 사용하거나 → 을 사용하여 정의할 수 있다. define은 키보드로 직접 입력 가능하다.

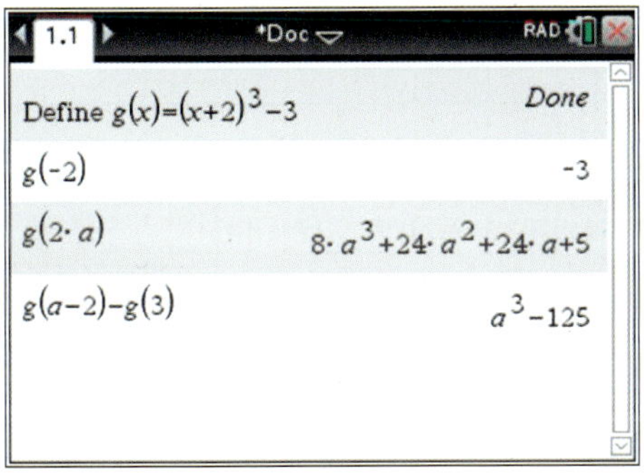

- Menu > 1:Actions > 1:Define 사용 가능하다.

문제 1 $\dfrac{3x+5}{2}=2x-y+3y^2$을 x에 관하여 풀어라.

문제 2 다음 중 $(a-b)(a+b)$의 형식으로 나타낼 수 있는 것은 어느 것인가?

(1) $a^2-b^2y^2$　　　(2) $(x-2)^2-4$

(3) $x^2+2xy+y^2$　　　(4) $x^2+2x+1-y^2$

1.2 함수를 정의하고 함숫값 구하기

예제 1

함수 $f(x)=x^2+3x+2$를 정의하고 $f(2)$, $f(\sqrt{2})$, $f(a-3)$을 구하여라.

풀이

새로운 과제이므로 [⌂on] Documents>1.New를 먼저 실행한다. 함수를 정의하기 위하여 define 명령어를 실행한다.

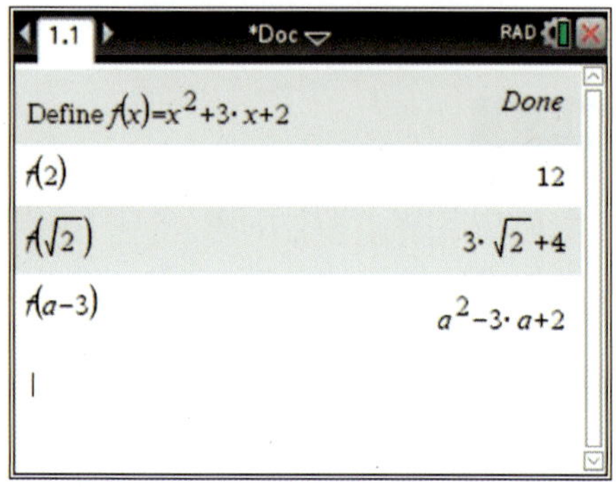

■ $f(\sqrt{2})$의 근삿값 8.243을 구하기 위해서는 [ctrl] [enter] 를 동시에 누른다.

예제 2

원기둥의 반지름을 r, 높이를 h라 할 때 이 원기둥의 부피를 구하는 공식은 $V=\pi r^2 h$이다.

(1) $r=3$, $h=10$일 때 원기둥의 부피를 구하여라.

(2) 반지름이 높이의 2배일 때 원기둥의 부피를 구하여라.

풀이

원기둥의 부피를 $\text{vol}=$이나 $v=$를 사용하여 함수로 정의한다. 이때 부피는 반지름과 높이에 따라 달라지므로 이를 함수로 $\text{vol}(r, h)=$로 정의해도 된다. 이렇게 정의한 경우는 $\text{vol}(3, 10)$이라고 해야 오른쪽과 같은 결과를 얻을 수 있다.

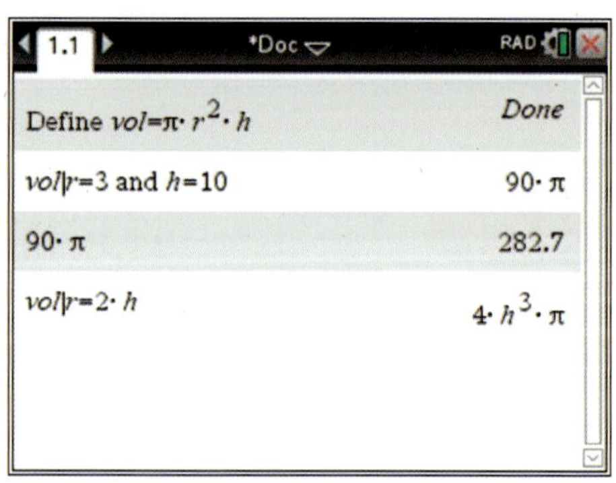

■ | (조건제시기호, bar) 기호는 [ctrl] [=]에 있다.

1.3 함수의 그래프 그리기와 화면 조절

1 함수의 그래프 그리기

주어진 함수의 그래프를 그리기 위해서는 [on]을 하고 Nspire 초기 화면에서 Document > 1. New로 시작한다.

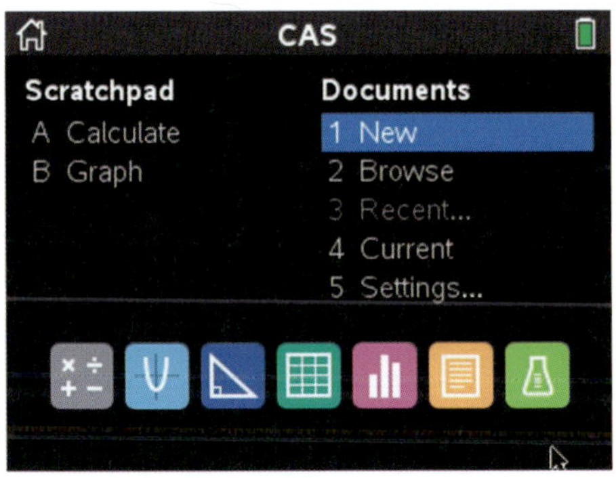

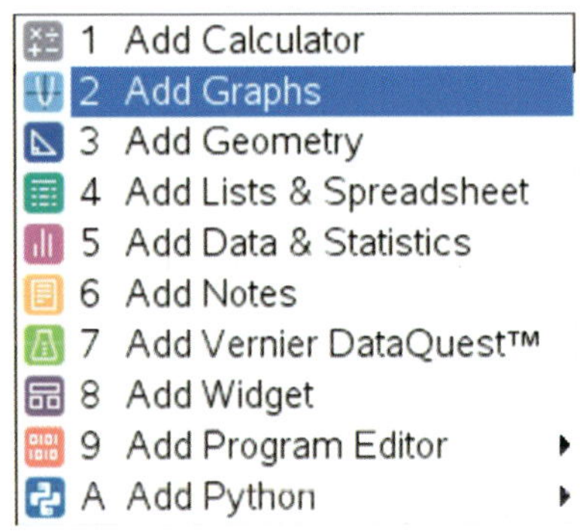

2 화면 창 조절

함수의 그래프를 그리다보면 x축과 y축의 범위를 넘어서는 경우가 생겨 원하는 모양의 그래프를 구하기 어려운 경우가 있다. 이럴 때는 아래처럼 화면 크기를 조절할 수 있다.

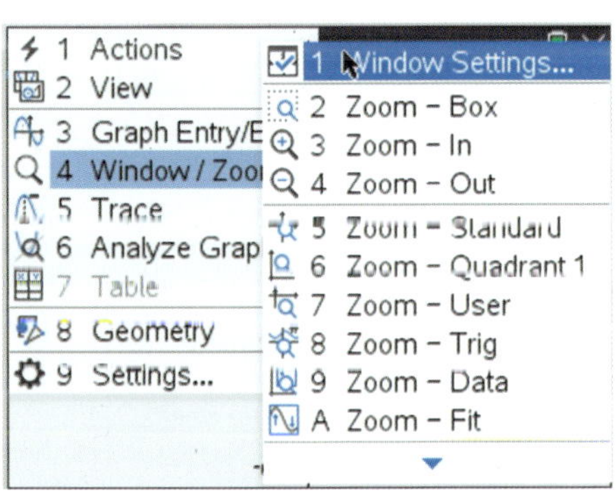

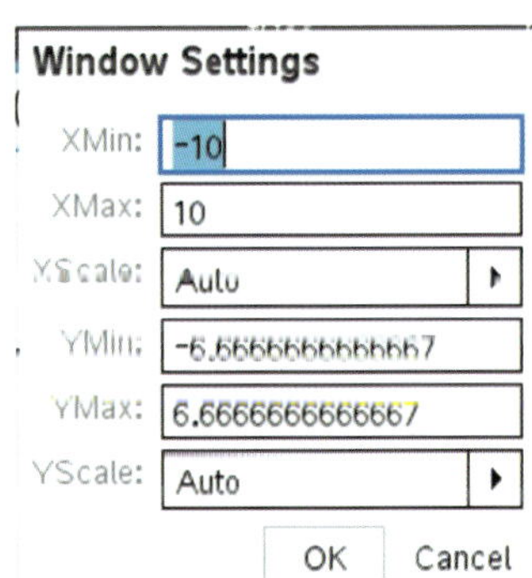

XMin : x축의 최솟값
XMax : x축의 최댓값
XScale : x축의 눈금간격
YMin : y축의 최솟값
YMax : y축의 최댓값
YScale : y축의 눈금간격

표준 화면 크기를 원할 때는 5.Zoom-Standard를 선택한다. x축과 y축을 $[-10, 10]$, $[-6.6, 6.6]$으로 조절하는 것으로 화면 크기를 확대, 축소를 한 후 원래 상태로 돌아갈 때 사용한다.

CAS TIP 8 화면창 조정하기

Window Settings로 화면창 크기 조정 전 그래프

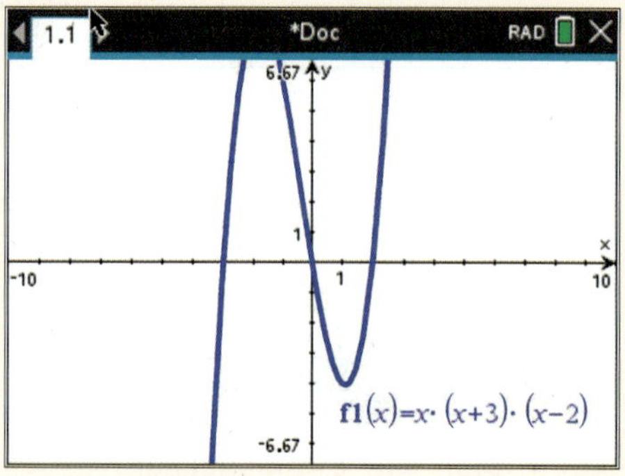

Window Settings로 화면창 크기 조정 후 그래프

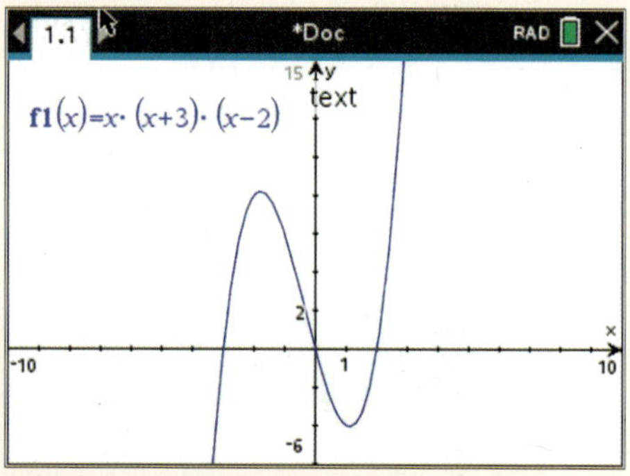

화면창 조정 전 Window Settings

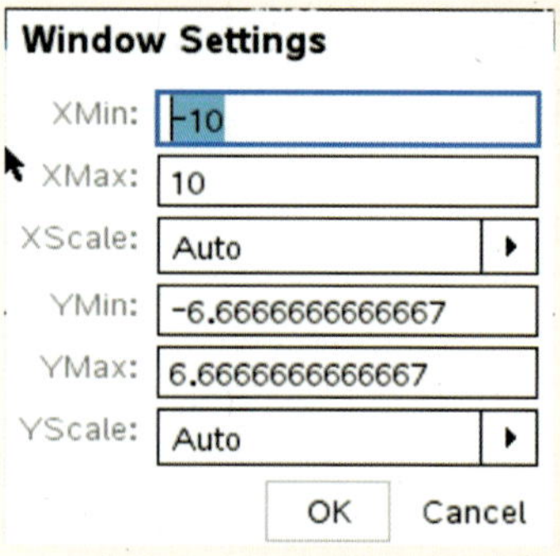

화면창 조정 후 Window Settings

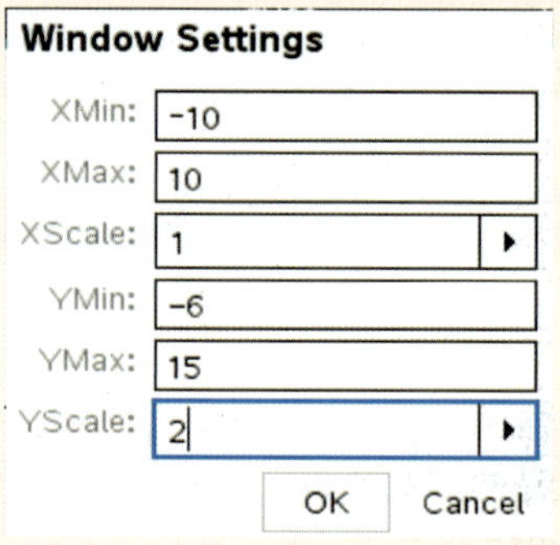

- 화면창 조정은 방향키 ▲▼나 탭키 tab 를 사용해서 선택한다.
- 그래프의 x축 범위는 XMin(왼쪽), XMax(오른쪽) 크기가 적절하므로 그대로 둔다. 좀 더 확대해서 보려면 -10, 10을 -6, 6 정도로 줄여도 된다. XScale(x축 눈금)은 1이나 2 정도로 한다.
- 그래프의 y축 범위는 YMin(아래)을 -6으로 수정했고 YMax(위)가 6으로는 그래프 위쪽이 완전히 보이지 않으므로 충분히 15로 수정했다. YScale(y축 눈금)은 눈금 간격이 많아질 것을 염려하여 2로 수정했다.

3 그래프 모드 설정하기

그래프 모드에서 눈금을 좀 더 정확하게 눈으로 확인하기 위해 6. Grid를 선택하면 모눈 눈금을 설정하거나 점 눈금을 설정할 수도 있다. 2. Plane Geometry는 평면 기하를, 3. 3D Graphing는 3차원 그래프를 그릴 수 있게 한다. 5. Hide Axes를 선택하면 축을 숨기거나 보이게도 가능하다.

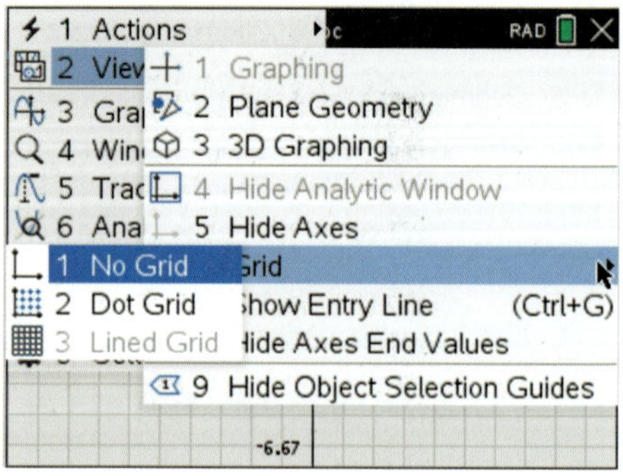

4 Window/Zoom으로 다양한 화면 설정

함수식을 입력하고 그래프를 그리거나 그린 다음 줌 기능을 이용하여 그래프를 다양한 관점에서 조사할 수 있다. 아래 화면은 Zoom의 다양한 기능을 보여주고 있다. 일반적으로 함수식을 입력하고 그래프를 그리면 항상 표준 화면 크기로 출력된다. $y = x^3 - 2x + 1$의 그래프를 사용하여 다양한 줌 기능을 추가로 살펴본다.

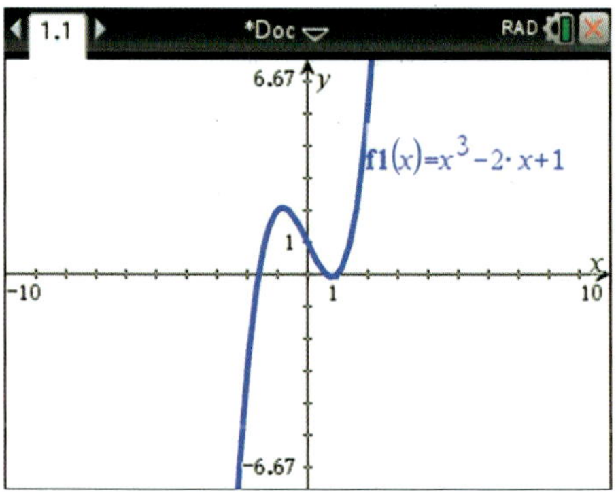

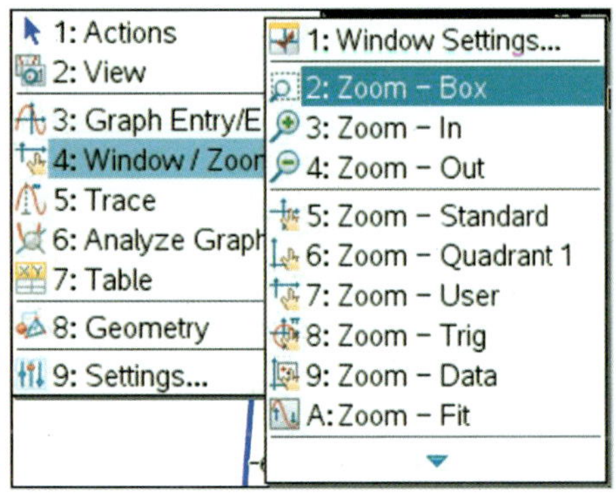

줌기능 설명	Zoom 화면
5: Zoom-Standard – 그래프를 처음으로 그릴 때 일반적으로 사용하는 줌 기능	함수식 $y1(x) = x^3 - 2x + 1$을 입력하고 5: Zoom Standard를 실행하여 그린 그래프 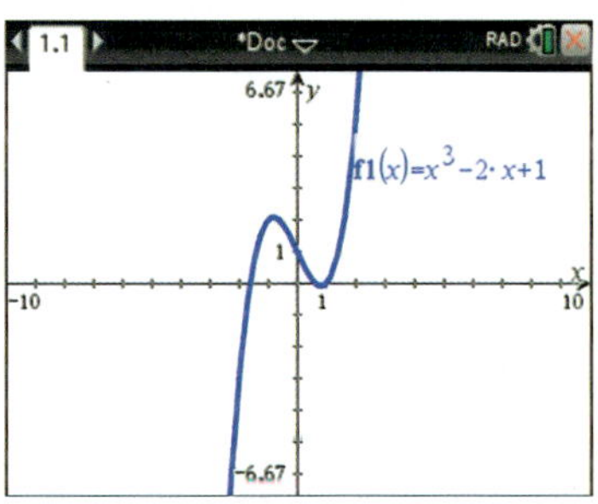 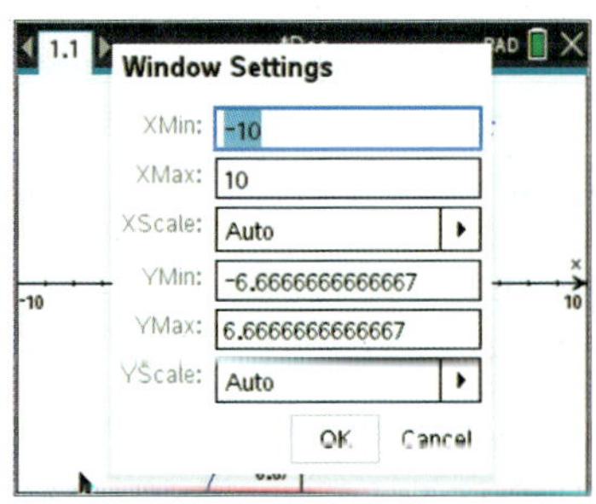 화면 크기를 보면 x축은 $[-10,\ 10]$, y축은 $[-6.6,\ 6.6]$임을 알 수 있다. XScale, YScale을 Auto로 그대로 두면 계산기가 알아서 눈금을 자동으로 설정하지만 불편한 경우가 많다. 보통은 눈금 간격을 1, 5, 10, ⋯ 등으로 사용자에 맞게 설정한다.

줌기능 설명	Zoom 화면
2: Zoom-Box – 화면을 사각형으로 확대하여 관찰할 때 사용 〈참고〉 확대한 다음 원래 표준 모양의 그래프로 돌아가려면 5:Zoom Standard를 한다.	(1) 사각형의 좌측 상단인 1st corner를 정하고 **enter** 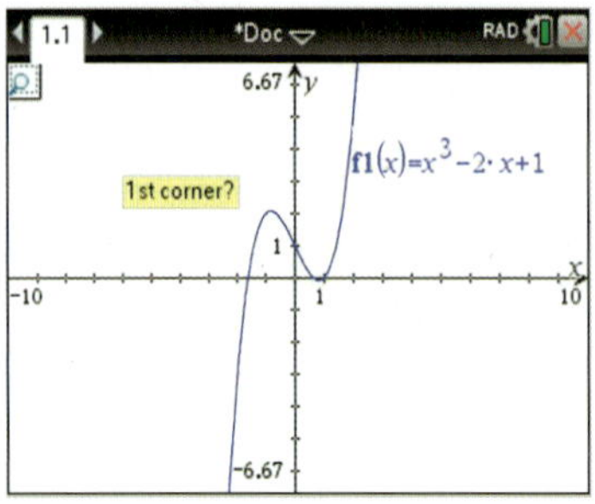 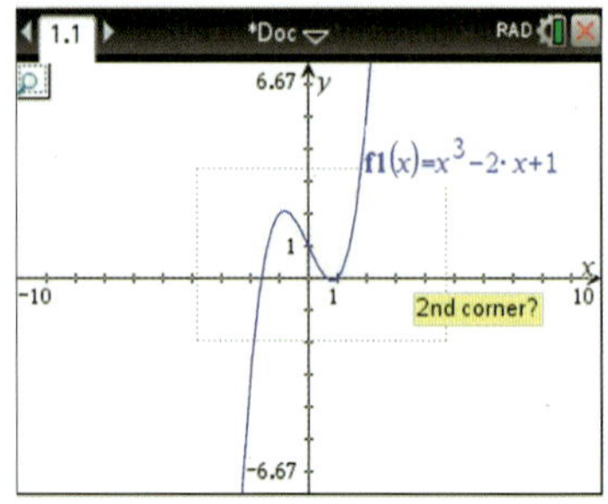 (2) 방향키를 이용하여 원하는 사각형의 우측 하단인 2nd corner를 정한 다음 **enter** (3) 원하는 부분이 확대되어 나타난다. (4) Window Settings를 보면 다음과 같이 x축, y축의 최댓값, 최솟값이 각각 변경되었음을 알 수 있다. 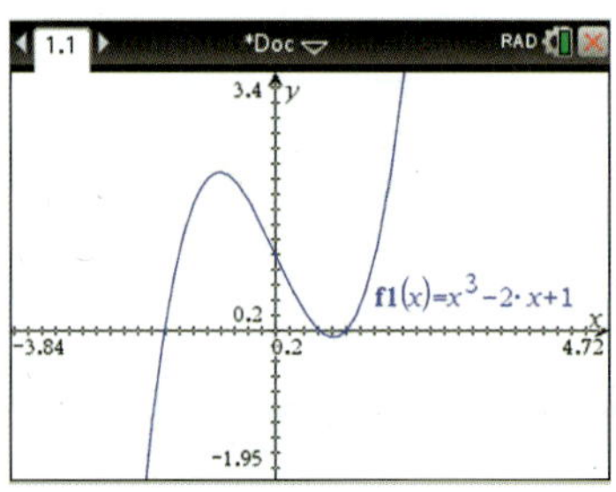 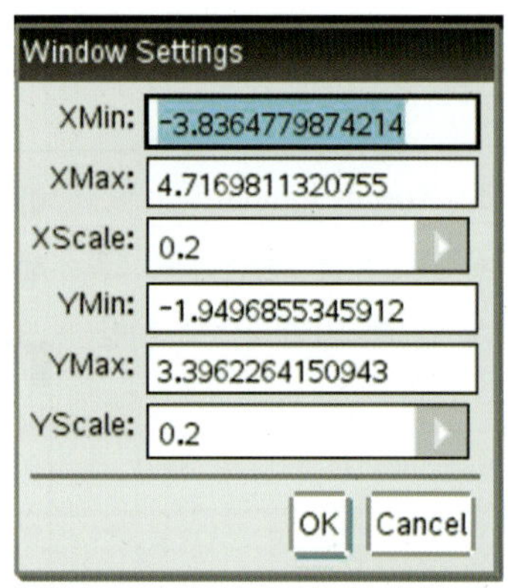
3: Zoom-In – 원하는 위치에 커서를 두고 화면을 확대할 때 사용 – x축, y축의 최솟값, 최댓값이 축소됨	(1) Zoom In을 하면 새로운 원점을 묻는다. 원하는 곳에 커서를 두고 **enter** (2) 커서를 둔 곳을 중심으로 새로 확대된 그래프가 나타난다.

<table>
<tr><th>줌기능 설명</th><th>Zoom 화면</th></tr>
<tr><td></td><td>
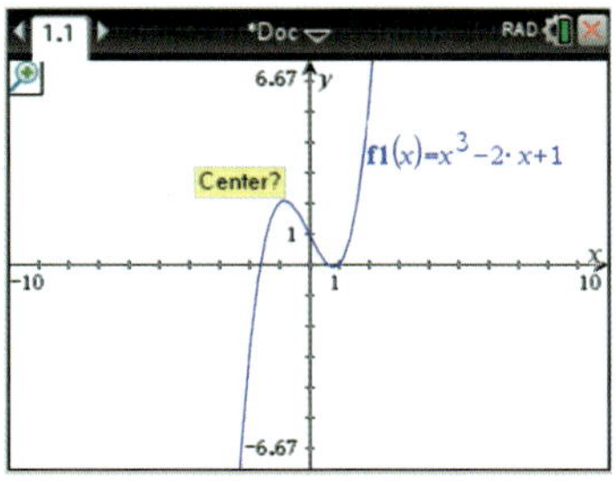

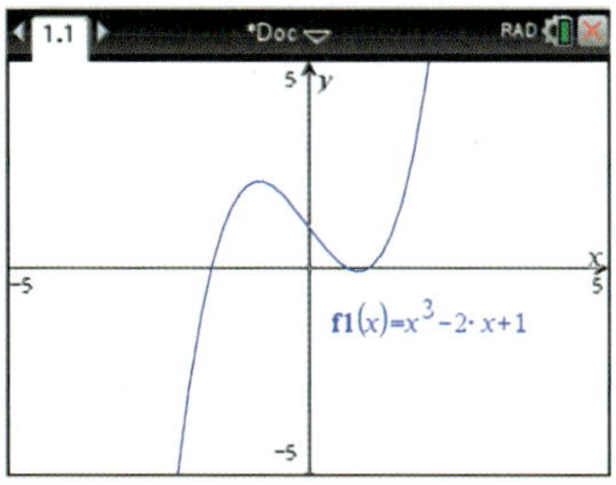

화면 크기를 살펴보면 사용자 환경에 맞게 변경되었음을 알 수 있다.</td></tr>
<tr><td>4: Zoom-Out
- 원하는 위치에 커서를 두고 화면을 축소(높은 곳에서 관찰)할 때 사용
- 화면의 x축, y축의 좌우값은 2배, 3배로 커짐</td><td>
(1) Zoom Out을 하면 새로운 원점을 묻는다. 원하는 곳에 커서를 두고 [enter]

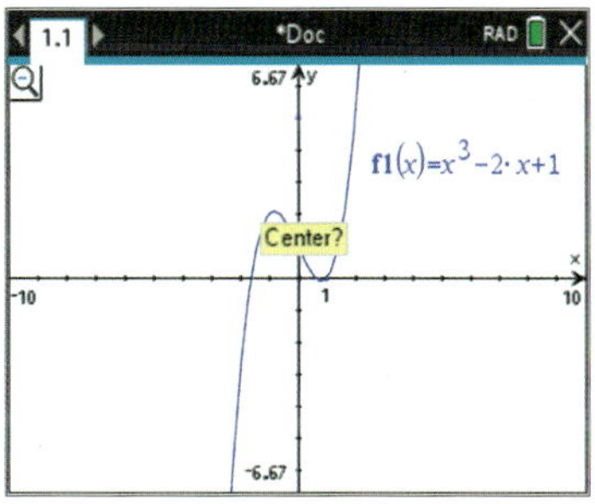

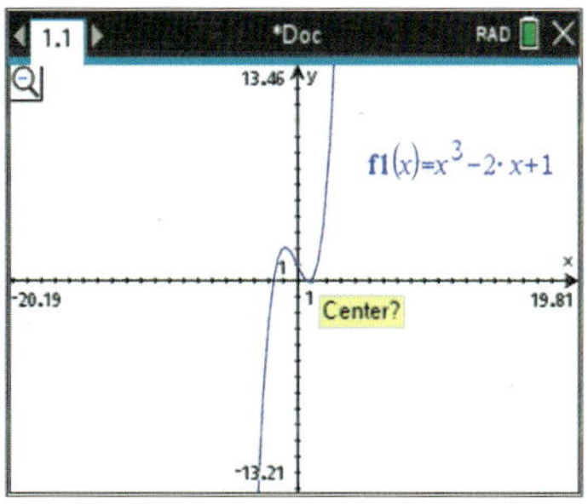

(2) 커서를 둔 곳을 중심으로 새로운 그래프가 나타난다. 화면 크기가 좌우, 아래위로 2배 커졌음을 알 수 있다.</td></tr>
<tr><td>C: Zoom-Decimal
- 화면의 중심이 원점에 오도록 하고, 그래프 추적에서 증감을 소수 단위(decimal)로 설정할 때 사용</td><td>
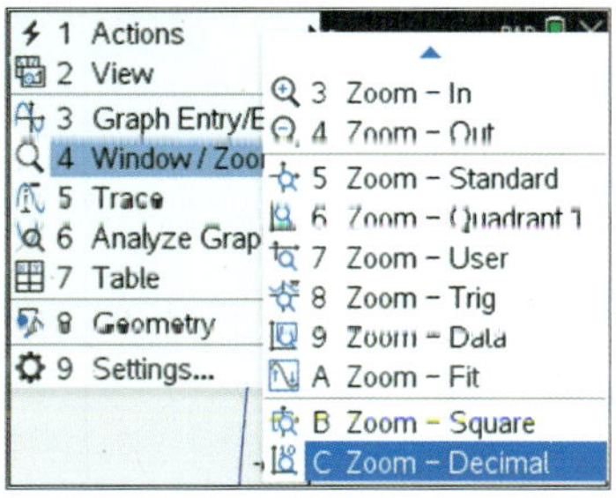

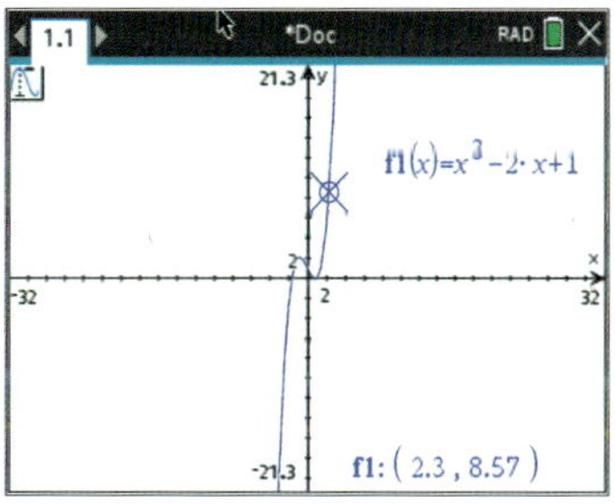

■ 5. Trace를 선택하고 좌우 방향키를 누르면 좌표가 0.1(소수 단위)로 이동함을 볼 수 있다.</td></tr>
</table>

<table>
<tr><th>줌기능 설명</th><th>Zoom 화면</th></tr>
<tr><td>B: Zoom-Square
– 화면의 가로와 세로의 비율을 동일하게 할 때 사용
– Zoom Standard와 거의 동일함</td><td>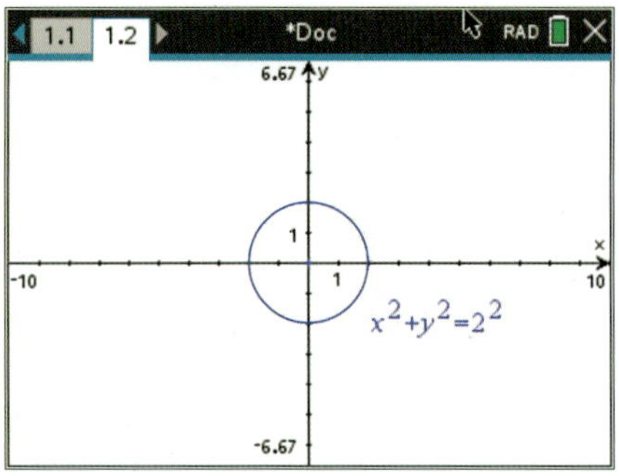

어떤 함수의 그래프나 도형의 방정식을 그릴 때 좌표축의 가로와 세로의 비가 달라져 찌그러지는 경우에 이를 방지하기 위해서는 Zoom Square로 줌을 해야 한다.</td></tr>
<tr><td>8: Zoom-Trigonometry
– 삼각함수의 그래프를 그릴 때 적합</td><td>$y = \sin(x)$ 의 그래프를 Zoom Standard로 그리면 좌우 눈금이 실수값으로 나오지만, Zoom Trigonometry로 그리면 라디안 -2π, 2π 로 자동 설정된다.
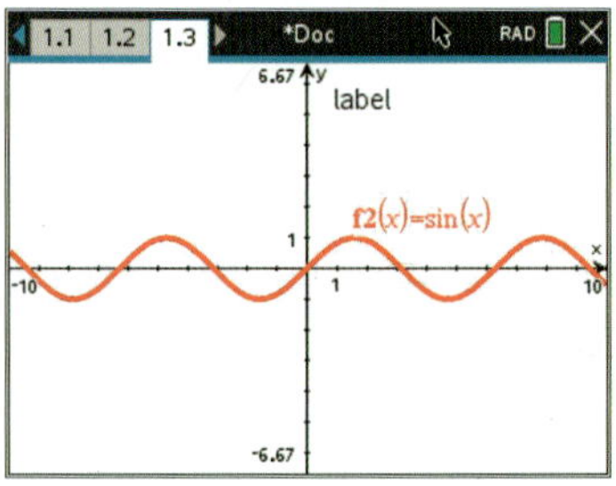

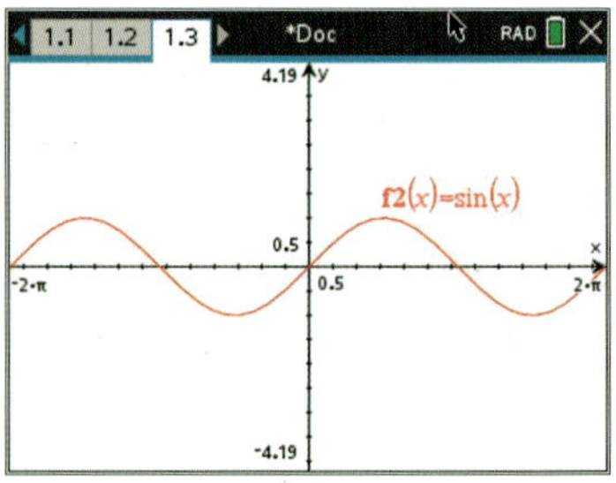
</td></tr>
<tr><td>A. Zoom-Fit
– 함숫값 범위에 따라 자동으로 그래프를 그릴 때 사용

9. Zoom-Data
– 통계 데이터의 범위에 맞게 그래프 그릴 때 사용</td><td>그래프에서 보듯이 주어진 함수의 함숫값 범위에 따라 그래프를 그릴 때 사용한다.
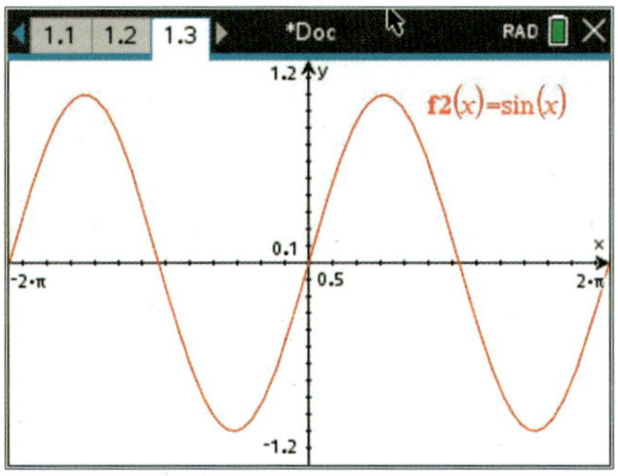

9. Zoom-Data는 통계 데이터가 있을 때 그 데이터를 그래프로 나타낼 때 주로 사용한다.</td></tr>
</table>

예제 1

아래의 함수를 입력하고 그래프를 그려라.

(1) $y=x^2$　　　　(2) $y=2x^2$

(3) $y=x^2-2,\ y=x^2-1,\ y=x^2+1,\ y=x^2+2$

풀이

(1)

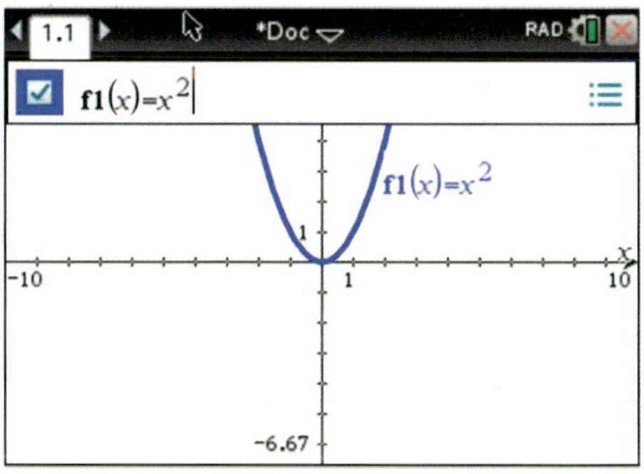

(2)

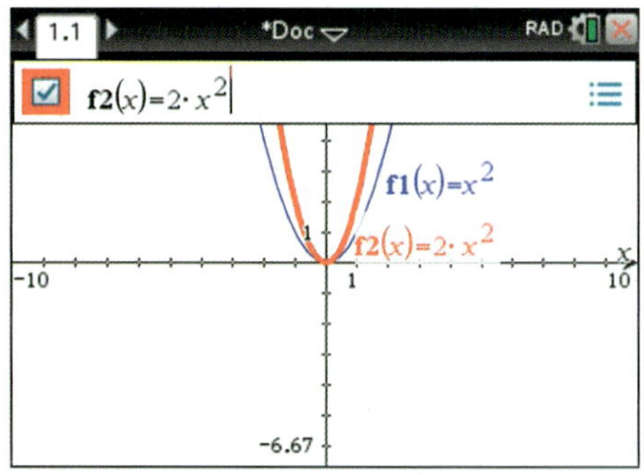

(3)

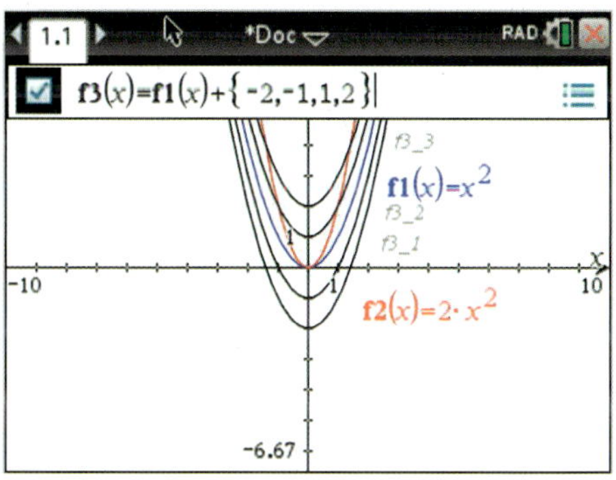

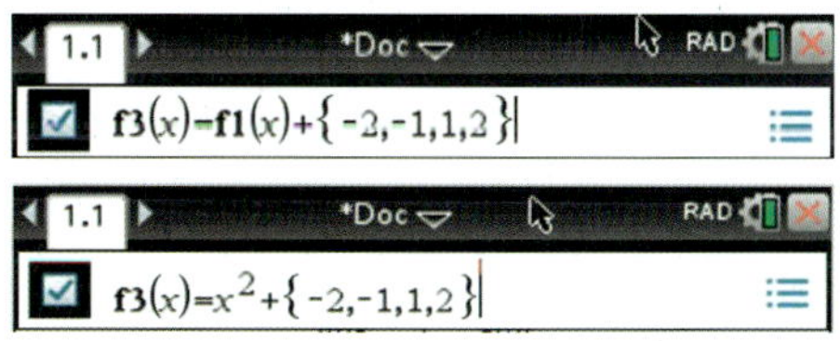

$f1(x)$가 중복되므로 함수식을 위와 같이 입력해도 된다.

- 대괄호는 ctrl ( )를 누른다.
- 함수 입력줄에 있는 체크 표시는 이 표시가 있는 함수의 해당 그래프만 그려짐을 나타낸다. 해당 함수의 그래프를 숨기려면 마우스키로 이 체크 표시를 없애면 된다.

CAS TIP 10 화면창 간단한 조정 방법

- 위의 (2) 화면에서 마우스키 로 원하는 x축, y축의 최솟값, 최댓값에 커서를 둔다. x축 최솟값인 -10에 커서를 두면 손가락 커서와 함께 text가 나타난다. 나 enter 를 두 번 누르면 파란색 상자가 열리는데 원하는 -3을 입력한다.
- x축 최댓값도 같은 방법으로 3으로 수정한다.
- 같은 방법으로 y축 최솟값은 -0.5, y축 최댓값도 0.5로 바꾼다.
- x, y축 눈금이 자동 조정되어 불편하다. 문제에 맞게 눈금도 수정한다.
  menu > 4.Window/Zoom>1.Window Settings를 선택하여 화면과 같이 XScale, YScale을 각각 0.5, 0.2로 수정하면 아주 간단하게 원하는 화면창으로 조정할 수 있다.

예제 2

아래의 함수를 입력하고 그래프를 그려라.

(1) $y = x^2 + 10x - 6$ (2) $y = 0.1x^3 - 0.2x$

풀이

(1) 오른쪽 첫 화면을 보면 그래프 전체가 보이지 않고 부분적으로만 보인다. 이런 경우 화면 크기를 조절해야 한다.

두 번째 화면은 ZoomOut을 반복한 것이다. 세 번째 화면은 아래와 같이 ZoomFit으로 화면 크기를 조절한 후에 그린 것이다.

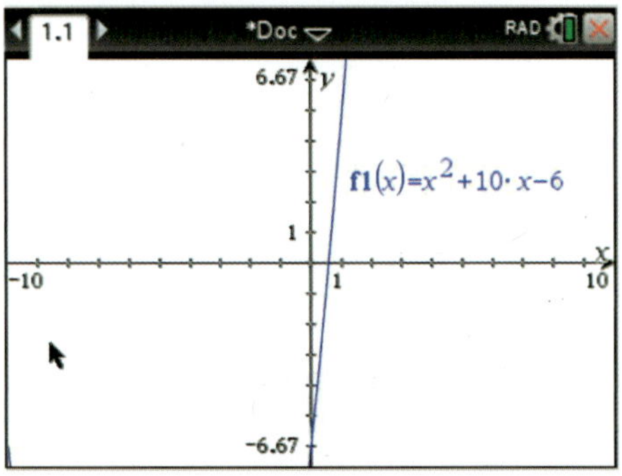

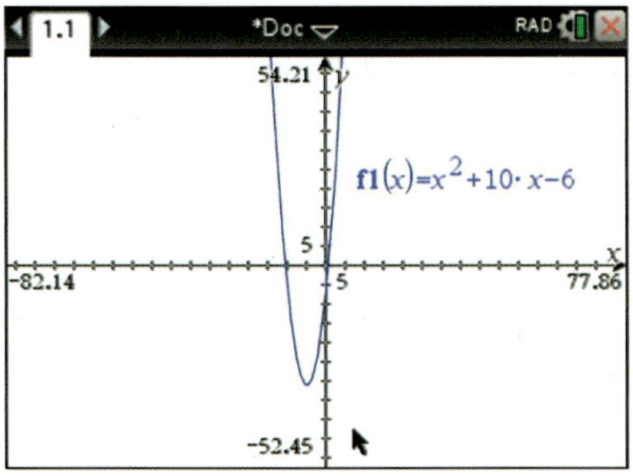

- ZoomOut
- New Center? enter
- 위의 과정을 반복한다.

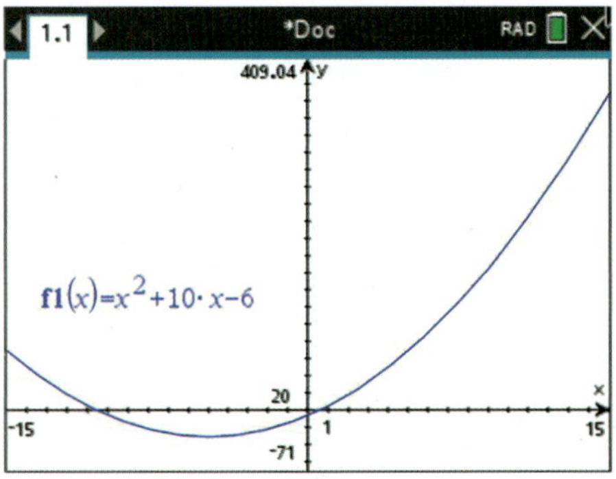

CAS TIP 11 정의역에 대한 그래프 자동 그리기

함수의 정의역을 아는 경우 x축의 값만 화면 크기 조절에서 입력하고 A: ZoomFit을 실행하면 정의역 [−15, 15]에 대한 y축의 값을 자동으로 계산해서 화면에 맞도록 그래프를 그려준다.

(2) 첫 화면은 그래프가 y축과 겹쳐서 그래프 개형과 함숫값을 읽기 어렵나. 화면 크기 조정을 통해 그래프를 적절하게 수정하였다.

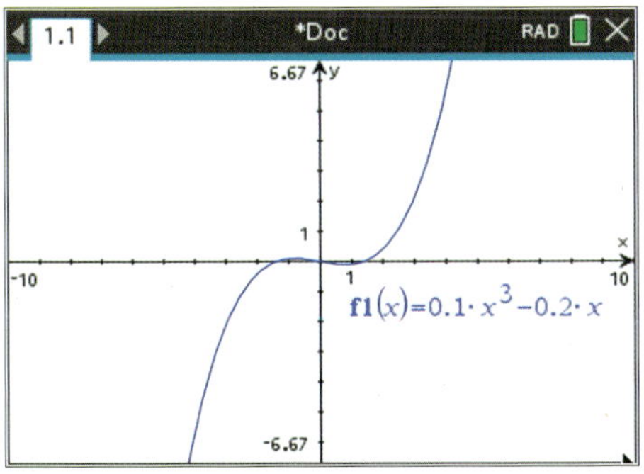

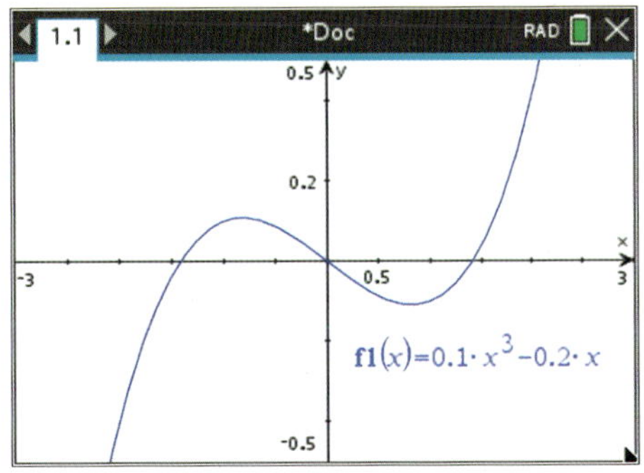

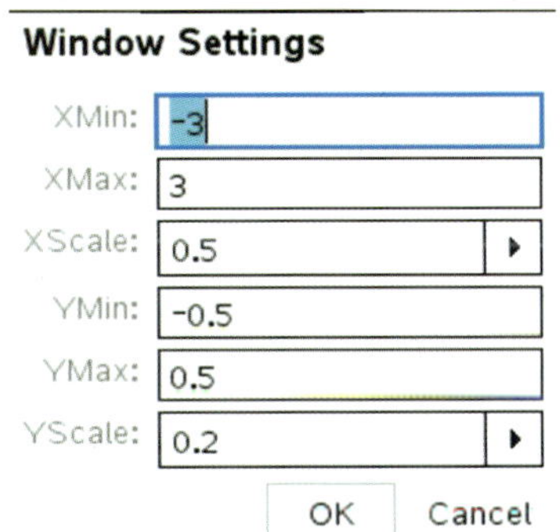

CAS TIP 12 여러 그래프의 함숫값 동시에 비교하기

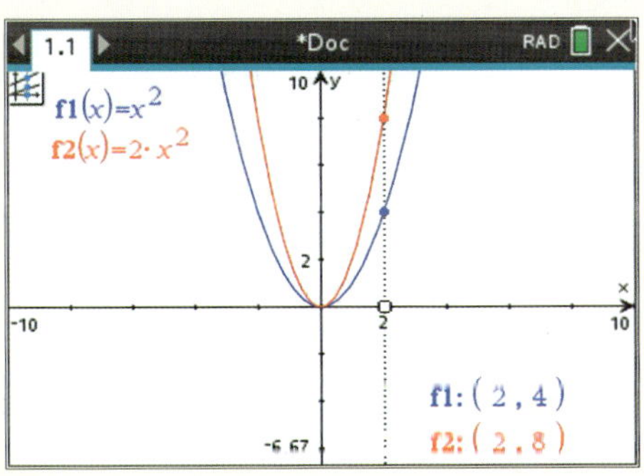

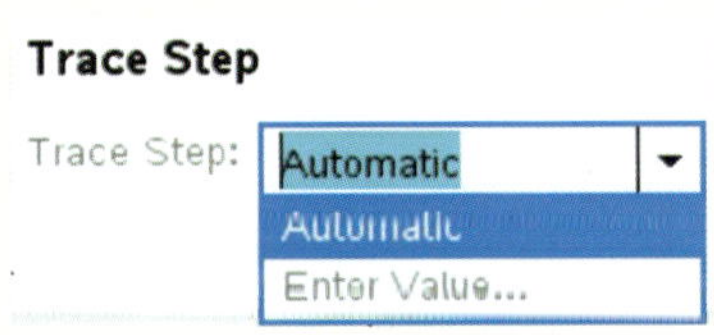

- menu > 5.Trace > 2.Trace All
- 좌우 방향키로 이동하면서 원하는 좌표를 찾는다.
- 그래프 추적 간격은 menu > 5.Trace > 3.Trace Step의 Enter Value를 선택하여 0.1, 0.5, 1 등으로 원하는 간격을 입력한다.
- 비교하려는 x좌표 2를 입력하면 2가 나타난다. 이때 Enter 하면 화면처럼 자동으로 해당 좌표가 출력되어 쉽게 함숫값을 비교할 수 있다.

CHAPTER

2 방정식

EQUATIONS

2.1 일차방정식

1 한 개의 변수로 이루어진 일차방정식

1. 방정식과 방정식의 해

변수가 특정한 값에서만 참이 되거나 또는 참이 되는 값이 없을 때, 이를 **방정식**(equation)이라 하고, 이때 이 특정한 값을 **해**(solution)라고 한다. 예를 들면, $x^2-9=0$는 $x=3$, $x=-3$에서 식이 참이 되므로 이 식의 해는 $x=\pm 3$이다.

2. 한 개의 변수로 이루어진 일차방정식(linear equation)

(1) 일차방정식의 정의: 변수 x의 일차방정식 $ax+b=0$ $(a, b$: 실수이고 $a \neq 0)$

(2) 일차방정식은 오직 한 개의 해만 가진다. 단계별로 해를 구하는 방법을 알아보자.

$ax+b=0$	주어진 방정식
$ax=-b$	양변에 b를 뺀다
$\therefore x=-\dfrac{b}{a}$	$a \neq 0$인 수로 양변을 나눈다

변수 x의 방정식의 해를 구하기 위해서는 방정식의 좌변에 x만 남기는 동치방정식으로 방정식을 변형한다.

(3) 방정식 해를 검산하는 방법: 방정식의 해를 구한 후 그 해를 방정식에 대입하여 식이 참이 되는지 계산한다.

2 일차방정식의 풀이 방법

1. 동치방정식 만드는 방법

(1) 두 항을 결합한다.	$2x-x=4$	$\therefore x=4$
(2) 방정식의 양변에 같은 수로 더하고 뺀다.	$x+1=6$	$\therefore x=5$
(3) 방정식의 양변에 0이 아닌 수로 곱하거나 나눈다.	$2x=6$	$\therefore x=3$
(4) 방정식의 양변을 바꾼다.	$2=x$	$\therefore x=2$

2. 분수식을 포함한 방정식

(1) 해를 구하는 방법: 분모의 최소공배수를 양변의 각 항에 곱하여 식을 정리한다.

(2) 이때, 해와 관계없는 값이 계산될 수도 있다. 이러한 값을 **무연근**(extraneous root)이라

고 한다.

(3) 해에서 분모가 0이 되는 수는 제외한다.

(4) 양변이 한 개의 분수식으로 이루어진 분수식일 때: 분모를 양변에 서로 바꾸어 곱한다. 이때 분모가 0이 되는 수는 제외한다.

예제 1

일차방정식 $6(x-1)+4=3(7x+1)$을 풀어라.

풀이

$6x-6+4=21x+3$	괄호를 풀어야 하므로 전개
$6x-2=21x+3$	간단히 하기
$-15x=5$	양변에 2를 더하고 $21x$를 빼기
$\therefore x=-\dfrac{1}{3}$	양변에 -15를 나눔

CAS TIP 13 윗줄 출력값 사용하기

바로 한 줄 위의 식이나 값을 사용할 때는 [ctrl] [(-)] 해서 ans를 사용한다.

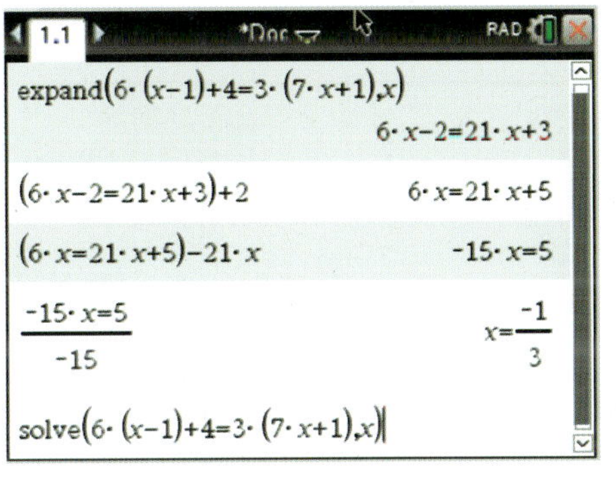

- Algebra > 3:expand(전개)
- ans+2(위의 식의 양변에 2 더하기)
- solve 기능(방정식 해 구하기)을 사용하여 단계별로 구한 답과 비교해본다.

예제 2

분수식을 포함한 $\dfrac{x}{3}+\dfrac{3x}{4}=2$를 풀어라.

▶ 풀이

$$(12)\frac{x}{3}+(12)\frac{3x}{4}=(12)2 \quad \text{양변에 최소공배수 12를 곱함}$$

$$4x+9x=24 \quad \text{약분하여 식을 간단히}$$

$$13x=24 \quad \text{항을 정리}$$

$$\therefore\ x=\frac{24}{13} \quad \text{양변을 13으로 나눔}$$

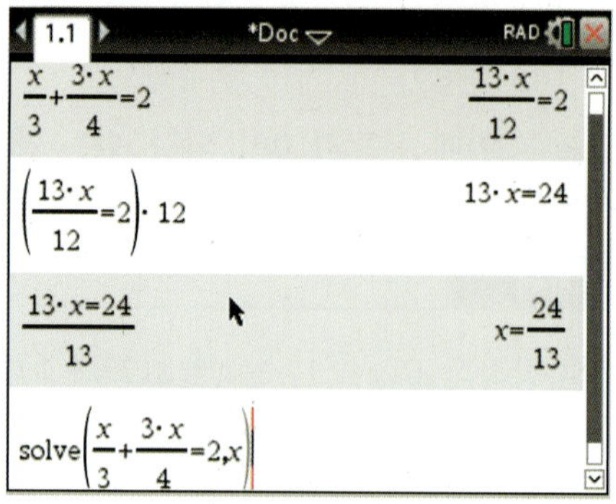

예제 3

문제 풀이에서 구한 해가 정확하지 않을 수도 있다는 것에 대해 토론하고 생각해 볼 필요가 있다. 예를 들어, 다음과 같이 $1=0$이라는 결론이 나올 수도 있다는 것이다. 다음 풀이에서 잘못된 점을 찾아보아라.

$x=1$	주어진 방정식
$x-1=0$	양변에 1을 빼기
$x(x-1)=0$	양변에 x를 곱하기
$\dfrac{x(x-1)}{x-1}=\dfrac{0}{x-1}$	양변에 $x-1$을 나누기
$\dfrac{x(x-1)}{x-1}=0$	약분하기
$\therefore\ x=0$	해

▶ 풀이

양변에 $x-1$로 나눌 때는 $x \neq 1$을 제외하고 나누어야 하므로 이 부분에서 오류가 발생하였다. 화면에서 경고 아이콘이 출력된 이유도 정의역에서 $x \neq 1$임을 말하고 있다.

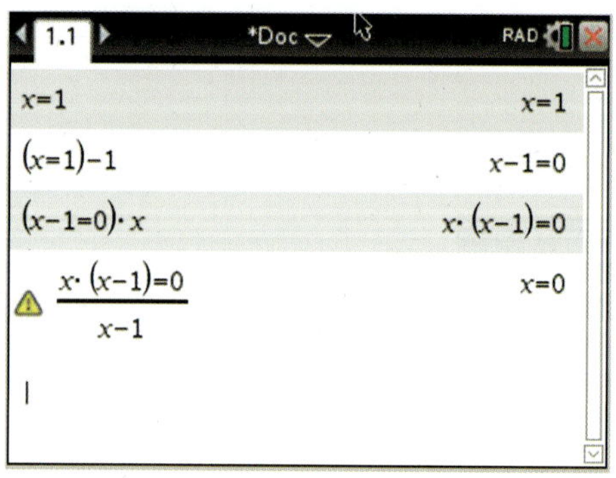

문제 1 방정식 $-3(2x-4)+7(x+2)=2x+1$을 풀어라.

문제 2 방정식 $3+\dfrac{1}{x+1}=\dfrac{4x}{x+1}$를 풀어라.

2.2 그래프를 이용하여 방정식 풀기

1 절편, 영점, 해

점 $(a, 0)$이 방정식의 해가 되면, 이 점을 주어진 방정식의 그래프의 x**절편**(intercept)이라고 한다. x절편을 구하기 위해서는 주어진 방정식의 y에 0을 대입하고 이 방정식을 x에 대해서 풀면 된다.

또, 점 $(0, b)$가 방정식의 해가 되면, 이 점을 주어진 방정식의 그래프의 y**절편**이라고 한다. y절편을 구하기 위해서는 주어진 방정식의 x에 0을 대입하고 이 방정식을 y에 대해서 풀면 된다.

함수 $y=f(x)$의 **영점**(zero)이란 그래프가 x축과 만나는 점을 뜻하므로 $f(a)=0$이 되는 a값을 말한다. 함수의 영점을 찾기 위해서는 방정식 $f(x)=0$을 풀어야 한다.

방정식의 x절편, 영점, 해의 개념은 동치이다.

- a은 $y=f(x)$ 그래프의 x절편이다.
- a는 함수 f의 영점이다.
- a는 방정식 $f(x)=0$의 해이다.

x절편, 영점, 해는 대수 공부에서 중요한 개념이다. 그래프의 x절편을 구하기 위해 방정식 풀이 절차를 이용할 수 있고, 방정식 해의 근삿값을 구하기 위해 그래프 그리기를 이용할 수 있다.

예제 1

$2x+3y=5$의 그래프에서 x절편과 y절편을 구하여라.

풀이

x절편을 구하기 위해 주어진 식에 $y=0$을 대입하여 x의 값을 구한다.

$$2x=5$$
$$\therefore\ x=\frac{5}{2}$$

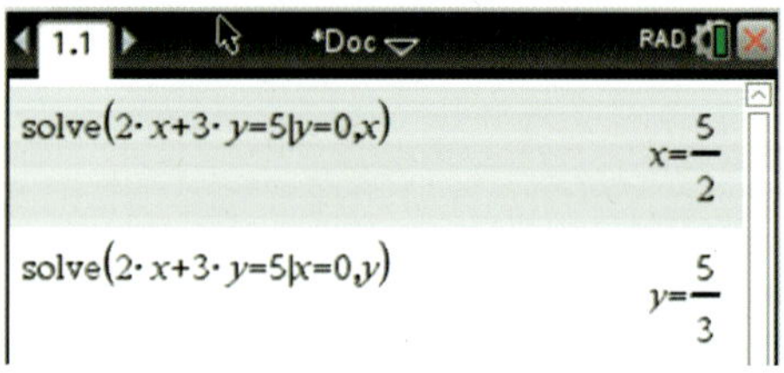

■ solve(방정식, x)는 방정식을 x에 대해서 푼다는 의미이다.

그러므로 x절편은 $\frac{5}{2}$이다.

또, y절편을 구하기 위해 주어진 식에 $x=0$을 대입하여 y의 값을 구한다.

$$3y=5$$
$$\therefore y=\frac{5}{3}$$

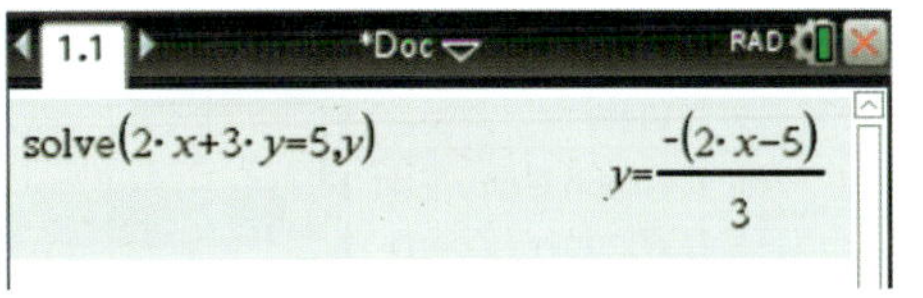

■ solve(방정식, y)는 방정식을 y에 대해서 푼다는 의미이다.

그러므로 y절편은 $\frac{5}{3}$이다.

그래프를 이용하여 x절편(그래프와 x축과의 교점)과 y절편(그래프와 y축과의 교점)을 구할 수도 있다.

$$2x+3y=5$$
$$3y=-2x+5$$
$$y=-\frac{2}{3}x+\frac{5}{3}$$
$$\therefore\ x\text{절편은 } \frac{5}{2},\ y\text{절편은 } \frac{5}{3}$$

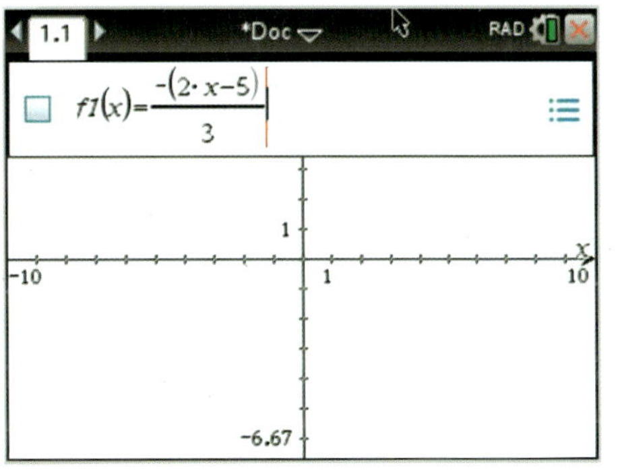

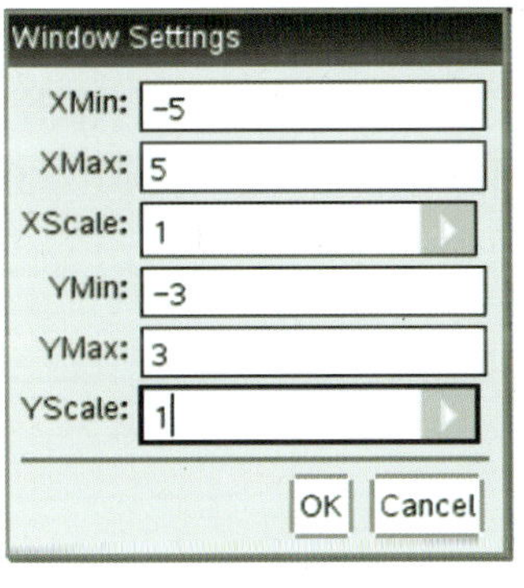

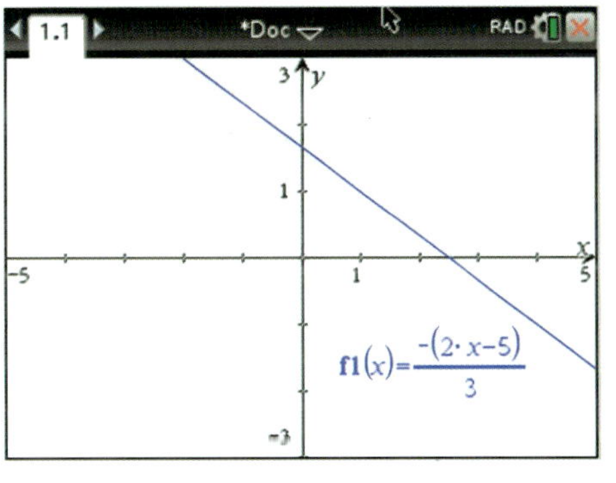

창을 왼쪽과 같이 조절하면 오른쪽과 같은 그래프를 얻을 수 있고, x절편과 y절편의 위치를 쉽게 파악할 수 있다. x절편은 2와 3 사이에 있고, y절편은 1과 2 사이에 있음을 알 수 있다.

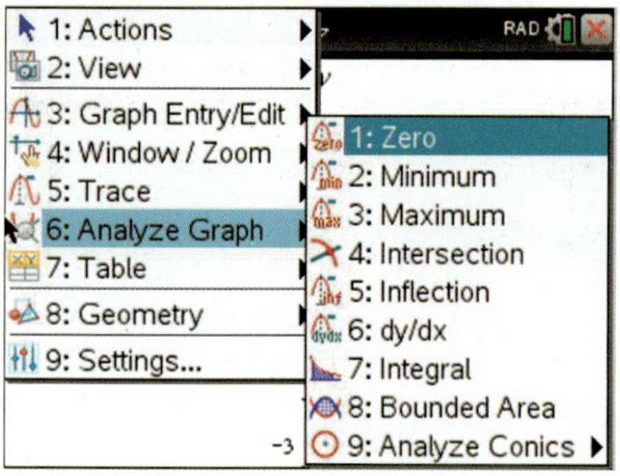

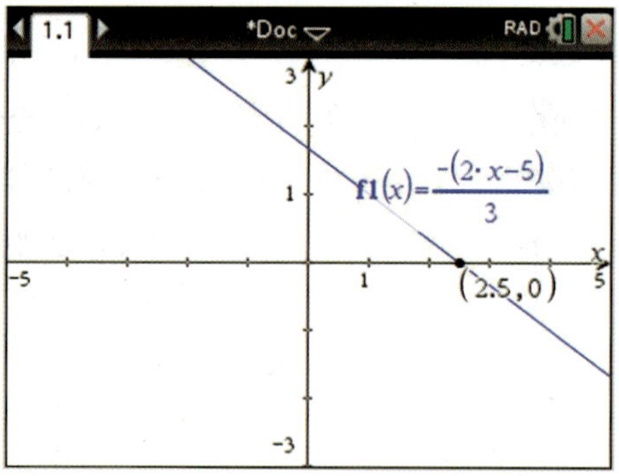

- Lower bound 선택 후 enter
- Upper bound 선택 후 enter

2 그래프를 이용하여 해 구하기

1, 2차 방정식의 해는 간단하게 구할 수 있지만, 고차 방정식의 경우에는 대수적 방법으로만 해를 구하기가 쉽지 않다.

■ 그래프를 이용하여 방정식의 근사해 구하는 방법

(1) 방정식을 일반형 $f(x)=0$꼴로 바꾼다. 0이 아닌 항을 모두 방정식의 한 변으로 옮기고 다른 변에 0을 쓴다.

(2) 함수 $y=f(x)$의 그래프를 그린다.

(3) 그래프의 zoom과 trace 기능을 이용하여 함수 f 그래프의 x절편의 근삿값을 구한다. 그래프는 하나 이상의 x절편을 가질 수 있으므로 여러 번 화면 창 조정이 필요하다.

예제 2

Nspire로 $2x^3-3x+2=0$의 근사해를 구하여라.

풀이

x의 근삿값을 주어진 이차식에 대입하면 그 값이 0.051071이다. 따라서 $x=-1.47059$가 주어진 방정식의 근사해임을 알 수 있다.

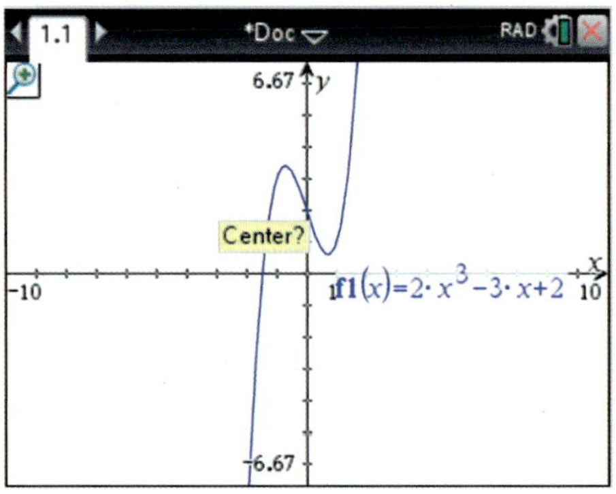

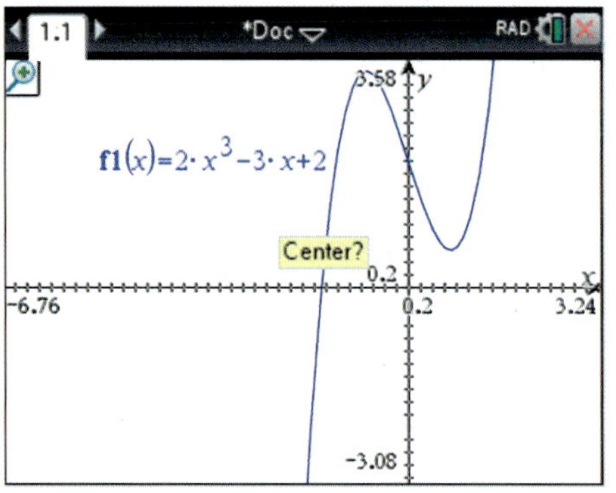

- Zoom In으로 New Center를 정한 후 그래프를 확대한다.
- Trace 기능을 이용하여 그래프에서 x의 근삿값을 구한다.

3 일차방정식의 두 그래프 교점 구하기

두 방정식을 모두 만족하는 해(순서쌍)를 두 방정식의 그래프의 **교점**(intersection)이라 한다. 두 방정식의 그래프 교점을 찾기 위해서 각 방정식을 y(또는 x)에 관해서 풀면, 두 식은 서로 같다. 이 두 식은 하나의 변수(x 또는 y)를 포함한 방정식이 되고 이 방정식을 풀어서 교점을 구할 수 있다.

예제 3

$2x-3y=-2$와 $4x-y=6$의 그래프의 교점을 구하여라.

풀이

각각의 방정식을 y에 관하여 풀어 함수식으로 바꾼다. 그래프의 교점을 구하기 위해

$$y=\frac{2}{3}x+\frac{2}{3},\quad y=4x-6$$

두 식의 좌변이 y로 같으므로, 우변도 서로 같다고 방정식을 세우고 푼다.

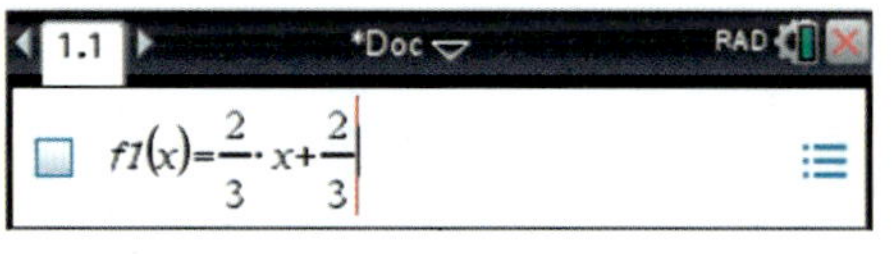

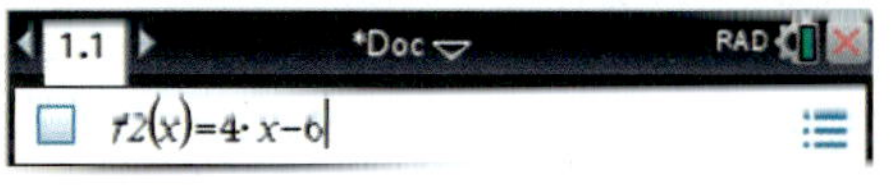

$$\frac{2}{3}x+\frac{2}{3}=4x-6$$
$$2x+2=12x-18$$
$$-10x=-20$$
$$\therefore\ x=2$$

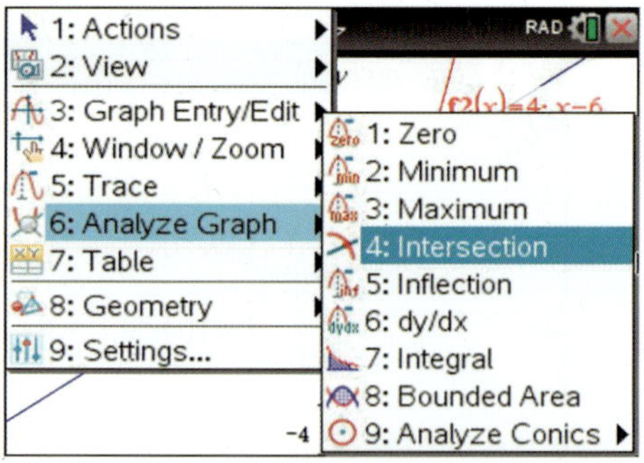

$x=2$를 두 식 중 하나의 식에 대입하면 $y=2$를 얻을 수 있다. 따라서 두 그래프의 교점의 좌표는 $(2,\ 2)$이다.

창을 다음과 같이 조절하면 Zoom Standard를 사용할 때보다 교점의 위치를 더 쉽게 파악할 수 있다.

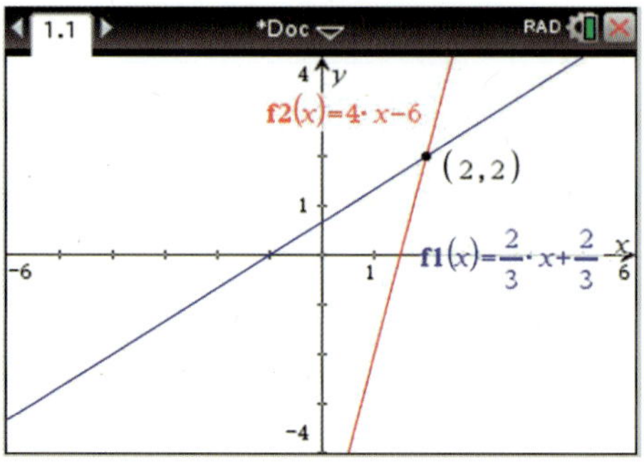

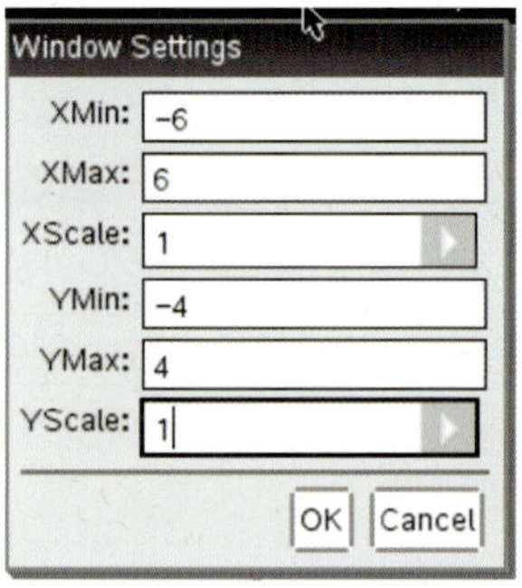

- 4: Intersection
- 1st Curve 선택 후 enter
- 2nd Curve 선택 후 enter
- Lower bound 선택 후 enter
- Upper bound 선택 후 enter

문제 1 $f(x)=x-3-\dfrac{10}{x}$의 영점을 구하여라.

문제 2 방정식 $(x+1)^2+2(x-2)=(x+1)(x-2)$의 해를 구하고, 그래프 그리기 기능을 이용하여 해가 옳음을 보여라.

문제 3 $y=3(x+1)$과 $y=x^2+2x+1$의 그래프의 교점을 구하여라.

2.3 이차방정식

1 이차방정식의 정의

계수 a, b, c가 실수이고, $ax^2+bx+c=0$ $(a \neq 0)$의 꼴로 나타내어지는 방정식이 x에 대한 **이차방정식**(quadratic equation)이다. 또 방정식을 만족시키는 x의 값을 **해**(solution) 또는 **근**(root)이라고 하고, 방정식의 해를 구하는 것을 그 **방정식을 푼다**(solve)고 한다.

2 이차방정식의 풀이 방법

이차방정식을 풀이하는 데 네 가지 방법이 있다. 인수분해를 이용한 풀이, 제곱근을 이용한 풀이, 완전제곱식을 이용한 풀이, 근의 공식을 이용한 풀이가 있다(근의 공식은 다음 장에서 설명).

1. 인수분해(factoring)를 이용한 풀이

이차방정식 $ax^2+bx+c=0$에서 좌변이 일차식의 곱으로 간단히 인수분해되면, **영인자 성질**(Zero-Factor Property, $ab=0$ 이면 $a=0$ 또는 $b=0$)를 이용하여 그 근을 구할 수 있다.

예 이차방정식 $x^2-3x-10=0$의 좌변을 인수분해하면 $(x-5)(x+2)=0$이므로 영인자 성질에 의해

$$x-5=0 \text{ 또는 } x+2=0$$
$$\therefore\ x=5 \text{ 또는 } x=-2$$

2. 제곱근(square root)을 이용한 풀이

방정식 $x^2=d$ $(d>0)$의 근은 $x=\pm\sqrt{d}$

예 이차방정식 $x^2=2$의 근은 $x=\pm\sqrt{2}$

3. 완전제곱식(completing the square)을 이용한 풀이

이차방정식을 풀 때, 인수분해가 쉽게 되지 않을 경우에는 완전제곱식으로 변형하여 풀 수 있다. x^2+bx를 완전제곱식으로 변형시키기 위해 x의 계수의 절반의 완전제곱 $\left(\frac{b}{2}\right)^2$를 더한다.

즉, $x^2+bx+\left(\frac{b}{2}\right)^2=\left(x+\frac{b}{2}\right)^2$

예 x^2+6x를 완전제곱식으로 변형시키면 $x^2+6x+\left(\frac{6}{2}\right)^2=x^2+6x+9=(x+3)^2$

예제 1

이차방정식 $2x^2+9x+4=0$을 풀어라.

풀이

좌변을 인수분해하면

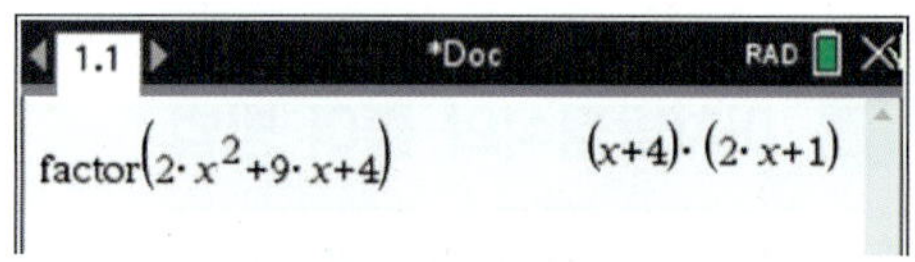

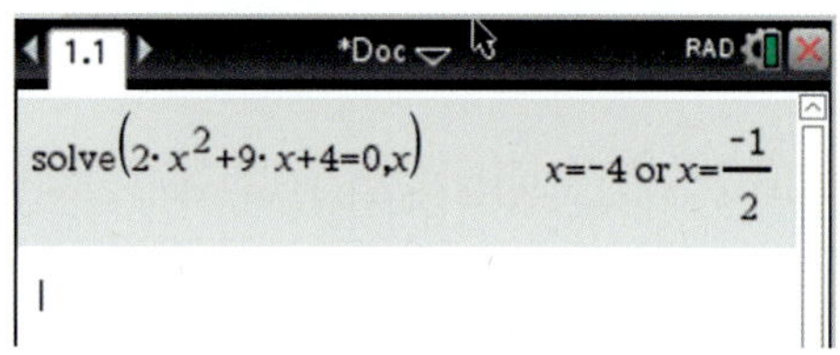

$$(x+4)(2x+1)=0$$

$$x+4=0 \text{ 또는 } 2x+1=0$$

$$\therefore\ x=-4 \text{ 또는 } x=-\frac{1}{2}$$

- **검산**: $x=-4$과 $x=-\frac{1}{2}$을 각각 방정식에 대입해보면 식을 만족시킨다.

$$2(-4)^2+9(-4)+7=0$$

$$2\left(-\frac{1}{2}\right)^2+9\left(-\frac{1}{2}\right)+7=0$$

함수 $y=2x^2+9x+4$의 그래프를 그려보면 오른쪽 그림과 같다. 그래프와 x축이 만나는 점의 x좌표를 구해보면 $x=-4,\ x=-\frac{1}{2}$이다.

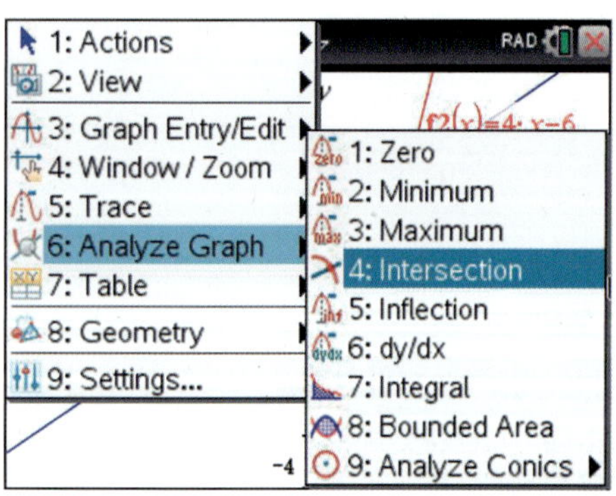

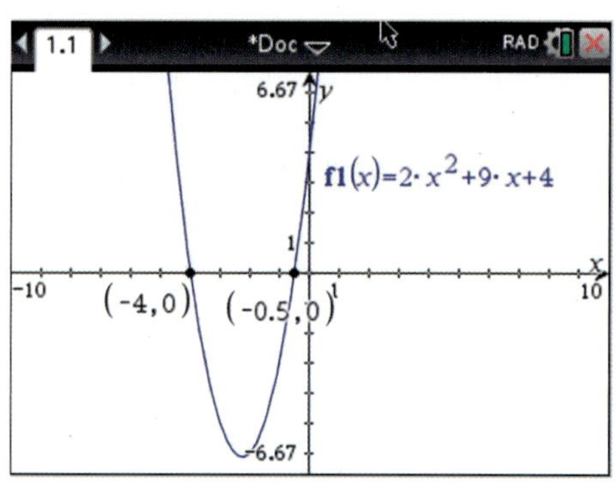

- Zoom Standard 선택
- 1: Zero 선택
- Lower bound 선택 후 enter
- Upper bound 선택 후 enter

예제 2

이차방정식 $(x-3)^2=7$을 풀어라.

풀이

$$(x-3)^2=7$$
$$x-3=\pm\sqrt{7}$$
$$\therefore x=3\pm\sqrt{7}$$

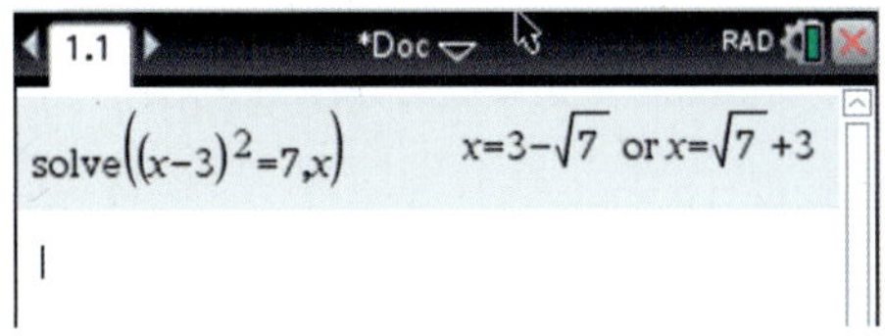

예제 3

이차방정식 $x^2-6x+2=0$을 풀어라.

풀이

유리수 범위에서 인수분해가 되지 않으므로 완전 제곱식으로 먼저 변형해야 한다. x 의 계수 -6 의 질반 제곱

$$\left(\frac{-6}{2}\right)^2=9$$

를 양변에 더한다.
상수항을 우변으로 이항하면

$$x^2-6x+9=-2+9$$
$$(x-3)^2=7$$
$$x-3=\pm\sqrt{7}$$
$$\therefore\ x=3\pm\sqrt{7}$$

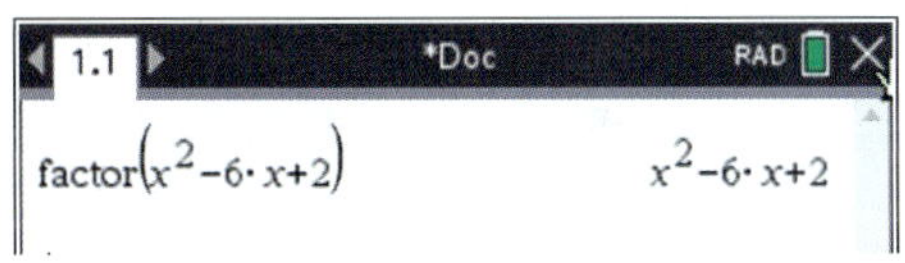

■ 인수분해를 했지만 두 인수의 곱으로 표시되지 않은 것은 유리수 범위에서 인수분해되지 않는 이차식임을 의미한다.

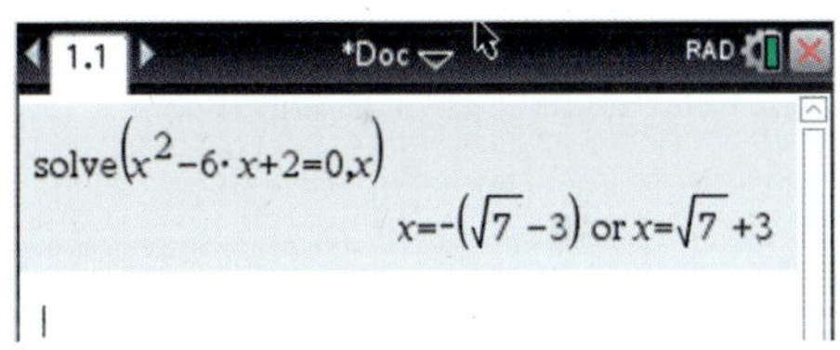

Nspire를 사용하여 함수 $y=x^2-6x+2$의 그래프를 그려보고 그래프가 x축과 만나는 점의 x 좌표를 구해보면 $x=3-\sqrt{7}\fallingdotseq 0.4$, $x=3+\sqrt{7}\fallingdotseq 5.6$이다.

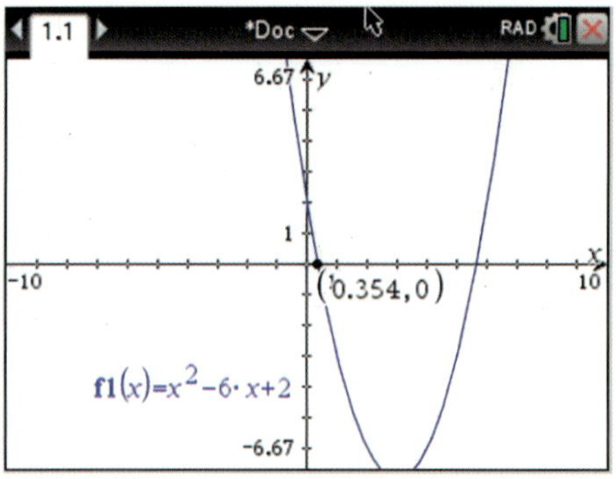

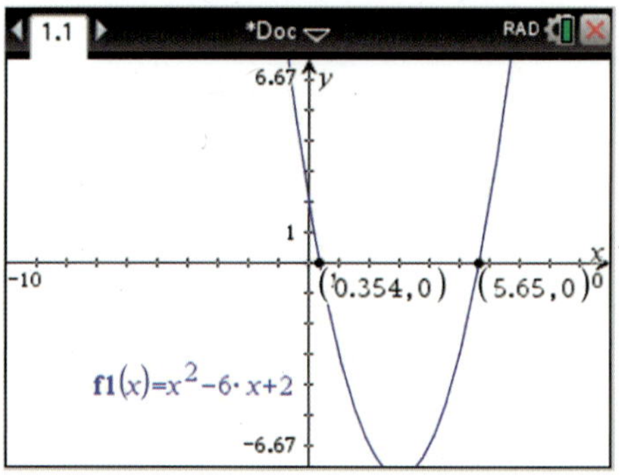

예제 4

이차방정식 $3x^2-4x-5=0$을 풀어라.

풀이

인수분해가 어려우므로 완전제곱식을 이용한다. 상수항을 우변으로 이항하고 x^2의 계수를 3으로 나눈다.

$$3x^2-4x=5$$

$$x^2-\frac{4}{3}x=\frac{5}{3}$$

$$x^2-\frac{4}{3}x+\left(\frac{2}{3}\right)^2=\frac{5}{3}+\left(\frac{2}{3}\right)^2$$

$$\left(x-\frac{2}{3}\right)^2=\frac{19}{9}$$

$$x-\frac{2}{3}=\pm\frac{\sqrt{19}}{3}$$

$$\therefore\ x=\frac{2}{3}\pm\frac{\sqrt{19}}{3}$$

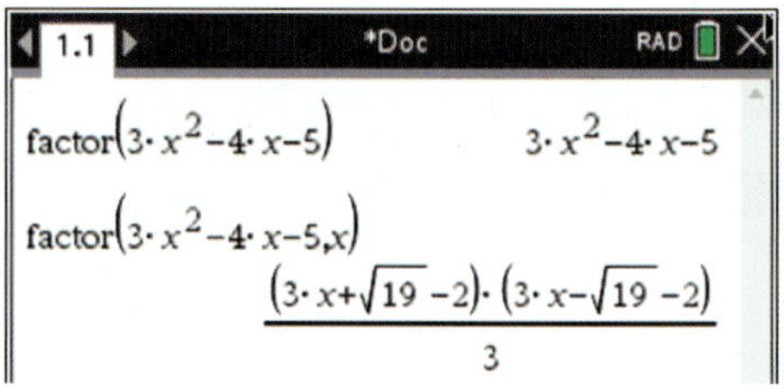

- 유리수 범위에서 인수분해가 되지 않는 이차식이다.
- 실수 범위에서 인수분해하기 위해 factor(, x)를 사용하였다.

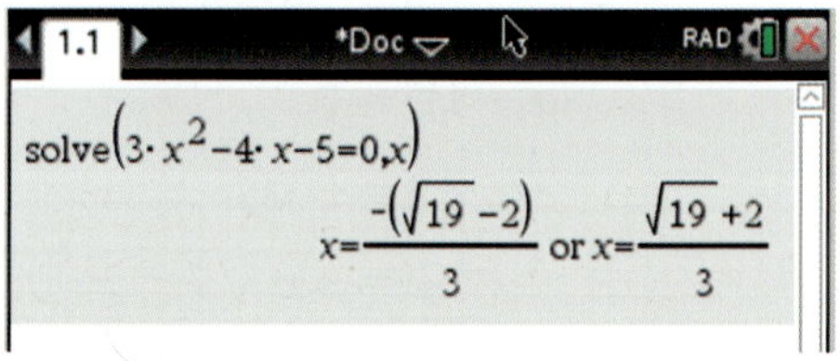

- 실수 범위에서 방정식을 풀기 위해 solve(, x)를 사용하였다.

문제 1 높이가 90m인 건물 위에서 초속 35m로 던져 올린 공의 t초 후의 높이를 h라고 할 때, $h=-5t^2+35t+90$이라고 한다. 이 공이 땅에 떨어지는 데 걸리는 시간을 구하여라.

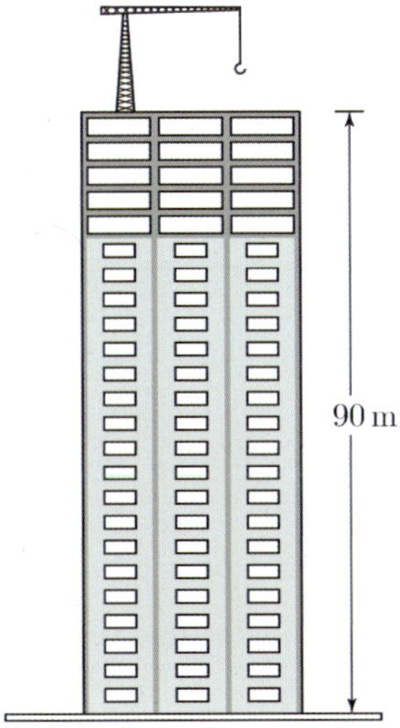

문제 2 아래 그림과 같이 잔디밭을 가로질러 300m의 길을 만들려고 한다. 사람들이 잔디밭을 가로질러 걸을 때는 보도를 따라 걸을 때보다 거리가 얼마나 더 짧은가? (단, 보도의 가로 길이는 세로 길이의 절반이다.)

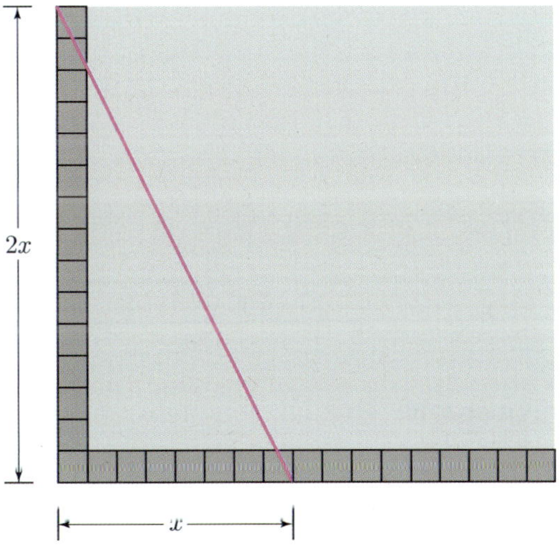

2.4 근의 공식

1 근의 공식

x에 관한 이차방정식 $ax^2+bx+c=0$ (단, a, b, c가 실수, $a \neq 0$)에서 근의 공식(quadratic formula)은 다음과 같이 유도된다. 앞에서 배운 완전제곱식을 이용한다.

$$ax^2+bx+c=0$$

$$ax^2+bx=-c$$

$$x^2+\left(\frac{b}{a}\right)x=-\frac{c}{a}$$

$$x^2+\frac{b}{a}x+\left(\frac{b}{2a}\right)^2=-\frac{c}{a}+\left(\frac{b}{2a}\right)^2$$

$$\left(x+\frac{b}{2a}\right)^2=\frac{b^2-4ac}{4a^2}$$

$$x+\frac{b}{2a}=\pm\sqrt{\frac{b^2-4ac}{4a^2}}$$

$$\therefore\ x=-\frac{b}{2a}\pm\frac{\sqrt{b^2-4ac}}{2a}$$

---

x에 관한 이차방정식 $ax^2+bx+c=0$ (단, a, b, c가 실수, $a \neq 0$)에서

$$x=\frac{-b\pm\sqrt{b^2-4ac}}{2a}$$

을 이차방정식의 근(roots)이라 한다.

---

2 판별식

x에 관한 이차방정식 $ax^2+bx+c=0$(단, a, b, c가 실수, $a \neq 0$)에서 해

$x=\dfrac{-b\pm\sqrt{b^2-4ac}}{2a}$는 판별식(discriminant) $D=b^2-4ac$에 따라 세 가지 경우가 생긴다.

	$D>0$이면 2개의 실근을 가진다.	$D=0$이면 중근을 가진다.	$D<0$이면 2개의 허근을 가진다.
$a>0$	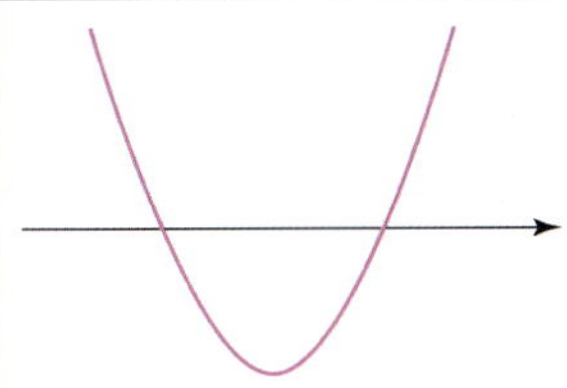	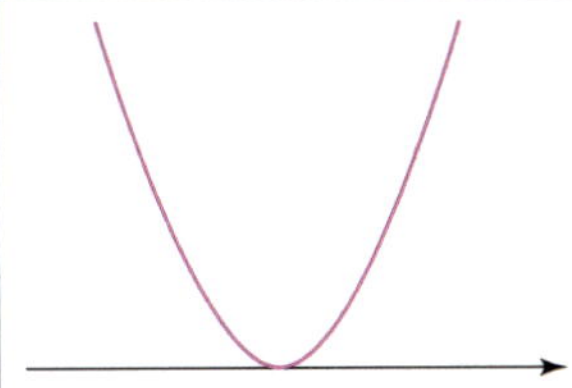	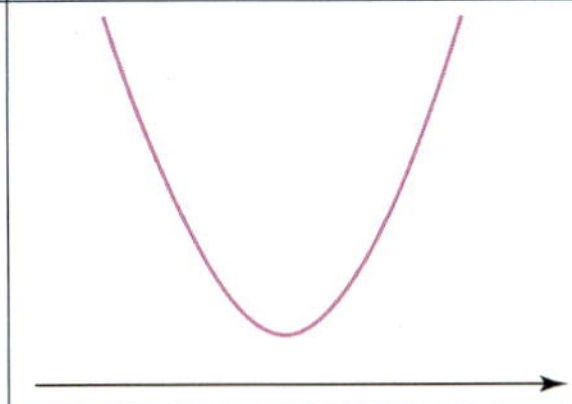
$a<0$	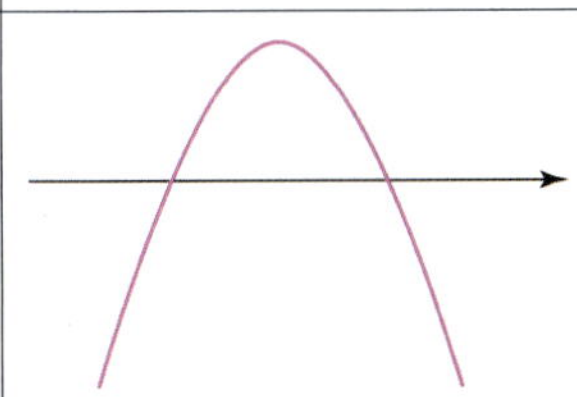	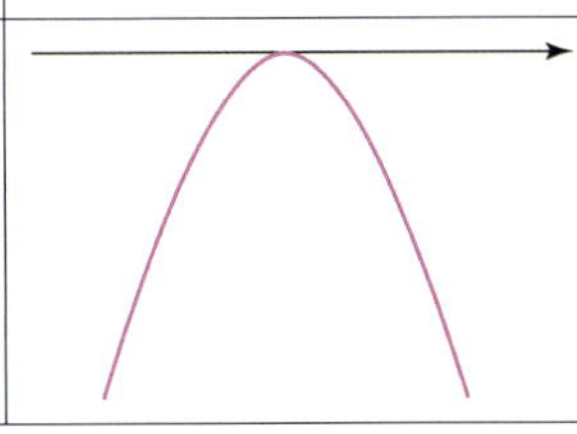	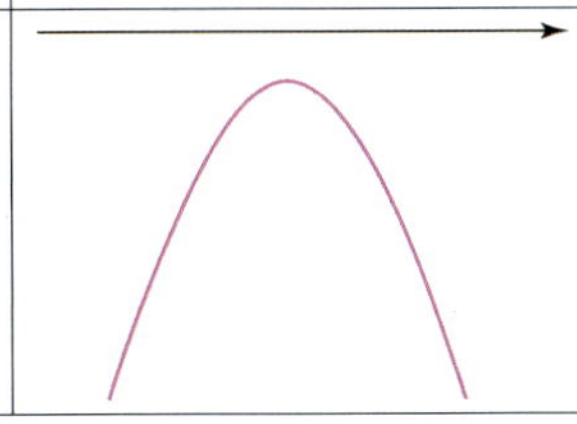

예제 1

이차방정식 $2x^2-5x-1=0$을 근의 공식을 이용하여 풀어라.

풀이

이차방정식의 일반해를 입력하여 다양한 이차방정식의 해를 구할 수 있도록 하기 위해 먼저 화면과 같이 저장한다.

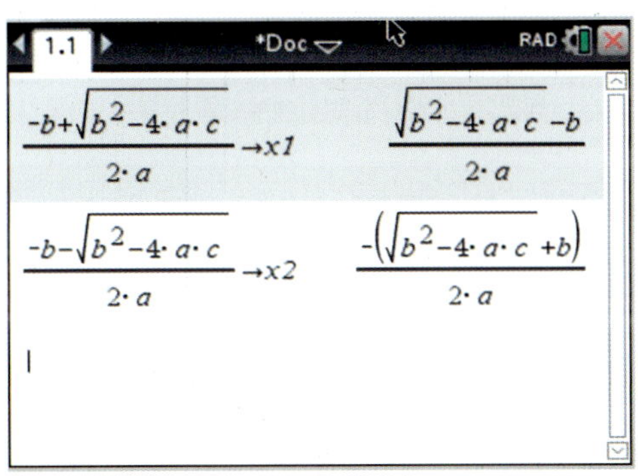

- 이차방정식의 한 해를 $x1$에 저장한다. **참고**: →은 STO▸를 누름
- 이차방정식의 다른 해를 $x2$에 저장한다.

$2x^2-5x-1=0$에서 $a=2$, $b=-5$, $c=-1$을 근의 공식에 대입해서 해를 구한다.

$$x=\frac{-(-5)\pm\sqrt{(-5)^2-4\times2\times(-1)}}{2\times2}$$

이다. 따라서 해는 $\frac{5+\sqrt{33}}{4}$ 또는 $\frac{5-\sqrt{33}}{4}$이다.

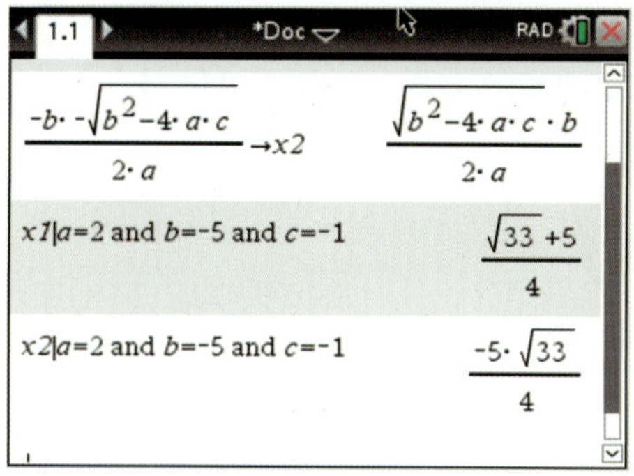

■ 조건이 여러 개이면 각각 and로 구분하여 입력한다.

Nspire로 방정식의 해를 근삿값으로 확인해 보려면 화면과 같이 한다.

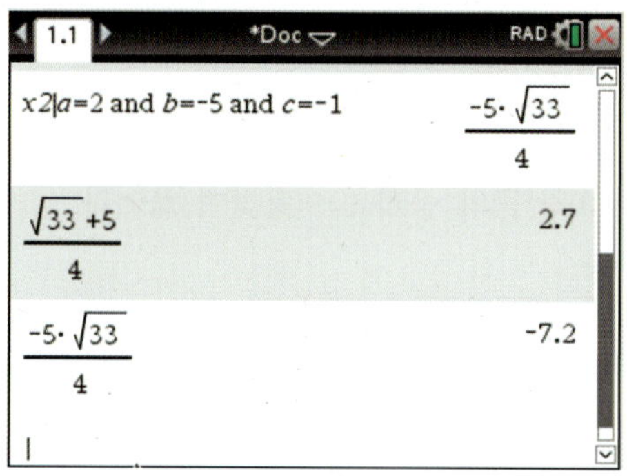

■ 근삿값을 구하려면 [≈]를 사용한다.

참고: [≈]는 ctrl enter 를 누름

또한 이차방정식 $2x^2-5x-1=0$의 해를 두 함수 $y=2x^2-5x-1$과 $y=0$(x축)과의 교점의 x좌표로 볼 수 있다.

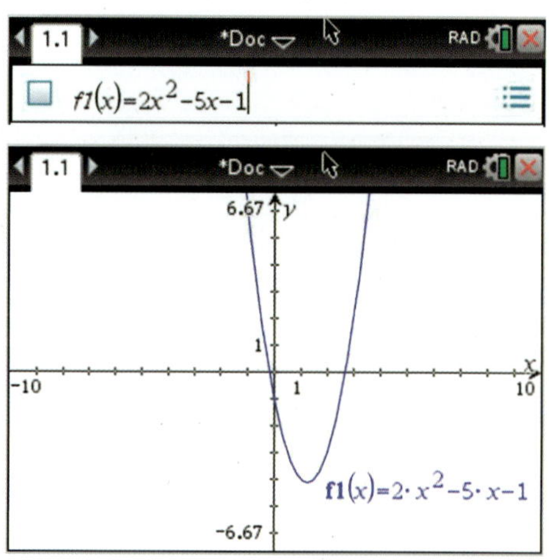

그것을 확인하기 위해 $y = 2x^2 - 5x - 1$의 그래프를 그려서 영점을 이용하면 해를 구할 수 있다. 화면창에서 보듯이 이차방정식 $2x^2 - 5x - 1 = 0$의 해는 -0.1861487 또는 2.6861487이다.

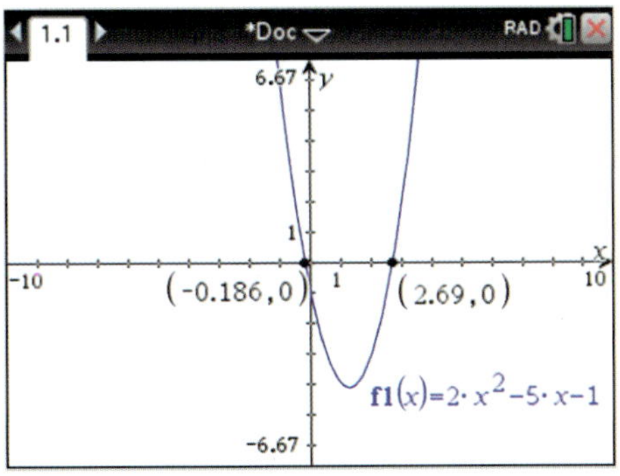

■ Analyze Graph에서 영점(zero) 구하기를 한다.

문제 1 이차방정식 $6x^2 + 7x - 3 = 0$을 근의 공식을 이용하여 풀어라.

문제 2 이차방정식 $8x^2 - 24x + 18 = 0$을 근의 공식을 이용하여 풀어라.

2.5 여러 유형의 방정식

1 고차 방정식

일차나 이차가 아닌 고차방정식(higher order equations)의 경우 인수분해를 이용하여 해를 구한다.

예제 1

방정식 $2x^3-6x^2-3x+9=0$을 풀어라.

풀이

인수분해를 이용하여 이 방정식의 해를 구할 수 있다.

$$2x^3-6x^2-3x+9=0$$
$$2x^2(x-3)-3(x-3)=0$$
$$(x-3)(2x^2-3)=0$$
$$x-3=0 \text{ 또는 } 2x^2-3=0$$
$$\therefore\ x=3 \text{ 또는 } x=\pm\sqrt{\frac{3}{2}}=\pm\frac{\sqrt{6}}{2}$$

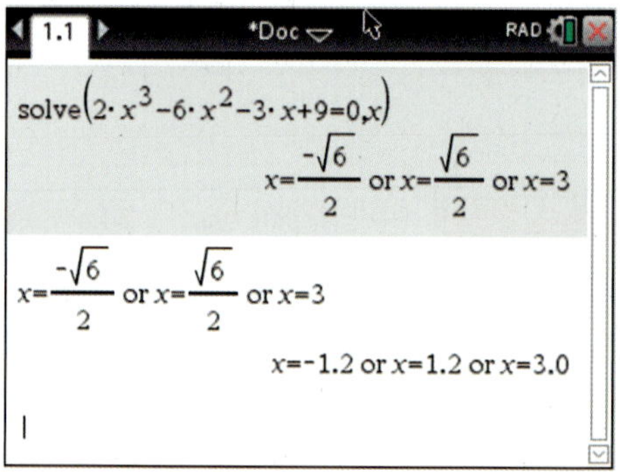

■ 소수 자릿값 설정은 다음 쪽의 CAS TIP 14 참조

계산기를 이용하여 $y=2x^3-6x^2-3x+9$의 그래프의 영점을 구해보면 이 해들이 대수적 해임을 확인할 수 있다.

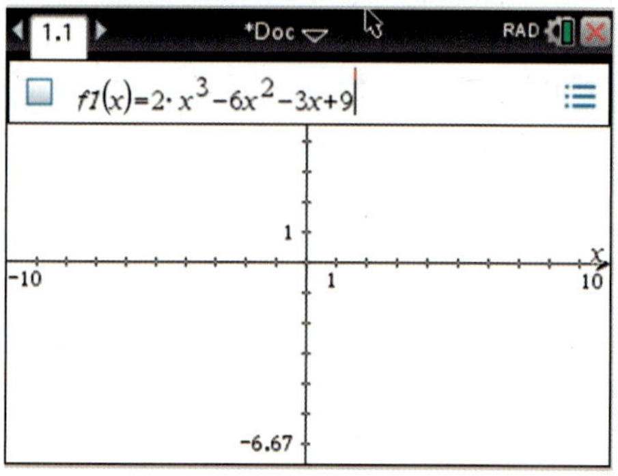

여기서 영점 1.225는 $\frac{\sqrt{6}}{2}$의 근삿값이다. 그래프에서는 근삿값을 구할 수 있다.

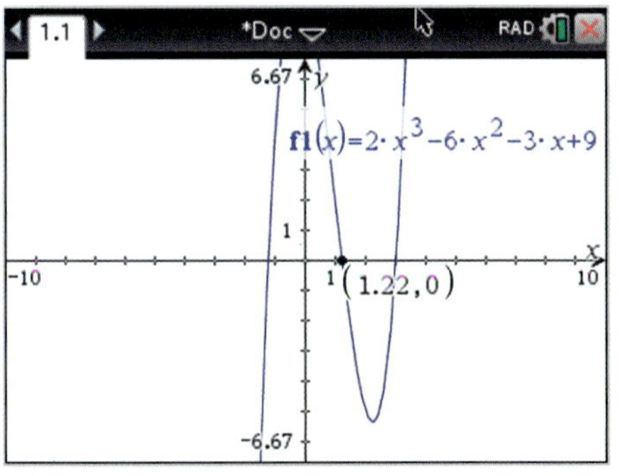

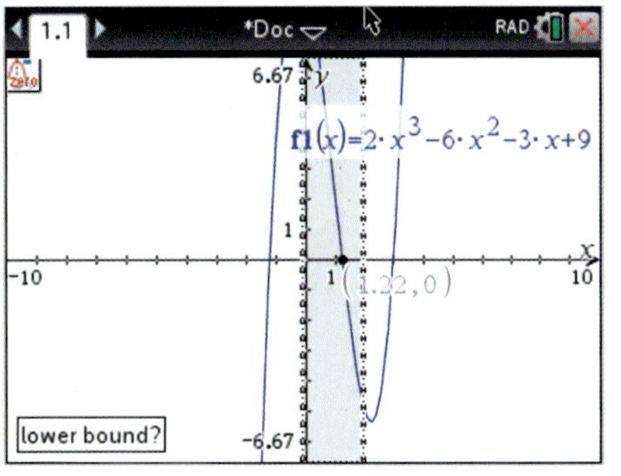

- 영점의 왼쪽에서 Lower Bound를 정하고 enter
- 방향키로 영점의 오른쪽에서 Upper Bound를 정하고 enter

CAS TIP 14 소수 자릿값 설정하기

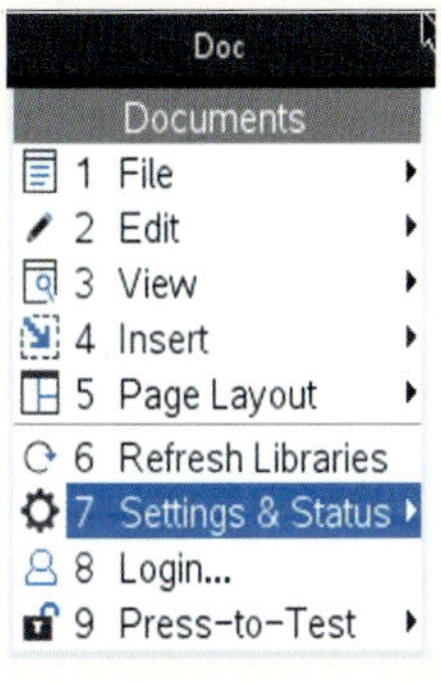

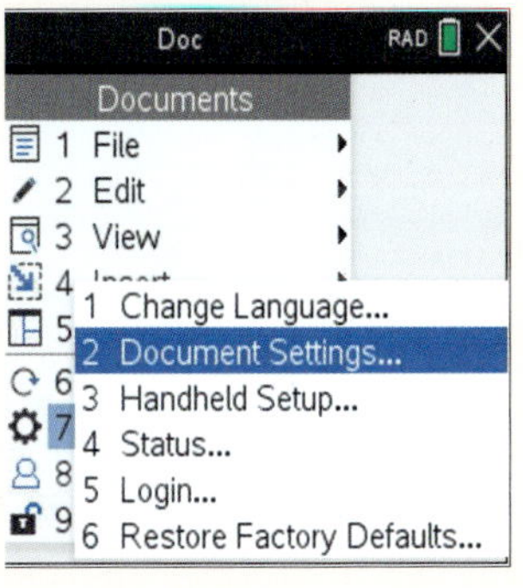

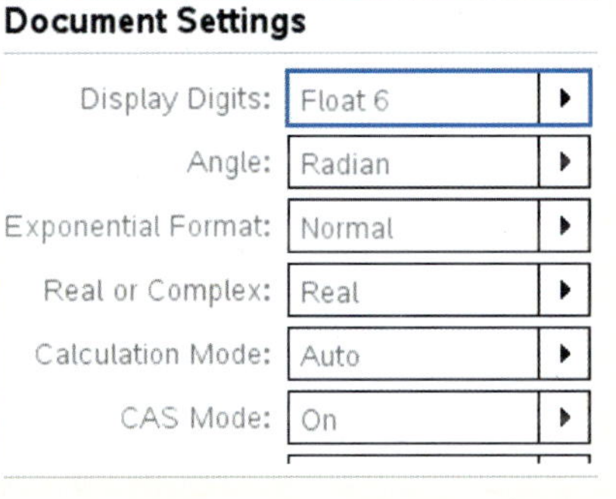

- Display Digits: 소수 자릿값 설정

  Float(유동소숫점): 출력할 소수가 지정된 자릿수보다 적은 경우 그대로 출력

  예 Float 3으로 설정했을 때 출력값이 3.4라면 그대로 3.4로 출력

  Fix(부동소숫점): 출력할 소수가 지정된 자릿수 적을 때는 빈 자릿수를 0으로 채워서 출력

  예 Fix 3으로 설정했을 때 출력값이 3.4라면 3.400으로 출력

2 근호를 포함한 방정식

근호(radical)를 포함한 방정식을 풀기 위해서는 근호만 남기고 다른 항을 등식의 다른 변으로 이항한 후 양변을 제곱한다. 이 방정식에서는 무연근(extraneous solutions)이 생기므로, 양변을 제곱하여 얻은 방정식의 해 중에서 무연근을 찾아내는 것이 가장 중요하다.

예제 2

방정식 $\sqrt{2x-3}+2=x$를 풀어라.

풀이

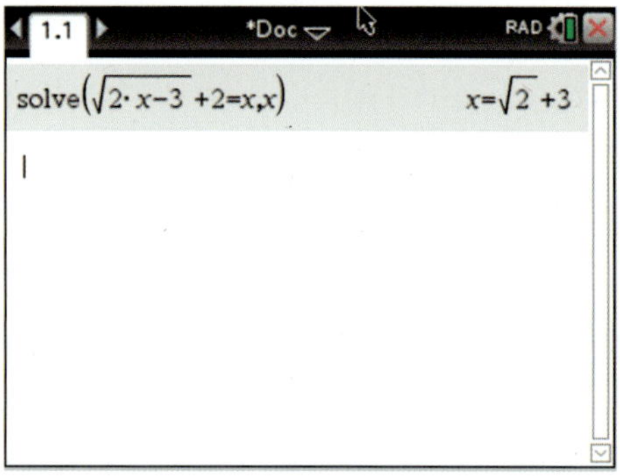

$$\sqrt{2x-3}+2=x$$

양변을 제곱하기 전에 근호를 제외한 모든 항을 다른 변으로 이항시킨다.

$$\sqrt{2x-3}=x-2$$

양변을 제곱하면

$$2x-3=x^2-4x+4$$

모든 항을 한 변으로 이항시켜 정리하면

$$x^2-6x+7=0$$

근의 공식을 이용하여 해를 구하면

$$\therefore\ x=3\pm\sqrt{2}$$

그런데 두 해가 $\sqrt{2x-3}+2=x$을 만족하는지 확인하여 무연근을 찾아야 한다. $x=3+\sqrt{2}$는 $\sqrt{2x-3}+2=x$를 만족하지만, $x=3-\sqrt{2}$는 만족하지 않는다. 따라서 이 방정식의 해는 $x=3+\sqrt{2}$뿐이다.

계산기를 이용해 방정식을 만족하는가를 알아보려면 화면과 같이 한다.

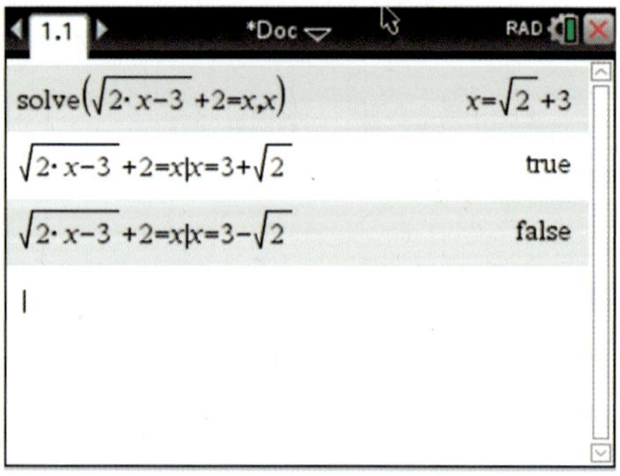

$y=\sqrt{2x-3}+2-x$의 그래프를 그려서 앞의 예처럼 영점을 이용하면 해를 구할 수 있다.

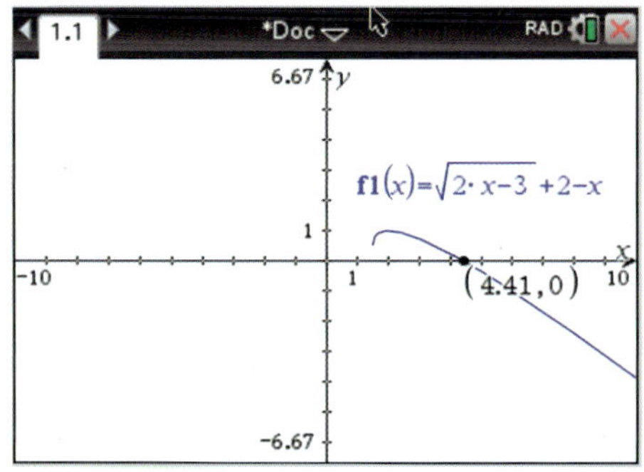

3 절댓값을 포함한 방정식

절댓값(absolute value)을 포함한 방정식에서 꼭 알아야 할 것은 절댓값 안의 값이 양수일 수도 음수일 수도 있다는 것이다. 따라서 두 경우로 나누어서 방정식을 풀고, 무연근이 있는가를 확인해야 한다.

예제 3

방정식 $|x^2+5x-2|=x-5$를 풀어라.

풀이

(1) 근호 안이 양수일 때

$$x^2+5x-2=x-5$$

한 변으로 모든 항을 이항시키면

$$x^2+4x+3=0$$

좌변을 인수분해해서 해를 구하면

$$(x+3)(x+1)=0$$

$x+3=0$ 또는 $x+1=0$

$\therefore$ $x=-3$ 또는 $x=-1$

(2) 근호 안이 음수일 때

$$-(x^2+5x-2)=x-5$$

한 변으로 모든 항을 이항시키면

$$x^2+6x-7=0$$

좌변을 인수분해해서 해를 구하면

$$(x+7)(x-1)=0$$

$x+7=0$ 또는 $x-1=0$

$\therefore$ $x=-7$ 또는 $x=1$

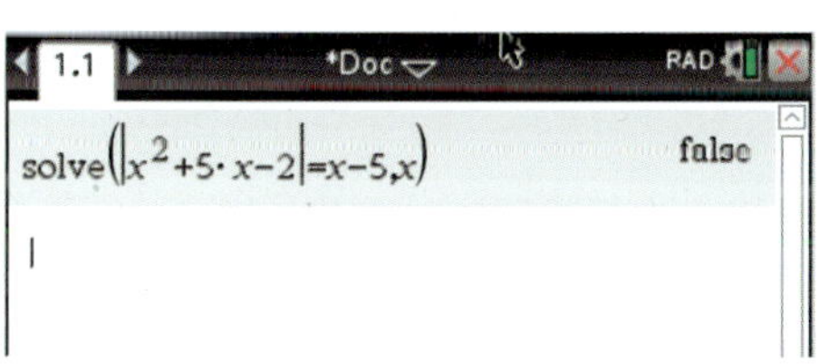

■ 절댓값 기호는 □에서 abs 명령어를 찾아 실행한다.

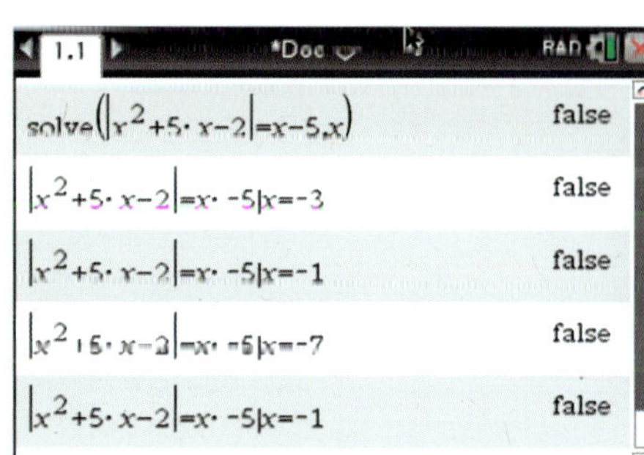

그런데 이 네 개의 해가 $|x^2+5x-2|=x-5$를 만족하는가를 확인하여 무연근을 찾아야 한다. 각각의 값을 대입해보면 모두 만족하지 않는다. 따라서 이 방정식의 해는 없다. Nspire를 이용해 방정식을 만족하는가를 알아보려면 위의 화면과 같이 한다.

$y=|x^2+5x-2|-x+5$의 그래프 그려보면 아래 그림과 같이 x축과의 교점이 없음을 알 수 있다.

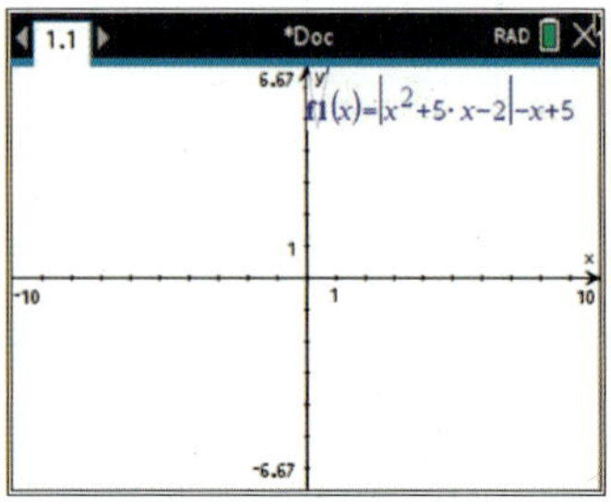

■ 그래프가 화면창을 벗어나 창 설정을 해야 한다.

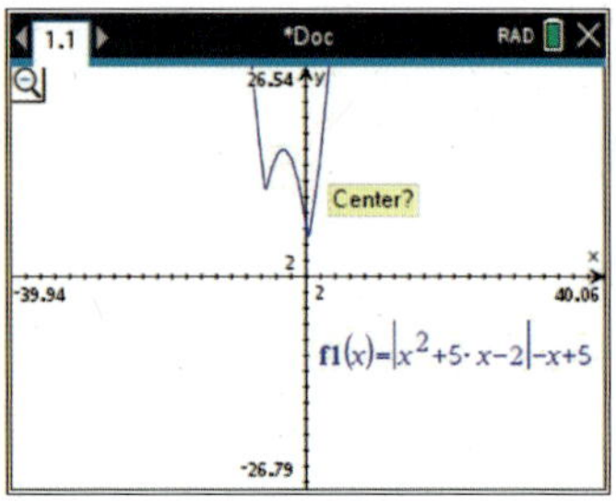

■ 창 범위를 알기 위해 zoom out을 해서 그래프 범위를 정한다.

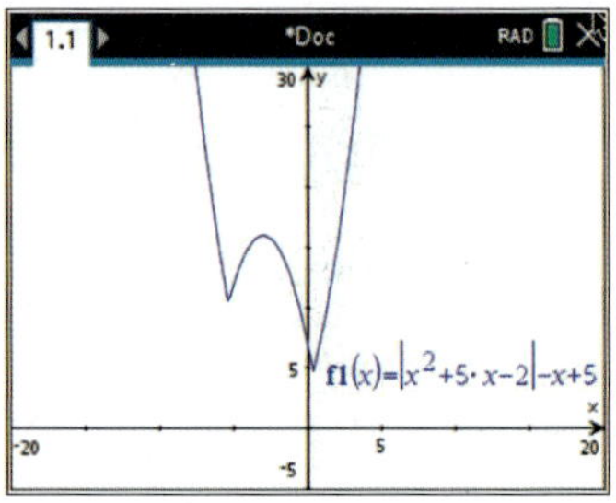

■ 그래프의 범위를 적절하게 설정한다.

문제 1 방정식 $2x^4-3x^2-2=0$을 풀어라.

문제 2 방정식 $\sqrt{x}+\sqrt{x-2}=10$을 풀어라.

문제 3 방정식 $|x+1|=x^2-5$를 풀어라.

CHAPTER

3 다항함수

POLYNOMIAL FUNCTIONS

3.1 이차함수의 그래프

다항함수는 대수에서 가장 널리 쓰이는 함수이다. n을 음이 아닌 정수라고 하고 $a_n \neq 0$이 아닌 실수 $a_n, a_{n-1}, \cdots, a_2, a_1, a_0$에 대하여

$$f(x) = a_n x^n + a_{n-1} x^{n-1} + \cdots + a_2 x^2 + a_1 x + a_0$$

를 x에 대한 n차 **다항함수**(polynomial functions)라고 부른다.

함수 $f(x) = a \ (a \neq 0)$일 때 차수(degree)가 0이고 이 함수를 **상수함수**(constant functions)라 하며, 다항함수 $f(x) = ax + b \ (a \neq 0)$일 때 차수가 일차이면 **일차함수**(linear function)라 하고 차수가 이차이면 **이차함수**(quadratic function)라 한다.

a, b, c를 실수라 하고 $a \neq 0$이라 할 때 함수 $f(x) = ax^2 + bx + c$를 이차함수라고, 이차함수의 그래프를 **포물선**(parabola)이라고 한다.

$$\begin{aligned}
f(x) &= ax^2 + bx + c \\
&= a\left(x^2 + \frac{b}{a}x\right) + c && ax^2+bx\text{에서 } a\text{를 묶어 낸다.} \\
&= a\left(x^2 + \frac{b}{a}x + \frac{b^2}{4a^2}\right) + c - a\left(\frac{b^2}{4a^2}\right) && a\left(x+\frac{b}{2a}\right)^2\text{을 완전제곱식으로 고치기 위해} \\
&= a\left(x + \frac{b}{2a}\right)^2 + c - a\left(\frac{b^2}{4a^2}\right) && a\left(\frac{b^2}{4a^2}\right)\text{를 더해주고 빼주어야 함에 유의한다.} \\
&= a\left(x + \frac{b}{2a}\right)^2 + \frac{4ac - b^2}{4a} && c-a\left(\frac{b^2}{4a^2}\right)=c-\frac{b^2}{4a}=\frac{4ac-b^2}{4a}
\end{aligned}$$

이때 $p = -\dfrac{b}{2a}$, $q = \dfrac{4ac - b^2}{4a}$라 두면 $f(x) = ax^2 + bx + c = a(x-p)^2 + q$이다. 즉 f의 그래프는 포물선 $y = ax^2$를 x축의 방향으로 p만큼 y축의 방향으로 q만큼 평행이동한 것으로 꼭짓점은 (p, q)이다. 그리고 $a > 0$이면 아래로 볼록하고, $a < 0$이면 위로 볼록하며 $x = p$를 대칭축으로 한다.

예제 1

다음 그래프들을 $y = x^2$의 그래프와 비교하여 설명하여라.

(1) $f(x) = -x^2 + 1$　　　　　　　　(2) $g(x) = (x+2)^2 - 3$

풀이

(1) $y = x^2$과 비교할 때 $f(x) = -x^2 + 1$은 x^2의 부호가 음수이므로 x축 대칭이 되어 위로 볼록한 포물선이 된다. 그리고 y축의 방향으로 $+1$만큼 평행이동한 그래프이다. y축이 포물선의 대칭축이고 꼭짓점은 $(0,\ 1)$이다.

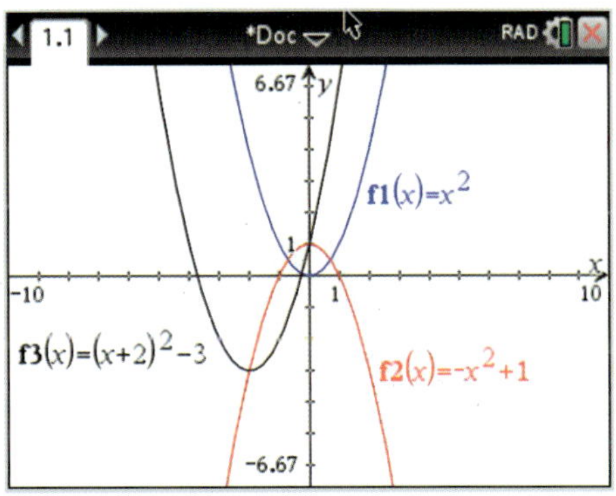

(2) $y = x^2$과 비교할 때 $g(x) = (x+2)^2 - 3$는 x축의 방향으로 -2만큼, y축의 방향으로 -3만큼 평행이동한 그래프이다. $x = -2$가 포물선의 대칭축이고 꼭짓점은 $(-2,\ -3)$이다.

	A x	B	C	D
=		=f1('x)	=f2('x)	=f3('x)
1	0	0	1	1
2	1	1	0	6
3	2	4	3	13
4	3	9	-8	22
5	4	16	-15	33

CAS TIP 15 그래프에 대한 대응표 만들기

① Page를 추가(Ctrl + I)하여 1.2로 시작.

② 4. Lists & Spreadsheet 실행

③ A열에는 X 입력하고 아래 셀에는 1~5 입력

④ B열의 B셀에 커서를 클릭하고 =이 나오면 var 를 누르고 f(1)을 선택한다.

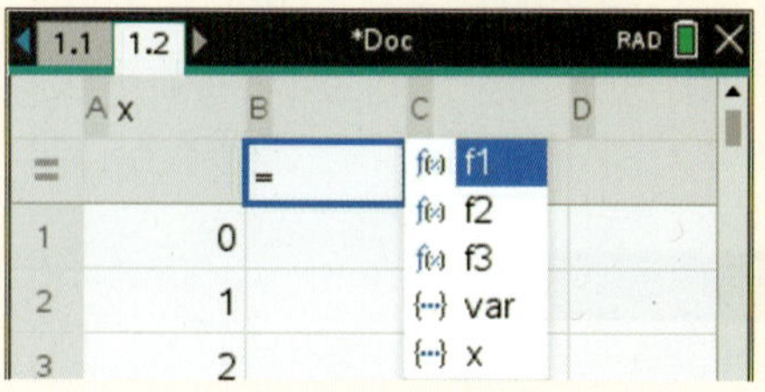

⑤ f1의 괄호에 x를 입력하고 enter

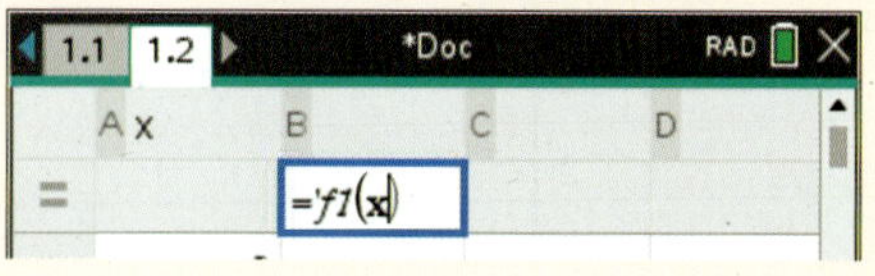

⑥ Variable Reference를 선택하고 enter

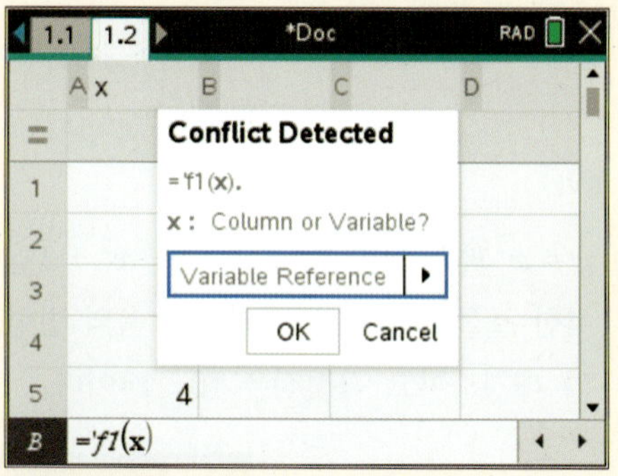

⑦ B열 아래에 함숫값 f1(x)가 자동으로 채워진다.

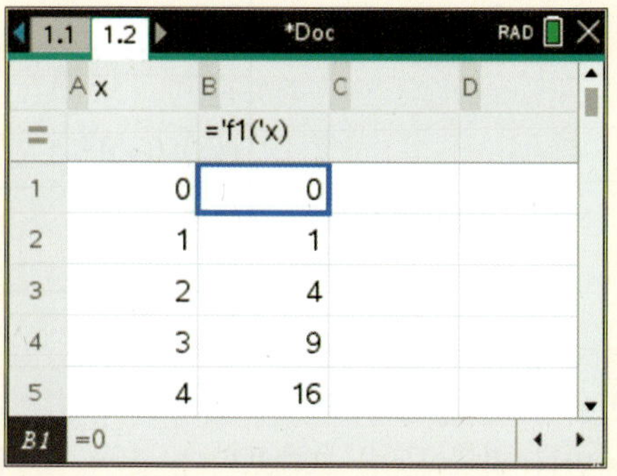

■ C열에는 f2(x), D열에는 f3(x)의 함숫값을 위의 순서대로 자동 입력한다.

예제 2

$f(x)=2x^2+8x+5$의 그래프를 그리고 꼭짓점과 대칭축을 구하여라.

풀이

$$\begin{aligned} f(x) &= 2x^2+8x+5 \\ &= 2(x^2+4x)+5 \\ &= 2(x^2+4x+4)+5-8 \\ &= 2(x+2)^2-3 \end{aligned}$$

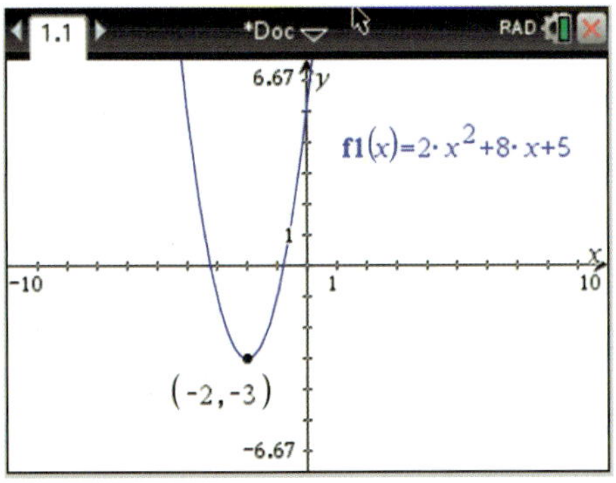

■ menu > 6.Analyze Graph > 2.Minimum

따라서 꼭짓점은 $(-2, -3)$이고 대칭축은 $x=-2$가 된다. Nspire로 $f(x)=2x^2+8x+5$의 그래프를 그리고 Minimum 기능을 이용해 좌표를 확인할 수 있다.

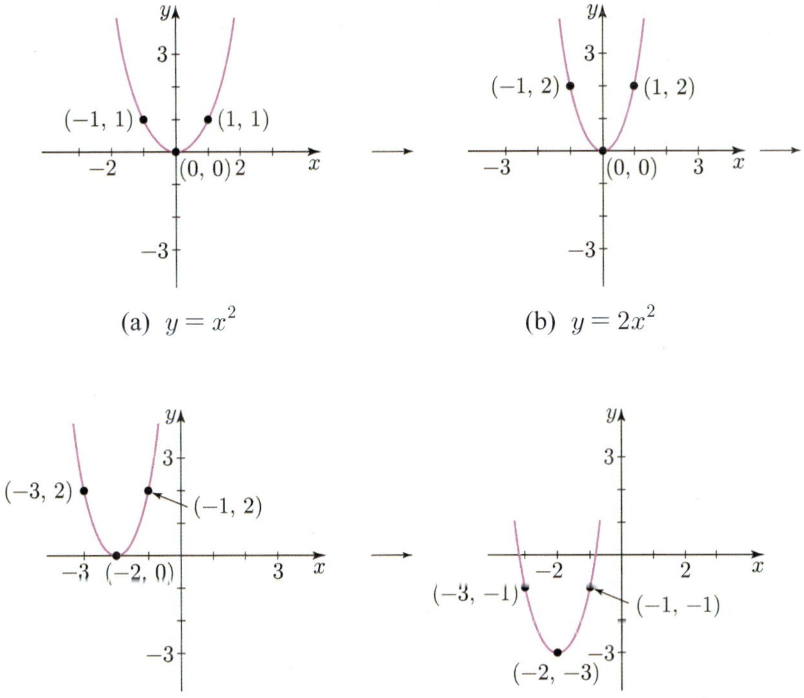

(a) $y=x^2$ (b) $y=2x^2$

(c) $y=2(x+2)^2$ (c) $y=2(x+2)^2-3$

문제 1 $f(x)=-x^2+6x-8$에 그래프에 대하여 설명하여라.

문제 2 단위 면적당 화학비료의 양을 x, 농산물의 산출량을 y로 하여 데이터를 수집하여 얻은 함수가 다음과 같을 때, 물음에 답하여라.

$$Y(x)=-0.017121x^2+1.076515x+3.893939$$

(1) 이 함수를 이용하여 단위 면적당 얼마만큼의 화학비료를 사용하는 것이 좋을지 추론하여라.

(2) 이 함수를 사용하여 가장 효과적으로 화학비료를 사용했을 때의 생산량을 예측하여라.

3.2 고차 다항함수

1 다항함수의 그래프

차수가 3차 이상인 다항함수의 그래프는 아래 그림처럼 뾰족한 첨점을 가질 수 없다. 다항함수가 아닌 $f(x)=|x|$의 그래프는 $(0,\ 0)$에서 첨점을 가진다.

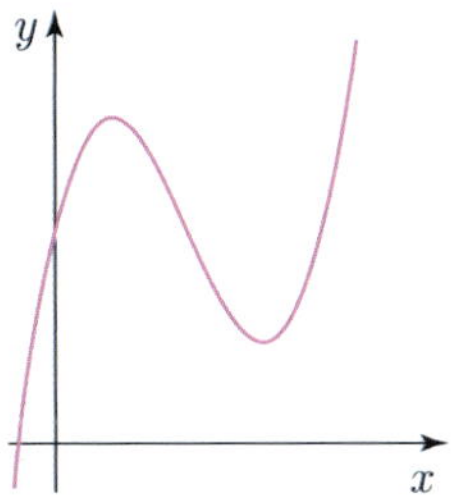

연속

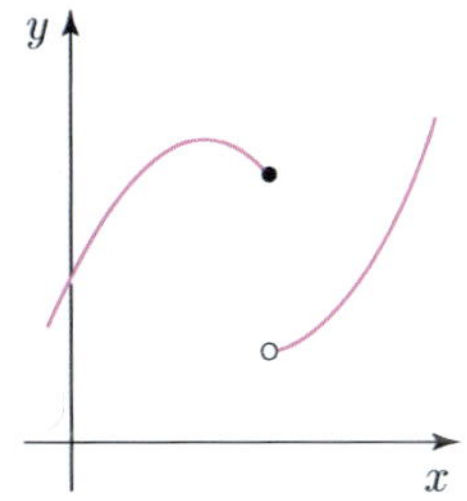

불연속

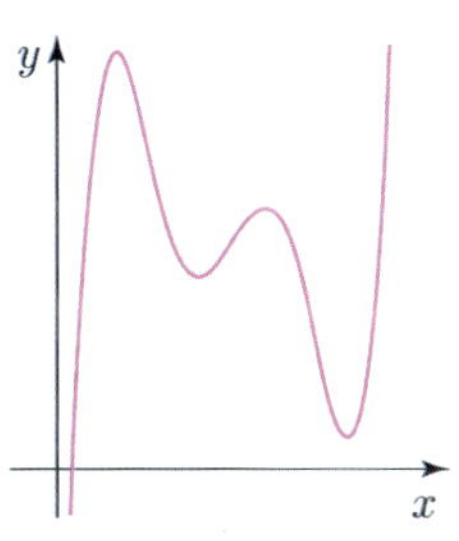

(1) 다항함수의 그래프는 부드럽고 둥그스름한 전환을 가진다.

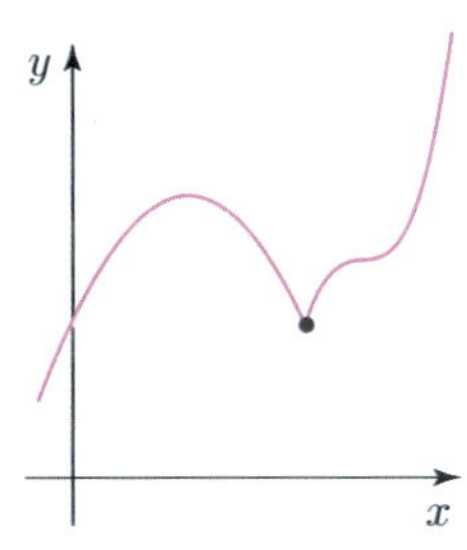

(2) 다항함수의 그래프는 첨점을 가질 수 없다.

다항함수 가운데 가장 간단한 형태의 다항함수는

$$f(x)=x^n \quad (\text{단, } n\text{은 자연수})$$

이다. n이 짝수이면 $f(x)=x^2$의 그래프와 같고, n이 홀수이면 $f(x)=x^3$의 그래프와 모양이 같다. n이 커질수록 폐구간 $[-1,\ 1]$에서 그래프는 평평한 모양을 띠게 된다.

만약 n이 짝수이면, $y=x^n$의 그래프는 x축에 접한다.

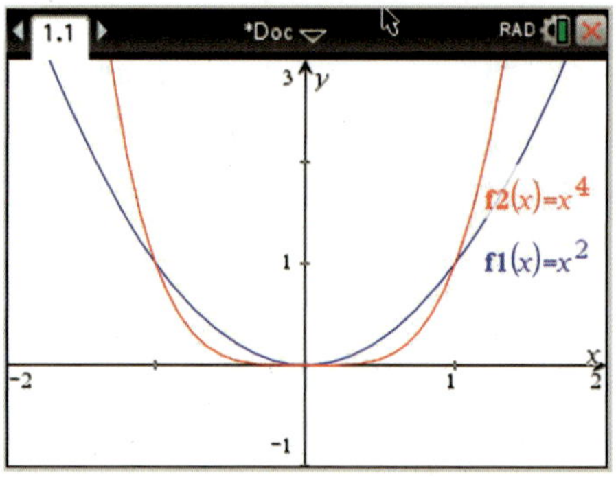

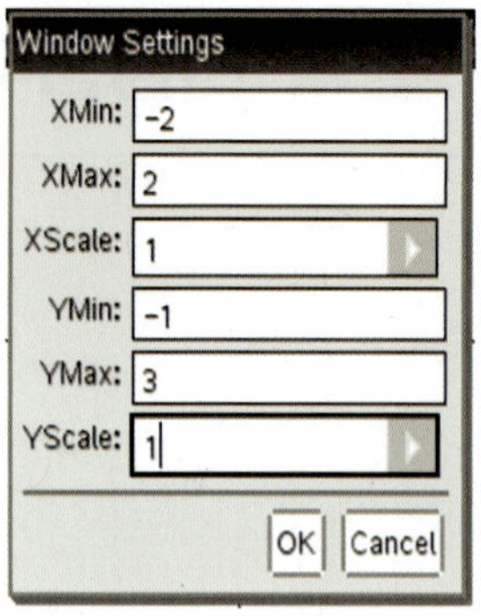

만약 n 이 홀수이면, $y=x^n$ 의 그래프는 원점에 대하여 대칭이다.

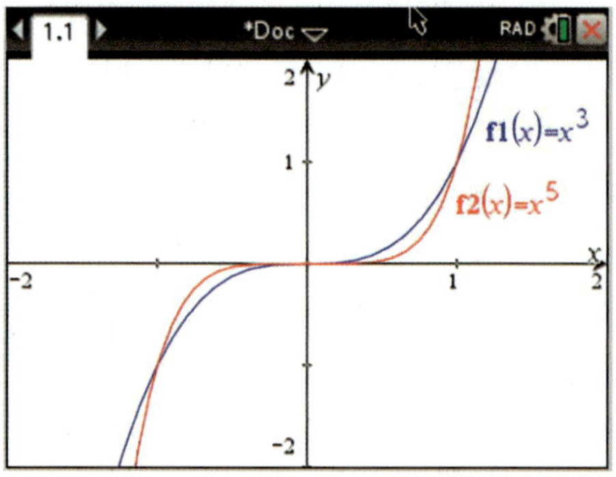

예제 1

다음 다항함수의 그래프를 그려라.

(1) $f(x)=-x^5$

(2) $g(x)=x^4+1$

(3) $h(x)=(x+1)^4$

풀이

(1) f 의 경우 차수가 홀수이므로 $y=x^3$ 의 그래프와 같고, 계수가 음수이므로 x 축에 대하여 대칭이다. 이 그래프는 세 점 $(0,\ 0)$, $(1,\ -1)$, $(-1,\ 1)$을 지나는 그래프이다.

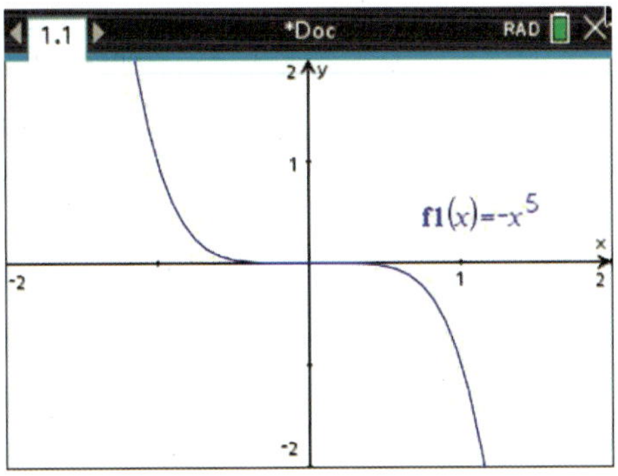

(2) g 의 경우 $y=x^4$의 그래프를 y축 방향으로 1만큼 평행이동한 그래프이다.

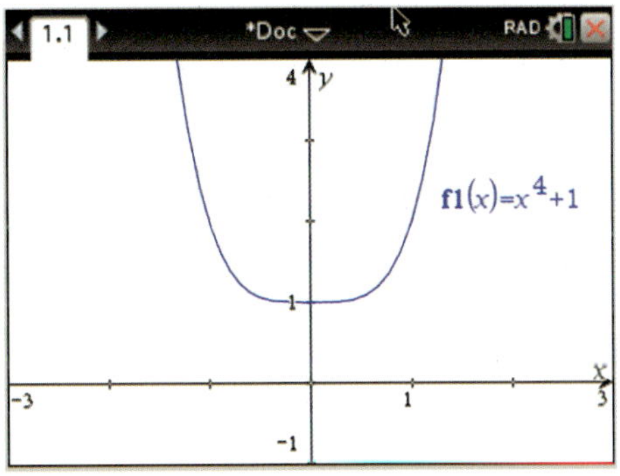

(3) h 의 경우 $y=x^4$의 그래프를 x축 방향으로 -1만큼 평행이동한 그래프이다.

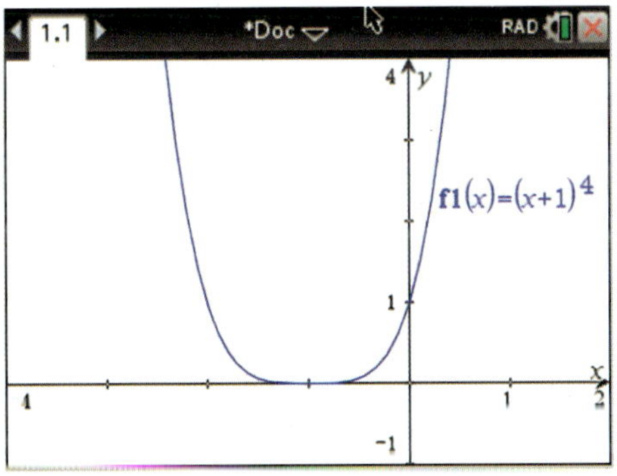

2 최고차항의 계수를 이용한 함수의 그래프의 변화 관찰

[예제 1]의 세 그래프에서 x를 왼쪽, 오른쪽 방향의 큰 값으로 움직일 때, $f(x)$가 한없이 계속 증가하거나 감소하는 것을 다음과 같은 기호로 표현한다.

$$x \to \infty \text{일 때, } f(x) \to \infty$$

함수의 그래프가 한없이 계속 증가하는지 혹은 감소하는지를 결정하는 것은 다항함수의 차수와 그 최고차항의 계수이다.

■ 최고차항의 계수를 이용

x가 한없이 계속 증가하거나 감소할 때, 다항함수 $f(x) = a_n x^n + \cdots + a_1 x + a_0$의 그래프는 다음의 성질에 따라 계속 증가하거나 감소한다.

1. n이 홀수일 때

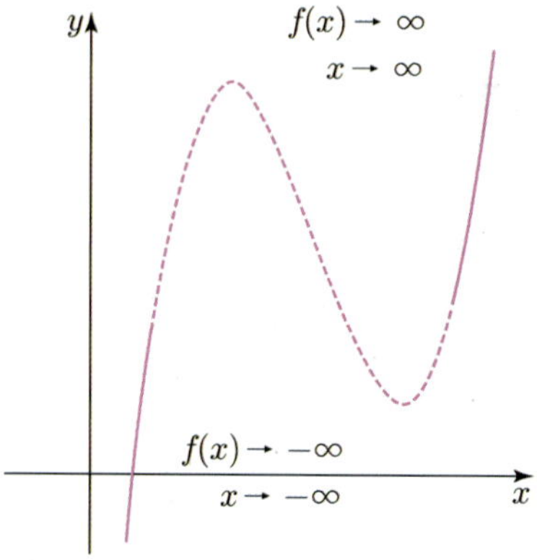

- 만약 최고차항의 계수가 양수($a_n > 0$)이면, 왼쪽으로는 감소하고 오른쪽으로는 증가하는 그래프가 된다.

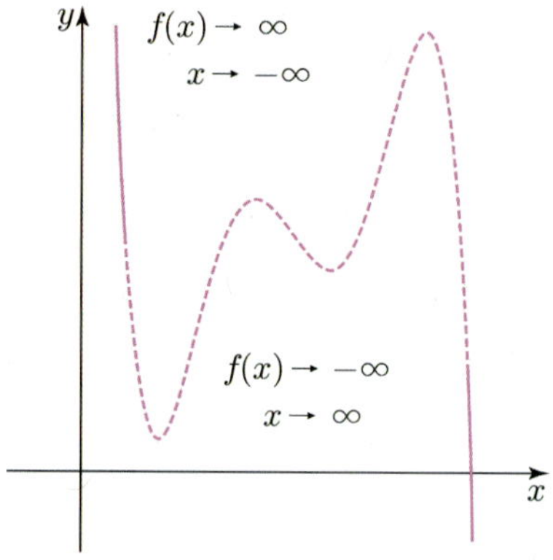

- 만약 최고차항의 계수가 음수($a_n < 0$)이면, 왼쪽으로는 증가하고 오른쪽으로는 감소하는 그래프가 된다.

2. n이 짝수일 때

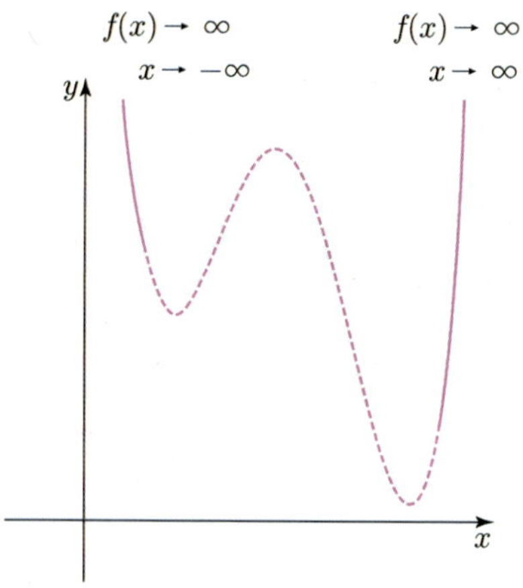

- 만약 최고차항의 계수가 양수($a_n > 0$)이면, 왼쪽과 오른쪽 방향 모두 증가하는 그래프가 된다.

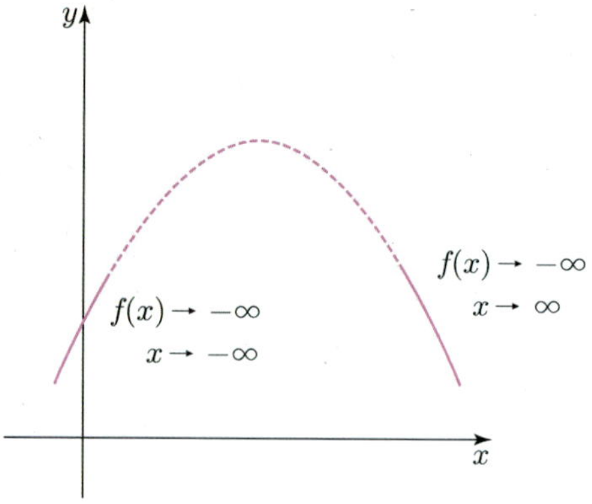

- 만약 최고차항의 계수가 음수($a_n < 0$)이면, 왼쪽과 오른쪽 방향 모두 감소하는 그래프가 된다.

예제 2

다음 다항함수의 최고차항의 계수를 사용하여 각 그래프의 오른쪽과 왼쪽의 형태를 말하여라.

(1) $f(x)=-x^3+4x$

(2) $f(x)=x^4-5x^2+4$

(3) $f(x)=x^5-x$

CAS TIP 16 그래프 읽기

함수의 그래프에서 증가와 감소를 판단할 때는 0 에서 x 축 오른쪽으로, 그리고 0 에서 x축 왼쪽으로 함숫값을 읽는다.

풀이

(1) 차수가 홀수이고 최고차항의 계수가 음수이므로, 왼쪽으로는 증가하고 오른쪽으로는 감소하는 그래프이다.

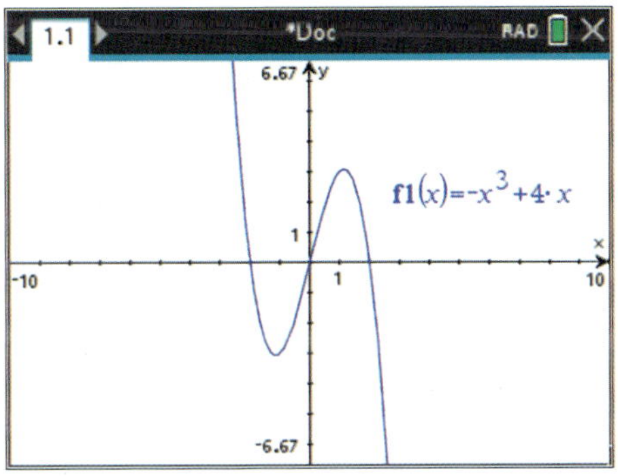

(2) 차수가 짝수이고 최고차항의 계수가 양수이므로, 왼쪽과 오른쪽 방향 모두 증가하는 그래프이다.

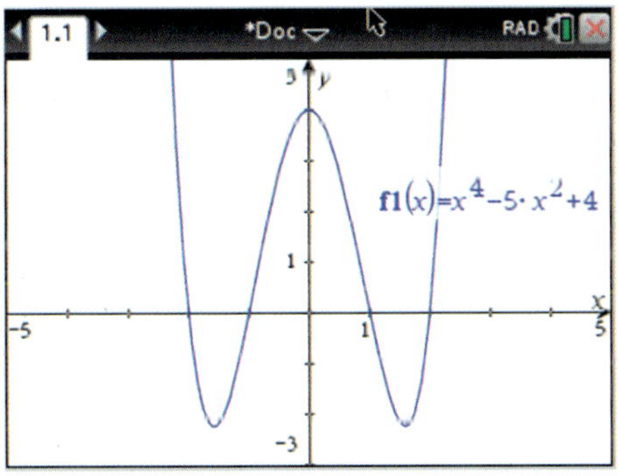

(3) 차수가 홀수이고 최고차항의 계수가 양수이므로, 왼쪽으로는 감소하고 오른쪽으로는 증가하는 그래프이다.

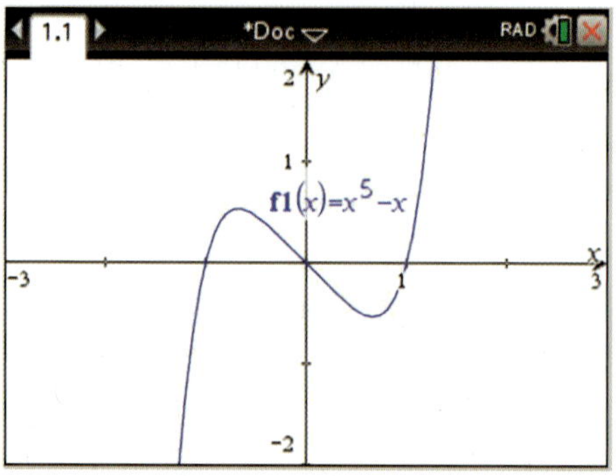

3 다항함수의 영점

아래는 차수가 n인 다항함수에서 성립하는 명제이다.

1. 함수 f는 실수 범위에서 많아야 n개의 영점을 가진다.
2. f의 그래프는 많아야 $n-1$개의 극값(extreme values, 국소적 최솟값 또는 국소적 최댓값)을 가진다.

함수 f의 **영점**(zero)이란 앞에서도 설명한 것처럼 $f(x)=0$을 만족하는 x의 값이다. 예를 들어, 0과 -3은 함수 $f(x)=x^2+3x$에 대하여 $f(0)=0^2+3\cdot0=0$과 $f(-3)=(-3)^2+3\cdot(-3)=0$을 만족하므로 $f(x)$의 영점들이다.

다항함수의 영점을 찾아내는 것은 대수에서 가장 중요한 문제 가운데 하나이며, 인수분해와 x절편 찾는 것과 깊은 관련이 있다. 그래프적 접근과 대수적 접근은 강하게 상호작용한다는 것을 이미 앞에서 충분히 살펴 보았다. 때로는 함수의 영점을 찾기 위해 그 그래프에 대한 정보를 사용할 수도 있고, 함수의 그래프를 잘 관찰할 수 있는 정의역과 치역의 범위를 찾기 위해 그 함수의 영점을 사용할 수도 있다.

다항함수 f와 실수 a에 대하여 다음은 서로 동치이다.

1. $x=a$는 함수 f의 영점이다.
2. $x=a$는 방정식 $f(x)=0$의 근이다.
3. $(x-a)$는 $f(x)$의 인수이다.
4. $(a,\ 0)$은 f의 그래프와 x축과의 교점이다.

예제 3

다음 삼차 다항함수의 영점을 실수 범위에서 구하여라.

$$f(x) = x^3 - x^2 - 2x$$

풀이

$$\begin{aligned} f(x) &= x^3 - x^2 - 2x \\ &= x(x^2 - x - 2) && \text{공통인수 } x\text{를 묶어낸다.} \\ &= x(x-2)(x+1) && \text{인수분해한다.} \end{aligned}$$

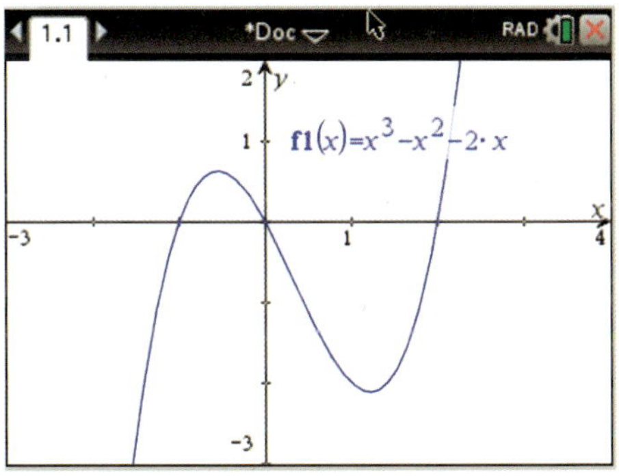

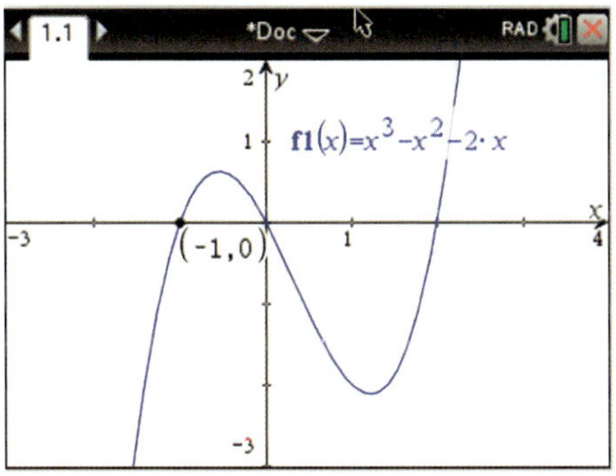

실수 범위에서의 영점을 구하면 $x=0$, $x=2$ 그리고 $x=-1$이며, 축과의 교점 좌표는 $(0, 0)$, $(2, 0)$, $(-1, 0)$이다. 또한 $f(x)$의 그래프는 두 개의 극값을 가진다. 이 사실은 삼차함수는 많아야 두 개의 극값을 가진다는 것을 뒷받침하는 근거가 된다.

예제 4

다음 사차함수 영점을 실수 범위에서 구하여라.

$$f(x) = -2x^4 + 2x^2$$

풀이

$$\begin{aligned} f(x) &= -2x^4 + 2x^2 \\ &= -2x^2(x^2 - 1) && \text{공통인수 } -2x^2\text{을 묶어낸다.} \\ &= -2x^2(x-1)(x+1) && \text{인수분해한다.} \end{aligned}$$

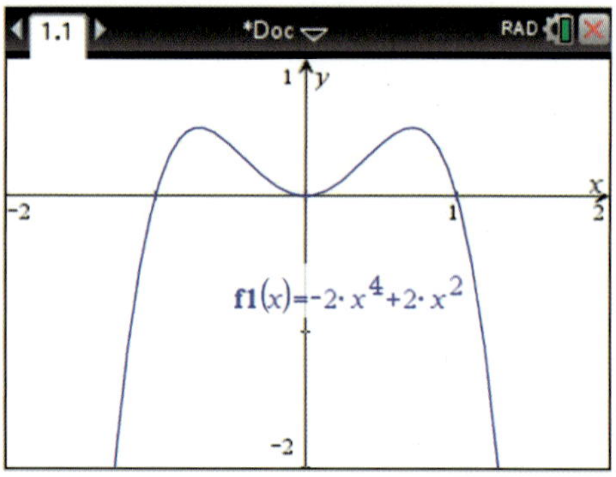

실수 범위에서의 영점을 구하면 $x=0$, $x=1$, $x=-1$이며, x축과의 교점 좌표는 $(0,0)$, $(1,0)$, $(-1,0)$이다. 또한 $f(x)$의 그래프는 세 개의 극값을 가진다. 이 사실은 사차함수는 많아야 세 개의 극값을 가진다는 것을 뒷받침하는 근거가 된다.

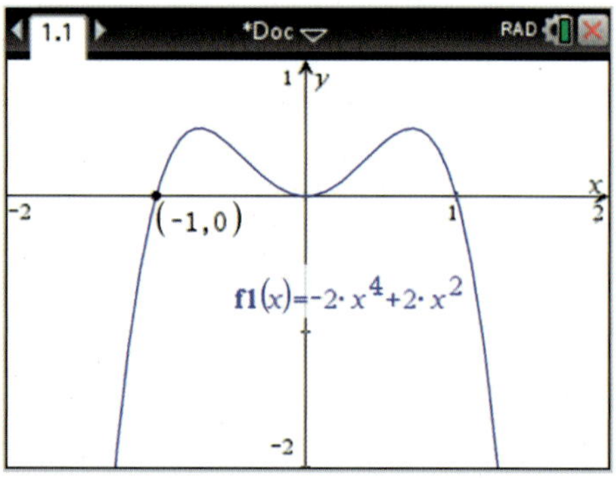

[예제 4]에서 $-2x^2=0$으로부터 찾을 수 있는 영점은 중복 영점이다. 일반적으로 $(x-a)^k$는 중복도가 k인 영점 $x=a$를 가진다. 만약 k가 홀수이면 이 그래프가 $x=a$에서 x축을 지날 것이고, k가 짝수이면 축을 지나지 않고 $x=a$에서 x축에 접할 것이다.

예제 5

다음 오차함수 영점을 실수 범위에서 구하여라.

$$f(x)=x^5-3x^3-x^2-4x-1$$

풀이

그래프를 그려보면 이 함수가 세 개의 영점을 가진다는 것을 알 수 있다.

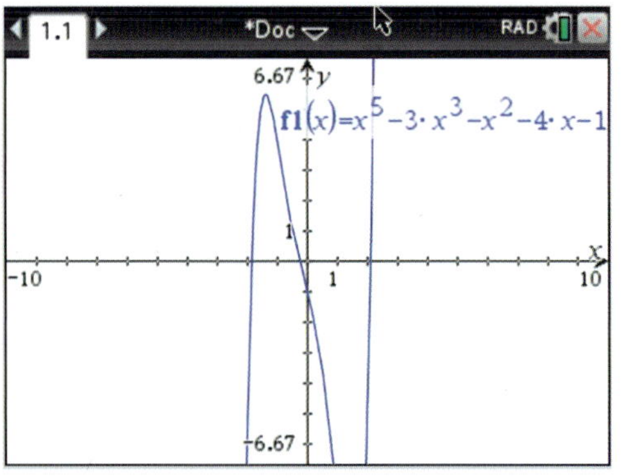

영점 기능을 이용하여 대략적인 영점을 구해보면 $x=-1.861$, $x=-0.254$, $x=2.115$가 영점이다.

$$f(x)=x^5-3x^3-x^2-4x-1=(x^2+1)(x^3-4x-1)$$

위에서 구한 세 개의 영점은 x^3-4x-1에서 찾아낸 영점이다.(x^2+1은 실수 영점을 가지지 않는다.)

예제 6

다음 주어진 영점에 적합한 다항함수를 만들어라.

(1) -2, -1, 1, 2

(2) $-\frac{1}{2}$, 3, 3

풀이

(1) 주어진 각각의 영점에 대하여 찾으려는 다항함수의 인수를 만들 수 있다. 예를 들어, $x=-2$라는 영점을 보고 $(x+2)$라는 인수를 찾을 수 있다. 그러므로 문제의 다항함수는

$$\begin{aligned} f(x) &= (x+2)(x+1)(x-1)(x-2) \\ &= (x^2-4)(x^2-1) \\ &= x^4-5x^2+4 \end{aligned}$$

이다.

(2) 영점 $x=-\frac{1}{2}$에 대응할 수 있는 인수는 $\left(x+\frac{1}{2}\right)$와 $(2x+1)$이다. 분수를 피해 $(2x+1)$을 문제의 다항함수의 인수로 선택하자.

$$\begin{aligned} f(x) &= (2x+1)(x-3)^2 \\ &= (2x+1)(x^2-6x+9) \\ &= 2x^3-11x^2+12x+9 \end{aligned}$$

이다.

4 중간값 정리

중간값 정리(intermediate value theorem)는 다항함수의 실수 영점의 존재와 관련이 있다. 만약 두 점 $(a, f(a))$, $(b, f(b))$가 $f(a) \neq f(b)$를 만족한다면, $f(a)$와 $f(b)$ 사이에 있는 어떤 실수 d에 대하여 $f(c)=d$를 만족하는 실수 c가 a와 b 사이에 반드시 존재한다는 것이다.

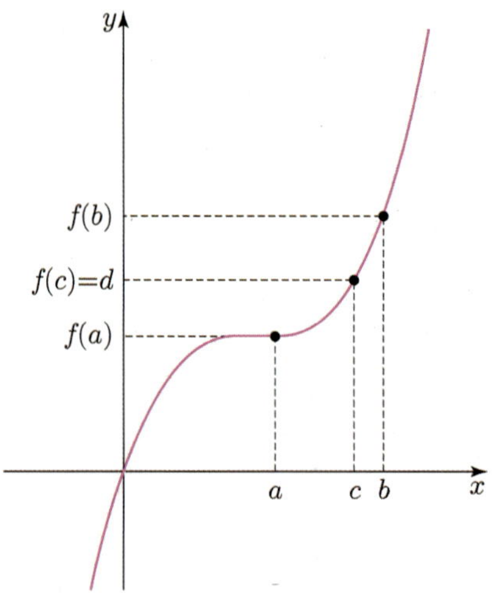

만약 d가 $f(a)$와 $f(b)$ 사이에 놓여 있다면, $f(c)=d$를 만족하는 실수 c가 a와 b 사이에 존재한다.

다항함수의 실수 영점의 위치를 위 정리를 이용하여 구할 수 있다. 만약 $x=a$에서 함숫값이 양수이고 $x=b$에서 함숫값이 음수라면, 이 함수가 a와 b 사이에 적어도 하나의 영점을 가짐을 알 수 있다. 예를 들어, 함수 $f(x)=x^3+x^2+1$은 $x=-2$에서 음의 함숫값을, $x=-1$에서 양의 함숫값을 가진다. 그러므로 중간값 정리에 의하여 함수 f는 -2와 -1 사이에서 어떤 실수 영점을 가진다.

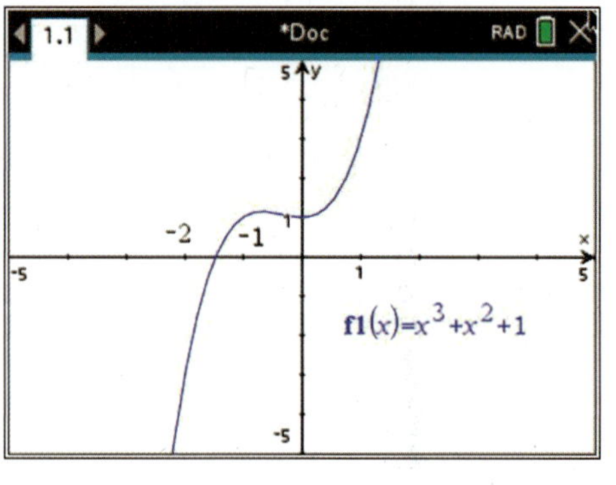

예제 7

중간값 정리를 이용하여 다항함수

$$f(x) = 12x^3 - 32x^2 + 3x + 5$$

가 영점을 가지는 길이가 1인 세 개의 구간을 구하여라.

풀이

그래프를 그려보면 이 함수가 세 개의 영점을 가진다는 것을 알 수 있다. 다음 표에서 몇 개의 함숫값을 살펴보자.

x	$\cdots$	-1	0	1	2	3	$\cdots$
$f(x)$	$\cdots$	-42	5	-12	-21	50	$\cdots$

$f(-1)$은 음수이고 $f(0)$은 양수이므로, 중간값 정리에 의해 이 함수는 -1과 0 사이에서 영점을 가진다. 같은 방법으로 0과 1 사이, 2와 3 사이에서도 영점을 가진다.

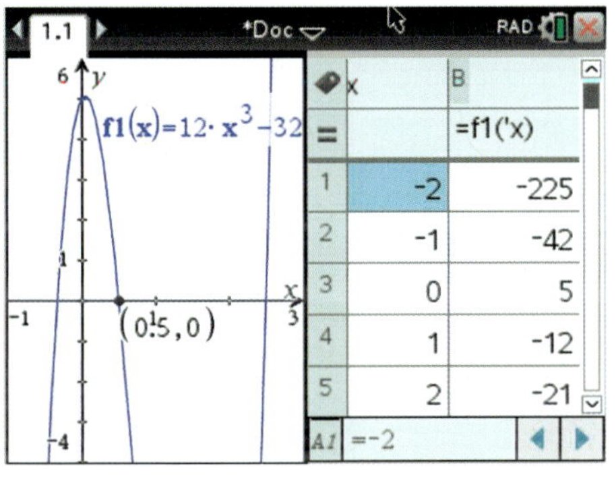

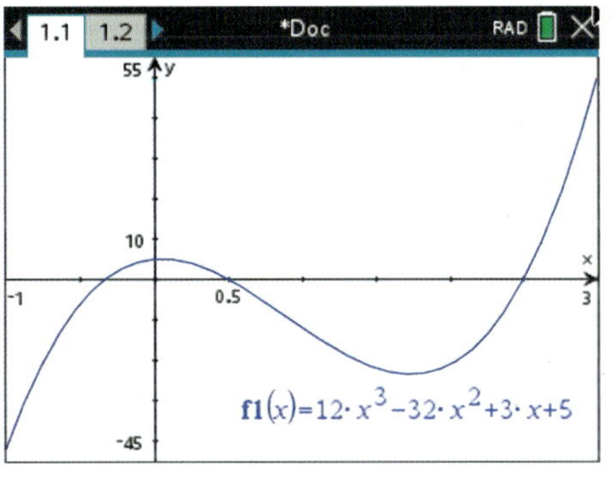

■ menu > 5.Trace > 1.Graph Trace를 선택하고, 좌우 방향키를 사용하여 영점의 위치를 그래프에서 추적할 수 있다.

3.3 다항식의 나눗셈과 조립제법

1 다항식의 나눗셈

이 장에서 다루게 될 내용들은 다항식의 인수분해, 해 찾기 등 여러 가지 대수 풀이에 유용하게 응용될 수 있다. 아래의 다항식을 통해 다항식의 나눗셈에 대하여 알아보자.

$$f(x)=6x^3-19x^2+16x-4$$

그래프를 보면 함수 f는 $x=2$에서 해를 갖는 것을 볼 수 있다. $x=2$에서 해를 가지므로 $f(x)$는 $(x-2)$라는 인수를 갖는다.

이는 이차다항식 $q(x)$가 존재하여 다음과 같은 식이 성립함을 의미한다.

$$f(x)=(x-2)q(x)$$

이제 $q(x)$는 다항식의 나눗셈을 이용하여 구할 수 있다.

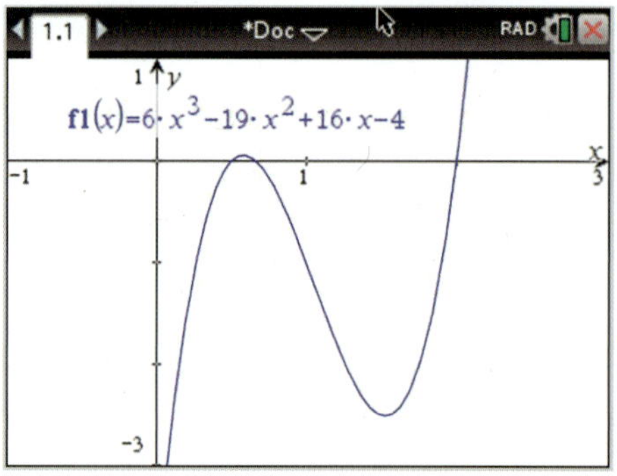

예제 1

$f(x)=6x^3-19x^2+16x-4$를 $x-2$로 나누고, 그 결과를 이용하여 $f(x)$의 인수분해를 완성하여라.

풀이

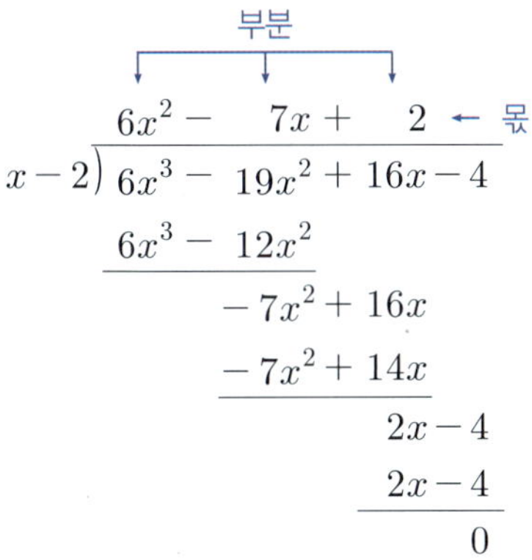

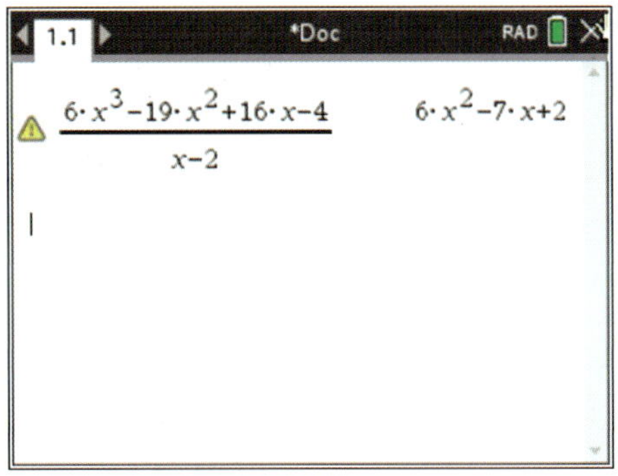

위의 나눗셈 결과를 정리하면

$$\begin{aligned} 6x^3 - 19x^2 + 16x - 4 &= (x-2)(6x^2 - 7x + 2) \\ &= (x-2)(2x-1)(3x-2) \end{aligned}$$

CAS TIP 17 분수, 소수 출력: Auto, Exact, Approximate

doc▾ 에서 7.Settings & Status를 선택해서 아래와 같이 Calculation Mode(계산 형식)을 Exact로 한다. 소수는 근삿값이고 분수는 참값이므로 아래와 같이 구분된다.

- Auto(자동 형식): 계산값이 소수면 소수로, 분수면 분수로 출력
- Exact(참값 형식): 계산값이 소수면 분수로, 분수면 분수로 출력
- Approximate(근삿값 형식): 계산값이 소수이든 분수든 소수로 출력

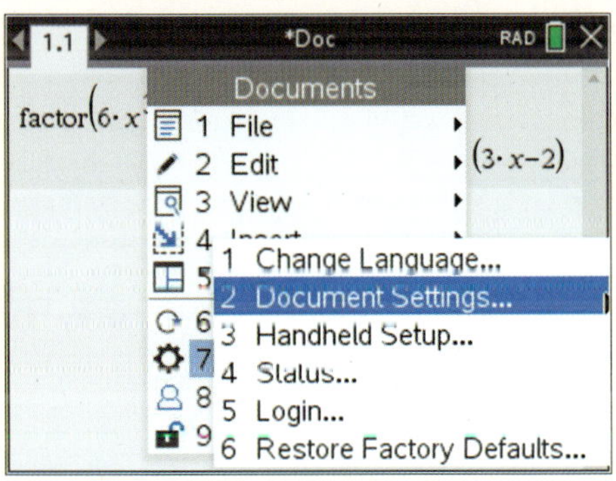

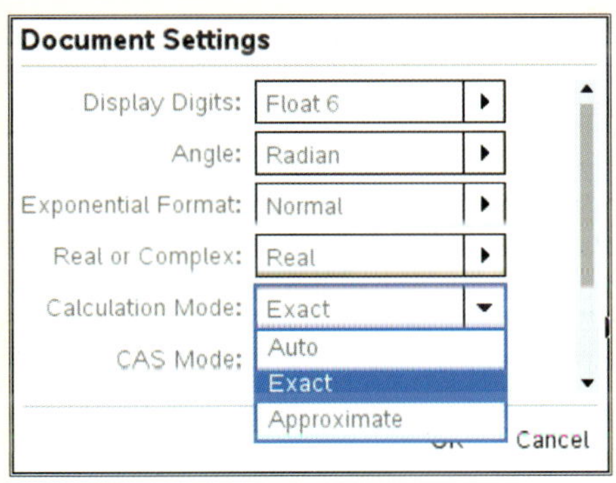

[예제 1]에서는 나머지가 0이었지만 나머지가 0인 아닌 경우도 있다. 그 예로 x^2+3x+5를 $x+1$로 나누어보자.

$$
\begin{array}{rl}
 & x + 2 \quad \leftarrow \text{몫} \\
\text{제수} \rightarrow x+1 \,\big) & x^2 + 3x + 5 \quad \leftarrow \text{피제수} \\
 & x^2 + x \\
\hline
 & 2x + 5 \\
 & 2x + 2 \\
\hline
 & 3 \quad \leftarrow \text{나머지}
\end{array}
$$

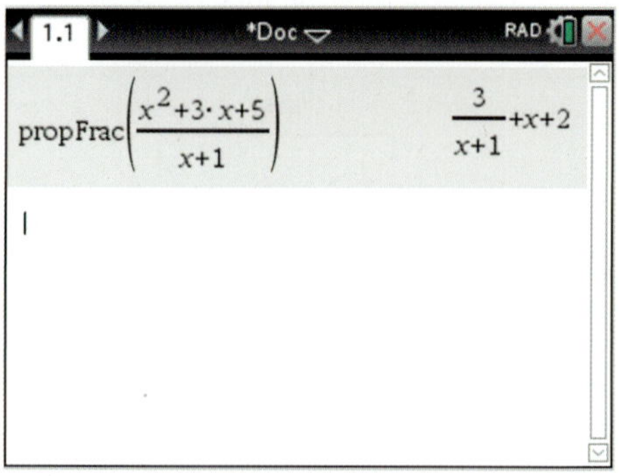

- Algebra > 9.Fraction Tools > 1.Proper Fraction
- 이 분수식은 분자의 최고 차수가 2이고 분모의 최고 차수는 1이므로 분자가 더 큰 가분수이다. 가분수를 대분수로 고치는 명령어가 Proper Fraction이다.

위의 나눗셈 결과를 정리하면 다음과 같다.

$$\overbrace{\frac{x^2+3x+5}{\underbrace{x+1}_{\text{제수}}}}^{\text{나머지}} = \overbrace{x+2}^{\text{몫}} + \overbrace{\frac{3}{\underbrace{x+1}_{\text{제수}}}}^{\text{나머지}}$$

또는

$$x^2+3x+5=(x+2)(x+1)+3$$

위와 같은 표현을 **나눗셈 알고리즘**(division algorithm)이라 한다.

나눗셈 알고리즘

다항식 $f(x)$, $d(x)$에 대해 다음을 만족하는 다항식 $q(x)$, $r(x)$가 유일하게 존재한다. (단, $d(x) \neq 0$, $d(x)$의 차수는 $f(x)$의 차수보다 작거나 같다.)

$$\underbrace{f(x)}_{\text{피제수}} = \underbrace{d(x)}_{\text{제수}}\ \underbrace{q(x)}_{\text{몫}} + \underbrace{r(x)}_{\text{나머지}}$$

여기서 $r(x)=0$이거나 $r(x)$의 차수는 $d(x)$의 차수보다 작다. 나눗셈 알고리즘을 다음과 같이 표현하기도 한다.

$$\frac{f(x)}{d(x)} = q(x) + \frac{r(x)}{d(x)}$$

---

2 조립제법

조립제법(synthetic division)은 $x-k$ 형태를 제수로 하는 다항식의 나눗셈을 간편화한 것이다. 위에서 본 **[예제 1]** 을 사용해서 조립제법의 방법을 알아보자.

$$
\begin{array}{rrrrr}
 & 6x^2 & -\ 7x & +\ 2 & \\
\cline{2-5}
x-2\,\big) & 6x^3 & -\ 19x^2 & +\ 16x & -\ 4 \\
 & 6x^3 & -\ 12x^2 & & \\
\cline{2-3}
 & & -\ 7x^2 & +\ 16x & \\
 & & -\ 7x^2 & +\ 14x & \\
\cline{3-4}
 & & & 2x & -\ 4 \\
 & & & 2x & -\ 4 \\
\cline{4-5}
 & & & & 0
\end{array}
$$

• **단계 1**: 위의 다항식의 나눗셈에서 계수만으로 표현하면 아래와 같다.

$$
\begin{array}{rrrrr}
 & 6 & -7 & 2 & \\
\cline{2-5}
-2\,\big) & 6 & -19 & 16 & -4 \\
 & 6 & -12 & & \\
\cline{2-3}
 & & -7 & 16 & \\
 & & -7 & 14 & -4 \\
\cline{3-4}
 & & & 2 & -4 \\
\cline{4-5}
 & & & 2 & 0
\end{array}
$$

• **단계 2**: 단계 1에서 이중으로 되어있는 몫과 피제수의 계수는 생략한다.

$$
\begin{array}{rrrrr}
 & 6 & -7 & 2 & \\
\cline{2-5}
-2\,\big) & 6 & -19 & 16 & -4 \\
 & & -12 & 14 & -4 \\
\cline{2-5}
 & & & & 0
\end{array}
$$

• **단계 3**: 몫(6, −7, 2)을 아래로 옮기고 제수 −2의 부호를 +2로 바꾸고 두 번째 행의 −12, 14, −4의 부호를 12, −14, 4로 바꾼다.

$$
\begin{array}{r|rrrr}
2 & 6 & -19 & 16 & -4 \\
 & & 12 & -14 & 4 \\
\hline
 & 6 & -7 & 2 & 0
\end{array}
$$

단계 3에서 조립제법을 설명하면, 제수 $x-2$는 해 $x=2$이므로 2를 왼쪽에 적고 최고차항 계수 6은 그대로 아래에 적는다. 2와 6을 곱한 12를 대각선 방향으로 -19 아래에 적고 -19와 12를 더한다. 더한 -7과 2를 곱한 -14를 대각선 방향으로 16 아래에 적고 16과 -14를 더한다. 더한 2를 다시 2와 곱한 4를 대각선 방향으로 -4 아래에 적고 -4와 4를 서로 더한다.

조립제법

ax^3+bx^2+cx+d 를 $x-k$로 나눌 때, 조립제법은 다음과 같다. 최고차항의 계수 a는 그대로 아래에 적고 수직 방향으로는 더하고, 대각선 방향으로는 k를 곱한다.

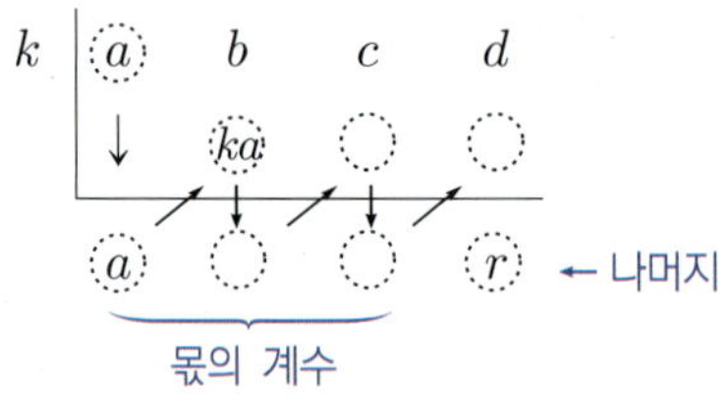

예제 2

조립제법을 이용하여 x^4-10x^2-2x+4를 $x+3$으로 나누어라.

풀이

아래와 같이 배열하여 조립제법을 시작한다(빠진 항 x^3은 계수는 0으로 한다.).

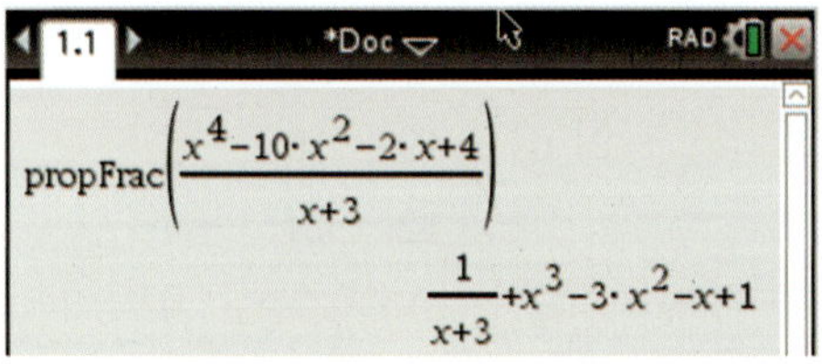

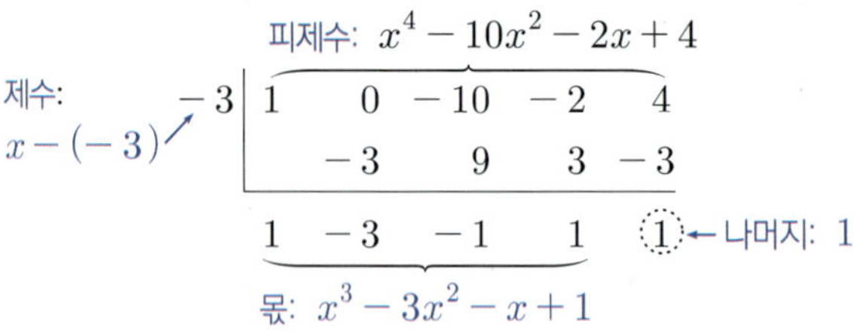

그러므로

$$\frac{x^4-10x^2-2x+4}{x+3}=x^3-3x^2-x+1+\frac{1}{x+3}$$

또는

$$x^4-10x^2-2x+4=(x+3)(x^3-3x^2-x+1)+1$$

3 나머지 정리와 인수정리

위 **[예제 2]**에서 보면, $f(x)=x^4-10x^2-2x+4=(x+3)(x^3-3x^2-x+1)+1$이므로 $x=-3$을 대입하면 등호 왼쪽은 $f(-3)=(-3)^4-10(-3)^2-2(-3)+4$이고 등호 오른쪽은 $+1$이다. 따라서 $x+3$으로 나누었을 때의 나머지 $r=1$임을 알 수 있다. 이것으로부터 아래의 나머지 정리(remainder theorem)를 유추할 수 있다.

나머지 정리

$f(x)$를 $x-k$로 나누면, 그 나머지는 $r=f(k)$이다.

예제 3

나머지 정리를 이용하여 $x=-2$일 때 아래 함수에 대한 함숫값을 구하여라.

$$f(x)=3x^3+8x^2+5x-7$$

풀이

조립제법을 이용하면

$$\begin{array}{r|rrrr} -2 & 3 & 8 & 5 & -7 \\ & & -6 & -4 & -2 \\ \hline & 3 & 2 & 1 & -9 \end{array}$$

나머지 $r=-9$이므로 다음과 같이 적을 수 있다.

$$3x^3+8x^2+5x-7=(x+2)(3x^2+2x+1)-9$$
$$f(-2)=-9$$

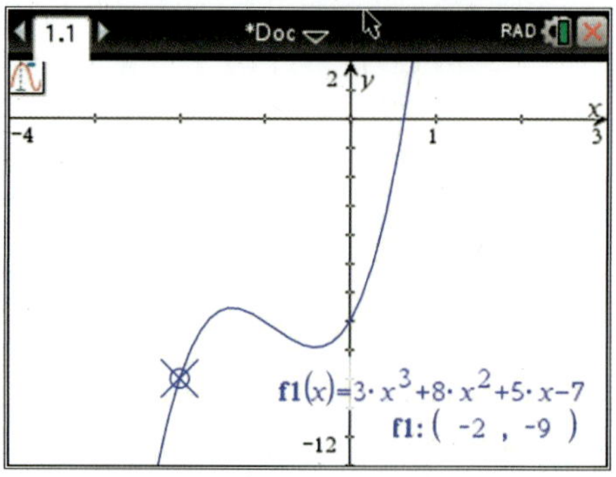

이것은 $(-2,\ -9)$가 화면과 같이 f 그래프 위의 점이라는 사실을 말해준다.

인수정리(factor theorem)

다항식 $f(x)$가 $x-k$를 인수로 갖는 것과 $f(k)=0$은 동치이다.

예제 4

$(x-2)$와 $(x+3)$이 다음 다항식의 인수임을 보이고 아래의 $f(x)$의 나머지 인수를 구하여라.

$$f(x)=2x^4+7x^3-4x^2-27x-18$$

풀이

2와 -3으로 아래와 같이 조립제법을 하면 나머지가 0이므로 $(x-2)$, $(x+3)$이 $f(x)$의 인수임을 알 수 있다.

$$\begin{array}{r|rrrrr} 2 & 2 & 7 & -4 & -27 & -18 \\ & & 4 & 22 & 36 & 18 \\ \hline & 2 & 11 & 18 & 9 & 0 \end{array}$$

$$\begin{array}{r|rrrr} -3 & 2 & 11 & 18 & 9 \\ & & -6 & -15 & -9 \\ \hline & 2 & 5 & 3 & 0 \end{array}$$

위의 결과인 이차다항식 $2x^2+5x+3$을 인수분해하면 아래와 같다.

$$2x^2+5x+3=(2x+3)(x+1)$$

따라서 $f(x)$의 완전한 인수분해는 다음과 같다.

$$f(x)=(x-2)(x+3)(2x+3)(x+1)$$

여기서 f의 4개 해는 2, -3, $-\frac{3}{2}$, -1이다. 아래 그래프를 보면 이들 4개의 해가 영점임을 알 수 있다.

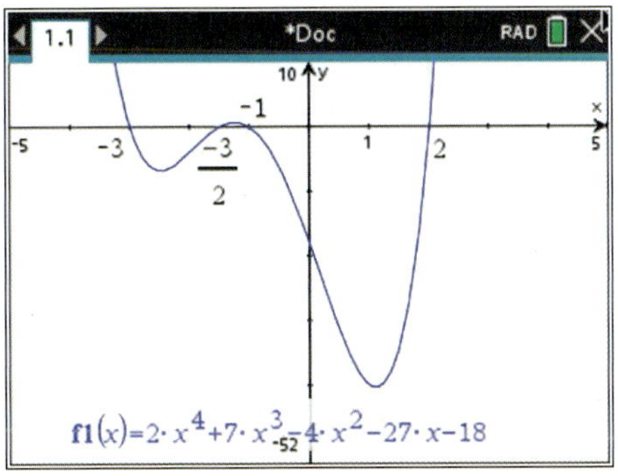

■ 화면에서 눈금 표시는 자동으로 출력되지 않고 menu > 1.Actions > 7.Text에서 입력한 것이다.

문제 1 조립제법을 이용하여 $4x^3+8x^2-9x-18$을 $x+2$로 나누어라.

문제 2 $f(x)=x^3-x^2-14x+11$을 $f(x)=(x-4)q(x)+r$로 표현하고 이때, $f(4)=r$임을 보여라.

문제 3 $x=\frac{1}{2}$이 삼차다항식 $f(x)=2x^3-15x^2+27x-10$의 해임을 밝히고, 이것을 이용하여 $f(x)$를 인수분해하여 나머지 해를 구하여라.

3.4 복소수

1 허수 i

1. 허수 단위(imaginary unit) i: 제곱하면 -1이 되는 새로운 수를 문자 i로 나타내기로 한다. 즉, $i^2=1$, $i=\sqrt{-1}$이다.

2. 복소수: a, b를 실수라 할 때, $a+bi$꼴의 수를 **복소수**(complex number)라고 한다. 이때, $b=0$이면 복소수 $a+bi$는 실수, $b\neq 0$이면 $a+bi$는 허수이다.

3. 복소수가 서로 같을 조건: a, b, c, d가 실수일 때 $a+bi=c+di \Leftrightarrow a=c,\ b=d$이다. 특히, $a+bi=0 \Leftrightarrow a=b=0$

4. 켤레복소수: 복소수 $a+bi$에 대하여 $a-bi$를 **켤레복소수**(complex conjugate)라고 하고 기호로 $\overline{a+bi}$로 나타낸다. 즉, $\overline{a+bi}=a-bi$이다.

2 복소수의 연산

1. 덧셈: $(a+bi)+(c+di)=(a+c)+(b+d)i$

2. 뺄셈: $(a+bi)-(c+di)=(a-c)+(b-d)i$

3. 곱셈: $(a+bi)\times(c+di)=(ac-bd)+(ad+bc)i$

4. 나눗셈: $\dfrac{a+bi}{c+di}=\dfrac{ac+bd}{c^2+d^2}-\dfrac{ad-bc}{c^2+d^2}i$

예제 1

다음을 복소수 $a+bi$꼴로 나타내어라.

(1) $3-(-2+3i)+(-5+i)$ (2) $(2-i)(4+3i)$ (3) $\dfrac{2+3i}{4-2i}$

풀이

(1) $3-(-2+3i)+(-5+i)=(3+2-5)+(-3+1)i=-2i$

(2) $(2-i)(4+3i)=2(4+3i)-i(4+3i)=8+6i-4i+3=11+2i$

(3) $\dfrac{2+3i}{4-2i}=\dfrac{2+3i}{4-2i}\left(\dfrac{4+2i}{4+2i}\right)=\dfrac{8+4i+12i+6i^2}{16+4}=\dfrac{2+16i}{20}=\dfrac{1}{10}+\dfrac{4}{5}i$

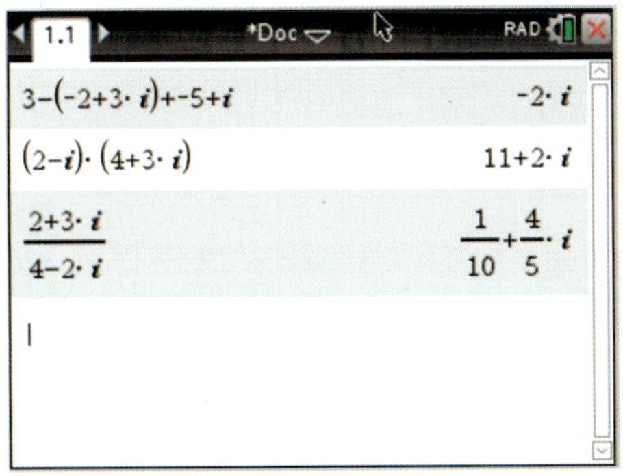

■ 허수 i는 [π▸]에서 입력한다.

3 이차방정식의 복소수 해

$a>0$일 때, $\sqrt{-a}=\sqrt{a}\,i$이다. 이것을 이용하면 이차방정식에서 실근을 갖지 않는 해를 복소수로 나타낼 수 있다.

예 $\sqrt{-3}=\sqrt{3(-1)}=\sqrt{3}\sqrt{-1}=\sqrt{3}\,i$

예제 2

방정식 $3x^2-2x+5=0$의 해를 복소수 범위에서 구하여라.

풀이

$$\begin{aligned} x &= \frac{-(-2)\pm\sqrt{(-2)^2-4\times3\times5}}{2\times3} \\ &= \frac{2\pm\sqrt{-56}}{6} \\ &= \frac{2\pm2\sqrt{14}\,i}{6} \\ &= \frac{1}{3}\pm\frac{\sqrt{14}}{3}i \end{aligned}$$

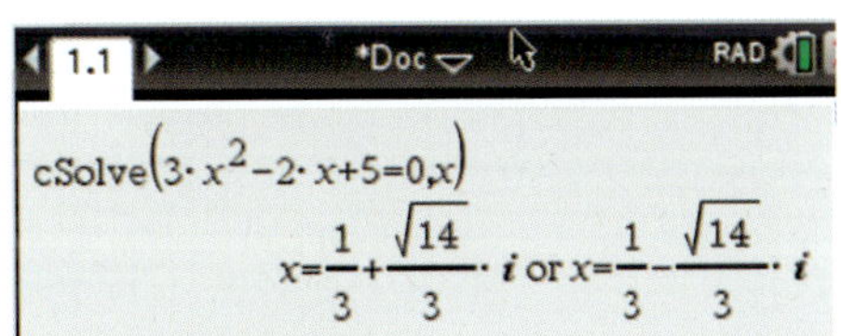

■ 복소수 해는 [menu] > 3. Algebra > C. Complex > 1. Solve로 구한다.

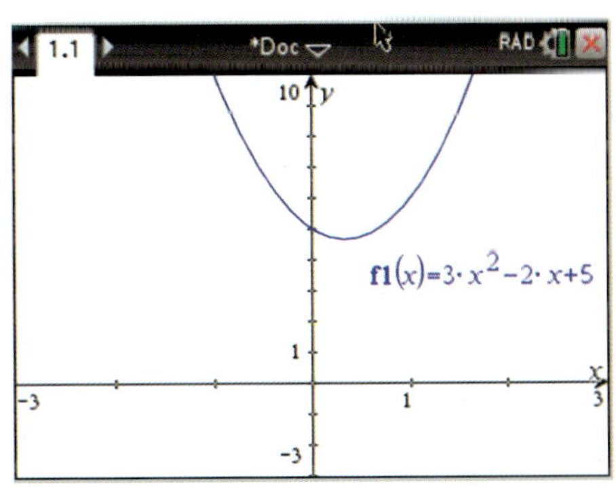

문제 1 다음을 복소수 $a+bi$꼴로 나타내어라.

(1) $\dfrac{2-2\sqrt{-1}}{1+\sqrt{-1}}$

(2) $\sqrt{-2}\times\sqrt{-8}$

(3) $\dfrac{\sqrt{8}}{\sqrt{-4}}$

(4) $\left(\dfrac{1+i}{1-i}\right)^{1000}$

문제 2 방정식 $5x^2-30x+47=0$의 해를 복소수 범위에서 구하여라.

3.5 복소수 근과 대수학의 기본 정리

1 대수학의 기본정리

앞에서 n차 다항식은 많아야 n개의 실근을 가진다고 배웠다. 이제 수체계를 복소수로 확장하게 되면 모든 n차 다항식은 정확하게 n개의 근을 가짐을 알 수 있다. **대수학의 기본정리**로부터 유도된 이 중요한 결과는 유명한 독일의 수학자 가우스(Carl Friedrich Gauss, 1777~1855)에 의해 처음 증명되었다.

대수학의 기본 정리(The Fundamental Theorem of Algebra)

만약 $f(x)$가 n차 다항식이라면($n > 0$) 복소수 범위에서 f는 정확히 n개의 근을 가진다.

대수학의 기본 정리와 근과 인수의 동치 명제를 사용하여 다음 정리를 증명할 수 있다.

일차 인수분해 정리

만약 $f(x)$가 n차 다항식이라면($n > 0$) f는 정확하게 n개의 일차 인수들을 가진다.

$$f(x) = a(x - c_1)(x - c_2) \cdots (x - c_n)$$

여기서 $c_1, c_2, \cdots, c_n$은 복소수이고, a는 $f(x)$의 최고차항 계수(leading coefficient)이다.

대수학의 기본 정리나 일차 인수분해 정리는 다항식에서 근과 인수를 어떻게 찾는지를 설명하지는 않는다. 단지 근과 인수가 존재한다는 사실을 말해 준다. 그래서 이러한 정리들을 존재성 정리라고 부른다. 다항함수의 근을 찾기 위해서는 이 책 앞부분에서 했던 여러 가지 방법에 여전히 의존해야만 한다.

일차 인수분해 정리에 따르면 n차 다항식은 정확하게 n개의 인수를 가지므로 n차 다항식은 정확하게 n개의 근을 가짐을 알 수 있다. 하지만 유의해야 할 점은 이 n개의 근이 실수 혹은 복소수일 수 있고 또 중근도 될 수 있다.

예제 1

다음 다항함수의 근의 개수를 구하고, 모든 근을 나열하여라.

(1) $f(x) = x - 2$　　　　(2) $f(x) = x^2 - 6x + 9$

(3) $f(x) = x^3 + 4x$　　　　(4) $f(x) = x^4 - 1$

풀이

(1) 주어진 $f(x)$는 단 하나의 근 $x = 2$를 가진다.

(2) 우변을 인수분해하면 두 개의 같은 근, 즉 중근을 가진다.

$$x = 3,\ x = 3$$

(3) 우변을 인수분해하면 세 개의 근을 가진다.

$$x = 0,\ x = 2i,\ x = -2i$$

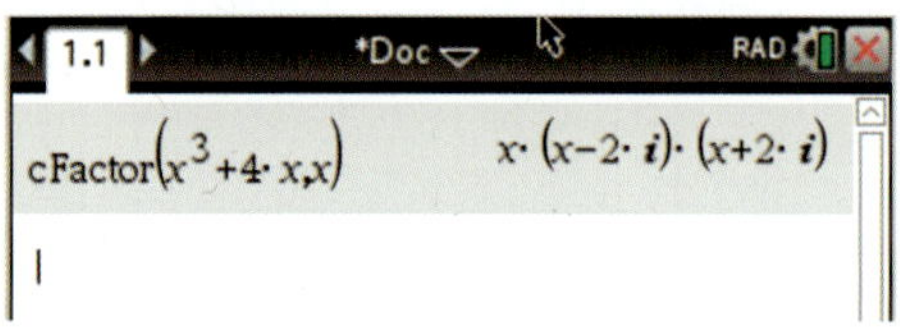

▪ 복소수 범위에서 인수분해는 menu > 3.Algebra > C.Complex > 1.Factor로 한다.

(4) 우변을 인수분해하면 네 개의 근을 가진다.

$$x = 1,\ x = -1,\ x = i,\ x = -i$$

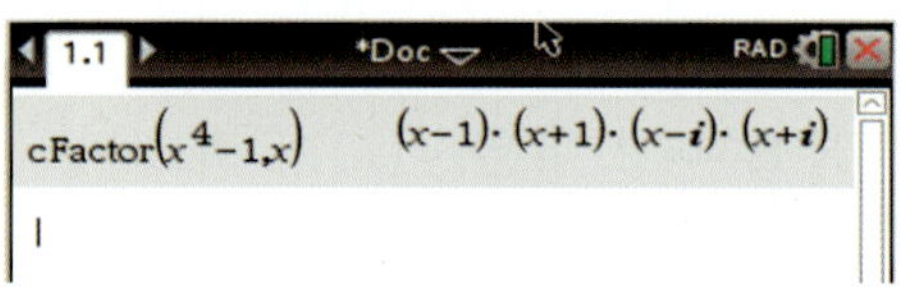

예제 2

다항함수 $f(x) = x^5 + x^3 + 2x^2 - 12x + 8$을 일차 인수의 곱으로 표현하고 근을 나열하여라.

풀이

아래 그래프를 보면 음의 실근이 -2 근방이고 양의 실근이 아마 1임을 나타낸다. 유리수 근으로서 가능한 수들(상수항인 8의 정수 약수들) ± 1, ± 2, ± 4, ± 8을 사용하여 -2가 한 근이고 1이 중근인 사실을 조립제법으로 확인할 수 있다.

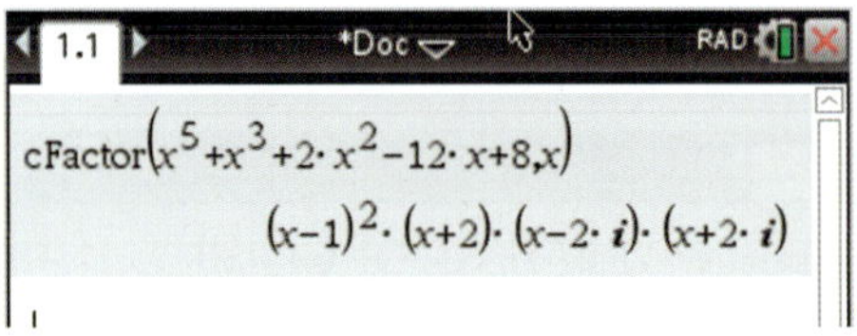

$$\begin{aligned} f(x) &= x^5 + x^3 + 2x^2 - 12x + 8 \\ &= (x-1)(x-1)(x+2)(x^2+4) \\ &= (x-1)(x-1)(x+2)(x-2i)(x+2i) \end{aligned}$$

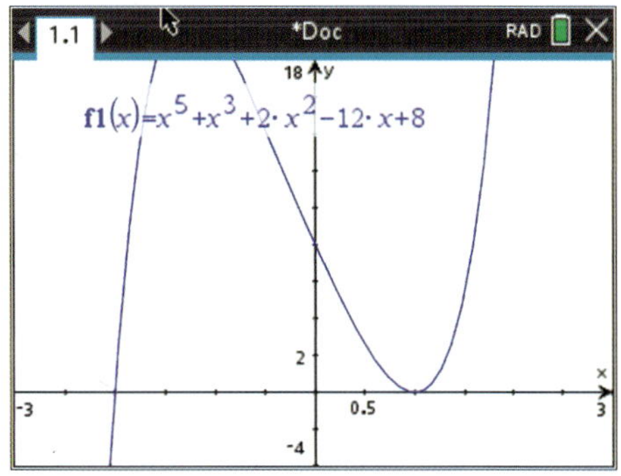

위의 식은 f 의 다섯 개의 근이 1, 1, -2, $2i$, $-2i$ 임을 말해 준다. 그래프를 보면 세 개의 실근은 $x=1$ (중근)과 $x=-2$ 이고 나머지 두 개는 허근임을 알 수 있다.

2 켤레복소수

위의 **[예제 2]**에서 두 개의 복소수 근($2i$ 와 $-2i$)이 서로 켤레 관계임을 알 수 있다. 즉, $a+bi$, $a-bi$ 의 형태이다.

켤레 관계로의 복소수 근

$f(x)$ 가 실수 계수를 갖는 다항함수라고 하자. 만약 $a+bi$ $(b \neq 0)$가 주어진 함수의 한 근이면 켤레복소수 $a-bi$ 도 한 근이다.

주의 위 결과는 실수 계수를 가지는 다항식에만 적용된다는 사실을 유의해야 한다. 예를 들어, 함수 $f(x)=x^2+1$ 은 위의 결과가 적용되지만, $g(x)=x-i$ 는 그렇지 않다.

예제 3

-1, 1 그리고 $3i$ 를 근으로 가지는 실수 계수의 사차 다항식을 구하여라.

풀이

실수 계수를 가지는 다항식에서 $3i$를 근으로 가지므로 켤레복소수인 $-3i$ 또한 한 근이 된다. 그러므로 일차 인수분해 정리로부터 $f(x)$ 는 다음과 같이 표현될 수 있다.

$$f(x) = a(x+1)(x-1)(x-3i)(x+3i)$$

가장 단순한 사차 다항식은 최고차항 계수 $a=1$ 이므로 이를 대입하면 구하고자 하는 다항식을 얻을 수 있다.

$$f(x) = (x+1)(x-1)(x-3i)(x+3i)$$
$$= x^4 + 8x^2 + 9$$

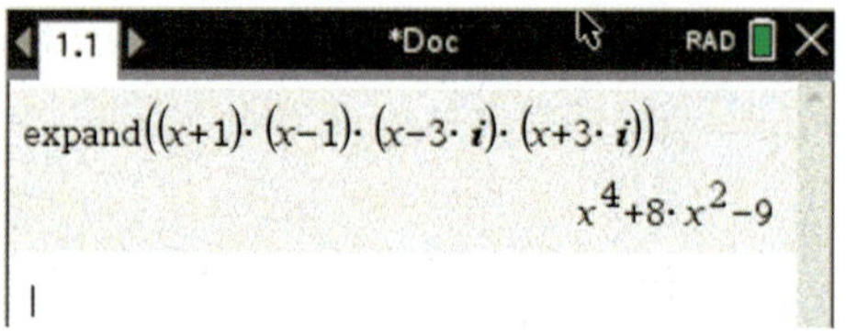

3 다항식의 인수분해

일차 인수분해 정리에서는 n차 다항식은 n개의 일차 인수들의 곱으로 표현될 수 있다는 것을 알았다.

$$f(x) = a(x-c_1)(x-c_2)(x-c_3)\cdots(x-c_n)$$

그러나 이 결과는 c_i값들의 일부는 복소수일 가능성을 포함하고 있다. 다음에 나오는 정리는 만약 복소수 인수(complex factor)가 포함된 결과를 원치 않으면 일차 혹은 이차 인수의 곱으로 $f(x)$를 표현할 수 있음을 알려준다.

다항식의 인수들

실수 계수를 가지는 모든 n차 다항식은 일차 또는 이차 인수들의 곱으로 표현될 수 있다. 여기서 이차 인수들은 실근을 갖지 않는다.

실수의 근을 갖지 않는 이차 인수는 실수 범위에서 기약이다. 유리수 범위에서 기약인 것과는 같지 않음에 유의해야 한다. 예를 들어, 이차 다항식 $x^2+1=(x-i)(x+i)$는 실수 범위에서는 기약이다. 그러므로 유리수 범위에서도 기약이다. 그 반면에 이차 다항식 $x^2-2=(x-\sqrt{2})(x+\sqrt{2})$는 유리수 범위에서는 기약이지만, 실수 범위에서는 기약이 아니다.

예제 4

다항식 $f(x)=x^4-x^2-20$을 다음과 같은 형태로 나타내어라.

(1) 유리수 범위에서 기약인 인수들의 곱으로

(2) 일차 인수와 실수 범위에서 기약인 이차 인수들의 곱으로

CAS TIP 18 인수분해 명령어 사용법

factor( ): 유리수 범위에서
factor(,x): 실수 범위에서
cfactor(,x): 복소수 범위에서
인수분해한다.

(3) 완전히 인수분해된 형태로

풀이

(1) $f(x)$를 유리수 범위에서 인수분해를 하면 다음을 얻을 수 있다.

$$x^4 - x^2 - 20 = (x^2 - 5)(x^2 + 4)$$

두 인수들 모두 유리수 범위에서 기약이다.

(2) 실수 범위에서 인수분해하면 다음을 얻을 수 있다.

$$x^4 - x^2 - 20 = (x + \sqrt{5})(x - \sqrt{5})(x^2 + 4)$$

여기서 이차 인수는 실수 범위에서 기약이다.

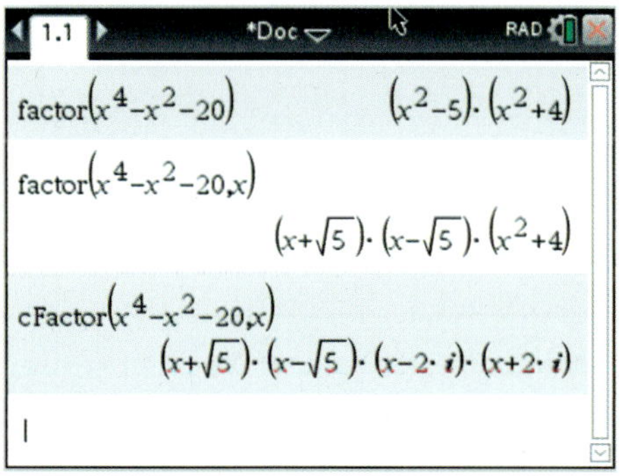

(3) 완전 인수분해된 형태로 표현하면 다음을 얻을 수 있다.

$$x^4 - x^2 - 20 = (x + \sqrt{5})(x - \sqrt{5})(x + 2i)(x - 2i)$$

예제 5

다항함수 $f(x) = x^4 - 3x^3 + 6x^2 + 2x - 60$에서 하나의 근이 $1 + 3i$일 때, $f(x)$의 모든 근을 구하여라.

풀이

복소수 근은 켤레로 나타나기 때문에 $1 - 3i$ 역시 $f(x)$의 한 근임을 알 수 있다. 이것은 $x - (1 + 3i)$, $x - (1 - 3i)$가 $f(x)$의 인수들임을 의미한다. 이 두 인수의 곱은

$$[x - (1 + 3i)]\,[x - (1 - 3i)] = x^2 - 2x + 10$$

이 되고 $f(x)$를 $x^2 - 2x + 10$으로 나누면 $x^2 - x - 6$을 얻는다. 그러므로

$$\begin{aligned} f(x) &= (x^2-2x+10)(x^2-x-6) \\ &= (x^2-2x+10)(x-3)(x+2) \end{aligned}$$

따라서 모든 근은 $1+3i$, $1-3i$, -2, 3이며 아래 그래프는 이 결과를 보여준다.

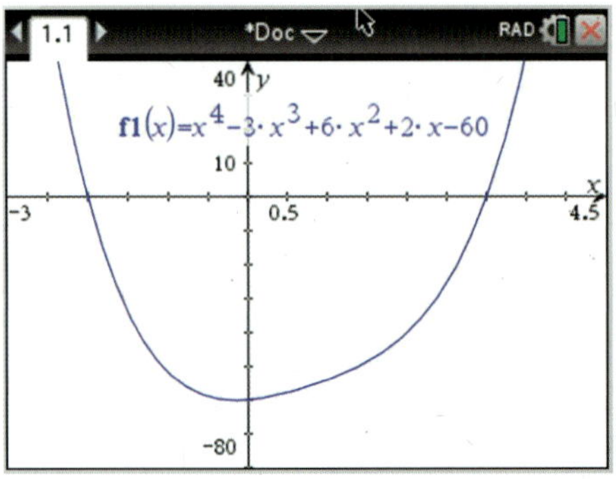

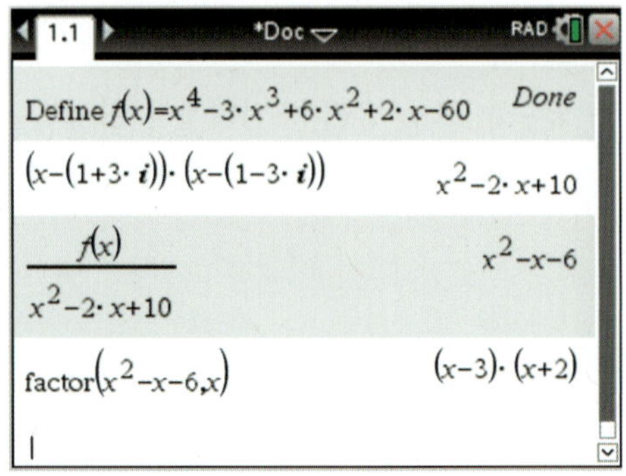

CHAPTER

4 유리함수

PATIONAL FUNCTIONS

4.1 유리함수와 점근선

1 유리함수의 뜻

함수 $y=f(x)$에서 $f(x)$가 유리식일 때, 즉 다음과 같은 형태로 표현된 식을 **유리함수**(rational functions)라고 한다.

$$f(x)=\frac{p(x)}{q(x)} \quad (p(x)\text{와 } q(x)\text{는 공통인수가 없는 다항식, 이때, } q(x)\neq 0)$$

따라서 유리함수의 정의역은 $q(x)$가 0이 되는 값을 제외한 실수 전체의 집합으로 한다. 예를 들어, $y=\frac{1}{x}$의 정의역은 0을 제외한 실수 전체의 집합이다.

2 점근선의 뜻

1. 함수 $y=\frac{1}{x}(x\neq 0$인 실수)에서 $x=0$ 주위의 함숫값을 알아보면, $x\to 0^-$일 때 $f(x)\to -\infty$이고, $x\to 0^+$일 때 $f(x)\to \infty$이다. 즉, 곡선 위의 점이 $x=0$ (y축)에 한없이 가까워짐을 알 수 있다. 이때, $x=0$(y축)을 **수직점근선**(vertical asymptotes)이라고 한다. 또한 $x\to -\infty$일 때 $f(x)\to 0$이고, $x\to\infty$일 때 $f(x)\to 0$이다. 즉, 곡선 위의 점이 $y=0$ (x축)에 한없이 가까워짐을 알 수 있다. 이때, $y=0$ (x축)을 **수평점근선**(horizontal asymptotes)이라고 한다.

일반적으로, $x\to a^-$일 때 $f(x)\to -\infty$이고, $x\to a^+$일 때 $f(x)\to\infty$이면, $x=a$이 **수직점근선**이고, $x\to -\infty$일 때 $f(x)\to b$이고, $x\to\infty$일 때 $f(x)\to b$이면, $y=b$는 **수평점근선**이 된다.

2. 유리함수는 여러 개의 수직점근선이 나타날 수 있지만, 수평점근선은 대부분 한 개만 있다. 유리함수 $f(x)=\frac{p(x)}{q(x)}=\frac{a_nx^n+a_{n-1}x^{n-1}+\cdots+a_1x+a_0}{b_mx^m+b_{m-1}x^{m-1}+\cdots+b_1x+b_0}$ ($p(x)$와 $q(x)$는 공통인수가 없을 때)에서 점근선의 개수는 다음과 같다.

(1) 함수 f는 $q(x)$가 0이 되는 점에서 수직점근선을 갖는다.

(2) 만약, $n<m$이면 $y=0$ (x축)이 수평점근선이 된다.

만약, $n=m$이면 $y=\frac{a_n}{b_m}$이 수평점근선이 된다.

만약, $n>m$이면 함수 f는 수평점근선이 없다.

예제 1

$f(x) = \dfrac{3x^3 + 7x^2 + 2}{-4x^3 + 5}$ 의 수평점근선을 구하여라.

풀이 분모, 분자의 최고차수가 3으로 같으므로

$$\begin{aligned} y &= \frac{\text{분자의 최고차항의 계수}}{\text{분모의 최고차항의 계수}} \\ &= -\frac{3}{4} \\ &= -0.75 \end{aligned}$$

가 수평점근선이 된다. 즉, x가 증가 또는 감소할수록 함수값은 $-\dfrac{3}{4} = 0.75$ 에 한없이 가까워진다.

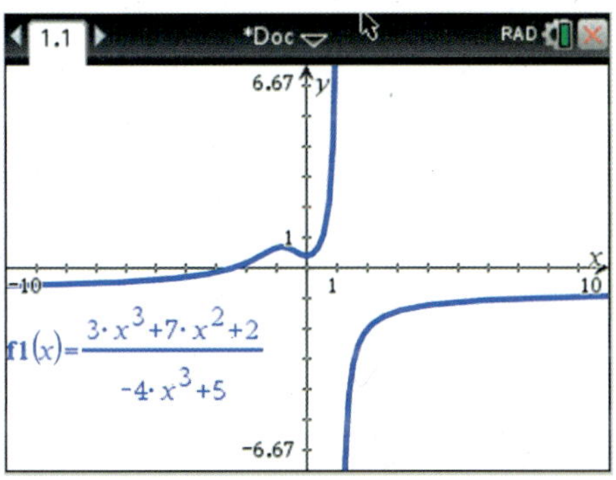

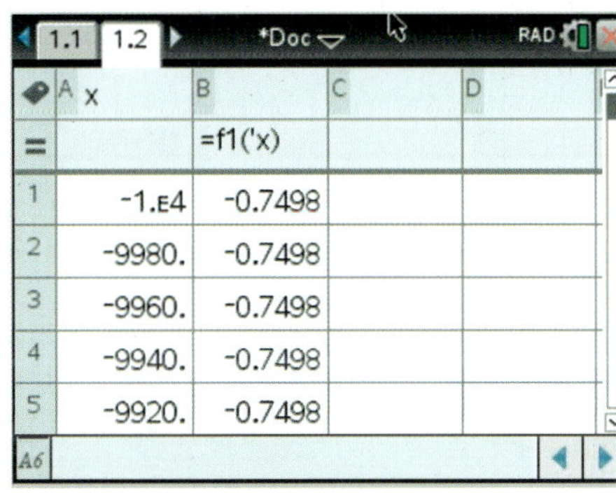

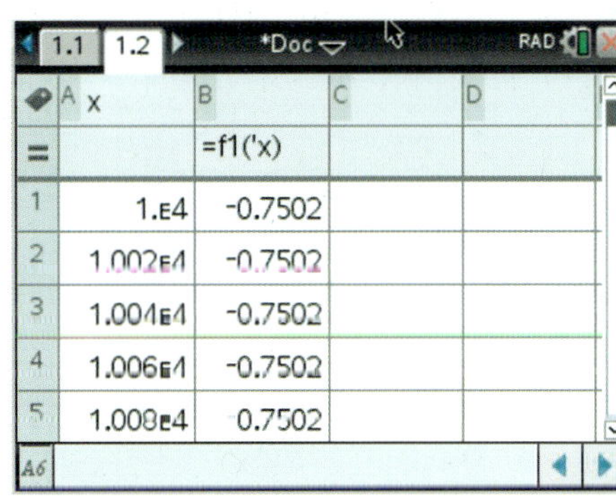

- 수평점근선을 확인하기 위해 큰 x값($x = 1000$)을 대입하여 함숫값을 조사한다.
- 대응표 만들기는 CAS TIP 15를 참조한다.

예제 2

$f(x)=\dfrac{x+10}{|x|+2}$ 의 수평점근선을 구하여라.

풀이

$$f(x)=\begin{cases}\dfrac{x+10}{-x+2}, & x\le 0\\ \dfrac{x+10}{x+2}, & x>0\end{cases}$$

따라서 수평점근선은 $y=1$, $y=-1$ 두 개가 된다.

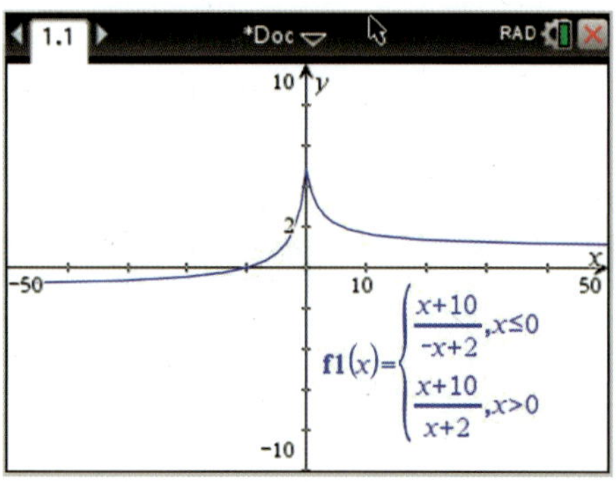

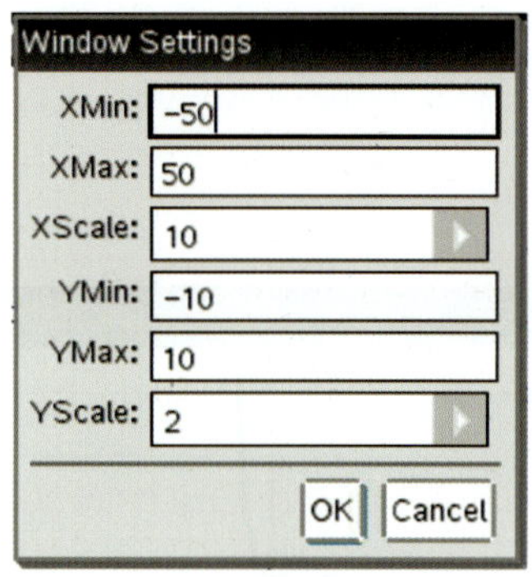

문제 1 다음 식의 함숫값을 구하여 표를 완성하고 그래프를 그린 후, 점근선을 구하여라.

(1) $f(x)=\dfrac{5x}{x-2}$ (2) $f(x)=\dfrac{3x}{|x-2|}$

x	(1) $f(x)$	(2) $f(x)$
1.8		
1.9		
2		
2.1		
2.2		

4.2 유리함수의 그래프

1 유리함수의 그래프 그리기

다음 단계를 거쳐 유리함수의 그래프를 그린다.

단계 1. 유리함수의 정의역 찾기

단계 2. 그래프의 절편 찾기

기약 형태의 유리함수 $R(x)=\dfrac{p(x)}{q(x)}$ 의 x 절편이 존재한다면 x 절편은 분자 $p(x)=0$ 를 만족하는 정의역 내의 수이고, y 절편은 $R(0)$ 의 값이다.

단계 3. 대칭성 테스트

$R(x)$에서 x 대신에 $-x$를 넣었을 때 $R(-x)=R(x)$이면 y축 대칭이고, $R(-x)=-R(x)$이면 원점 대칭이다.

단계 4. 수직점근선 찾기

기약 형태로 $R(x)$를 쓰고 분모의 실근을 찾는다. 기약 형태의 $R(x)$에서 각 해는 수직점근선이 된다.

단계 5. 수평점근선이나 사선점근선 찾기

수평 또는 사선의 점근선이 있다면 앞에 주어진 과정을 이용하여 찾아 그린다. 이때, 이 점근선과 그래프의 교차점을 찾는다.

단계 6. 그래프의 모양 결정하기

x축을 몇 개의 구간으로 나누기 위해 분자와 분모의 근을 사용하여 그래프가 x축 위에 있는지 아래에 있는지 결정한다.

단계 7. 그래프 그리기

4, 5단계에서 점근선이 존재했다면 점근선을 그리고 2, 5, 6단계에서 발견한 점을 찍는다. 앞에 찾은 정보를 이용하여 그래프를 완성한다.

예제 1

유리함수 $R(x)=\dfrac{x-1}{x^2-4}$ 의 그래프를 그리고 분석하여라.

풀이

유리함수의 그래프를 그리기 위해 유리함수 그래프 그리는 단계를 따른다.

1. 이 함수의 정의역은 $\{x \mid x \neq -2, x \neq 2\}$이다.
2. 분자의 해를 이용하면 x절편은 1이고 y절편은 $R(0)=\dfrac{1}{4}$이다.
3. $R(-x)=\dfrac{-x-1}{x^2-4}$이므로 R은 우함수도 아니고 기함수도 아니다. 그러므로 y축 또는 원점에 대하여 대칭적 성질은 갖지 않는다.
4. $x^2-4=(x+2)(x-2)$로 분자를 인수분해함으로써 수직점근선을 찾을 수 있다. R은 기약 형태이기 때문에 R의 그래프는 $x=-2$와 $x=2$라는 두 개의 수직점근선을 가진다.
5. 분자의 차수가 분모의 차수보다 더 작기 때문에 R은 진분수이고 직선 $y=0$ (x 축)는 그래프의 수평점근선이 된다. 이 수평점근선과 그래프의 교차점이 존재하는지 알아보기 위해 $R(x)=0$ 의 해를 구해보면

$$\frac{x-1}{x^2-4}=0$$
$$x-1=0$$
$$x=1$$

이므로 R의 그래프는 $(1,\ 0)$에서 수평점근선 $y=0$과 교차한다.

6. 분자의 해 1과 분모의 해 -2, 2로 x축을 4구간으로 다음과 같이 나눈다.

$$(-\infty, -2) \quad (-2, 1) \quad (1, 2) \quad (2, \infty)$$

이 구간에 대해 그래프의 모양을 다음과 같은 표로 분석해 볼 수 있다.

구간	$(-\infty, -2)$	$(-2, 1)$	$(1, 2)$	$(2, \infty)$
임의의 수(a)	-3	0	$\dfrac{3}{2}$	3
$R(a)$	-0.8	$\dfrac{1}{4}$	$-\dfrac{2}{7}$	0.4
그래프 위치	x축 아래	x축 위	x축 아래	x축 위
$(a, R(a))$	$(-3,\ -0.8)$	$\left(0,\ \dfrac{1}{4}\right)$	$\left(\dfrac{3}{2},\ -\dfrac{2}{7}\right)$	$(3,\ 0.4)$

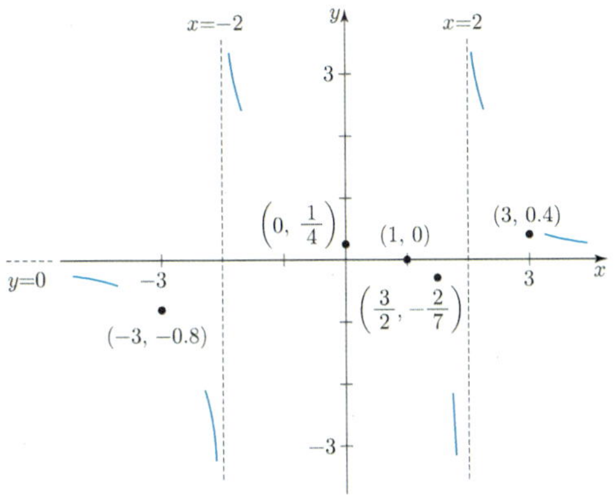

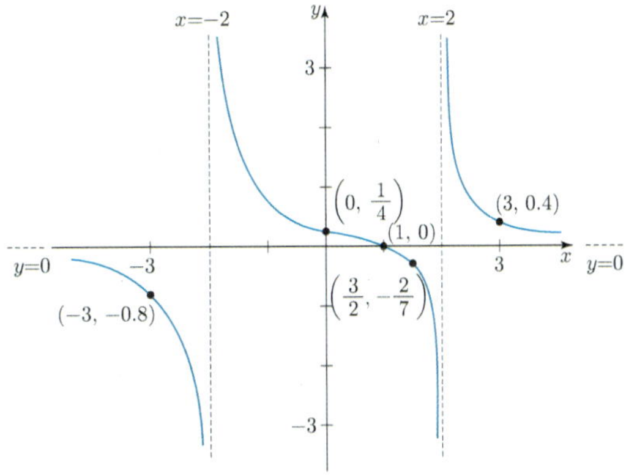

7. 점근선과 2, 5, 6단계에서 찾은 점들을 이용하여 그래프를 그려보고 점근선 근처에서의 그래프의 모양을 알아보자.

x축이 수평점근선이 되고 그래프는 $-\infty < x < -2$에서 그래프가 x축 아래쪽에 있으므로 x축 아래쪽에서 왼쪽으로 끝없이 나아간다.

그리고 $x=-2$가 수직점근선이 되므로 x축 아래쪽으로 직선 $x=-2$에 점점 가까이 가도록 그래프가 그려질 것으로 예상할 수 있다. 다른 구간의 그래프도 이와 유사한 방법으로 그릴 수 있다.

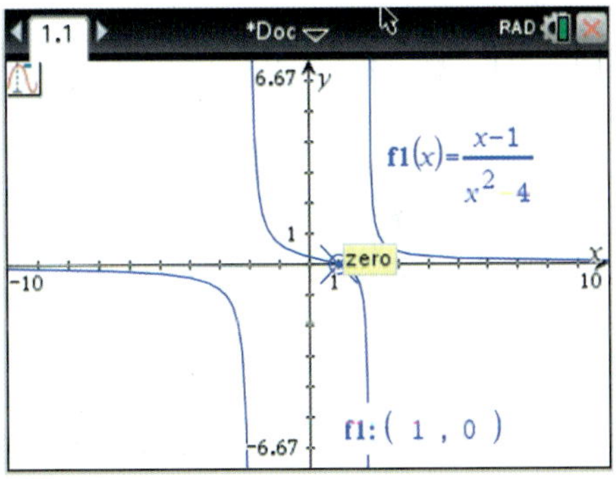

■ Graph Trace를 이용하여 점근선을 확인한다.

실제로 계산기를 이용하여 그래프를 그리고 이를 분석해 보면, 그래프를 따라 이동해 보면 x축이 수평점근선이고 축과의 교점이 $(1,\ 0)$이 되는 것을 확인할 수 있다.

예제 2

다음 주어진 그래프를 보고 적당한 유리함수를 구하여라.

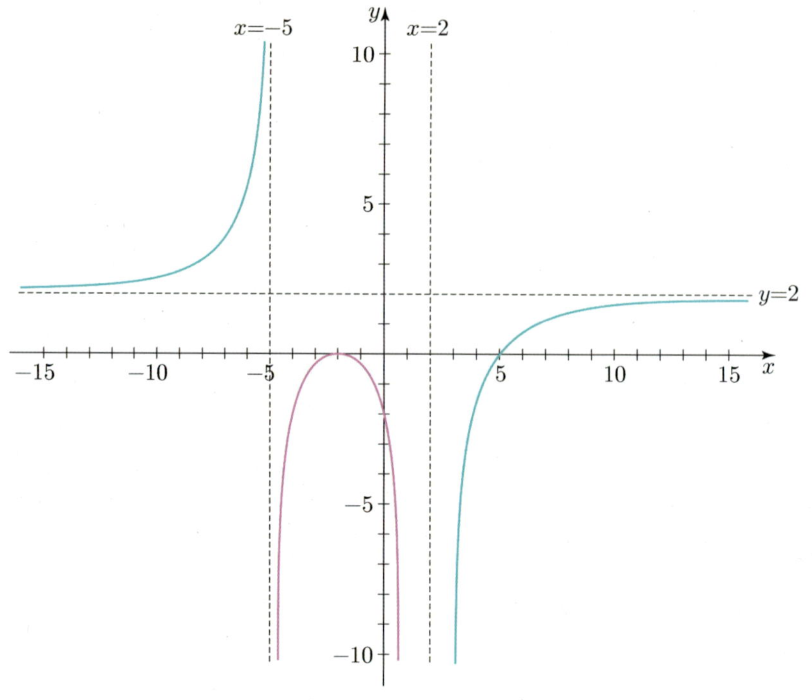

풀이

그래프를 보면 유리함수의 정의역은 $\{x \mid x \neq -5,\ x \neq 2\}$이다.

기약 형태의 $R(x) = \dfrac{p(x)}{q(x)}$의 x절편은 -2(x축과 접하는 우함수)와 5(x축과 교차하는 기함수)이므로 분자 $p(x)$는 $(x+2)^2(x-5)$의 형태를 갖는다.

분모는 그래프의 수직점근선을 결정하는데 $x=-5$와 $x=2$가 그래프의 수직점근선이므로 $R(x)$는 $x=-5$의 왼쪽으로부터 ∞로 가까워진다. 그리고 $x=-5$의 오른쪽으로부터 $-\infty$에 가까워지고 있기 때문에 $q(x)$에서 $(x-5)$는 홀수차 인수라는 것을 알 수 있다.

또 $R(x)$는 $x=2$의 양쪽으로부터 $-\infty$에 가까워지고 있기 때문에 $q(x)$에서 $(x-2)$는 짝수차 인수라는 것을 알 수 있으므로 $q(x)=(x+5)(x-2)^2$이 된다.

위의 사실들을 종합하면 $R(x) = \dfrac{(x+2)^2(x-5)}{(x+5)(x-2)^2}$의 형태가 된다는 것을 예상할 수 있다. 이 그래프를 그려보면 수평점근선이 $y=1$임을 알 수 있다.

주어진 원래 그래프에서 수평점근선이 $y=2$이므로 분자를 나눈 몫이 2가 된다는 사실을 적용하면 $R(x) = \dfrac{2(x+2)^2(x-5)}{(x+5)(x-2)^2}$가 된다는 것을 알 수 있고 이 식을 그래프로 그려보면 아래 오른쪽 그래프와 같다.

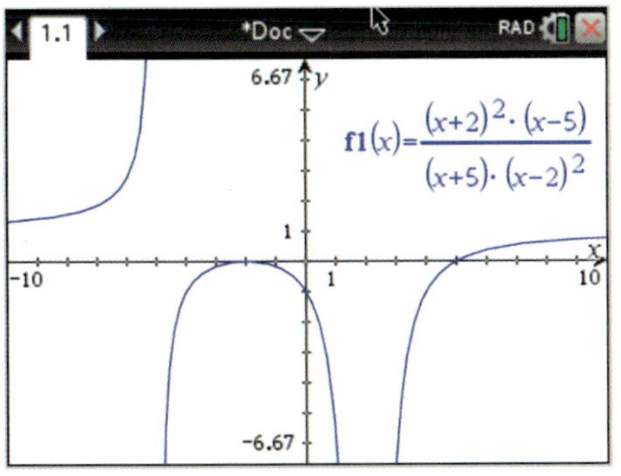

■ Graph Trace를 이용하여 점근선을 확인한다.

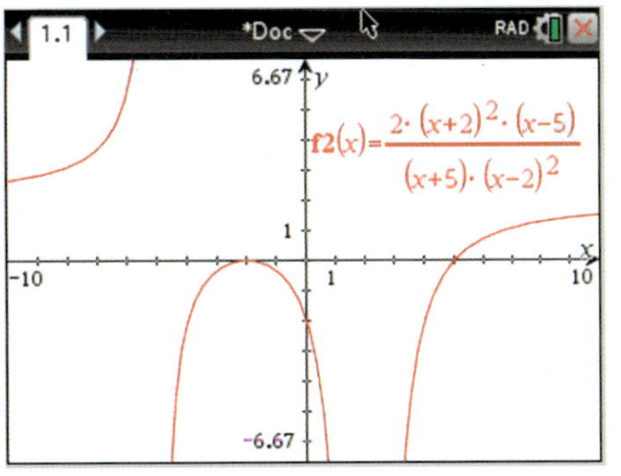

■ Graph Trace를 이용하여 점근선을 확인한다.

문제 1 유리함수 $R(x)=\dfrac{x^4+1}{x^2}$의 그래프를 그리고 그래프 모양을 분석하여라.

4.3 부분분수 분해법

1 부분분수 분해법

부분분수 분해법은 하나의 분수식을 간단한 몇 개의 분수식의 합으로 표현하는 방법이다. 다음 식에서

$$\frac{x+7}{x^2-x-6}=\frac{2}{x-3}+\frac{-1}{x+2}$$

우변의 두 개의 분수를 **부분분수**(partial fraction)라 하고, 좌변의 분수식을 우변의 분수식으로 만드는 과정을 **부분분수 분해법**(partial fraction decomposition)이라고 한다.

하나의 식은 차수가 낮은 여러 개의 식으로 인수분해된다. 예를 들면,

$$x^5+x^4-x-1=(x-1)(x+1)^2(x^2+1)$$

에서 x^5+x^4-x-1은 1, 2차 인수 $(x-1)$, $(x+1)^2$, (x^2+1)로 인수분해 된다. 이 인수분해를 이용해서 x^5+x^4-x-1를 분모로 갖는 유리식의 부분분수 분해를 할 수 있다.

특히 다항식 $N(x)$의 차수가 4차 이하이면 $\dfrac{N(x)}{x^5+x^4-x-1}$의 부분분수 분해는 다음과 같다.

$$\begin{aligned}\frac{N(x)}{x^5+x^4-x-1}&=\frac{N(x)}{(x-1)(x+1)^2(x^2+1)}\\&=\frac{A}{x-1}+\frac{B}{x+1}+\frac{C}{(x+1)^2}+\frac{Dx+F}{x^2+1}\end{aligned}$$

인수 $(x+1)^2$은 $(x+1)$과 $(x+1)^2$의 두 개의 분해를 갖는다. 만약 $(x+1)^3$이 인수이면 $(x+1)$, $(x+1)^2$, $(x+1)^3$의 3개의 분해를 갖는다. 일반적으로 반복되는 인수의 분해 개수는 인수의 지수 개수와 같다.

다음은 유리식에서 부분분수 분해법을 하기 위해 사용되는 단계를 요약하면 아래와 같다.

■ $\dfrac{N(x)}{D(x)}$의 부분분수 분해법

1. 가분수이면 나누기: 만약 $\dfrac{N(x)}{D(x)}$가 가분수(improper fraction)이면, 분자(numerator)를 분모(denominator)로 나눈다.

$$\frac{N(x)}{D(x)} = (\text{다항식}) + \frac{N_1(x)}{D(x)}$$

2. 분모의 인수: 분모가 완전제곱 형태이면

$$(px+q)^m \text{과 } (ax^2+bx+c)^2$$

여기서 (ax^2+bx+c)는 기약(irreducible)이다.

3. 일차 인수: $(px+q)^m$ 형태의 각각의 인수에 대해 부분분수 분해법은 다음과 같이 m개 분수의 합으로 표현된다.

$$\frac{A_1}{(px+q)} + \frac{A_2}{(px+q)^2} + \cdots + \frac{A_m}{(px+q)^m}$$

4. 이차 인수: $(ax^2+bx+c)^n$ 형태의 각각의 인수에 대해 부분분수 분해법은 다음과 같이 n개의 분수의 합으로 표현된다.

$$\frac{B_1x+C_1}{(ax^2+bx+c)} + \frac{B_2x+C_2}{(ax^2+bx+c)^2} + \cdots + \frac{B_nx+C_n}{(ax^2+bx+c)^n}$$

예제 1

다음 식 $\dfrac{x+7}{x^2-x-6}$을 부분분수로 나타내어라.

풀이

$x^2-x-6=(x-3)(x+2)$이므로

$$\frac{x+7}{x^2-x-6} = \frac{A}{x-3} + \frac{B}{x+2}$$

으로 나타낼 수 있다. 양변을 $(x-3)(x+2)$로 곱한다.

$x+7=A(x+2)+B(x-3)$이므로 $x=-2$를 대입하면

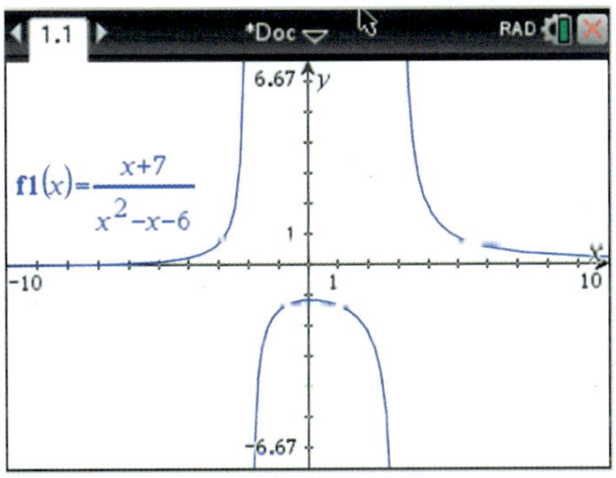

$$-2+7=A(0)+B(-5)$$
$$5=-5B$$
$$\therefore\ B=-1$$

$x=3$을 대입하면

$$3+7=A(5)+B(0)$$
$$10=5A$$
$$\therefore\ A=2$$

그러므로 $\dfrac{x+7}{x^2-x-6}=\dfrac{2}{x-3}-\dfrac{1}{x+2}$

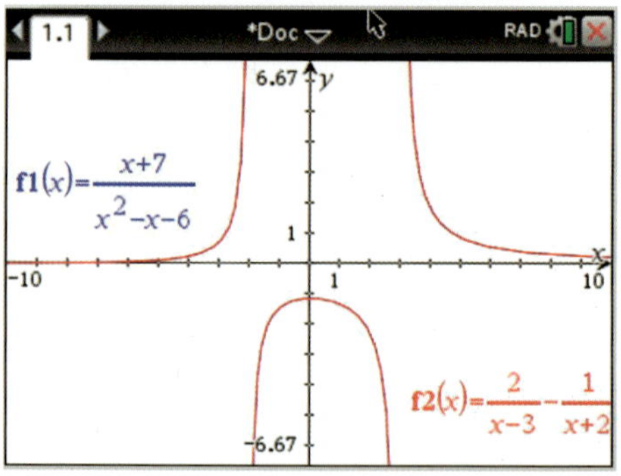

■ $f_1(x)$와 $f_2(x)$를 동시에 그려보면 두 그래프가 일치함을 확인할 수 있다.

예제 2

다음 식 $\dfrac{5x^2+20x+6}{x^3+2x^2+x}$을 부분분수로 나타내어라.

풀이

$x^3+2x^2+x=x(x^2+2x+1)=x(x+1)^2$이므로 $\dfrac{5x^2+20x+6}{x(x+1)^2}=\dfrac{A}{x}+\dfrac{B}{x+1}+\dfrac{C}{(x+1)^2}$으로 나타낼 수 있다.

$$5x^2+20x+6=A(x+1)^2+Bx(x+1)+Cx$$

이다.

$x=-1$을 대입하면

$$5-20+6=0+0-C$$
$$\therefore C=9$$

$x=0$을 대입하면

$$6=A(1)+0+0$$
$$\therefore A=6$$

B를 구하기 위해 위에서 구한 A, C의 값과 임의의 x의값을 대입하여 구할 수 있다. 예를 들어, $x=1$, $A=6$, $C=9$를 대입하면

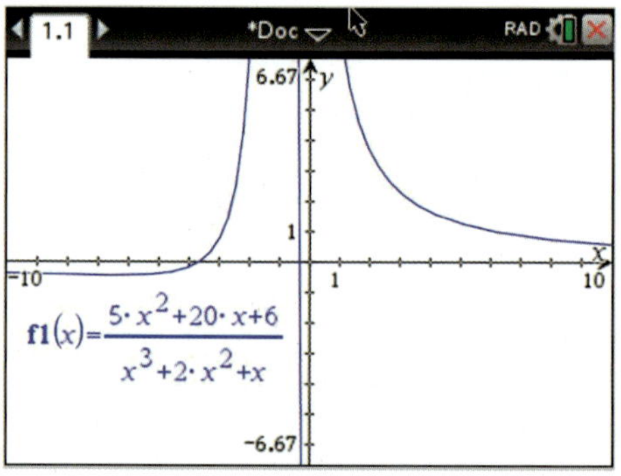

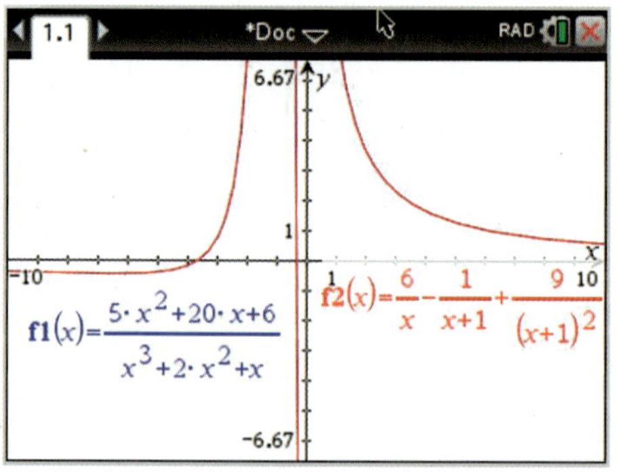

■ $f_1(x)$와 $f_2(x)$를 동시에 그려보면 두 그래프가 일치함을 확인할 수 있다.

$$5+20+6=A(4)+B(2)+C$$
$$31=6(4)+2B+9$$
$$-2=2B$$
$$\therefore\ B=-1$$

그러므로 $\dfrac{5x^2+20x+6}{x(x+1)^2}=\dfrac{6}{x}-\dfrac{1}{x+1}+\dfrac{9}{(x+1)^2}$

문제 1 다음 식 $\dfrac{3x^2+4x+4}{x^3+4x}$를 부분분수로 나타내어라.

CHAPTER

5 지수함수와 로그함수

EXPONENTIAL and LOGARITHMIC FUNCTIONS

5.1 지수함수와 그래프

앞에서는 다항함수와 유리함수를 포함하는 대수적 함수에 대해 공부했다. 이 단원에서는 초월함수(transcendental function)인 지수함수와 로그함수에 대하여 공부한다.

1 지수함수

지수함수는 복리계산, 인구증가, 망각곡선, 방사성 물질의 반감기와 같은 경제적, 사회적, 물리적 현상을 설명하는 데 사용된다. 일반적으로 $a>0,\ a\neq 1$일 때, 임의의 실수 x에 대하여 a^x의 값은 단 하나로 정해지므로 실수(real number) 전체의 집합을 정의역으로 하는 함수

$$f(x)=a^x\ \ (\text{단, } a>0,\ a\neq 1)$$

를 생각할 수 있다. 이 함수를 "a를 밑으로 하는 **지수함수**(exponential functions)"라고 한다.

1. 밑(base) a가 1일 때 $f(x)=1^x=1$이므로 지수함수가 아니라 상수함수가 된다.
2. 유리수(rational number) 범위 안에서 지수 법칙은 이미 배웠다 하지만 지수함수는 실수 전체에서 정의된다. 따라서 무리수(irrational number) 지수에 대한 이해가 필요하다. 그러나 이에 대한 수학적 정의는 이 책의 범위를 벗어나므로 다음과 같이 근사적으로 이해하도록 한다.

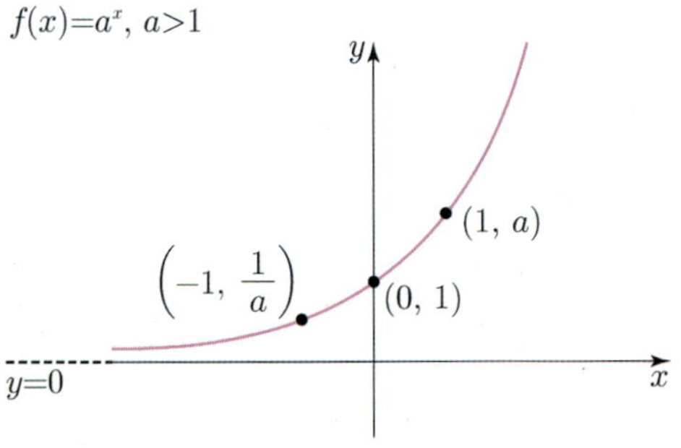

(1) 정의역: 실수 전체의 집합 R, 치역은 $\{y\mid y>0\}$이다.

(2) 그래프의 x절편은 없고, y절편은 1이다.

(3) 수평점근선($x\to-\infty$)은 x축($y=0$)이다.

(4) $f(x)=a^x,\ a>0$은 일대일 함수이고 증가함수(increasing function)이다.

(5) f의 그래프에는 점 $(0,\ 1), (1,\ a), \left(-1,\ \dfrac{1}{a}\right)$이 있다.

(6) f의 그래프는 꺾이거나 끊어짐 없이 연속적이고 부드러운 곡선 그래프이다.

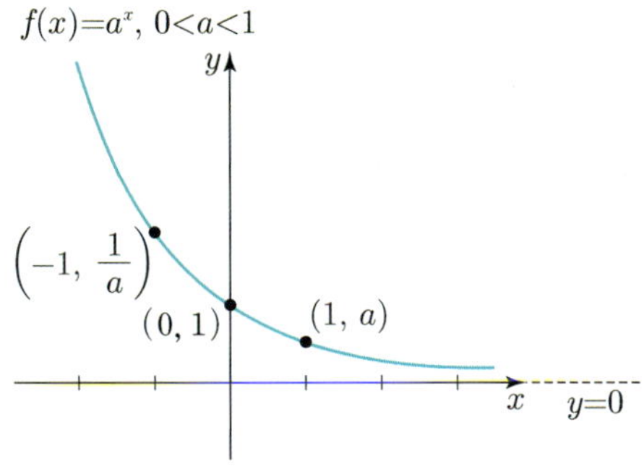

(1) 정의역: 실수 전체의 집합 R, 치역은 $\{y \mid y > 0\}$이다.

(2) 그래프는 x절편은 없고, y절편은 1이다.

(3) 수평점근선 $(x \to \infty)$은 x축$(y=0)$이다.

(4) $f(x) = a^x$, $0 < a < 1$은 일대일 함수이고 감소함수(decreasing function)이다.

(5) f의 그래프에는 점 $(0,\ 1)$, $(1,\ a)$, $\left(-1,\ \dfrac{1}{a}\right)$이 있다.

(6) f의 그래프는 꺾이거나 끊어짐 없이 연속적이고 부드러운 곡선 그래프이다.

예제 1

무리수인 $2^{\sqrt{2}}$의 값을 알아보자.

풀이

1.4, 1.41, 1.414, 1.4142, 1.41421, ⋯를 지수로 가지는 수 $2^{1.4}$, $2^{1.41}$, $2^{1.414}$, $2^{1.4142}$, $2^{1.41421}$, ⋯의 값을 구하면 다음과 같다.

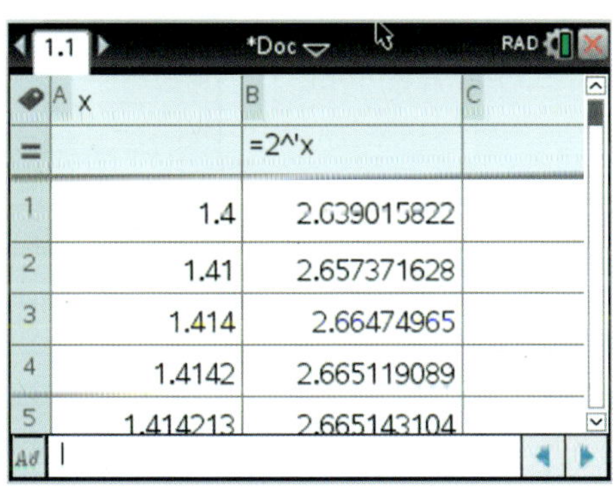

	A x	B	C
=		=2^'x	
1	1.4	2.639015822	
2	1.41	2.657371628	
3	1.414	2.66474965	
4	1.4142	2.665119089	
5	1.414213	2.665143104	

이와 같이 $2^{1.4}$, $2^{1.41}$, $2^{1.414}$, $2^{1.4142}$, $2^{1.41421}$, $\cdots$의 값은 어떤 일정한 수에 한없이 가까워지므로 이 일정한 수를 $2^{\sqrt{2}}$로 정할 수 있다. 마찬가지 방법으로 모든 무리수 x에 대하여 2^x을 정할 수 있다.

예제 2

함수 $f(x)=2^x$과 $g(x)=5^x$의 그래프를 그리고 서로 비교하여 설명하여라.

풀이

1. 함수 $f(x)=2^x$과 $g(x)=5^x$는 실수 전체를 정의역으로 한다. 또한 2^x, 5^x은 모든 실수에 대하여 양수이다.
2. 두 함수의 치역은 개구간 $(0, \infty)$이다.(그래프에서도 x축 위에 그려진다는 것을 확인할 수 있다.)
3. 표에서 확인할 수 있는 것처럼 y절편은 모두 1이다. $x \to -\infty$일 때, $f(x)=2^x$과 $g(x)=5^x$ 모두 0으로 가까이 접근하므로 x축이 수평점근선임을 알 수 있다.
4. $x \to \infty$일 때, $f(x)=2^x$과 $g(x)=5^x$의 그래프 모두 증가하면서 일대일 대응이다.
5. 표와 그래프로 보아 $x<0$일 때는 $f(x)=2^x$이, 그리고 $x>0$일 때는 $g(x)=5^x$이 좀 더 빠르게 증가하는 것을 확인할 수 있다.
6. $f(x)=2^x$과 $g(x)=5^x$의 그래프는 꺾이거나 끊어짐 없이 연속적이고 부드러운 곡선이다.

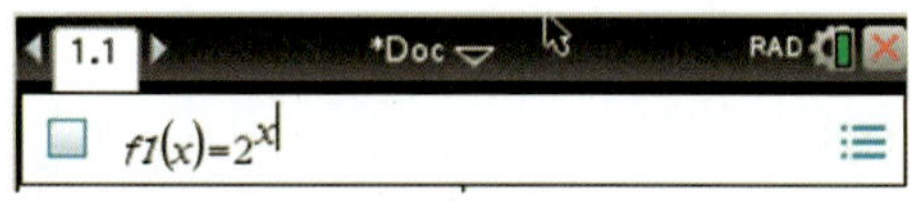

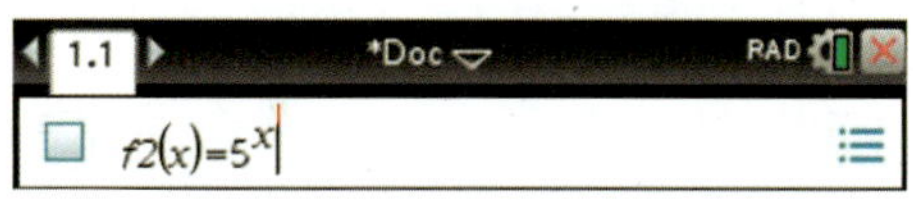

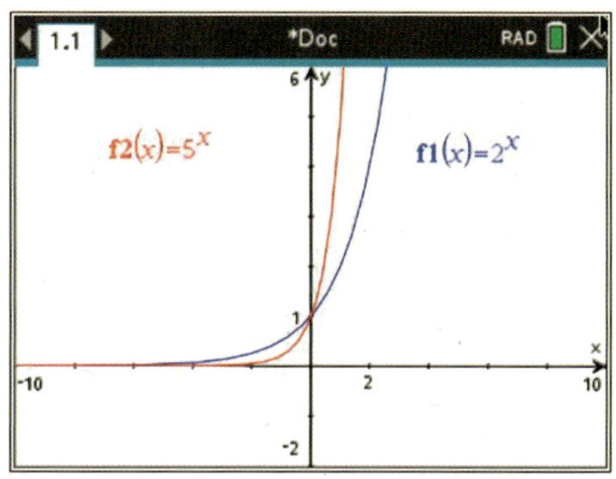

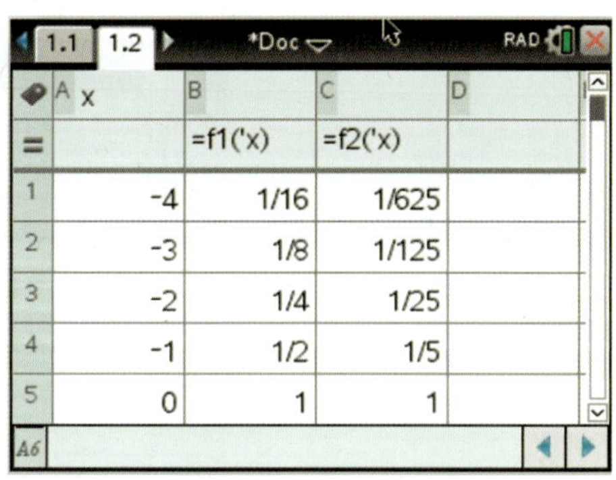

	A x	B	C	D
=		=f1('x)	=f2('x)	
1	-4	1/16	1/625	
2	-3	1/8	1/125	
3	-2	1/4	1/25	
4	-1	1/2	1/5	
5	0	1	1	

예제 3

함수 $f(x)=\left(\frac{1}{2}\right)^x$과 $g(x)=\left(\frac{1}{5}\right)^x$의 그래프를 그리고 서로 비교하여 설명하여라.

풀이

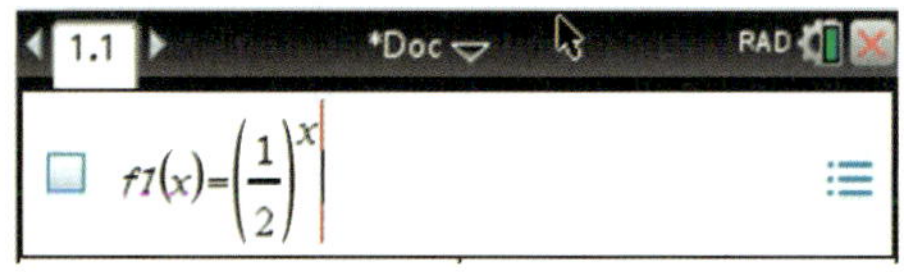

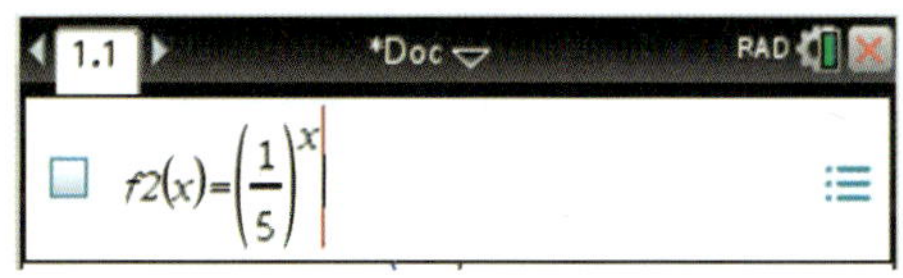

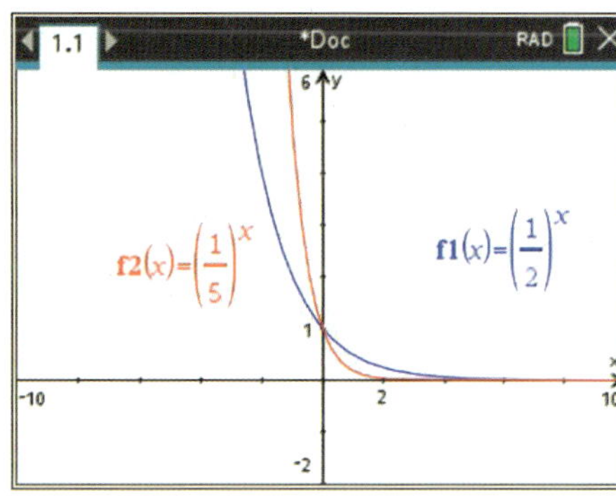

1. 함수 $f(x)=\left(\frac{1}{2}\right)^x$과 $g(x)=\left(\frac{1}{5}\right)^x$의 정의역은 실수 전체이다. 또한 $\left(\frac{1}{2}\right)^x$, $\left(\frac{1}{5}\right)^x$은 모든 실수에 대하여 양수이다.
2. 두 함수의 치역은 개구간 $(0, \infty)$이다(그래프에서도 x축 위에 그려짐을 확인할 수 있다).
3. 표에서 확인할 수 있는 것처럼 y절편은 모두 1이다. $x \to \infty$일 때 $f(x)=\left(\frac{1}{2}\right)^x$과 $g(x)=\left(\frac{1}{5}\right)^x$ 모두 0으로 가까이 점근하므로 x축이 수평점근선임을 알 수 있다.
4. $x \to \infty$일 때 $f(x)=\left(\frac{1}{2}\right)^x$과 $g(x)=\left(\frac{1}{5}\right)^x$의 그래프 모두 감소하는 일대일 대응이다.
5. 표와 그래프로 보아 $x<0$일 때는 $f(x)=\left(\frac{1}{2}\right)^x$이, 그리고 $x>0$일 때는 $g(x)=\left(\frac{1}{5}\right)^x$이 좀 더 빠르게 감소하는 것을 확인할 수 있다.
6. $f(x)=\left(\frac{1}{2}\right)^x$과 $g(x)=\left(\frac{1}{5}\right)^x$의 그래프는 꺾이거나 끊어짐 없이 연속적이고 부드러운 곡선이다.

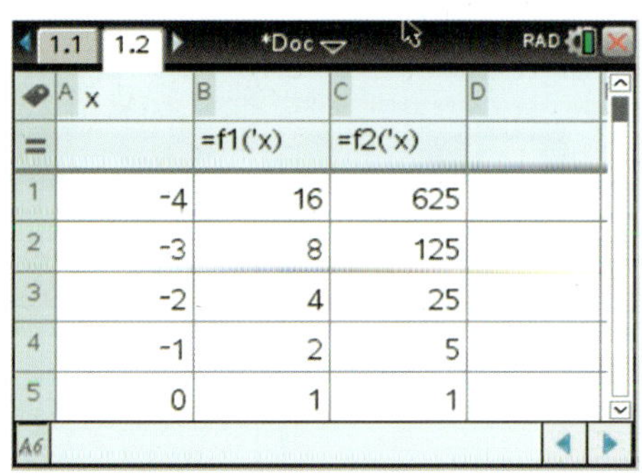

	A x	B	C	D
=		=f1('x)	=f2('x)	
1	-4	16	625	
2	-3	8	125	
3	-2	4	25	
4	-1	2	5	
5	0	1	1	

2 자연상수(오일러 상수, 네이피어 수) e

e로 표시되는 무리수 $e=2.71828\cdots$을 밑으로 하는 지수함수는 자연적으로 발생하는 여러 가지 현상들을 설명하기 위해 사용되어 왔다. 무리수 e를 최초로 기록한 수학자는 네이피어(Napier, 1550~1617)였으며 이를 자연로그(natural logarithm)의 밑 e로 공식적으로 사용한 사람은 오일러(Euler, 1707~1783)이다.

자연상수(natural constant) e는 $n\to\infty$일 때, $\left(1+\frac{1}{n}\right)^n$의 극한값으로 표현된다.

$$e=\lim_{n\to\infty}\left(1+\frac{1}{n}\right)^n$$

n	$\frac{1}{n}$	$1+\frac{1}{n}$	$\left(1+\frac{1}{n}\right)^n$
1	1	2	2
2	0.5	1.5	2.25
5	0.2	1.2	2.48832
10	0.1	1.1	2.59374246
100	0.01	1.01	2.704813829
10,00	0.001	1.001	2.716923932
10,000	0.0001	1.0001	2.718145927
100,000	0.00001	1.00001	2.718268237
1000,000	0.000001	1.000001	2.718280469
1,000,000,000	10^{-9}	$1+10^{-9}$	2.718281828

$e=\lim_{n\to\infty}\left(1+\frac{1}{n}\right)^n$에서 $\frac{1}{n}=x$로 치환하면, $n\to\infty$일 때 $\frac{1}{n}=x\to 0$이므로 다음과 같이 표현할 수 있다.

$$e=\lim_{x\to 0}(1+x)^{\frac{1}{x}}$$

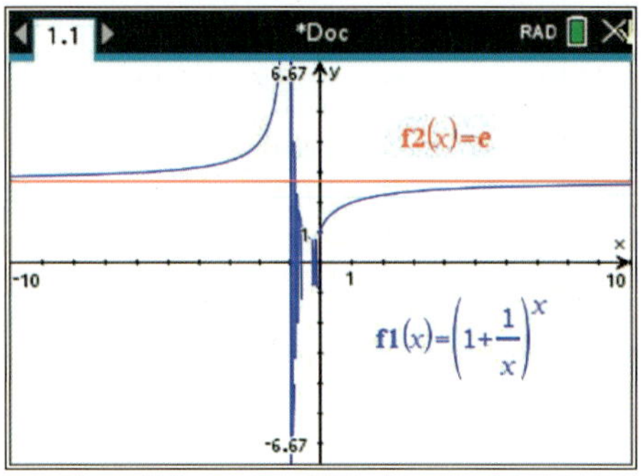

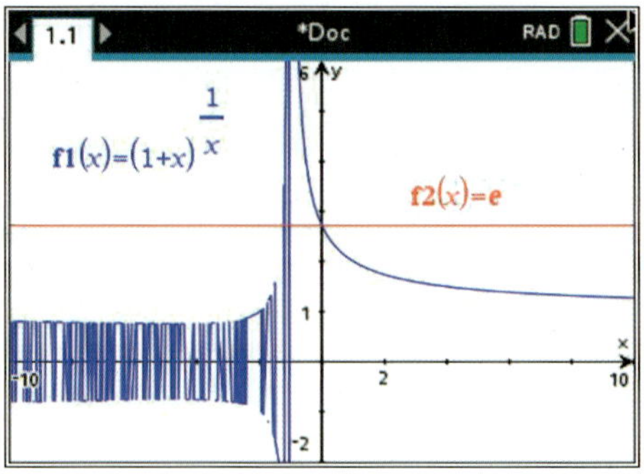

■ 이 그래프는 $(0, e)$에서 불연속점이 있다.

예제 4

$f(x) = -e^{x-3}$의 정의역과 치역 그리고 수평점근선을 구하여라.

풀이

그래프는 $y = e^x$를 x축에 대칭이동한 다음 x축의 방향으로 3만큼 이동하면 $f(x) = -e^{x-3}$의 그래프를 얻을 수 있다. 그래프에서 확인할 수 있듯이 정의역은 개구간 $(-\infty, \infty)$이고 치역은 개구간 $(-\infty, 0)$이다. 또한 수평점근선은 $y = 0$이다.

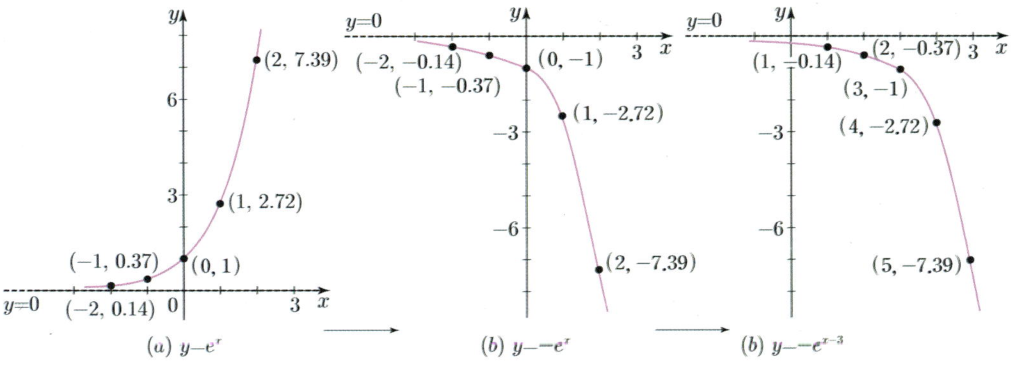

문제 1 함수 $f(x) = 7 - 2^{-x}$의 그래프를 그리고 정의역, 공역, 치역과 수평점근선을 구하여라.

문제 2 Nspire를 이용하여 $y = 3^x$과 $y = 4^x$를 한 화면에 그리고 그래프를 이용하여 다음 부등식을 풀어라.

$$3^x < 4^x$$

5.2 로그함수와 그래프

1 로그함수

함수가 역함수(inverse function)를 가지려면 수평선과 함수 그래프의 교점이 하나뿐이어야 한다는 수평선 테스트를 통과해야 한다. 5.1장에서 소개된 지수함수의 그래프를 보면 $f(x)=a^x$ 형태의 모든 함수는 수평선 테스트를 만족하므로 항상 역함수를 가진다. 이 역함수를 a를 밑으로 하는 **로그함수**(logarithmic functions)라 한다.

로그함수의 정의

$a>0,\ a\neq 1,\ x>0$일 때,

$$y=\log_a x \iff a^y=x$$

함수 $f(x)=\log_a x$를 a를 밑으로 하는 **로그함수**라 한다.

로그의 값을 구할 때 로그는 지수와 깊은 관련이 있음을 기억하자. $\log_a x$는 a를 거듭제곱하여 그 값을 x로 가지는 수이다. 예를 들어, 2를 세제곱하여 8을 얻을 수 있으므로 $\log_2 8=3$이다.

예제 1

(1) $\log_2 32=5$ ($2^5=32$이므로)

(2) $\log_3 27=3$ ($3^3=27$이므로)

(3) $\log_4 2=\frac{1}{2}$ ($4^{\frac{1}{2}}=\sqrt{4}=2$이므로)

(4) $\log_{10}\frac{1}{100}=-2$ ($10^{-2}=\frac{1}{10^2}=\frac{1}{100}$이므로)

(5) $\log_3 1=0$ ($3^0=1$이므로)

(6) $\log_2 2=1$ ($2^1=2$이므로)

밑을 10으로 하는 로그함수를 **상용로그**(common logarithms)라 한다. 대부분 계산기에서 이 함수는 보통 밑을 생략하여 log로 표현한다. log10은 밑이 10이므로 그 값은 1이다.

예제 2

식	식의 값	소수 셋째 자리에서 반올림
(1) $\log_{10}54$	1.73239	1.732
(2) $2\log_{10}2.5$	0.79588	0.796
(3) $\log_{10}(-2)$	Error	

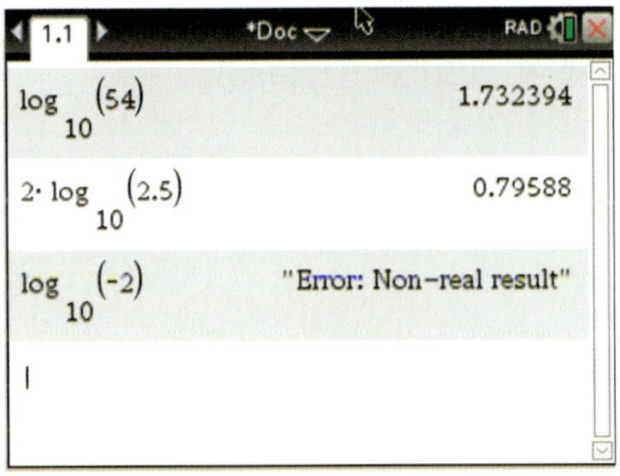

■ ctrl enter로 소수 근삿값을 확인한다.

대부분 계산기에서 $\log_{10}(-2)$의 값을 구하려 하면 오류를 나타낸다. 그 이유는 모든 로그함수의 정의역이 양의 실수 집합이기 때문이다.

로그의 성질

1. $\log_a 1 = 0$ ($a^0 = 1$이므로 $\log_a 1 = 0$이다.)
2. $\log_a a = 1$ ($a^1 = 0$이므로)
3. $\log_a a^x = x$ ($a^x = a^x$이므로)

2 로그함수의 그래프

$y = \log_a x$의 그래프를 그리려면, 함수와 그 역함수의 그래프는 직선 $y = x$에 대하여 대칭이라는 사실을 이용한다.

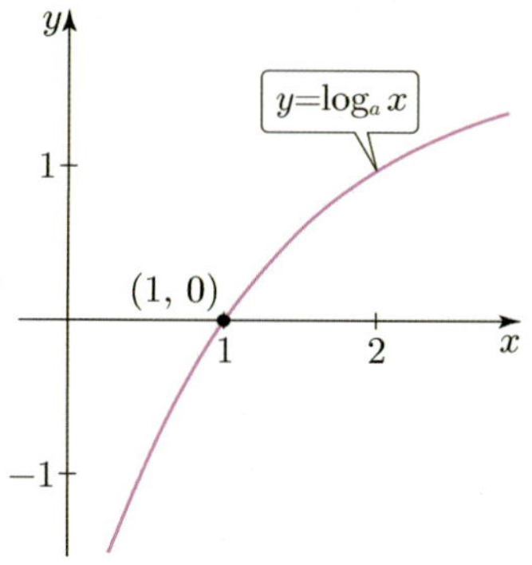

$y=\log_a x\ (a>1)$의 그래프

- 정의역: $(0, \infty)$
- 치역: $(-\infty, \infty)$
- x축과의 교점: $(1, 0)$
- 수직점근선: y축
  ($x \to 0^+$일 때, $\log_a x \to -\infty$)
- 연속
- $y=a^x$의 그래프와 직선 $y=x$에 대하여 대칭

예제 3

같은 좌표평면 위에 다음 함수의 그래프를 그려라.

(1) $f(x)=2^x$

(2) $g(x)=\log_2 x$

풀이

(1) $f(x)$에 대하여 대응표를 작성한다.

x	-2	-1	0	1	2	3
$f(x)=2^x$	$\frac{1}{4}$	$\frac{1}{2}$	1	2	4	8

이 점들을 좌표평면에 표시한 후, 부드러운 곡선으로 그 점들을 연결하면 $f(x)=2^x$의 그래프를 그릴 수 있다.

(2) $g(x)=\log_2 x$는 $f(x)=2^x$의 역함수이므로 g의 그래프는 f의 그래프를 직선 $y=x$에 대하여 대칭이동하여 얻을 수 있다. 이는 위 표에서 x좌표와 y좌표를 바꾸는 것과 같다.

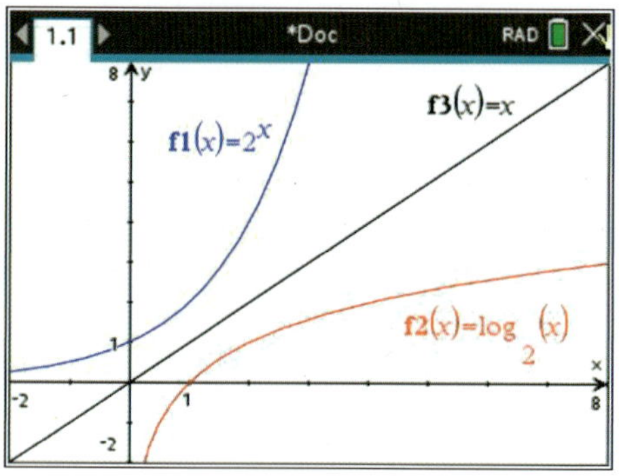

■ log 입력은 ctrl 10^x 으로 한다.

예제 4

$f(x) = \log_{10}x$의 그래프를 그려라.

풀이

$f(x)$에 대하여 대응표 작성부터 시작한다. 몇 개의 값 정도는 Nspire 없이도 구할 수 있지만 대부분 값들은 Nspire가 필요하다. 찾아낸 점들을 좌표평면 위에 표시한 후, 그 점들을 부드러운 곡선으로 연결한다.

	계산기 없이				계산기 사용		
x	$\frac{1}{100}$	$\frac{1}{10}$	1	10	2	5	8
$f(x) = \log_{10}x$	-2	-1	0	1	0.301	0.699	0.903

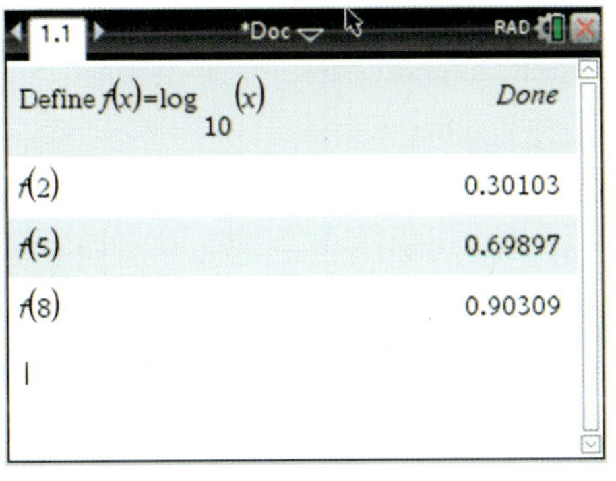

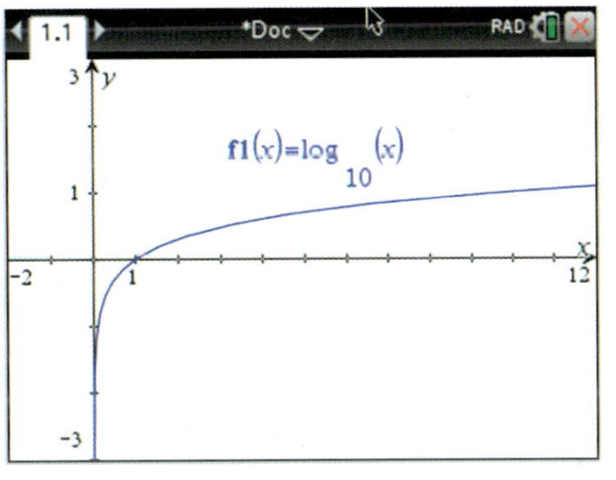

이 그래프에서 정의역과 치역이 각각 $(0, \infty)$, $(-\infty, \infty)$임을 알 수 있다.

위의 그래프는 $f(x) = \log_a x$ $(a > 1)$의 대표적인 그래프이다. x축과의 교점은 $(1,\ 0)$이고 하나의 수직점근선 $x = 0$을 갖는다. $x > 1$일 때 그래프가 매우 느리게 증가하고 있음을 볼 수 있다. $y = 3$일 때 그래프를 살펴보려면 $x = 1000$ 근처까지 움직여야 한다.

다음 **[예제 5]**에서 $\log_a x$의 그래프는 $y = b \pm log_a(x+c)$와 같은 모양의 그래프이다. 함수 $f(x) = \log_a(bx+c)$의 정의역은 $bx + c > 0$을 만족하는 모든 x를 포함하는 집합이다. 이 함수의 수직점근선은 $bx + c = 0$이고, x축과의 교점은 $bx + c = 1$일 때이다.

예제 5

다음 함수의 그래프와 $f(x)=\log_{10}x$의 그래프를 비교하여라.

(1) $g(x)=\log_{10}(x-1)$

(2) $h(x)=2+\log_{10}x$

풀이

위 함수들의 그래프는 $f(x)=\log_{10}x$의 그래프와 비슷하다.

(1) $g(x)=\log_{10}(x-1)=f(x-1)$이므로, g의 그래프는 f의 그래프를 x축의 방향으로 1만큼 평행이동한 것이다.

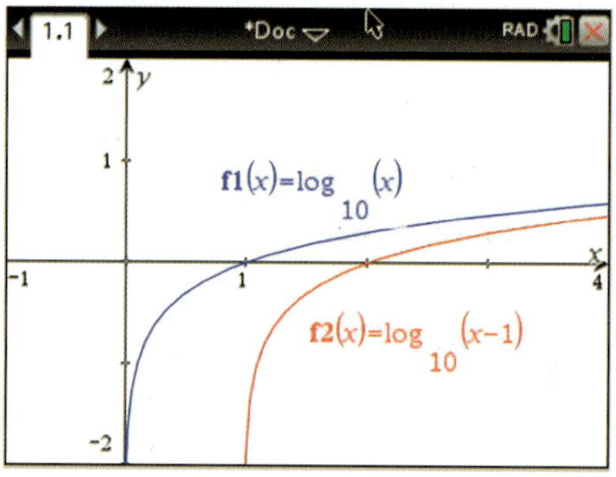

■ x축 방향으로 1만큼 평행이동, 수직점근선 $x=1$

(2) $h(x)=2+\log_{10}x=2+f(x)$이므로, h의 그래프는 f의 그래프를 y축의 방향으로 2만큼 평행이동한 것이다.

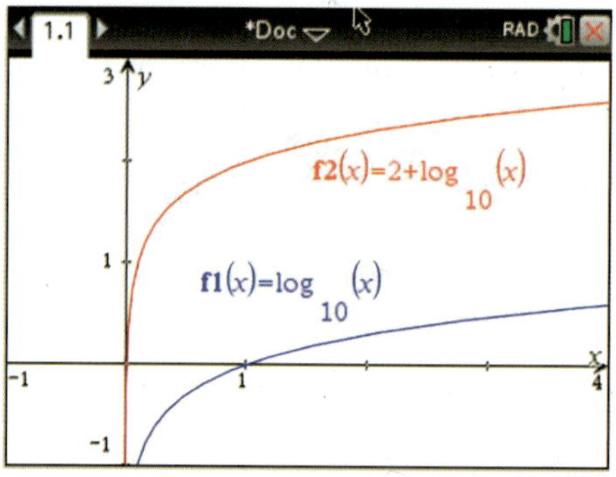

■ y축 방향으로 2만큼 평행이동, 수직점근선 $x=0$

3 자연로그 함수

지수함수와 같이 로그함수의 가장 널리 쓰이는 밑은 무리수 e이다. 밑을 e로 가지는 로그함수를 **자연로그 함수**(natural logarithmic functions)라 한다. 기호로는 $\ln x$로 나타내고 "론 x"라고 읽는다.

자연로그 함수의 정의

$x > 0$일 때,

$$f(x) = \log_e x = \ln x$$

함수 $f(x)$를 **자연로그 함수**라 한다.

이 장의 앞부분에서 언급했던 로그의 세 가지 성질은 자연로그에서도 성립한다.

로그의 성질

1. $\ln 1 = 0$ ($e^0 = 1$이므로 $\ln 1 = 0$이다.)
2. $\ln e = 1$ ($e^1 = e$이므로)
3. $\ln e^x = x$ ($e^x = e^x$이므로)

자연로그 함수의 그래프는 다음과 같다.

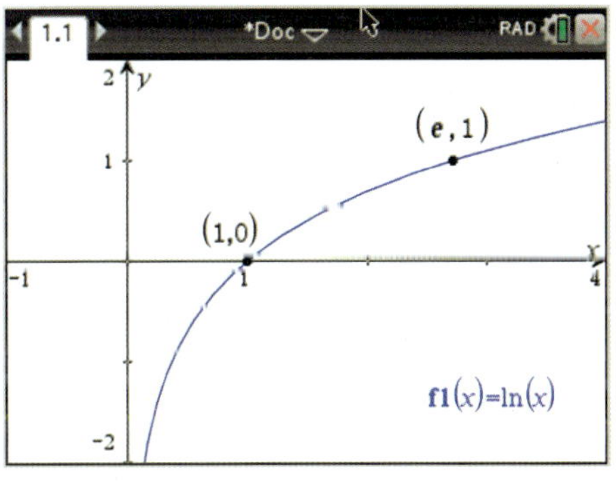

예제 6

다음 자연로그의 값을 구하여라.

(1) $\ln\frac{1}{e} = \ln e^{-1} = -1$ 성질3

(2) $\ln e^2 = 2$ 성질3

대부분 계산기에서는 자연로그를 ln 으로 표기하여 사용한다. 다음 예제들의 자연로그 값을 Nspire를 사용하여 구해보자.

예제 7

식	식의 값	소수 셋째 자리에서 반올림
(1) ln2	0.693147	0.693
(2) ln0.3	−1.20397	−1.204
(3) ln2	1	1.000
(4) ln(−1)	Error	

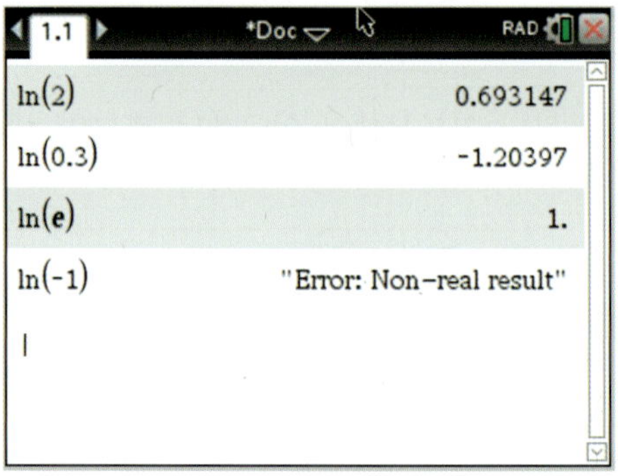

- 자연로그 함수 ln은 [ctrl] [eˣ] 로 입력한다.
- [ctrl][enter] 로 소수 근삿값을 확인한다.

$\ln(-1)$의 결과로 오류가 나타난 것은 $\ln x$의 정의역이 양의 실수 집합이기 때문이다. 그러므로 $\ln(-1)$은 정의되지 않는다.

예제 8

다음 함수들의 정의역과 치역을 구하여라. 그리고 Nspire를 사용하여 각 함수의 그래프를 그려라.

(1) $f(x) = \ln(x-2)$

(2) $g(x) = \ln(2-x)$

(3) $h(x) = \ln x^2$

주의 Nspire를 사용할 때 정의역에 주의하자.

풀이

(1) $\ln(x-2)$는 $x-2>0$일 때만 정의되므로, f의 정의역은 $(2, \infty)$이다. f의 치역은 실수 전체 집합이다.

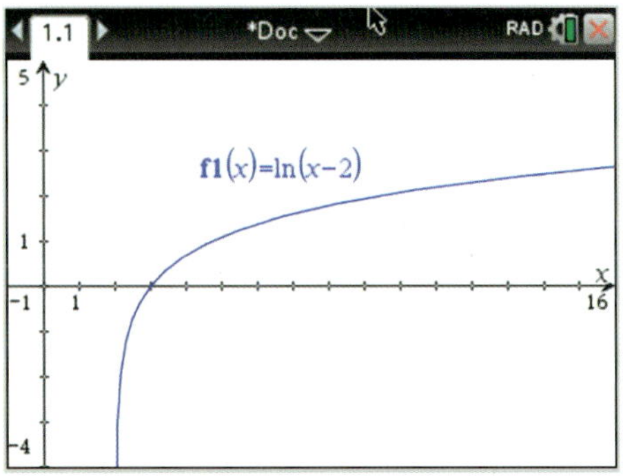

(2) $\ln(2-x)$는 $2-x>0$일 때만 정의되므로, g의 정의역은 $(-\infty, 2)$이다. g의 치역은 실수 전체 집합이다.

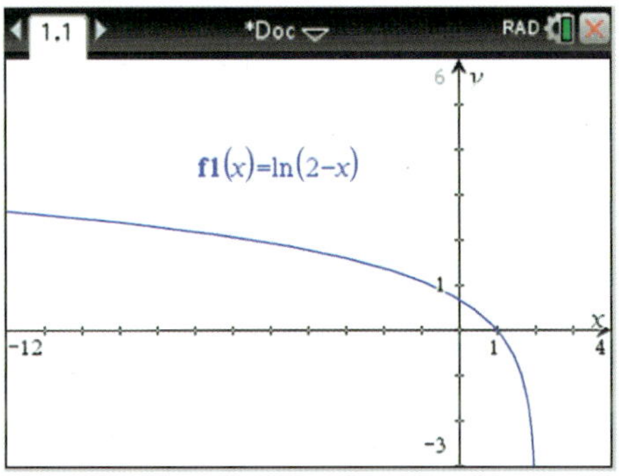

(3) $\ln x^2$은 $x^2>0$일 때만 정의되므로, h의 정의역은 $x \neq 0$인 모든 실수 집합이다. 여기서 $\ln x^2$은 $\ln(x^2)$을 말한다. h의 치역은 실수 전체 집합이다.

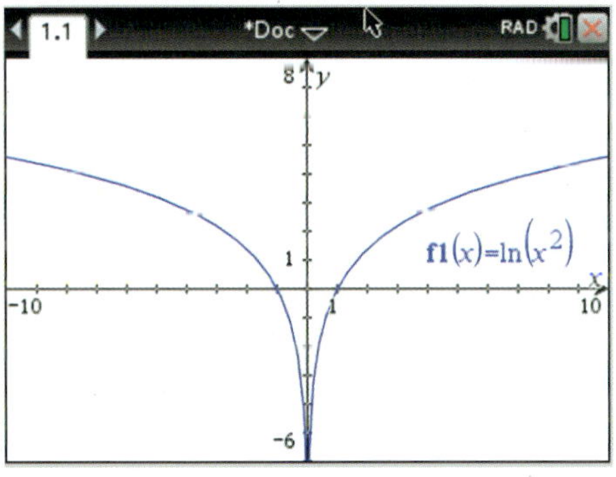

5.3 로그의 성질

1 로그의 성질

5.2절에서 밑이 a인 로그함수가 밑이 a인 지수함수와 역의 관계인 것을 알아보았다. 이러한 사실로 인하여 로그의 성질이 지수의 성질과 서로 대응할 것임을 예상할 수 있다. 예를 들면, 지수의 성질인 $a^0 = 1$과 로그의 성질인 $\log_a 1 = 0$이 서로 대응함을 알 수 있다. 따라서 로그의 성질이 아래 세 가지 지수의 성질과 어떻게 대응되는지를 알 수 있을 것이다.

1. $a^n a^m = a^{n+m}$
2. $\dfrac{a^n}{a^m} = a^{n-m}$
3. $(a^n)^m = a^{nm}$

로그의 성질

a는 $a \neq 1$인 양수, n은 실수, u, v는 양수일 때,

밑이 a인 로그	자연로그
1. $\log_a(uv) = \log_a u + \log_a v$	1. $\ln(uv) = \ln u + \ln v$
2. $\log_a \dfrac{u}{v} = \log_a u - \log_a v$	2. $\ln \dfrac{u}{v} = \ln u - \ln v$
3. $\log_a u^n = n \log_a u$	3. $\ln u^n = n \ln u$

증명

[성질 1]

x, y를 $x = \log_a u$, $y = \log_a v$라 두자.

로그의 정의에 의하여 위의 두 방정식은 다음과 같다.

$$a^x = u,\ a^y = v$$

u와 v를 곱하면 $uv = a^x a^y = a^{x+y}$이다. 양변에 $\log_a$를 취하면

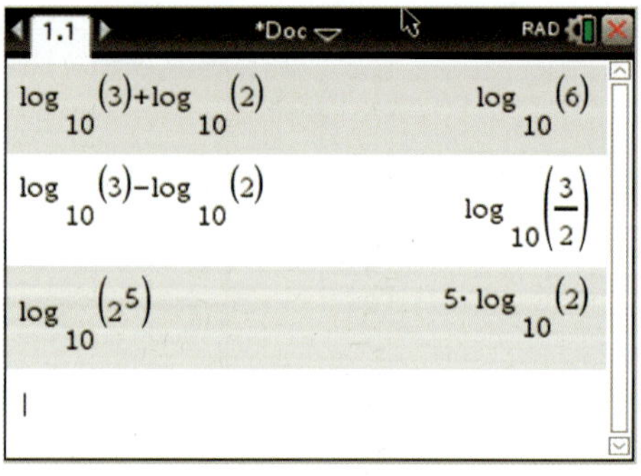

▪ Nspire로 로그의 성질을 확인할 수 있다.

$$\log_a(uv) = \log_a a^{x+y} = x + y$$

그러므로, $\log_a(uv) = \log_a u + \log_a v$

주의 $\log_a(u+v)$은 $\log_a u + \log_a v$와 같지 않음에 유의해야 한다.

예제 1

로그의 성질을 이용하여 다음의 근삿값을 구하고, Nspire로 이를 확인하여라.
($\ln 2 \approx 0.693$, $\ln 3 \approx 1.099$, $\ln 7 \approx 1.946$)

(1) $\ln 6$ (2) $\ln \dfrac{7}{27}$ (3) $-\ln \dfrac{1}{2}$

풀이

(1) $\ln 6 = \ln(2 \cdot 3)$

$= \ln 2 + \ln 3$ 성질1

$\approx 0.693 + 1.099 = 1.792$

(2) $\ln \dfrac{7}{27} = \ln 7 - \ln 27$ 성질2

$= \ln 7 - \ln 3^3$

$= \ln 7 - 3\ln 3$ 성질3

$\approx 1.946 - 3(1.099) = -1.351$

(3) $-\ln \dfrac{1}{2} = -\ln(2^{-1}) = -(-1)\ln 2$

$= \ln 2 \approx 0.693$

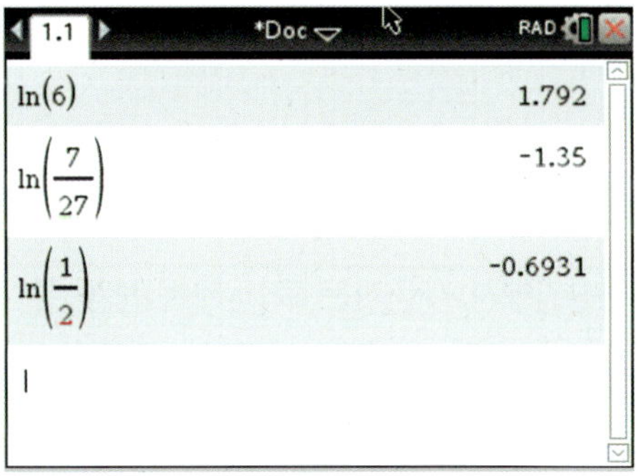

- Nspire로 로그의 성질을 확인할 수 있다.
- ctrl enter 로 소수 근삿값을 확인한다.
- 소수 자릿값 설정은 CAS TIP 14를 참조

예제 2

로그의 성질을 이용하여 다음을 로그의 합차 형태로 나타내어라.

$$\log_{10} \frac{5x^3}{y}$$

풀이

$\log_{10} \dfrac{5x^3}{y} = \log_{10} 5x^3 - \log_{10} y$ 성질2

$$= \log_{10} 5 + \log_{10} x^3 - \log_{10} y \qquad \text{성질1}$$

$$= \log_{10} 5 + 3\log_{10} x - \log_{10} y \qquad \text{성질3}$$

예제 3

로그의 성질을 이용하여 다음을 간단히 하여라.

$$2\ln(x+2) - \ln x$$

풀이

$$2\ln(x+2) - \ln x = \ln(x+2)^2 - \ln x = \ln \frac{(x+2)^2}{x}$$

로그를 전개하거나 간단히 할 때 주의해야 할 점은 원래 로그 표현의 정의역과 바뀐 로그 표현의 정의역을 비교해야 한다. 예를 들어, $\ln x^2$의 정의역은 0이 아닌 실수이지만 $2\ln x$의 정의역은 양수이다.

2 로그의 밑 바꾸기

계산기에서 사용되는 로그 키는 보통 두 가지뿐인 경우가 많다. 하나는 상용로그(밑이 10)이고 다른 하나는 자연로그(밑이 e)이다. 비록 상용로그와 자연로그가 사용 빈도가 많고, 밑이 10 또는 e가 아닌 로그 계산의 빈도가 적지만 이들 계산 역시 필요하다. 이를 계산하기 위해서는 아래의 로그 밑을 바꾸는 공식(change of base formula)이 필요하다.

로그 밑을 바꾸는 공식

a, b, x가 양수이고, $a \neq 1$, $b \neq 1$일 때 $\log_a x = \dfrac{\log_b x}{\log_b a}$

예제 4

$\log_2 7$의 근삿값을 구하여라. 반올림하여 소수 넷째 자리까지 구하여라.

풀이

$y = \log_2 7$라 두면 로그의 정의에 의해 $2^y = 7$이다.

$$2^y = 7$$
$$\ln 2^y = \ln 7$$
$$y \ln 2 = \ln 7$$
$$y = \frac{\ln 7}{\ln 2}$$
$$y \approx 2.8074$$

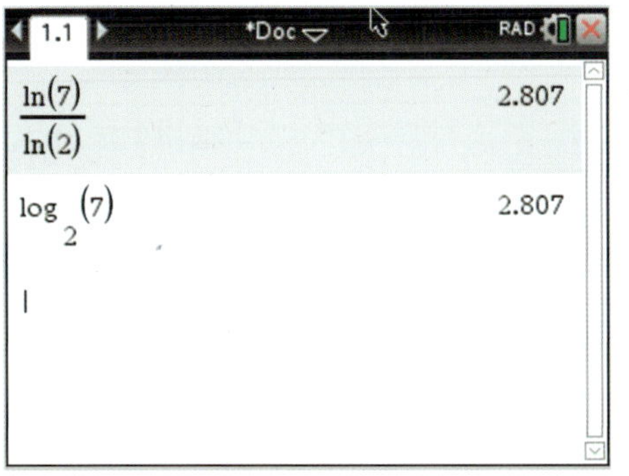

- Nspire를 통해 위와 같이 결과를 확인할 수 있으며 또한 밑이 10 또는 e가 아닌 로그를 한 번에 계산할 수 있다. 밑이 10 또는 e가 아닌 로그 입력 방법: log (진수, 밑)
- ctrl enter 로 소수 근삿값을 확인한다.

예제 5

상용로그를 이용하여 다음 로그의 근삿값을 구하여라.

(1) $\log_4 30$ (2) $\log_2 14$

풀이

(1) 밑을 바꾸는 공식에서 $a=4,\ b=10,\ x=30$으로 하면,

$$\log_4 30 = \frac{\log_{10} 30}{\log_{10} 4} = \frac{1.47712}{0.60206} \approx 2.4534$$

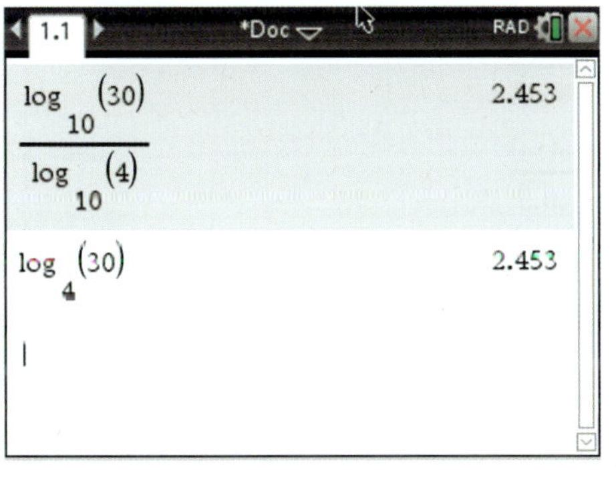

(2) 밑을 바꾸는 공식에서 $a=2$, $b=10$, $x=14$로 하면,

$$\log_2 14 = \frac{\log_{10} 14}{\log_{10} 2} = \frac{1.14613}{0.30103} \approx 3.8074$$

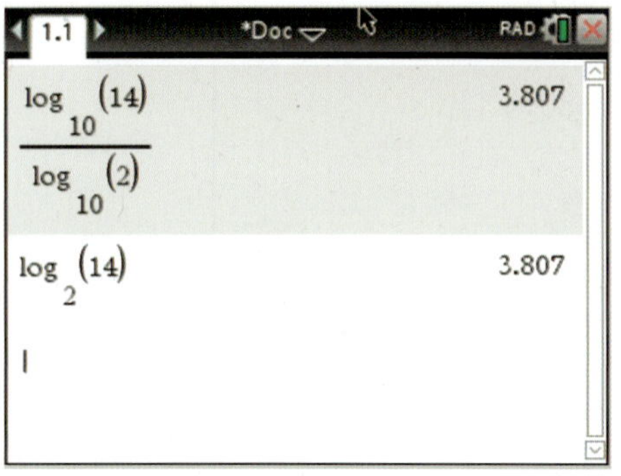

예제 6

자연로그를 이용하여 다음 로그의 근삿값을 구하여라.

(1) $\log_4 30$ (2) $\log_2 14$

풀이

(1) 밑을 바꾸는 공식에서 $a=4$, $b=e$, $x=30$으로 하면,

$$\log_4 30 = \frac{\log_e 30}{\log_e 4} = \frac{3.40120}{1.38629} \approx 2.4534$$

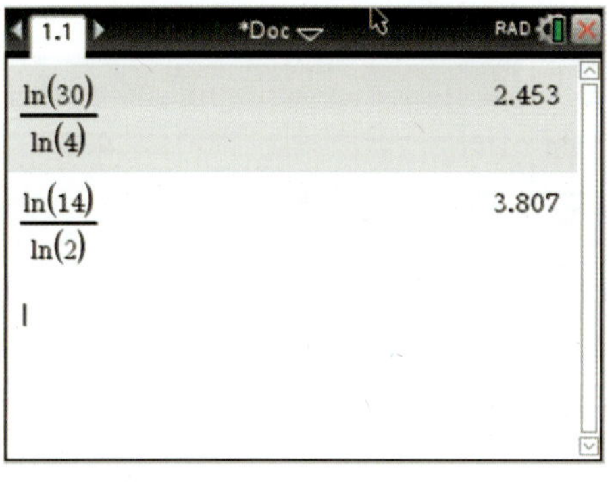

(2) 밑을 바꾸는 공식에서 $a=2$, $b=10$, $x=14$로 하면,

$$\log_2 14 = \frac{\log_e 14}{\log_e 2} = \frac{2.63906}{0.693147} \approx 3.8074$$

문제 1 $\log_a 2 \approx 0.3562$, $\log_a 5 \approx 0.8271$일 때, $\log_a 40$의 근삿값을 구하여라.

$(40 = 2^3 \cdot 5)$

문제 2 $\log_{10}\dfrac{x^2}{yz^3}$을 로그의 합차의 형태로 나타내어라.

문제 3 $\ln x + 2\ln y - 4\ln z$를 간단히 하여라.

5.4 지수방정식과 로그방정식

1 지수방정식과 로그방정식의 해법

1. 지수방정식(exponential equations)의 해를 구하기 위해서는 지수 부분만 좌변에 놓고 로그를 취한다. 그러고 난 뒤 방정식의 해를 구한다. 예를 들어, $e^x = 7$인 방정식을 풀기 위해서 다음 단계로 풀면 된다.

$e^x = 7$	주어진 방정식
$\ln e^x = \ln 7$	로그 취함
$\therefore x = \ln 7$	해를 구함

2. 로그방정식(logarithmic equations)의 해를 구하기 위해서는 방정식을 지수의 형태로 바꾸어 놓고 그 후에 방정식의 해를 구한다. 예를 들어, $\ln x = 3$이라는 방정식을 풀기 위해서 다음 단계로 풀면 된다.

$\ln x = 3$	주어진 방정식
$e^{\ln x} = e^3$	지수 형태
$\therefore x = e^3$	해를 구함

예제 1

다음 방정식 $4e^{2x} = 5$의 해를 구하여라.

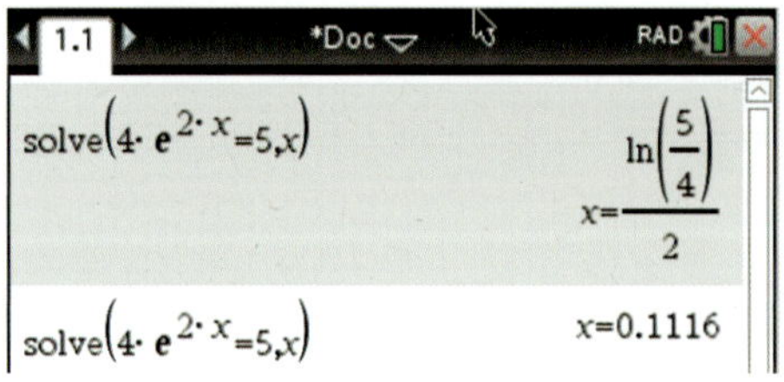

■ ctrl enter로 소수 근삿값을 확인한다.

▶ 풀이

$4e^{2x} = 5$	주어진 문제

$$
\begin{aligned}
e^{2x} &= \frac{5}{4} \\
\ln e^{2x} &= \ln\frac{5}{4} && \text{로그 취함} \\
2x &= \ln\frac{5}{4} && \text{로그와 지수의 관계} \\
\therefore x &= \frac{1}{2}\ln\frac{5}{4} \\
&\approx 0.112
\end{aligned}
$$

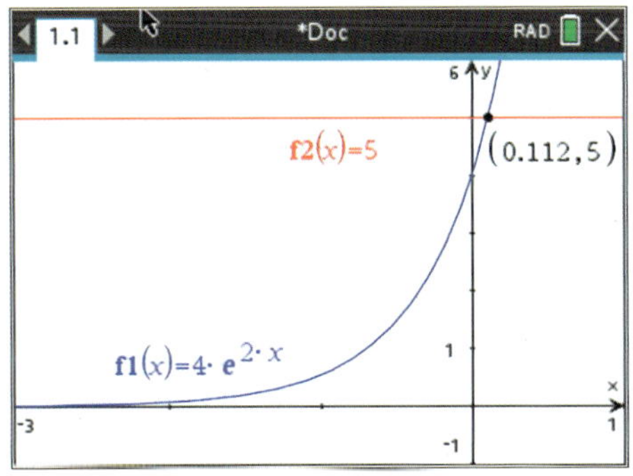

■ 교점 구하기 menu > 6.Analyze Graph > 4.Intersection

주어진 방정식을 Nspire로 풀면 $x = 0.112$라는 해를 얻을 수 있다.

예제 2

지수방정식 $c^{2x} - 3e^{x} + 2 = 0$의 해를 구하여라.

풀이

$$
\begin{aligned}
e^{2x} - 3e^{x} + 2 &= 0 && \text{주어진 방정식} \\
(e^{x})^2 - 3e^{x} + 2 &= 0 && \text{이차식} \\
(e^{x} - 2)(e^{x} - 1) &= 0 && \text{인수분해} \\
e^{x} - 2 &= 0 \\
e^{x} &= 2 \\
x &= \ln 2
\end{aligned}
$$

주어진 문제는 복잡한 형태의 지수방정식이므로 함수로 바꾸어서 풀면 쉽게 풀 수 있다. 우선 Nspire에 주어진 문제를 함수로 입력한다.

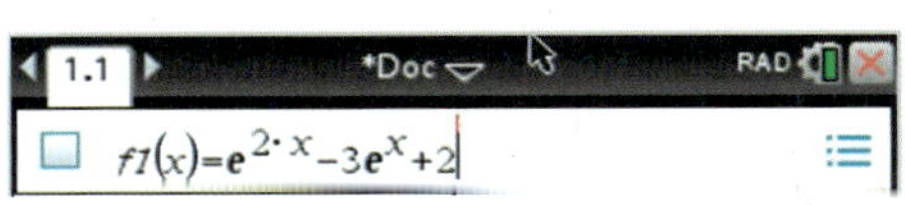

주어진 함수의 그래프를 관찰해보면 x축과의 교점이 2개이므로 해가 2개임을 알 수 있다.

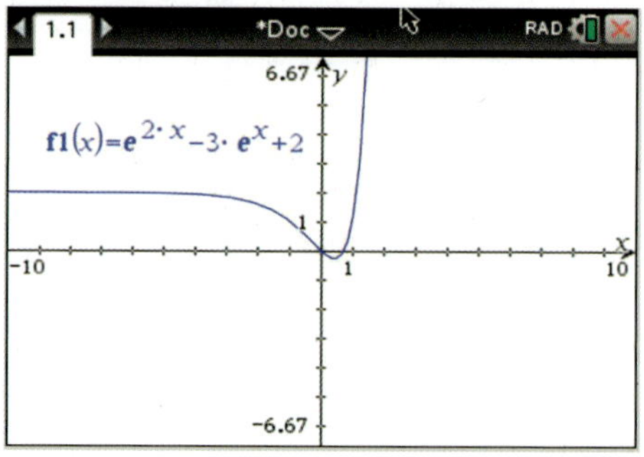

정확한 해를 구하기 위해 영점(Zero) 기능을 사용한다.
해가 존재하는 좌표마다 좌우에 상계(upper bound)와 하계(lower bound)를 설정해서 구체적인 해의 값을 알아낸다.

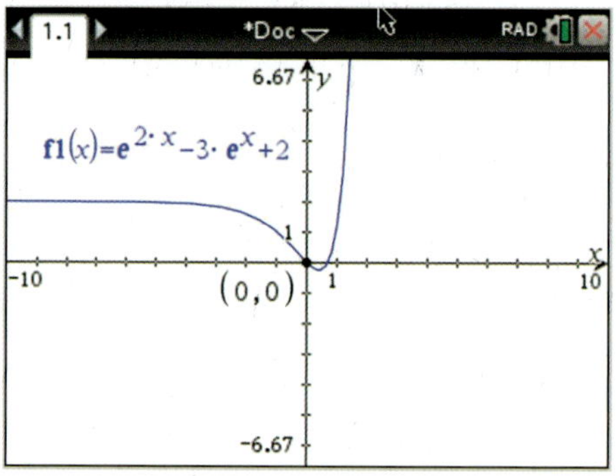

■ menu > 6.Analyze Graph > 1.Zero에서 영점 기능을 선택한다.

해가 2개이므로 두 번 같은 작업을 한다. 그 결과 해는 $x=0$, $x=0.693$임을 알 수 있다.

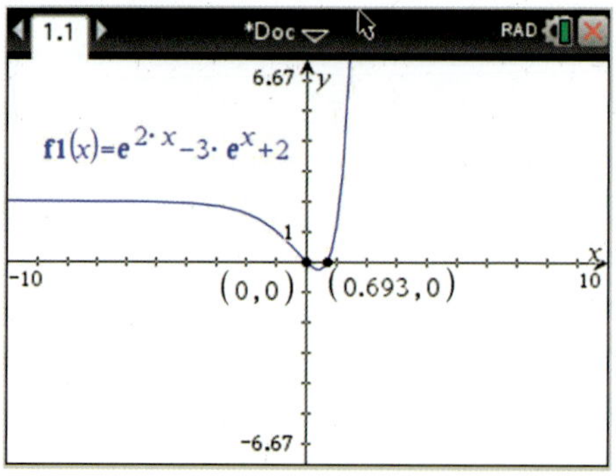

이 두 해를 대수적으로 확인하기 위해서는 Nspire에서 Solve 기능을 사용하여 확인한다.

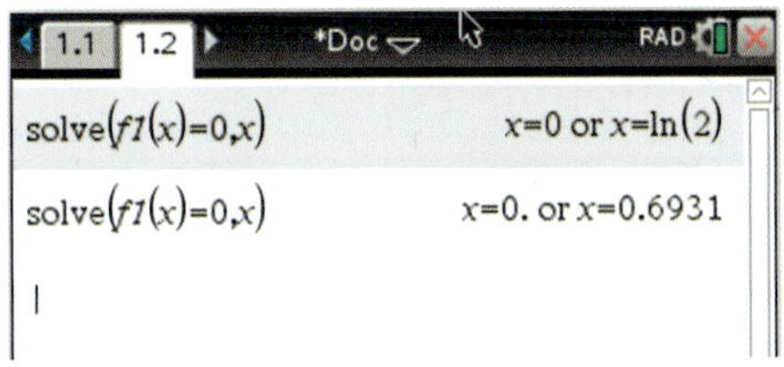

예제 3

로그방정식 $\ln(x-2)+\ln(2x-3)=2\ln x$의 해를 구하여라.

풀이

$$\ln(x-2)+\ln(2x-3)=2\ln x$$
$$\ln(x-2)(2x-3)=\ln x^2$$
$$\ln(2x^2-7x+6)=\ln x^2$$
$$e^{\ln(2x^2-7x+6)}=e^{\ln x^2}$$
$$2x^2-7x+6=x^2$$
$$x^2-7x+6=0$$
$$(x-6)(x-1)=0$$
$$\therefore x=6\ (\text{단, } x=1\text{은 해가 되지 못함})$$

대수적으로 푸는 방법이 복잡한 경우 함수로 바꾸어서 교점을 통해 풀면 해를 쉽게 구할 수 있다.

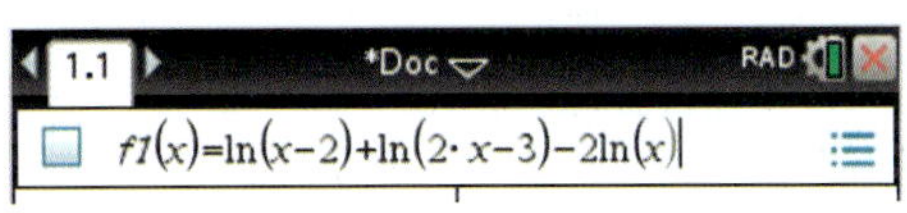

위에서 대수적으로 구했을 때 해가 $x=6$, $x=1$ 두 개임을 확인할 수 있었다. 하지만 함수의 그래프에서는 해가 1개임을 확인할 수 있다.

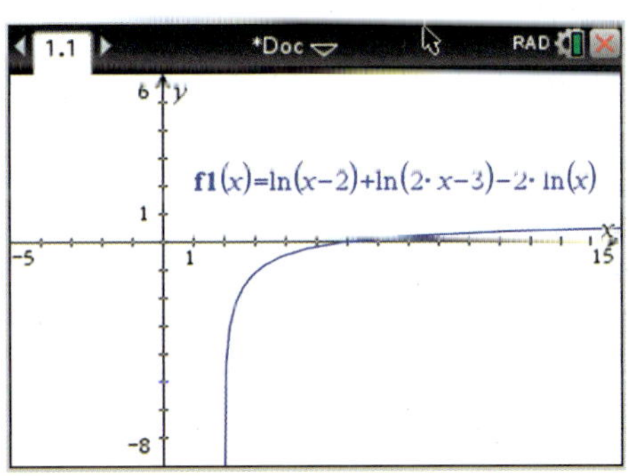

로그의 조건에서 $x=1$이 될 수가 없다. 그러므로 해는 $x=6$뿐이다. 그래프에서 구체적인 해의 값을 찾기 위해서는 영점(Zero) 기능을 사용한다.

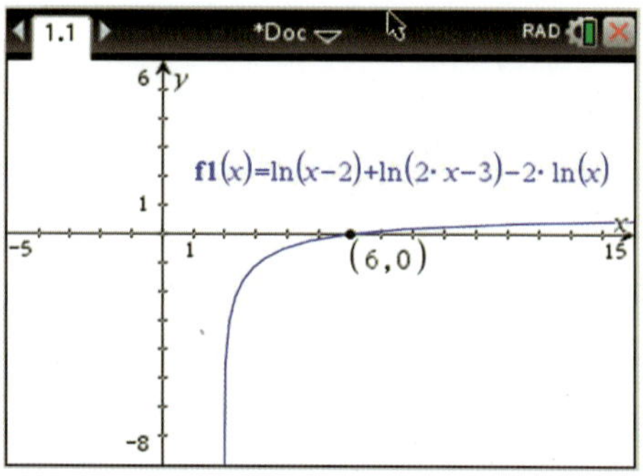

이 두 해를 대수적으로 확인하기 위해 Nspire에서 영점(Zero) 기능을 사용하여 확인한다.

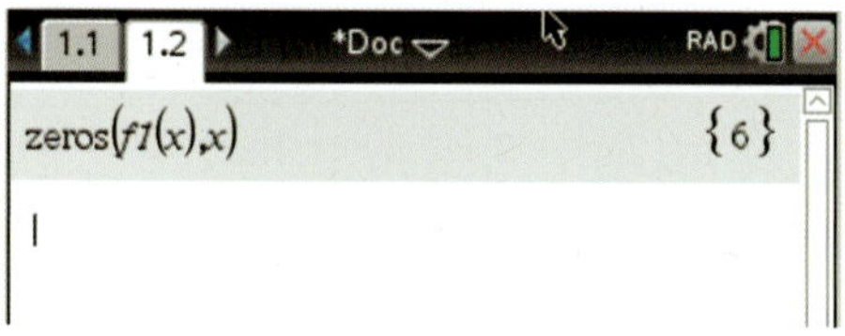

문제 1 다음 지수방정식의 해를 구하여라.

$$-14+3e^{x}=11$$

문제 2 다음 로그방정식의 해를 구하여라.

$$3\ln 5x=10$$

CHAPTER

6 삼각함수 Ⅰ

TRIGONOMETRIC FUNCTIONS Ⅰ

6.1 각과 측정

1 일반각과 각도

1. 시초선(initial side) : $\angle XOP$에서 반직선 XO

2. 동경(terminal side): 반직선 OP

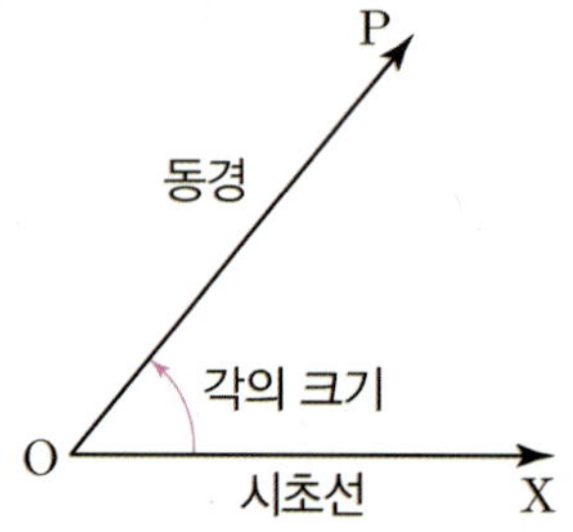

3. 각도의 양의 방향 : 동경 OP가 회전할 때, 시계 바늘이 도는 방향과 반대인 방향

4. 각도의 음의 방향 : 동경 OP가 회전할 때, 시계 바늘이 도는 방향과 같은 방향

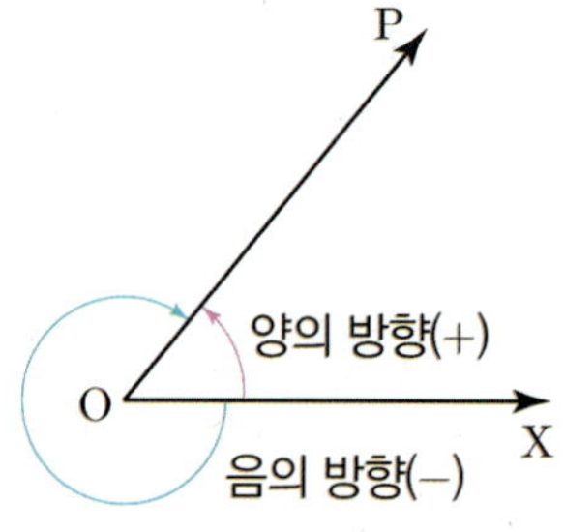

5. 각도(degree)는 시초선과 동경의 회전 양에 따라 측정한다. $^\circ$(도)라는 단위를 사용해서 각의 한 회전은 360 등분한 것을 1도라고 한다. 각도를 재기 위해서 오른쪽 그림처럼 원의 원주 위에 각도를 표시하는 것이 편리하다. 그래서 완전한 1회전은 360°, 반회전은 180°와 같이 나타낸다.

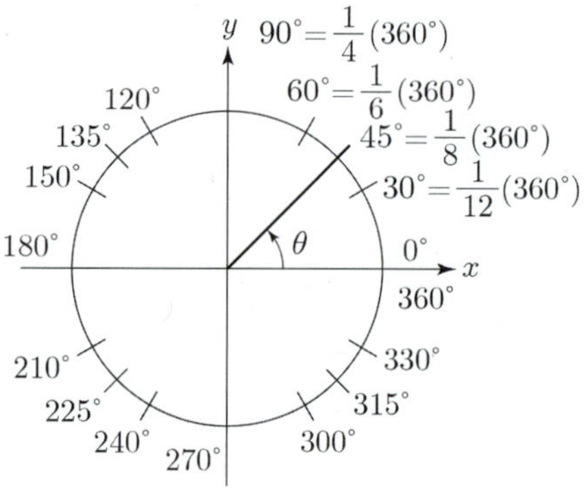

6. 시초선 OX는 고정되어 있으므로 $\angle XOP$의 크기가 정해지면 동경 OP의 위치도 정해진다. 그러나 동경 OP의 위치가 정해져도 동경 OP가 나타내는 각의 크기는 아래 그림처럼 하나로 정해지지 않는다. 일반적으로 동경 OP가 나타내는 양의 최소 각을 α° 라 하면 $\angle XOP$의 크기는 $360^{\circ} \times n + \alpha^{\circ}$ 의 꼴로 나타낼 수 있다.

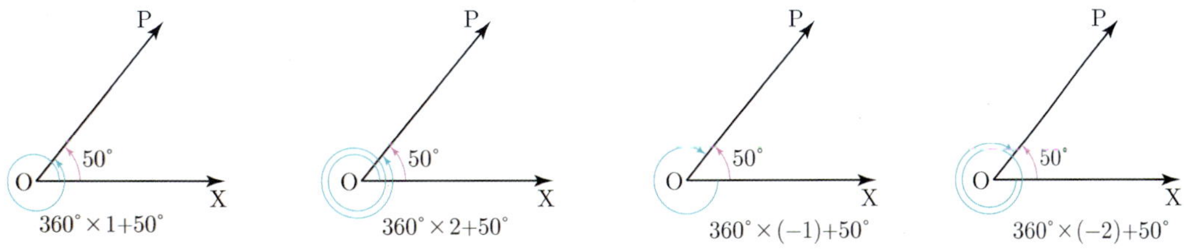

7. 좌표평면 위의 원점 O에서 x축의 방향으로 시초선을 잡았을 때, 동경 OP가 나타내는 각이 각각 제1사분면, 제2사분면, 제3사분면, 제4사분면에 있으면 동경 OP가 나타내는 각을 각각 제1사분면의 각, 제2사분면의 각, 제3사분면의 각, 제4사분면의 각이라고 한다.

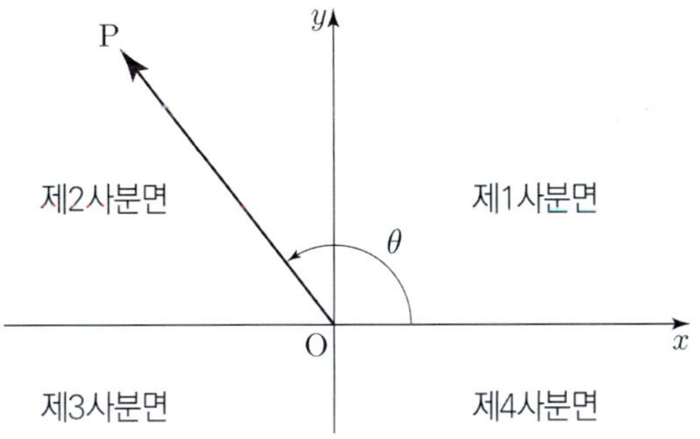

8. 예각: 각도가 0° 와 90° 사이(직각보다 작은 각)

9. 직각: 각도가 90°

10. 둔각: 각도가 90° 와 180° 사이(직각보다 큰 각)

예제 1

다음 각의 동경이 나타내는 각 중에서 양의 최소 각을 구하여라.

(1) 420°　　　　(2) -1320°

풀이

(1) $420^{\circ} = 360^{\circ} \times 1 + 60^{\circ}$

양의 최소 각은 60° 이다.

(2) $360° \times -4 = 1440°$

$-1320° = 360° \times -4 + 120°$

양의 최소 각은 $120°$ 이다.

예제 2

다음 각은 제 몇 사분면(quadrant)의 각인가?

(1) $430°$　　　　(2) $1180°$

풀이

(1) $430° = 360° + 70°$ 이고 $70°$ 는 $90°$ 보다 작으므로 제1사분면의 각이다.

(2) $1180° = 3 \times 360° + 100°$ 이고 $100°$ 는 $90°$ 와 $180°$ 사이에 있는 각이므로 제2사분면의 각이다.

2 호도법

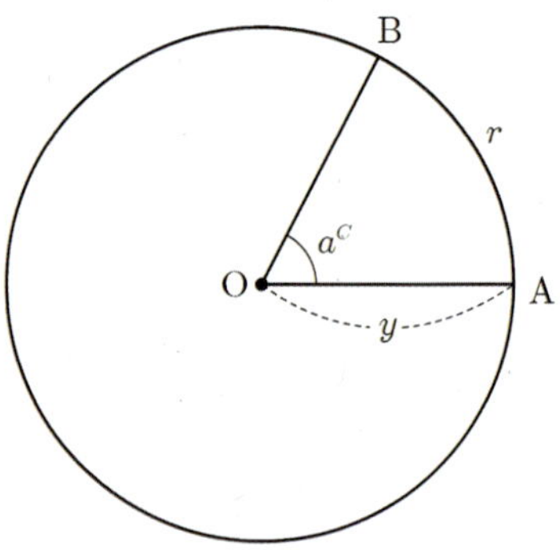

반지름 길이가 r 인 원에서 반지름과 같은 길이 r 인 호 AB에 대한 중심각 크기를 $\alpha°$ 라 하자. 그러면 호의 길이는 중심각의 크기에 비례하므로 중심각 크기 $\alpha°$ 는 다음과 같다.

$$r : 2\pi r = \alpha° : 360°$$

$$즉,\ \alpha° = \frac{180°}{\pi} \fallingdotseq 57°17'45''$$

여기서 $\alpha°$ 는 반지름 길이 r에 관계없이 일정하다. 이 일정한 각의 $\frac{180°}{\pi}$를 **1라디안**(radian)이라 하고, 1라디안을 단위로 하는 각의 크기를 나타내는 방법을 **호도법**(circular measure or radians)이라고 한다.

즉, 1라디안 $= \frac{180°}{\pi}$, $1° = \frac{\pi}{180}$라디안이다.

예제 3

다음 주어진 각에서 라디안으로 표시된 각은 °로, °로 표시된 각은 라디안으로 나타내어라. (단, 각을 양의 최소 각으로 나타내어라.)

(1) 12π라디안　　　　(2) $-\frac{\pi}{12}$라디안

(3) $405°$　　　　(4) $-120°$

풀이

(1) 12π라디안$=12\pi\times\dfrac{180^\circ}{\pi}=12\times180^\circ=2160^\circ=6\times360^\circ$ 이므로 0° 이다.

(2) $-\dfrac{\pi}{12}$라디안$=-\dfrac{\pi}{12}\times\dfrac{180^\circ}{\pi}=-\dfrac{180^\circ}{12}=-15^\circ$ 이므로

양의 최소 각은 $360^\circ-15^\circ=345^\circ$ 이다.

(3) $405^\circ=405^\circ\times\dfrac{\pi}{180^\circ}$라디안$=\dfrac{9}{4}\pi$라디안

$\dfrac{9}{4}\pi=\dfrac{8\pi}{4}+\dfrac{\pi}{4}=2\pi+\dfrac{\pi}{4}$ 이므로 양의 최소 각은 $\dfrac{\pi}{4}$ 이다.

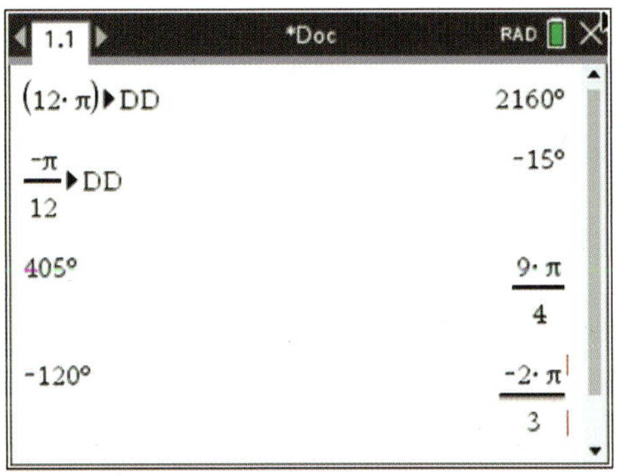

- 라디안을 °로, °를 라디안으로 변환하려면 RAD (radian) 모드로 먼저 설정한다.
- π 라디안을 각도로 변환하는 변환 명령어는 [키] 에서 알파벳 D로 찾는다.
- RAD 모드에서는 각도는 명령어 없이 π 라디안으로 변환된다.

(4) $-120^\circ=-120^\circ\times\dfrac{\pi}{180^\circ}$라디안$=-\dfrac{2}{3}\pi$

따라서 양의 최소 각은 $2\pi-\dfrac{2}{3}\pi=\dfrac{4}{3}\pi$라디안이다.

문제 1 1320° 의 양의 최소 각을 구하고 제 몇 사분면에 있는 각인지 적어라.

문제 2 다음 주어진 각과 같은 시초선과 동경을 가지는 각을 2개 적어라. (양의 각과 음의 각을 각 하나씩 써라.)

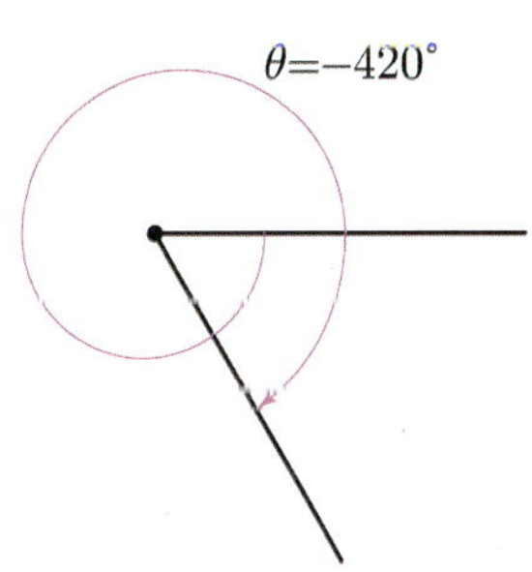

6.2 사인, 코사인 함수의 그래프

1 $y = \sin x$, $y = \cos x$의 그래프

	$y = \sin x$의 그래프	$y = \cos x$의 그래프
정의역	x의 모든 실수	x의 모든 실수
치역	$-1 \leq \sin x \leq 1$ (최댓값: 1, 최솟값: -1)	$-1 \leq \cos x \leq 1$ (최댓값: 1, 최솟값: -1)
주기	2π	2π
대칭성	원점에 대칭(기함수)	y축에 대칭(우함수)

한 주기 안에서 다음과 같이 x절편, 최댓값, 최솟값에 해당하는 5개의 점만 찾아서 그래프를 그리면 된다.

$y = \sin x$				
x 절편	최댓값	x 절편	최솟값	x 절편
$(0, 0)$	$\left(\frac{\pi}{2}, 0\right)$	$(\pi, 0)$	$\left(\frac{3}{2}\pi, -1\right)$	$(2\pi, 0)$

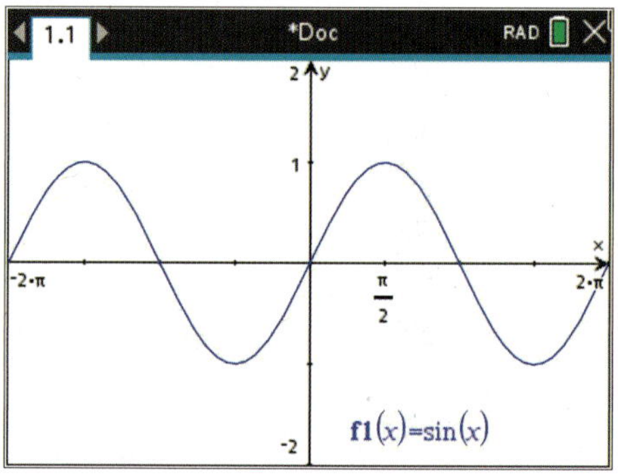

$y = \cos x$				
최댓값	x 절편	최솟값	x 절편	최댓값
$(0, 1)$	$\left(\frac{\pi}{2}, 0\right)$	$(\pi, -1)$	$\left(\frac{3}{2}\pi, 0\right)$	$(2\pi, 1)$

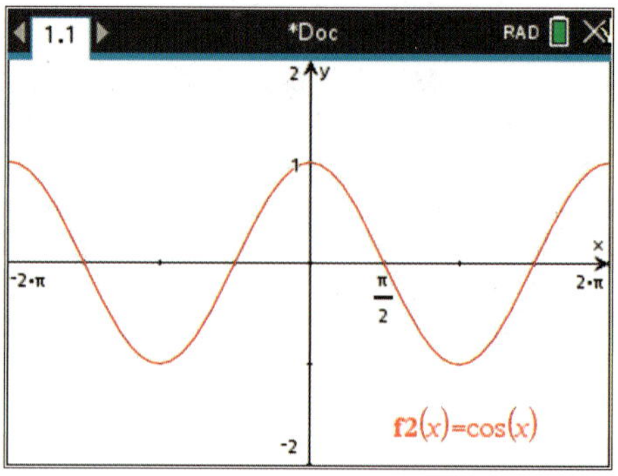

2 $y = a\sin x$, $y = a\cos x$의 그래프

• **상수 a의 역할:** $y = \sin x$, $y = \cos x$의 그래프를 수직으로 확대($|a| > 1$일 때) 또는 축소($|a| < 1$일 때)한다.

$$-a \le \sin x \le a, \quad -a \le \cos x \le a$$

진폭(amplitude): $|a|$ 주기(period): 2π

3 $y = a\sin bx$, $y = a\cos bx$의 그래프

$y = \sin x$, $y = \cos x$는 $x = 0$에서 $x = 2\pi$까지가 한 주기이므로 $y = a\sin bx$, $y = a\cos bx$에서는 $bx = 0$에서 $bx = 2\pi$까지가 한 주기가 된다. 따라서 $y = a\sin bx$, $y = a\cos bx$에서 $x = 0$에서 $x = \dfrac{2\pi}{b}$까지가 한 주기가 된다.

• **상수 b의 역할:** $y = a\sin x$, $y = a\cos x$의 그래프를 수평으로 확대($0 < b < 1$일 때) 또는 축소($b > 1$)한다.

진폭: $|a|$ 주기: $\dfrac{2\pi}{b}$

4 $y = a\sin(bx - c)$, $y = a\cos(bx - c)$의 그래프

$y = a\sin(bx - c)$, $y = a\cos(bx - c)$에서는 $bx - c = 0$에서 $bx - c = 2\pi$까지가 한 주기이다. $0 \le bx - c \le 2\pi$이므로 이 부등식을 풀면 $\dfrac{c}{b} \le x \le \dfrac{c}{b} + \dfrac{2\pi}{b}$이다.

• **상수 c의 역할:** $y = a\sin bx$, $y = a\cos bx$의 그래프를 x축의 방향으로 $\dfrac{c}{b}$만큼 평행이동한다.

진폭: $|a|$ 주기: $\dfrac{2\pi}{b}$

5 $y = a\sin(bx - c) + d$, $y = a\cos(bx - c) + d$의 그래프

• **상수 d의 역할:** $y = a\sin(bx - c) + d$, $y = a\cos(bx - c) + d$의 그래프는 $y = a\sin(bx - c)$, $y = a\cos(bx - c)$의 그래프를 y축의 방향으로 d만큼 위($d > 0$일 때) 또는 아래($d < 0$일 때)로 평행이동한 그래프이다.

예제 1

Nspire를 이용하여 $y=2\cos 0.4x$와 $y=2\cos 4x$의 그래프를 그리고 이 그래프를 보고 각 함수의 주기를 구하여라.

▶ 풀이

$y_1=2\cos 0.4x$와 $y_2=2\cos 4x$의 그래프를 그리기 위해서 x값과 y값의 범위를 $0\le x\le 18$, $-3\le y\le 3$로 화면창 범위를 조정한다.

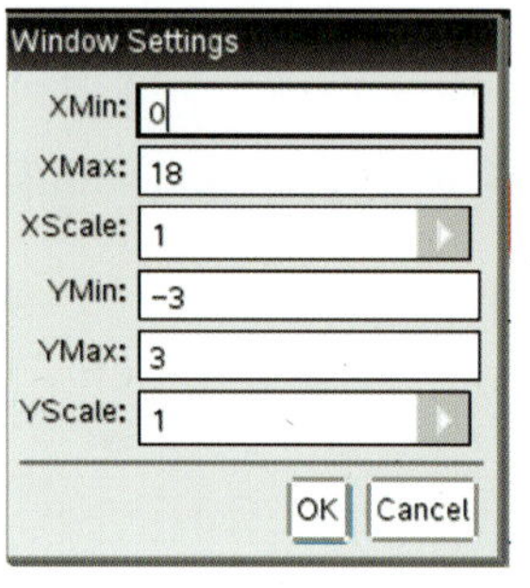

그래프를 보고 trace 기능을 이용하여 주기를 대략 구해보면 $y_1=2\cos 0.4x$의 주기는 약 15.731, $y_2=2\cos 4x$의 주기는 약 1.5이다. 주기 구하는 공식을 이용하여 정확한 주기를 구하면

$$y_1=2\cos 0.4x\text{의 주기는 }\frac{2\pi}{0.4}=5\pi\approx 15.71$$

$$y_2=2\cos 4x\text{의 주기는 }\frac{2\pi}{4}=\frac{\pi}{2}\approx 1.57$$

이다.

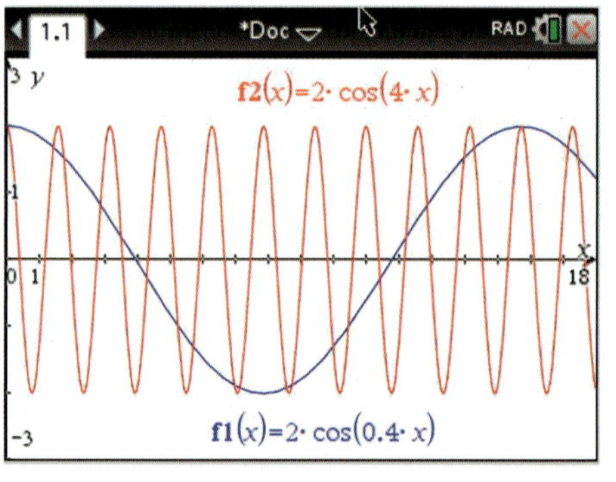

▪ Graph Trace로 주기를 확인한다.

예제 2

함수 $y=2+3\sin 2x$의 그래프를 그리고 특징을 설명하여라.

▶ 풀이

$y=2+3\sin 2x$의 그래프는 진폭이 3이고 주기는 $\frac{2\pi}{2}$이므로 π이다. 그리고 $y=3\sin 2x$의 그래프를 y축의 방향으로 2만큼 평행이동 한 그래프이다. 따라서 최댓값은 y 절편 2에 진폭 3이 더해져서 5가 됨을 그래프에서 확인할 수 있다.

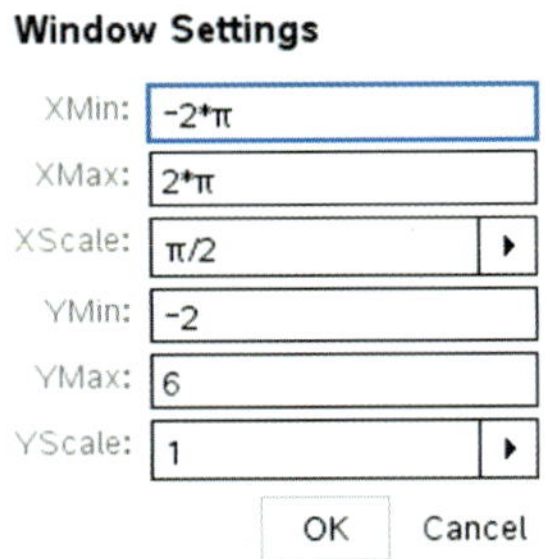

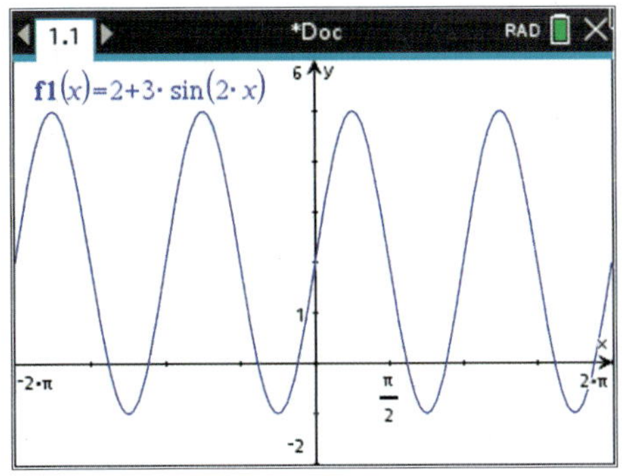

문제 1 Nspire를 이용하여 $y=\dfrac{1}{2}\cos x$와 $y=3\cos 2x$의 그래프를 그리고 각 함수의 진폭과 주기를 구하여라.

문제 2 함수 $y=\dfrac{1}{2}\sin\left(x-\dfrac{\pi}{3}\right)$의 그래프를 그리고 특징을 설명하여라.

6.3 탄젠트, 코탄젠트 함수의 그래프

1 $y = \tan x$의 그래프

$y = \tan x$의 그래프	
정의역	$R - \left\{x \mid x = \dfrac{\pi}{2} + n\pi,\ n \in Z\right\}$ ($\tan x = \dfrac{\sin x}{\cos x}$이므로 $\cos x = 0$인 $x = \pm\dfrac{\pi}{2}$에서 $\tan x$는 정의되지 않는다.)
치역	모든 실수(최댓값, 최솟값: 없다)
주기	π
대칭성	원점에 대칭(기함수)
수직점근선	$x = \dfrac{\pi}{2} + n\pi,\ n \in Z$

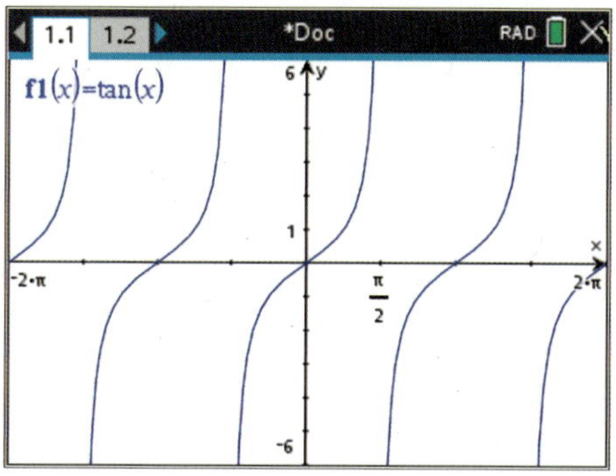

2 $y = a\tan(bx - c) + d$의 그래프

$y = a\tan(bx - c) + d$의 수직점근선은 $bx - c = \pm\dfrac{\pi}{2}$이므로 $x = \dfrac{1}{b}\left(c \pm \dfrac{\pi}{2}\right)$이다. 점근선과 x축과의 교점들의 중점이 이 그래프의 x절편이다. 점근선과 x절편, 그 외 몇 개의 점을 더 찍어 한 주기를 완성하고 양쪽에 한 주기씩 더 그려주면 그래프가 완성된다.

3 $y = \cot x$의 그래프

$y = \cot x$의 그래프	
정의역	$R - \{x \mid x = n\pi,\ n \in Z\}$ $(\cot x = \dfrac{\cos x}{\sin x}$이므로 $\sin x = 0$인 $x = n\pi$에서 $\cot x$는 정의되지 않는다.)
치역	모든 실수(최댓값, 최솟값: 없다)
주기	π
대칭성	원점에 대칭(기함수)
수직점근선	$x = n\pi,\ n \in Z$

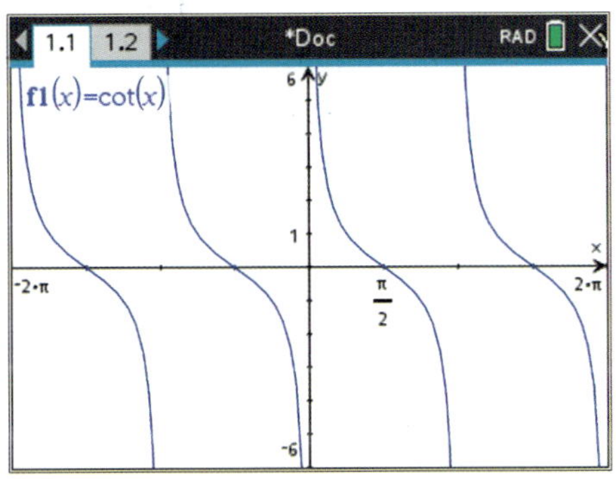

4 역수함수의 그래프

역수 관계 $\csc x = \dfrac{1}{\sin x}$, $\sec x = \dfrac{1}{\cos x}$임을 이용하여 역수함수(reciprocal functions) $y = \csc x$, $y = \sec x$의 그래프를 그려보자. 예를 들어, x의 값이 주어질 때 $\sec x$의 y좌표는 $\cos x$의 y좌표의 역수가 된다. 따라서 역수 관계에 있는 그래프를 먼저 그리고 $y = \csc x$, $y = \sec x$의 그래프를 그리는 것이 좋다. 또 $\sec x = \dfrac{1}{\cos x}$, $\tan x = \dfrac{\sin x}{\cos x}$이므로 둘 다 수직점근선을 $x = \dfrac{\pi}{2} + n\pi$, $n \in Z$를 가지므로 둘은 비슷한 성질을 갖는다.

	$y = \csc x$의 그래프	$y = \sec x$의 그래프
정의역	$R - \{x \mid x = n\pi,\ n \in Z\}$	$R - \left\{x \mid x = \frac{\pi}{2} + n\pi,\ n \in Z\right\}$
치역	$\lvert y \rvert \geq 1$	$\lvert y \rvert \leq 1$
주기	2π	2π
대칭성	원점에 대칭(기함수)	y축에 대칭(우함수)
수직점근선	$x = n\pi,\ n \in Z$	$x = \frac{\pi}{2} + n\pi,\ n \in Z$

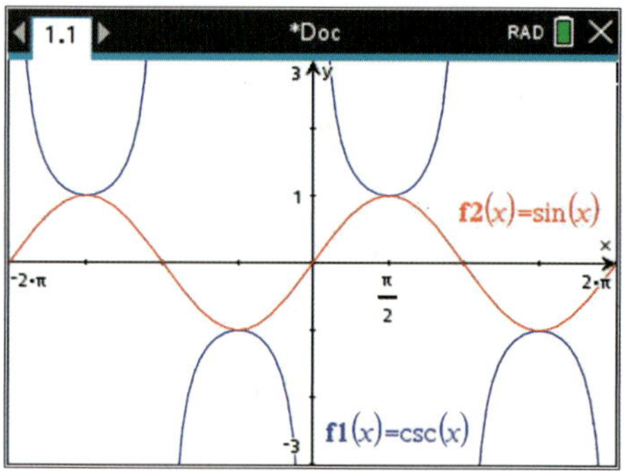

$y = \csc(x)$ 의 그래프

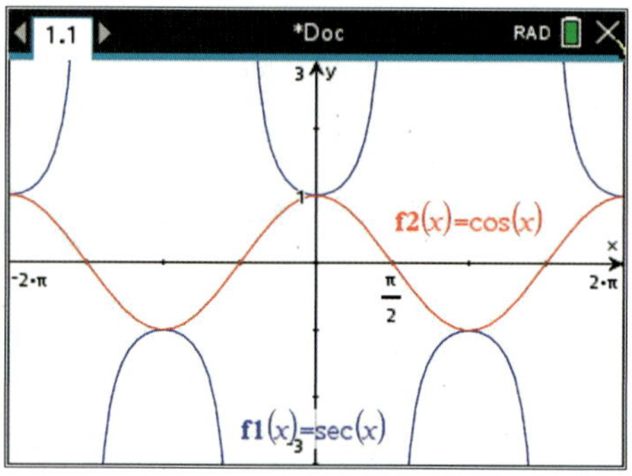

$y = \sec(x)$ 의 그래프

예제 1

함수 $y = 3\tan 2x$ 의 그래프를 그려라.

풀이

$y = \tan x$ 의 한 주기는 $-\frac{\pi}{2} < x < \frac{\pi}{2}$ 이므로 $y = 3\tan 2x$ 의 한 주기는 $-\frac{\pi}{2} < 2x < \frac{\pi}{2}$ 가 되어 $-\frac{\pi}{4} < x < \frac{\pi}{4}$ 가 된다.

따라서 $x = -\frac{\pi}{4}$, $x = \frac{\pi}{4}$ 가 수직점근선이 된다. $y = 3\tan 2x$ 의 주기는 $y = \tan x$ 의 주기 π 를 2로 나눈 $\frac{\pi}{2}$ 이거나 $-\frac{\pi}{4}$ 에서 $\frac{\pi}{4}$ 까지 두 값을 더한 값이 주기이다.

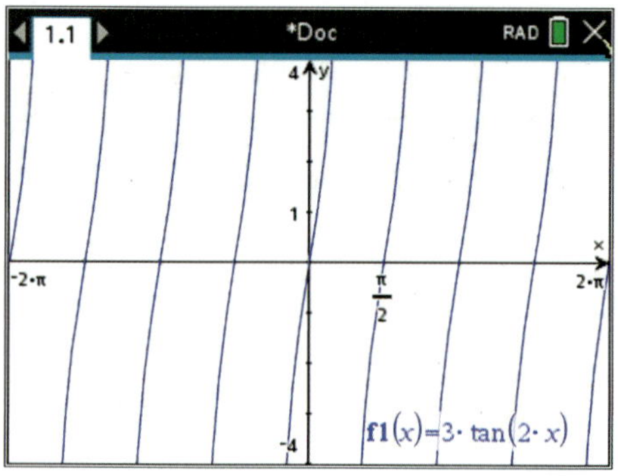

예제 2

함수 $y=2\cot\dfrac{x}{3}$의 그래프를 그려라.

풀이

$y=\cot x$의 한 주기는 $0<x<\pi$이므로 $y=2\cot\dfrac{x}{3}$의 한 주기는 $0<\dfrac{x}{3}<\pi$가 되어 $0<x<3\pi$가 된다. 따라서 $x=0$, $x=3\pi$가 수직점근선이 된다. $y=2\cot\dfrac{x}{3}$의 주기는 $y=\cot x$의 주기 π를 $\dfrac{1}{3}$으로 나누면 $\dfrac{\pi}{\frac{1}{3}}$이므로 3π이다.

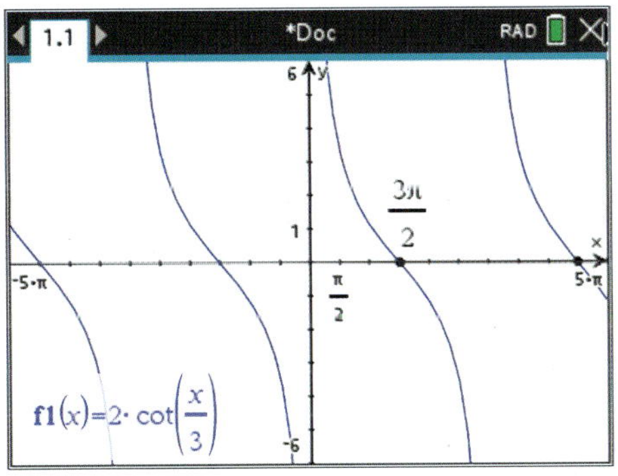

예제 3

함수 $y=2\sin\left(x+\dfrac{\pi}{4}\right)$, $y=2\csc\left(x+\dfrac{\pi}{4}\right)$의 그래프를 그려라.

풀이

$y=\sin x$의 한 주기는 $0<x<2\pi$이므로 $y=2\sin\left(x+\dfrac{\pi}{4}\right)$의 한 주기는 $0<x+\dfrac{\pi}{4}<2\pi$가 되어 $-\dfrac{\pi}{4}<x<\dfrac{7\pi}{4}$가 된다. 따라서 $x=-\dfrac{\pi}{4}$부터 $x=\dfrac{7\pi}{4}$까지가 한 주기가 된다. 그리고 진폭은 2인 그래프가 그려진다.

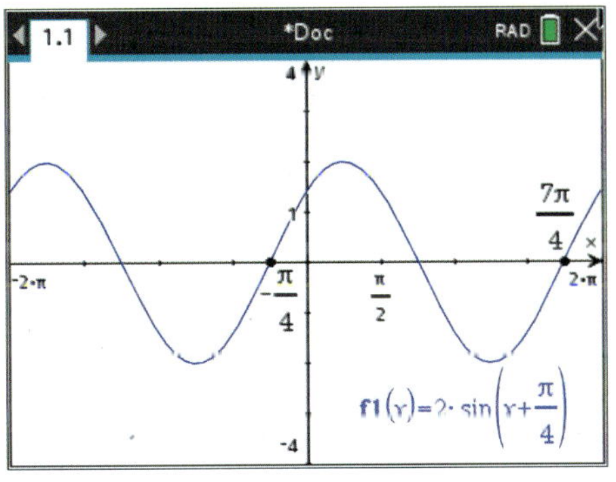

$y = 2\csc\left(x + \dfrac{\pi}{4}\right)$는 $y = 2\csc x$를 x축으로 $-\dfrac{\pi}{4}$만큼 평행이동한 식이다. 사인함수는 주기의 양 끝점에서 함수값이 0이므로 $y = 2\csc\left(x + \dfrac{\pi}{4}\right) = 2\dfrac{1}{\sin\left(x + \dfrac{\pi}{4}\right)}$에서 $x + \dfrac{\pi}{4} = 0$, $x + \dfrac{\pi}{4} = \pi$, $x + \dfrac{\pi}{4} = 2\pi$이다. 따라서 $x = -\dfrac{\pi}{4}$, $x = \dfrac{3\pi}{4}$, $x = \dfrac{7\pi}{4}$에서 수직점근선을 가진다.

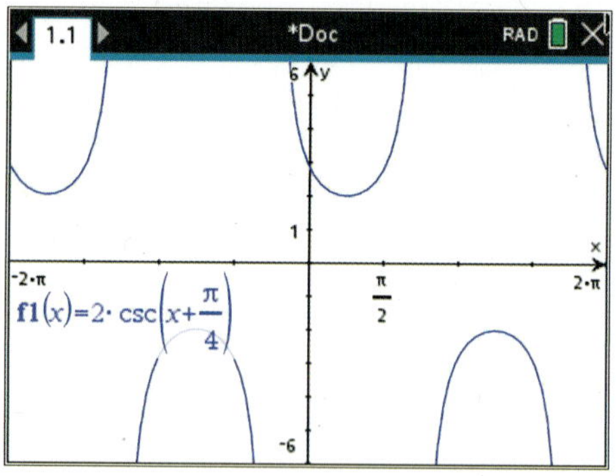

문제 1 함수 $y = \cot \pi x$의 그래프를 그려라.

문제 2 함수 $y = -2\cot 2\pi x$의 그래프를 그려라.

6.4 합성함수의 그래프

1 합성함수의 그래프

삼각함수끼리의 합성, 삼각함수와 대수함수와의 합성함수 그래프를 그리는 데 있어 주기함수 (sinusoidal function) 간의 사칙연산 결과로 얻은 함수도 종종 주기함수가 된다.

예제 1

$y = \sin x - \cos 2x$의 그래프를 그리고 이 함수의 주기, 극댓값, 극솟값과 치역을 구하여라.

풀이

- **주기:** $\sin x$의 주기(2π)와 $\cos 2x$의 주기(π)의 최소공배수인 2π의 그래프를 직접 그려보는 것으로 확인 가능하다.
- **극댓값과 극솟값:** 그래프를 보면 한 주기 안에 두 개의 극댓값과 누 개의 극솟값이 있다. 구간 $[0,\ 2\pi]$에서 구해보면 극댓값은 $x = \dfrac{\pi}{2}$일 때 2, $x = \dfrac{3\pi}{2}$일 때 0이고, 극솟값은 $x = 3.39$일 때 -1.13이다.
- **치역:** $\{y \mid -1.32 \le y \le 2.00\}$

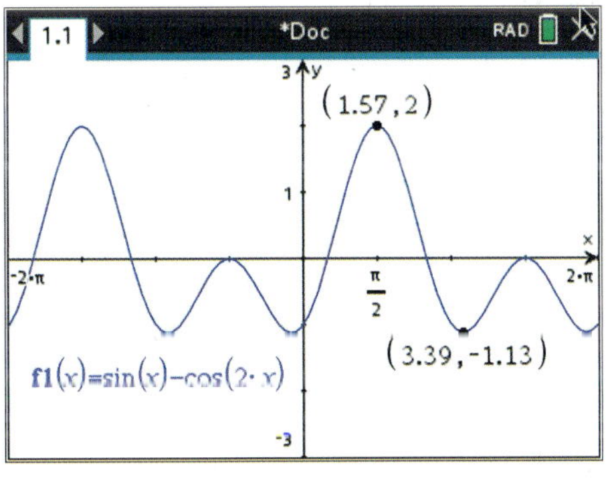

- Zoom-Trig로 x 축을 설정한다.
- Graph Trace로 주기를 확인한다.
- Analyze Graph > Minimum, Maximum으로 극댓값, 극솟값을 구한다.

예제 2

$y = x + \cos x$의 그래프를 그리고 이 함수의 정의역과 치역을 구하여라. 또 이 함숫값이 0이 될 때의 해를 구하여라.

풀이

$y = x + \cos x$의 그래프는 $y = x$와 $y = \cos x$의 함숫값을 더해서 그려진다. 따라서 주기함수는 아니지만 $y = \cos x$의 영향으로 반복적 규칙을 가지고 있고 $y = x$의 그래프에 대해 진동한다.

- **정의역, 치역:** 실수 전체
- **함숫값이 0이 될 때의 해:** $x \fallingdotseq -0.739$

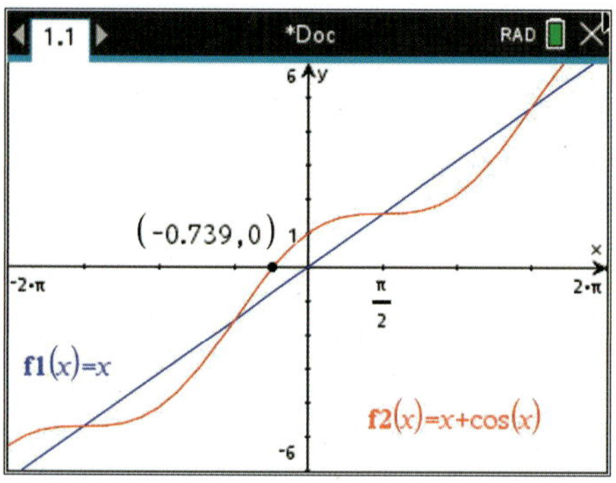

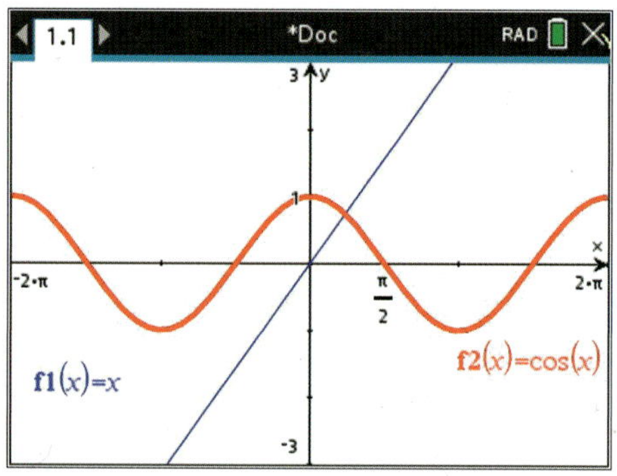

예제 3

$y = |\sin x|$와 $y = \sin|x|$의 그래프를 그리고 각 함수의 정의역과 치역, 주기를 구하여라.

풀이

- $y = |\sin x|$의 그래프

  정의역 : 모든 실수

  치역 : $0 \leq |\sin x| \leq 1$

  주기 : π

  대칭성 : y축에 대칭(우함수)

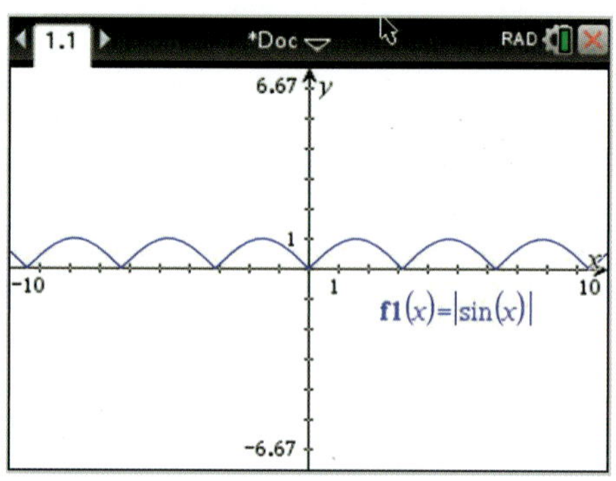

- $y = \sin|x|$의 그래프

  정의역 : 모든 실수

  치역 : $-1 \le |\sin x| \le 1$

  주기 : 없음

  대칭성 : y축에 대칭(우함수)

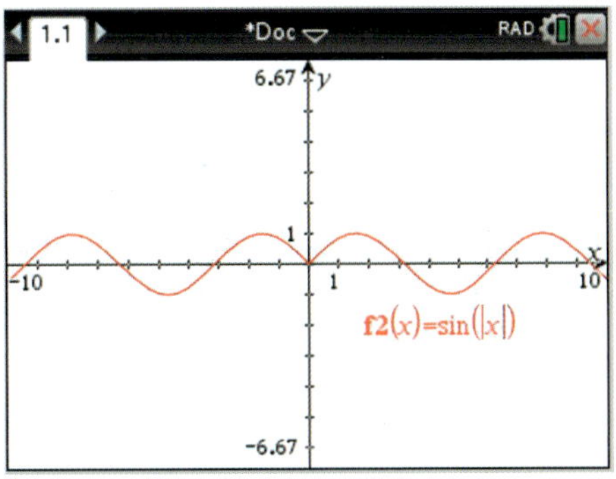

예제 4

$y = x\sin x$의 그래프를 그려라.

풀이

$y = x\sin x$의 그래프는 함수 $y = x$와 $y = \sin x$의 곱으로 절댓값의 성질을 이용하면 $|\sin x| \le 1$이므로 $0 \le |x||\sin x| \le |x|$이다. 따라서 $-|x| \le x\sin x \le |x|$이 되고, $y = x\sin x$의 그래프는 $y = -x$, $y = x$의 그래프 사이에 있게 된다.

$x = \frac{\pi}{2} + n\pi$일 때, $f(x) = x\sin x = \pm x$이고, $x = n\pi$일 때, $f(x) = x\sin x = 0$이 된다. 함수 $y = x\sin x$에서 x는 $y = \sin x$의 그래프가 과도하게 움직이지 못하도록 제어하는 제동 또는 감쇠 인자(Damping factor)에 해당된다.

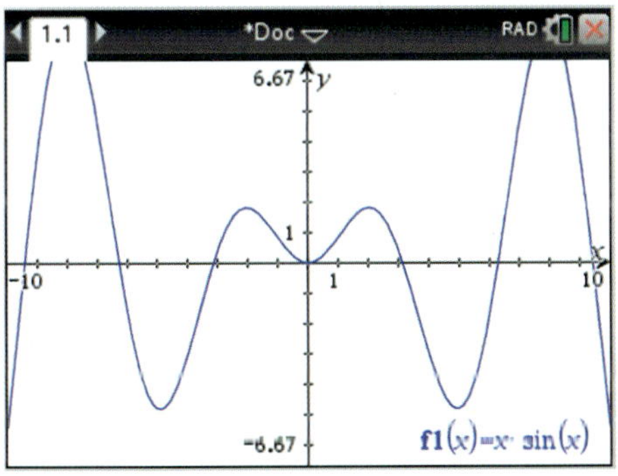

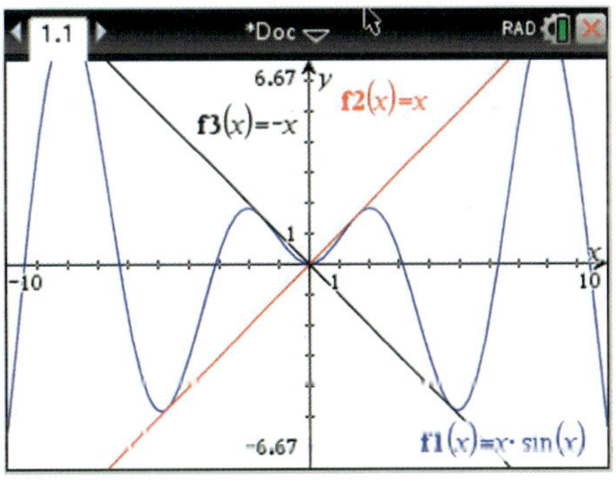

문제 1 $y = 2\sin 6x - \sin 4x$의 그래프를 그리고 이 함수의 주기, 극댓값, 극솟값과 치역을 구하여라.

문제 2 $f(x) = -\frac{x}{2}\cos x$의 그래프를 그려라.

6.5 삼각함수 기본 성질

기본적인 삼각함수의 관계를 이용하여 삼각함수 값을 구하거나 삼각 함수식을 간단히 하거나 삼각 방정식을 풀 수 있다. 이 장에서는 이미 공부한 기본적인 삼각함수 사이의 관계를 이용하여 모든 실수 x에 대하여 다음 관계가 항상 성립함을 살펴보고자 한다.

• 역수관계

$$\sin x = \frac{1}{\csc x} \quad \sec x = \frac{1}{\cos x} \quad \tan x = \frac{1}{\cot x}$$

$$\csc x = \frac{1}{\sin x} \quad \cos x = \frac{1}{\sec x} \quad \cot x = \frac{1}{\tan x}$$

• 상제관계

$$\tan x = \frac{\sin x}{\cos x} \quad \cot x = \frac{\cos x}{\sin x}$$

• 제곱관계

$$\sin^2 x + \cos^2 x = 1 \qquad 1 + \tan^2 x = \sec^2 x \qquad 1 + \cot^2 x = \csc^2 x$$

• 여각관계

$$\sin\left(\frac{\pi}{2} - x\right) = \cos x \qquad \sec\left(\frac{\pi}{2} - x\right) = \csc x \qquad \tan\left(\frac{\pi}{2} - x\right) = \cot x$$

$$\cos\left(\frac{\pi}{2} - x\right) = \sin x \qquad \csc\left(\frac{\pi}{2} - x\right) = \sec x \qquad \cot\left(\frac{\pi}{2} - x\right) = \tan x$$

• 음각관계

$$\sin(-x) = -\sin x \qquad \sec(-x) = \sec x \qquad \tan(-x) = -\tan x$$

$$\csc(-x) = -\csc x \qquad \cos(-x) = \cos x \qquad \cot(-x) = -\cot x$$

예제 1

$\sin x\cos^2 x - \sin x$를 간단히 하여라.

풀이

$$\begin{aligned} \sin x\cos^2 x - \sin x &= \sin x(\cos^2 x - 1) && \text{공통인수 묶기} \\ &= -\sin x(1-\cos^2 x) \\ &= -\sin x(\sin^2 x) && \text{제곱관계} \\ &= -\sin^3 x && \text{곱하기} \end{aligned}$$

삼각함수의 기본 성질을 이용한 삼각함수의 대수적 조작이 참인지 확인할 수 있다.

$y=\sin x\cos^2 x - \sin x$와 $y=-\sin^3 x$의 그래프는 정확히 서로 일치하며 함수의 함숫값이 모두 일치하는 것을 표를 통해 확인할 수 있다. 이처럼 복잡한 삼각 함수식은 제곱관계 $\sin^2 x+\cos^2 x=1$를 이용하여 간단하게 할 수 있다.

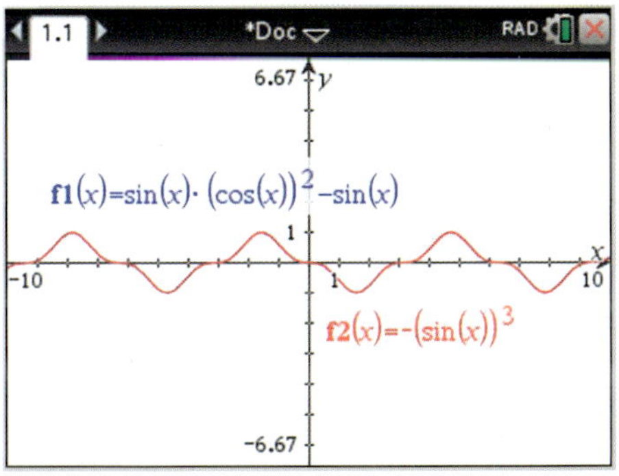

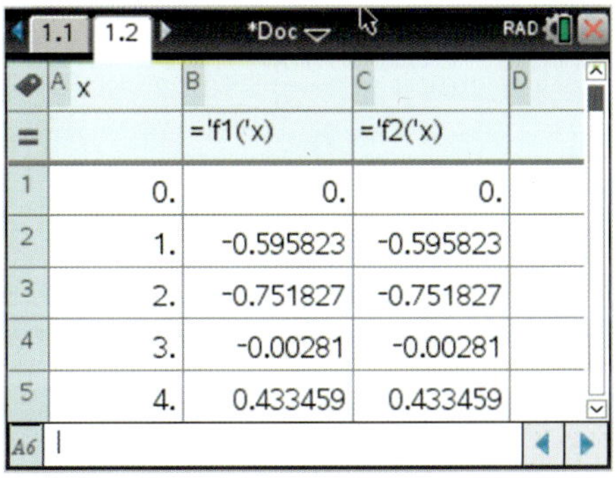

예제 2

$\csc^2 x - \cot x - 3$을 인수분해하여라.

풀이

주어진 표현은 바로 인수분해되지 않지만 $\csc^2 x = 1+\cot^2 x$를 이용하여 코탄젠트에 관한 식으로 바꾸어 인수분해할 수 있다.

$$\begin{aligned} \csc^2 x - \cot x - 3 &= (1+\cot^2 x) - \cot x - 3 && \text{제곱관계} \\ &= \cot^2 x - \cot x - 2 && \text{결합법칙} \\ &= (\cot x - 2)(\cot x + 1) && \text{인수분해} \end{aligned}$$

삼각함수의 기본 성질을 이용한 삼각함수의 대수적 조작이 참인지 확인할 수 있다. $y=\csc^2 x-\cot x-3$ 의 그래프와 $y=(\cot x-2)(\cot x+1)$ 의 그래프가 정확히 서로 일치하며 $n\pi\ (n\in Z)$에서 정의되지 않으며 모든 함숫값이 일치한다. 이처럼 복잡한 삼각 함수식은 제곱관계 $\csc^2 x=1+\cot^2 x$를 이용하여 인수분해할 수 있다.

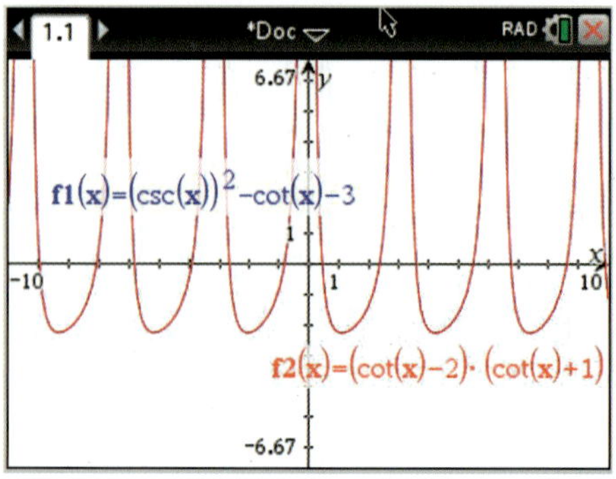

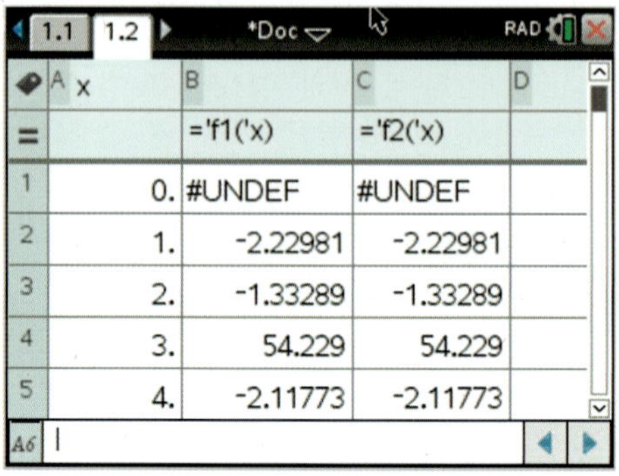

문제 1 $\sec u=-\dfrac{3}{2}$, $\tan u>0$일 때, 나머지 삼각함수의 값을 모두 구하여라.

문제 2 $\dfrac{1}{1+\sin x}$를 간단히 하여라.

6.6 삼각함수의 성질 증명

예제 1

다음이 성립함을 설명하여라.

$$\frac{\sec^2\theta - 1}{\sec^2\theta} = \sin^2\theta$$

풀이 1

$$\begin{aligned} \frac{\sec^2\theta - 1}{\sec^2\theta} &= \frac{(\tan^2\theta + 1) - 1}{\sec^2\theta} && \text{제곱관계} \\ &= \frac{\tan^2\theta}{\sec^2\theta} && \text{간단히하기} \\ &= \tan^2\theta(\cos^2\theta) && \text{역수관계} \\ &= \frac{\sin^2\theta}{\cos^2\theta}(\cos^2\theta) && \text{탄젠트의 상제관계} \\ &= \sin^2\theta && \text{약분} \end{aligned}$$

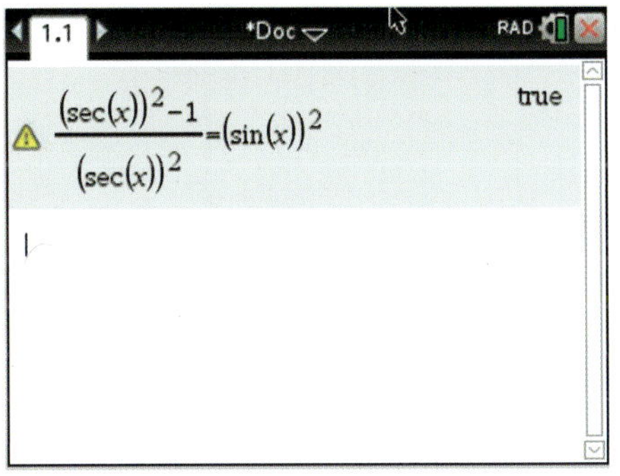

■ 삼각함수의 제곱 입력
$\sin^2 x$는 $(\sin x)^2$으로 입력한다.
$\sin x^2$는 $\sin(x^2)$으로 입력한다.

풀이 2

$$\begin{aligned} \frac{\sec^2\theta - 1}{\sec^2\theta} &= \frac{\sec^2\theta}{\sec^2\theta} - \frac{1}{\sec^2\theta} && \text{부분분수 분해} \\ &= 1 - \cos^2\theta && \text{역수관계} \\ &= \sin^2\theta && \text{제곱관계} \end{aligned}$$

[예제 1]에서 볼 수 있듯이 삼각함수의 성질을 증명하는 방법은 여러 가지가 있다.

예제 2

다음이 성립함을 설명하여라.

$$(\tan^2 x + 1)(\cos^2 x - 1) = -\tan^2 x$$

풀이

$$\begin{aligned}(\tan^2 x+1)(\cos^2 x-1)&=(\sec^2 x)(-\sin^2 x) && \text{제곱관계}\\ &=-\frac{\sin^2 x}{\cos^2 x} && \text{역수관계}\\ &=-\left(\frac{\sin x}{\cos x}\right)^2 && \text{지수법칙}\\ &=-\tan^2 x && \text{탄젠트의 상제관계}\end{aligned}$$

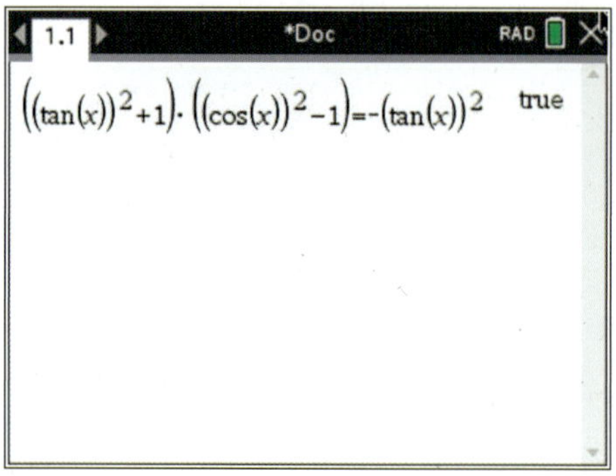

삼각함수의 성질을 먼저 사용할지 또는 대수적 성질을 이용하여 식의 변형(전개, 인수분해, 부분분수 분해, 통분, 약분)을 먼저 할지를 결정해야 한다.

예제 3

다음이 성립함을 설명하여라.

$$\tan x+\cot x=\sec x\csc x$$

풀이

$$\begin{aligned}\tan x+\cot x&=\frac{\sin x}{\cos x}+\frac{\cos x}{\sin x} && \text{탄젠트, 코탄젠트의 상제 관계}\\ &=\frac{\sin^2 x+\cos^2 x}{\cos x\sin x} && \text{통분}\\ &=\frac{1}{\cos x\sin x} && \text{제곱관계}\\ &=\frac{1}{\cos x}\cdot\frac{1}{\sin x} && \text{분수의 곱}\\ &=\sec x\csc x && \text{역수관계}\end{aligned}$$

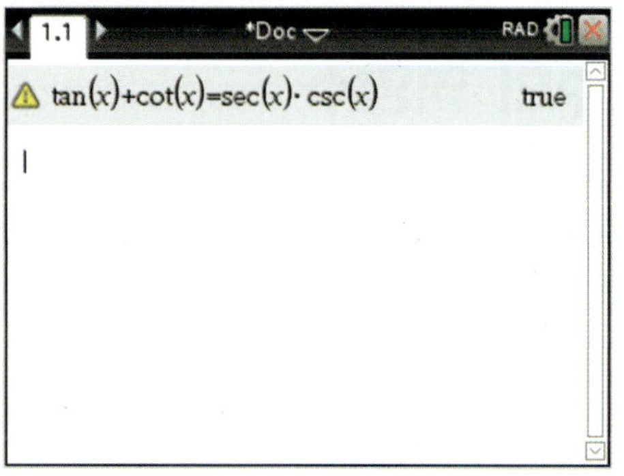

대수적 성질을 이용하여 식의 변형(전개, 인수분해, 부분분수 분해, 통분, 약분)이나 제곱관계와 같은 삼각함수의 성질을 전혀 사용할 수 없으나 좌변을 사인과 코사인 함수로 바꾸면 위와 같은 증명이 가능하다.

문제 1 $\frac{1}{1-\sin x}+\frac{1}{1+\sin x}=2\sec^2 x$임을 보여라.

문제 2 $\tan^4 x=\tan^2 x\sec^2 x-\tan^2 x$가 성립함을 설명하여라.

6.7 삼각함수의 역함수

1 삼각함수의 역함수

역함수(inverse function)는 주어진 함수가 일대일 대응일 때만 존재한다. 사인함수는 서로 다른 x값에 대해 같은 y값을 갖는 경우가 있으므로 일대일 대응이 아니다. 따라서 $-\frac{\pi}{2} \le x \le \frac{\pi}{2}$로 정의역을 제한하면 다음과 같은 성질을 갖는다.

1. 구간 $\left[-\frac{\pi}{2}, \frac{\pi}{2}\right]$에서 $y=\sin x$는 증가
2. 구간 $\left[-\frac{\pi}{2}, \frac{\pi}{2}\right]$에서 $y=\sin x$는 모든 치역의 값 $-1 \le \sin x \le 1$을 취한다.
3. 구간 $\left[-\frac{\pi}{2}, \frac{\pi}{2}\right]$에서 $y=\sin x$는 일대일 함수이다.

따라서 사인 역함수라 불리는 유일한 역함수를 갖게 되고 이 역함수를

$$y=\arcsin x \quad \text{또는} \quad y=\sin^{-1}x$$

로 쓴다. 읽을 때는 **아크(인버스) 사인**(arcsine function) 또는 **사인 역함수**(inverse sine function)라고 읽는다. $\sin^{-1}x$는 $\frac{1}{\sin x}$가 아니라 사인 역함수를 의미한다.

	$y=\sin^{-1}x$의 그래프 ($\sin y = x$, 사인값이 x가 되는 각을 의미)
정의역	$[-1,\ 1]$
치역	$\left[-\frac{\pi}{2}, \frac{\pi}{2}\right]$
특성	$y=\sin x$의 그래프를 $y=x$에 대해 대칭시킨 것

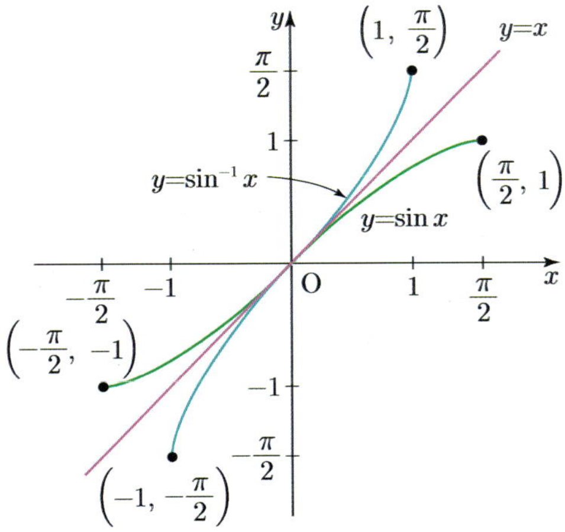

$y=\sin^{-1}x$ 의 그래프

마찬가지로

	$y=\cos^{-1}x$의 그래프	$y=\tan^{-1}x$의 그래프
정의역	$[-1,\ 1]$	모든 실수
치역	$[0,\ \pi]$	$-1 \le \sin\lvert x\rvert \le 1$

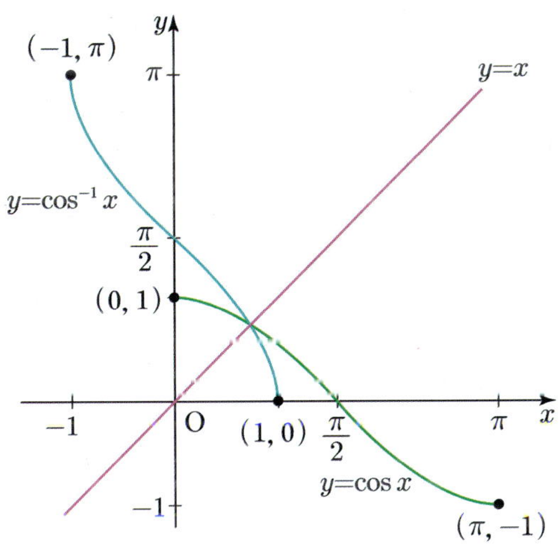

$y=\cos^{-1}x$ 의 그래프

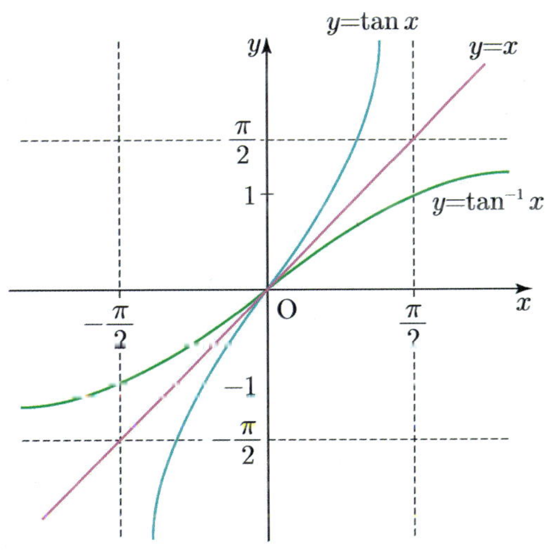

$y=\tan^{-1}x$ 의 그래프

2 삼각함수와 역함수의 합성

$f(f^{-1}(x))=x$, $f^{-1}(f(x))=x$이므로 다음과 같은 성질을 찾아낼 수 있다.

$$-1\le x\le 1,\ -\frac{\pi}{2}\le y\le\frac{\pi}{2}\text{이면 } \sin(\sin^{-1}x)=x,\ \sin^{-1}(\sin y)=y$$

$$-1\le x\le 1,\ 0\le y\le\pi\text{이면 } \cos(\cos^{-1}x)=x,\ \cos^{-1}(\cos y)=y$$

$$-\frac{\pi}{2}\le y\le\frac{\pi}{2}\text{이면 } \tan(\tan^{-1}x)=x,\ \tan^{-1}(\tan y)=y$$

	$y=\sec^{-1}x$의 그래프	$y=\csc^{-1}x$의 그래프	$y=\cot^{-1}x$의 그래프
정의역	$[-1,\ 1]$	$[-1,\ 1]$	모든 실수
치역	$[0,\ \pi]-\left\{y\mid y=\frac{\pi}{2}\right\}$	$\left[-\frac{\pi}{2},\ \frac{\pi}{2}\right]-\{y\mid y=0\}$	$(0,\ \pi)$

예제 1

$\sin^{-1}\left(-\frac{1}{2}\right)$의 값을 구하여라.

풀이

$y=\sin^{-1}x$에서 y를 θ로 두면 $\theta=\sin^{-1}\left(-\frac{1}{2}\right)$가 된다. 그러면 사인 역함수의 치역 $-\frac{\pi}{2}\le\theta\le\frac{\pi}{2}$의 범위에서 이 식을 만족하는 θ를 구한다. 지필로 삼각함수의 역함수를 구하려면 원래 삼각함수로 변환해야 편리하다.

$\sin\theta=-\frac{1}{2}$이고 $\sin\frac{\pi}{6}=\frac{1}{2}$, 그리고 사인 함수는 원점 대칭이므로 $\sin\left(-\frac{\pi}{6}\right)=-\frac{1}{2}$이다. 그리고 $-\frac{\pi}{6}$는 $-\frac{\pi}{2}\le\theta\le\frac{\pi}{2}$ 범위에 있으므로 구하는 $\theta=-\frac{\pi}{6}$가 된다.

따라서 $\sin^{-1}\left(-\frac{1}{2}\right)=-\frac{\pi}{6}$이다.

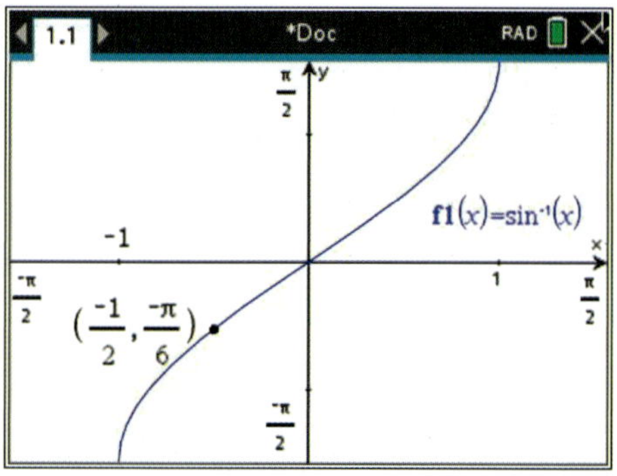

- 역삼각함수는 trig에서 입력해야 한다.
- 역삼각함수를 $\sin^{-1}$처럼 -1을 지수로 입력하면 에러 발생하므로 주의가 필요하다.
- 좌표를 입력해서 그래프에 점을 찍으려면 menu > 8.Geometry > 1.Points & Lines > 3.Point by Coordinates에서 원하는 좌표를 입력하면 된다.

예제 2

$\cos^{-1}\left(-\frac{\sqrt{2}}{2}\right)$의 값을 구하여라.

풀이

$y=\cos^{-1}x$ 에서 y를 θ로 두면 $\theta=\cos^{-1}\left(-\frac{\sqrt{2}}{2}\right)$가 된다. 그러면 코사인 역함수의 치역 $0 \le \theta \le \pi$의 범위에서 이 식을 만족하는 θ를 구한다. 코사인 함수로 변형하면 $\cos\theta = -\frac{\sqrt{2}}{2}$ 이고 $\cos\frac{\pi}{4}=\frac{\sqrt{2}}{2}$ 이므로 오른쪽 그래프에서 보듯이 $\frac{\pi}{4}+\frac{\pi}{2}=\frac{3\pi}{4}$ 에서 $-\frac{\sqrt{2}}{2}$ 이다. 그리고 $\frac{3\pi}{4}$ 는 $0 \le \theta \le \pi$ 범위에 있으므로 구하는 $\theta=\frac{3\pi}{4}$ 가 된다. 따라서

$\cos^{-1}\left(-\frac{\sqrt{2}}{2}\right)=\frac{3\pi}{4}$ 이다.

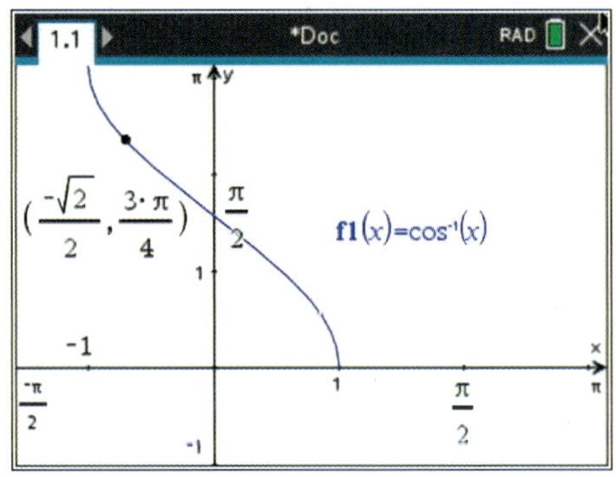

예제 3

Nspire를 이용하여 다음 역삼각함수의 근삿값을 구하여라.

(1) $\text{arc}\tan(-8.45)$

(2) $\text{arc}\sin(0.2447)$

(3) $\text{arc}\cos(2)$

풀이

(1) $\text{arc}\tan(-8.45)=-1.453$

(2) $\text{arc}\sin(0.2447)=0.24721$

(3) $\text{arc}\cos(2)$는 계산되지 않는다.

그 이유는 $x=2$의 값이 $y=\text{arc}\cos x$의 정의역인 $[-1, 1]$의 범위를 벗어나기 때문이다.

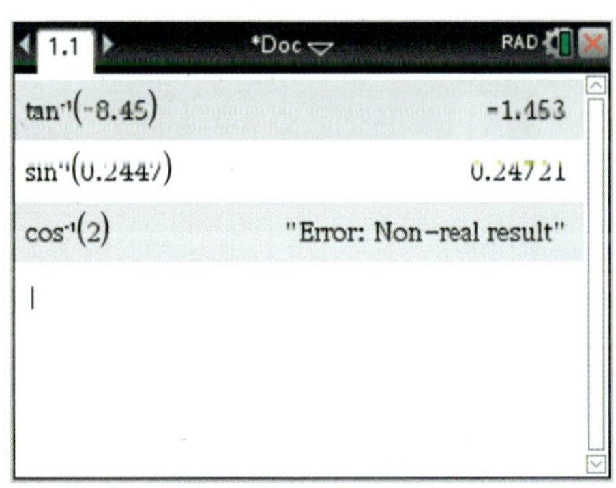

예제 4

$\sin^{-1}(\sin\frac{5\pi}{4})$의 값을 구하여라.

풀이

$\sin^{-1}\left(\sin\frac{5\pi}{4}\right)=\sin^{-1}\left(-\frac{\sqrt{2}}{2}\right)=-\frac{\pi}{4}$이다. 만약 다음을 이용한다면

$$\sin\frac{5\pi}{4}=\sin\left(\pi+\frac{\pi}{4}\right)=-\sin\frac{\pi}{4}=\sin\left(-\frac{\pi}{4}\right)$$

이렇게 풀 수도 있다.

$$\sin^{-1}\left(\sin\frac{5\pi}{4}\right)=\sin^{-1}\left(\sin\left(-\frac{\pi}{4}\right)\right)=-\frac{\pi}{4}$$

예제 5

$\sin\left[\tan^{-1}\left(\frac{1}{2}\right)\right]$의 값을 구하여라.

풀이

$y=\sin x$에서 $\theta=\tan^{-1}\left(\frac{1}{2}\right)$라 두면 $\tan\theta=\frac{1}{2}$ $\left(-\frac{\pi}{2}<\theta<\frac{\pi}{2}\right)$이다. $\tan\theta>0$이기 때문에 $0<\theta<\frac{\pi}{2}$, 즉 제1사분면에 있음을 알 수 있다. $\tan\theta=\frac{1}{2}$이므로 밑변이 2, 높이가 1인 직각삼각형을 만들어보면 빗변은 $\sqrt{5}$이다. 그러면 $\sin\theta=\frac{1}{\sqrt{5}}$이므로 아래와 같다.

$$\sin\left[\tan^{-1}\left(\frac{1}{2}\right)\right]=\sin\theta=\frac{1}{\sqrt{5}}=\frac{\sqrt{5}}{5}$$

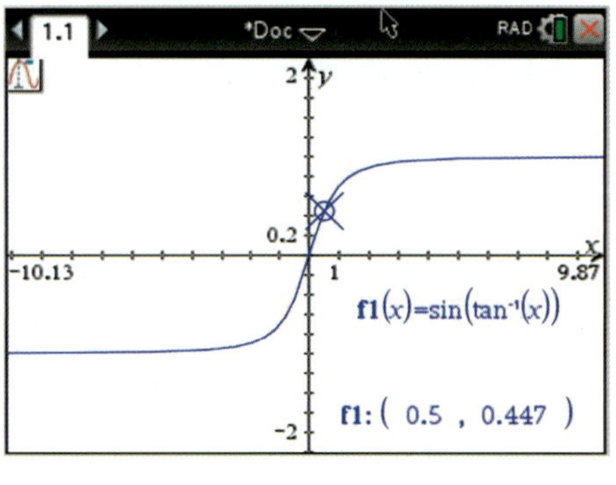

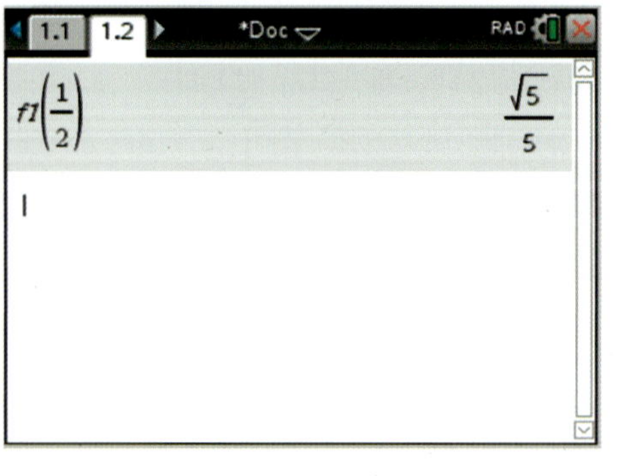

■ 그래프를 이용한 풀이

두 함수 $y = \tan^{-1}x$와 $y = \sin x$의 합성함수인 $y = \sin(\tan^{-1}x)$를 입력하고 그래프를 그린다. $x = \frac{1}{2}$에서 y값이 약 0.447214이고 정확한 값은 $\frac{\sqrt{5}}{5}$임을 알 수 있다.

문제 1 다음 값을 계산하여라.

(1) $\tan(\arctan(-5))$

(2) $\arcsin\left(\sin\frac{5\pi}{3}\right)$

(3) $\cos(\arccos\pi)$

문제 2 다음 값을 계산하여라.

(1) $\sin(\arccos(3x)),\ 0 \le x \le \frac{1}{3}$

(2) $\cot(\arccos 3x),\ 0 \le x \le \frac{1}{3}$

CHAPTER

7 삼각함수 Ⅱ

TRIGONOMETRIC FUNCTIONS Ⅱ

7.1 삼각함수의 덧셈정리

삼각함수의 덧셈정리

$$\sin(\alpha+\beta)=\sin\alpha\cos\beta+\cos\alpha\sin\beta,\ \sin(\alpha-\beta)=\sin\alpha\cos\beta-\cos\alpha\sin\beta$$
$$\cos(\alpha+\beta)=\cos\alpha\cos\beta-\sin\alpha\sin\beta,\ \cos(\alpha-\beta)=\cos\alpha\cos\beta+\sin\alpha\sin\beta$$

또한

$$\tan(\alpha+\beta)=\frac{\sin(\alpha+\beta)}{\cos(\alpha+\beta)}=\frac{\sin\alpha\cos\beta+\cos\alpha\sin\beta}{\cos\alpha\cos\beta-\sin\alpha\sin\beta}$$

이고 분자, 분모를 $\cos\alpha\cos\beta(\neq 0)$으로 나누면

$$\tan(\alpha+\beta)=\frac{\tan\alpha+\tan\beta}{1-\tan\alpha\tan\beta},\ \tan(\alpha-\beta)=\frac{\tan\alpha-\tan\beta}{1+\tan\alpha\tan\beta}$$

이다. 또한 β 대신 $-\beta$를 넣으면 나머지를 얻을 수 있으며, $\cos\alpha\cos\beta=0$일 때, 예를 들어 $\alpha=\frac{\pi}{2}$일 때는 $\tan(\alpha+\beta)=\tan\left(\frac{\pi}{2}+\beta\right)=-\cot\beta$이다.

예제 1

$\cos 75^\circ$의 정확한 값을 지필 계산으로 구하여라.

풀이

$\cos 45^\circ + \cos 30^\circ = \cos 75^\circ$가 아니다. 이처럼 삼각함수에서는 라디안이나 각도를 수의 덧셈처럼 할 수 없다. 그 이유는 삼각함수 그래프가 곡선이기 때문이다. 따라서 삼각함수의 덧셈정리를 사용해야 한다.

$$75^\circ = 45^\circ + 30^\circ \text{ 이므로}$$
$$\cos 75^\circ = \cos(45^\circ + 30^\circ)$$
$$= \cos 45^\circ \cos 30^\circ - \sin 45^\circ \sin 30^\circ$$

이 된다. 이제 삼각함수의 특수각에 대한 값을 계산하면 아래와 같다.

$$\frac{\sqrt{2}}{2}\cdot\frac{\sqrt{3}}{2}-\frac{\sqrt{2}}{2}\cdot\frac{1}{2}=\frac{1}{4}(\sqrt{6}-\sqrt{2})$$

Nspire를 이용하여 정확한 값을 구하여 지필 계산의 결과를 확인할 수 있다.

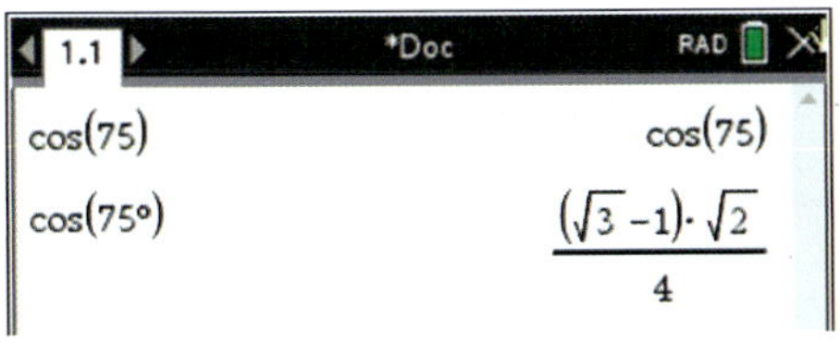

- RAD(Radian) 모드인 경우는 각도 75에 각도 기호 °를 입력해야 한다.
- 각도 기호 °는 [π▸]에 있다.

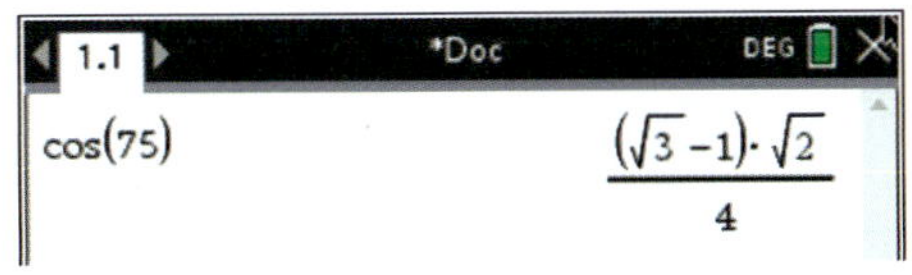

- DEG(Degree) 모드인 경우는 각도 75에 각도 기호 °를 입력하지 않아도 참값이 계산된다.
- Angle 모드 변환은 마우스키 [마우스]로 커서를 화면 우측 상단의 DEG나 RAD에 두고 누르면 RAD나 DEG 모드로 변경된다.

예제 2

$\cos\frac{\pi}{12}$의 정확한 값을 지필 계산으로 구하여라.

풀이

삼각함수의 덧셈정리를 이용해 정확한 값을 구할 수 있다.

$\frac{\pi}{12}=\frac{\pi}{3}-\frac{\pi}{4}$로 나타낼 수 있다. 이를 $\cos(\alpha-\beta)$의 삼각함수 덧셈정리에 적용하면

$$\begin{aligned}\cos\frac{\pi}{12}&=\cos\left(\frac{\pi}{3}-\frac{\pi}{4}\right)=\cos\frac{\pi}{3}\cos\frac{\pi}{4}+\sin\frac{\pi}{3}\sin\frac{\pi}{4}\\&=\frac{1}{2}\left(\frac{\sqrt{2}}{2}\right)+\frac{\sqrt{3}}{2}\left(\frac{\sqrt{2}}{2}\right)=\frac{\sqrt{2}+\sqrt{6}}{4}\end{aligned}$$

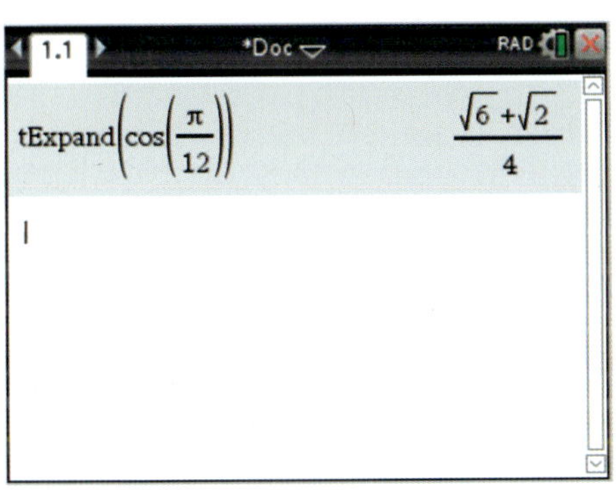

- tExpand를 사용하면 지필 결과와 같은 결과를 얻을 수 있다.
- 3.Algebra > B.Trigonometry > 1.Expand

(참고: 호도법으로 표현된 계산을 위해서는 [doc▾] > 7.Settings & Status > 2.Document Settings에서 Angle Mode를 Radian으로 설정한다.)

Nspire를 이용하여 $\cos\frac{\pi}{12}$의 정확한 값을 구하여 지필 계산의 결과를 확인할 수 있다.

예제 3

$\sin\alpha = \frac{4}{5}$, $\frac{\pi}{2} < \alpha < \pi$이고 $\sin\beta = -\frac{2}{\sqrt{5}}$, $\pi < \alpha < \frac{3\pi}{2}$일 때, $\cos(\alpha+\beta)$를 구하여라.

풀이

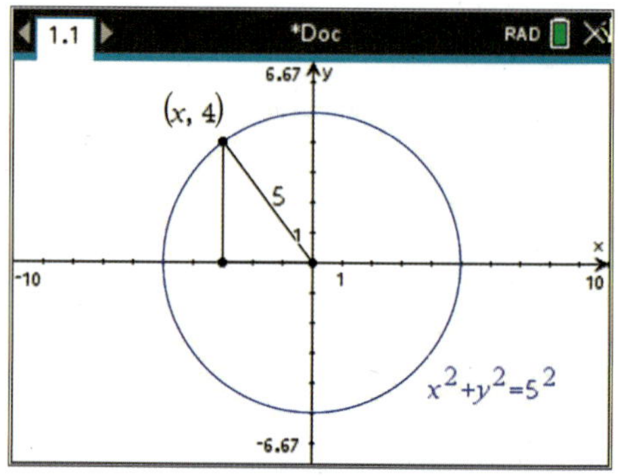

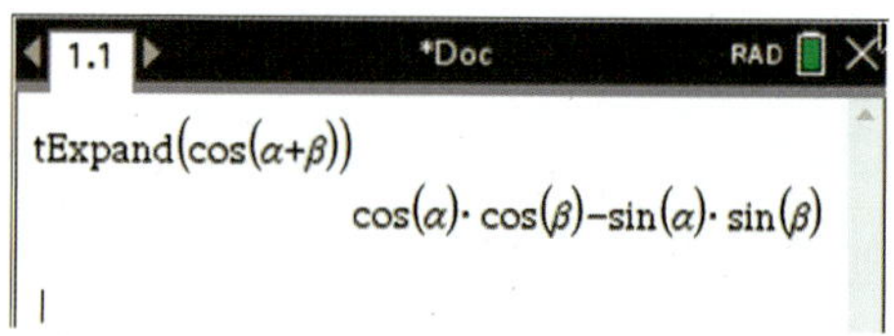

■ α, β 기호는 ctrl + 📖에서 찾을 수 있다.

$\cos(\alpha+\beta)$를 구하려면 $\cos\alpha$와 $\cos\beta$를 먼저 구해야 한다. $\frac{\pi}{2} < \alpha < \pi$에서 $\sin\alpha = \frac{4}{5} = \frac{y}{r}$이므로 제2사분면에서 빗변 5, 높이 4인 직각삼각형을 그리면 된다. 피타고라스 정리를 사용하거나 $(x,\ 4)$를 $x^2+y^2=5^2$에 대입해서 구하면 $x=-3$이 된다. 따라서 $\cos\alpha = \frac{x}{r} = -\frac{3}{5}$이다.

또는 $\cos\alpha = -\sqrt{1-\sin^2\alpha} = -\sqrt{1-\frac{16}{25}} = -\frac{3}{5}$으로 구할 수도 있다.

$\sin\beta = -\frac{2}{\sqrt{5}}$에서 $\cos\beta$도 위와 같은 방법으로 구할 수 있다. 따라서 $\cos\beta = \frac{x}{r} = \frac{-1}{\sqrt{5}} = -\frac{\sqrt{5}}{5}$이다. 이제

$$\cos(\alpha+\beta) = \cos\alpha\cos\beta - \sin\alpha\sin\beta = \left(-\frac{3}{5}\right)\left(-\frac{\sqrt{5}}{5}\right) - \left(\frac{4}{5}\right)\left(-\frac{2}{\sqrt{5}}\right) = \frac{11\sqrt{5}}{25}$$

이다.

Nspire를 이용하여 삼각함수의 덧셈정리를 확인할 수 있다.

예제 4

삼각함수의 덧셈정리를 이용하여 여각 공식 $\cos\left(\frac{\pi}{2}-x\right) = \sin x$이 성립함을 보여라.

풀이

삼각함수의 덧셈정리를 $\cos(\alpha-\beta) = \cos\alpha\cos\beta + \sin\alpha\sin\beta$를 이용하면

$$\cos\left(\frac{\pi}{2}-x\right) = \cos\frac{\pi}{2}\cos x + \sin\frac{\pi}{2}\sin x = (0)\cos x + (1)\sin x = \sin x$$

$y=\cos\left(\frac{\pi}{2}-x\right)$와 $y=\sin x$의 그래프를 그리면 이를 확인할 수 있다.

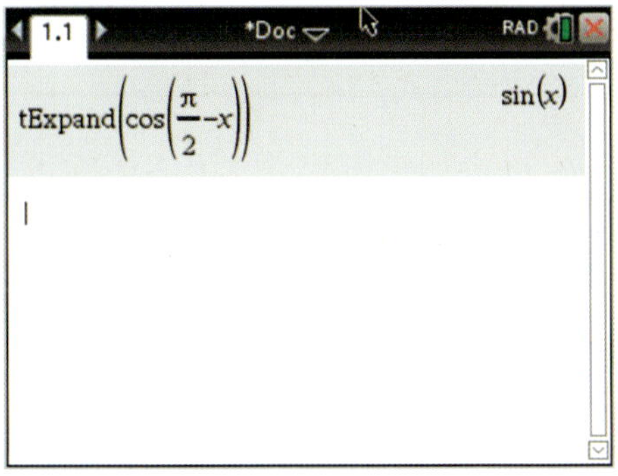

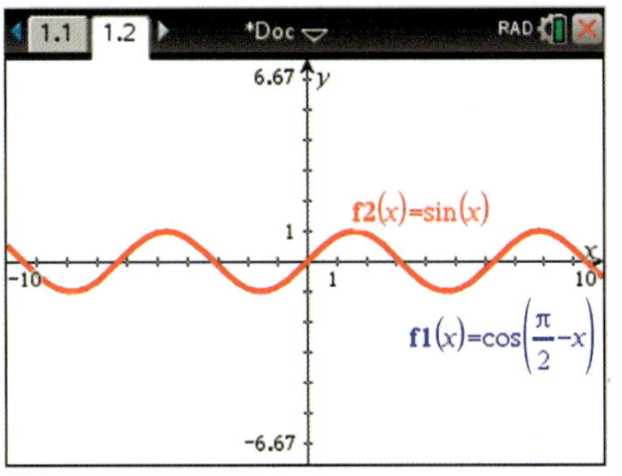

[예제 4]와 같이 삼각함수의 덧셈정리를 이용하여 $\sin\left(\theta+\frac{n\pi}{2}\right)$, $\cos\left(\theta+\frac{n\pi}{2}\right)$ $(n\in Z)$의 여각 공식을 증명할 수 있다.

문제 1 $\sin 42^\circ \cos 12^\circ - \cos 42^\circ \sin 12^\circ$ 의 정확한 값을 구하여라.

7.2 삼각함수의 배각공식

삼각함수의 덧셈정리

$$\sin(\alpha+\beta) = \sin\alpha\cos\beta + \cos\alpha\sin\beta$$
$$\cos(\alpha+\beta) = \cos\alpha\cos\beta - \sin\alpha\sin\beta$$
$$\tan(\alpha+\beta) = \frac{\tan\alpha + \tan\beta}{1-\tan\alpha\tan\beta}$$

으로부터 삼각함수의 배각공식을 유도할 수 있다.

$\sin(\alpha+\alpha) = \sin\alpha\cos\alpha + \cos\alpha\sin\alpha$이므로

$$\sin 2\alpha = 2\sin\alpha\cos\alpha$$

$\cos(\alpha+\alpha) = \cos\alpha\cos\alpha - \sin\alpha\sin\alpha$이므로

$$\cos 2\alpha = \cos^2\alpha - \sin^2\alpha$$

$\tan(\alpha+\alpha) = \dfrac{\tan\alpha + \tan\alpha}{1-\tan\alpha\tan\alpha}$ 이므로

$$\tan 2\alpha = \frac{2\tan\alpha}{1-\tan^2\alpha}$$

또, $\sin^2\alpha + \cos^2\alpha = 1$에서 $\sin^2\alpha = 1-\cos^2\alpha$, $\cos^2\alpha = 1-\sin^2\alpha$이므로

$$\cos 2\alpha = \cos^2\alpha - \sin^2\alpha = \cos^2\alpha - (1-\cos^2\alpha) = 2\cos^2\alpha - 1$$
$$\cos 2\alpha = \cos^2\alpha - \sin^2\alpha = (1-\sin^2\alpha) - \sin^2\alpha = 1 - 2\sin^2\alpha$$

예제 1

$y = 4\cos^2 x - 2$, $(x \in [0, \pi])$의 극댓값과 극솟값을 구하여라.

풀이

배각공식을 이용하여 주어진 식을 변형시키면

$$y = 4\cos^2 x - 2 = 2(2\cos^2 x - 1) = 2\cos 2x$$

이므로 이 함수의 진폭은 2이고 주기는 π이다. 구간 $[0, \pi]$에서 이 함수의 주요점들은 다음과 같다.

- 영점: $\left(\frac{\pi}{4}, 0\right), \left(\frac{3\pi}{4}, 0\right)$
- 극댓점: $(0, 2), (\pi, 2)$
- 극솟점: $\left(\frac{\pi}{2}, -2\right)$

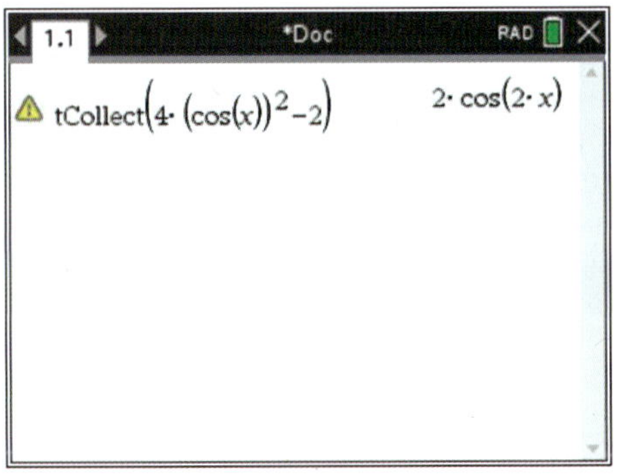

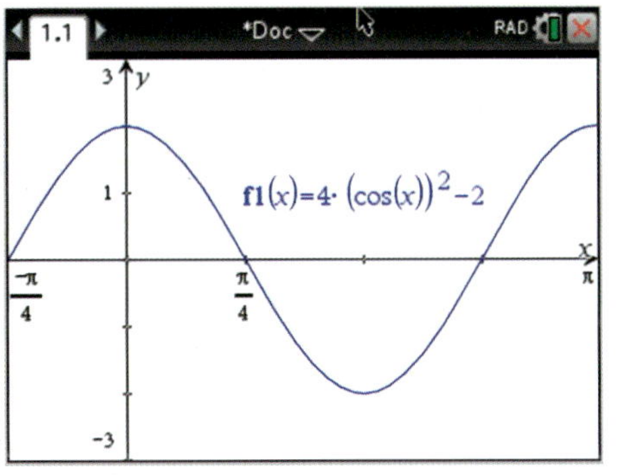

■ 삼각함수의 연산은 tCollect를 이용한다.

■ menu > 3.Algebra > B.Trigonometry > 2.Collect

예제 2

$\sin 3x$를 $\sin x$를 이용하여 나타내어라.

풀이

$3x = 2x + x$ 이므로 다음과 같이 계산된다.

$$
\begin{aligned}
\sin 3x &= \sin(2x + x) \\
&= \sin 2x \cos x + \cos 2x \sin x \\
&= \sin(x + x)\cos x + (1 - 2\sin^2 x)\sin x \\
&= (\sin x \cos x + \cos x \sin x)\cos x + \sin x - 2\sin^3 x \\
&= \sin x \cos^2 x + \cos^2 x \sin x + \sin x - 2\sin^3 x \\
&= 2\sin x \cos^2 x + \sin x - 2\sin^3 x \\
&= 2\sin x(1 - \sin^2 x) + \sin x - 2\sin^3 x \\
&= 2\sin x - 2\sin^3 x + \sin x - 2\sin^3 x \\
&= 3\sin x - 4\sin^3 x
\end{aligned}
$$

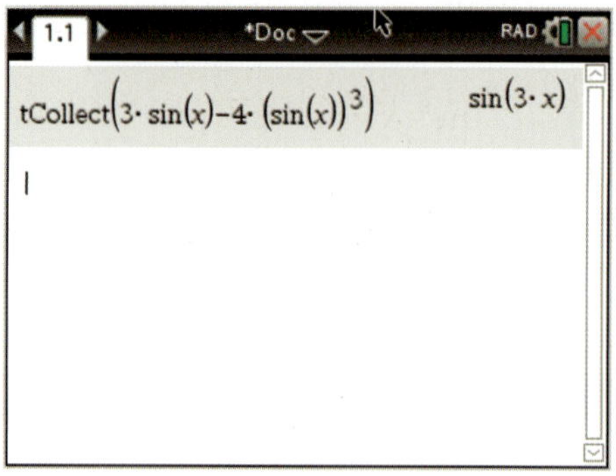

$y = \sin 3x$와 $y = 3\sin x - 4\sin^3 x$의 그래프를 그리면 정확히 겹쳐지는 것을 확인할 수 있다.

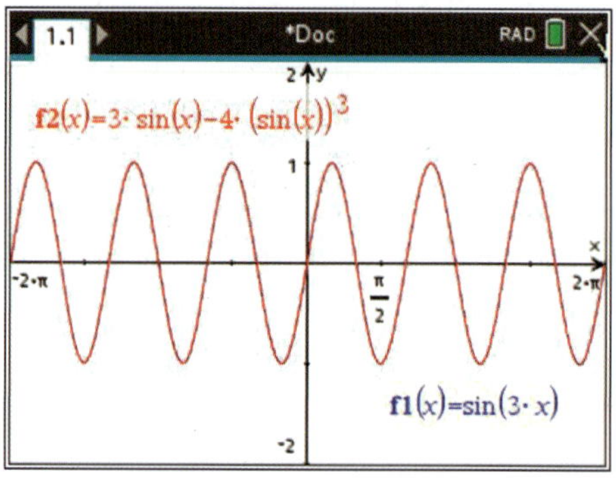

■ 삼각함수의 배각공식

$\cos 2a = 1 - 2\sin^2 a$, $\cos 2a = 2\cos^2 a - 1$로부터

$$\sin^2 a = \frac{1-\cos 2a}{2}, \quad \cos^2 a = \frac{1+\cos 2a}{2}$$

이다. 따라서 $\tan^2 a = \dfrac{\sin^2 a}{\cos^2 a} = \dfrac{1-\cos 2a}{1+\cos 2a}$이고 이때 $2a = \alpha$라 하면 아래의 반각공식이 유도된다.

■ 삼각함수의 반각공식

$$\sin^2\frac{\alpha}{2} = \frac{1-\cos\alpha}{2}, \quad \cos^2\frac{\alpha}{2} = \frac{1+\cos\alpha}{2}, \quad \tan^2\frac{\alpha}{2} = \frac{1-\cos\alpha}{1+\cos\alpha}$$

예제 3

$\sin^4 x$를 코사인의 배각으로 나타내어라.

풀이

$$
\begin{aligned}
\sin^4 x = (\sin^2 x)^2 &= \left(\frac{1-\cos 2x}{2}\right)^2 \\
&= \frac{1}{4}(1-2\cos 2x + \cos^2 2x) \\
&= \frac{1}{4}\left(1-2\cos 2x + \frac{1+\cos 4x}{2}\right) \\
&= \frac{1}{4} - \frac{1}{2}\cos 2x + \frac{1}{8} + \frac{1}{8}\cos 4x \\
&= \frac{3}{8} - \frac{1}{2}\cos 2x + \frac{1}{8}\cos 4x \\
&= \frac{1}{8}(3-4\cos 2x + \cos 4x)
\end{aligned}
$$

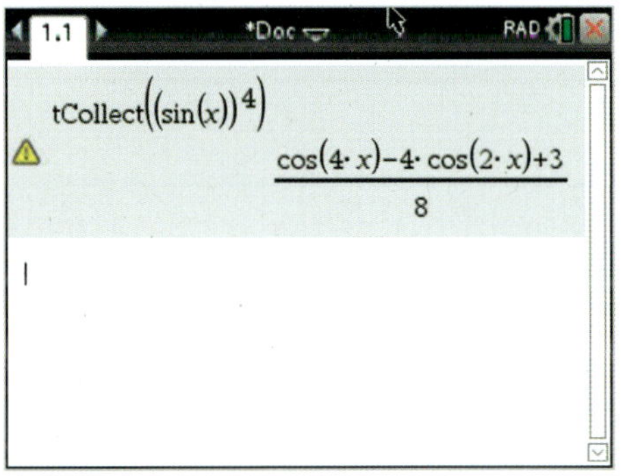

$y=\sin^4 x$와 $y=\frac{1}{8}(3-4\cos 2x + \cos 4x)$의 그래프를 그리면 정확히 겹쳐지는 것을 확인할 수 있다.

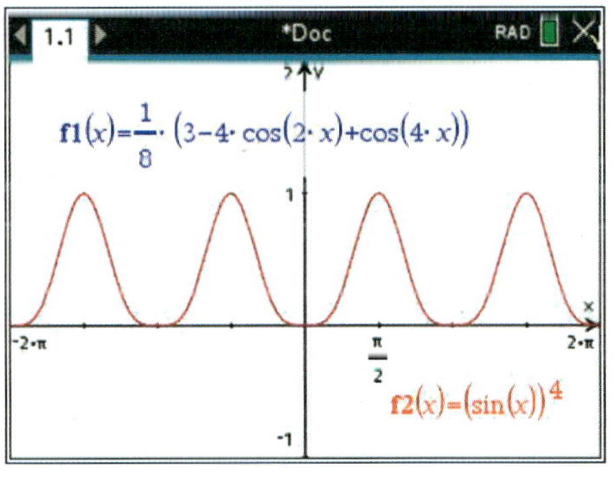

■ 삼각함수의 곱을 합 또는 차로 변형하는 공식

삼각함수의 덧셈정리에서 유도할 수 있다.

$$\sin(\alpha+\beta)=\sin\alpha\cos\beta+\cos\alpha\sin\beta$$
$$\cos(\alpha+\beta)=\cos\alpha\cos\beta-\sin\alpha\sin\beta$$

$\sin(\alpha+\beta)+\sin(\alpha-\beta)=2\sin\alpha\cos\beta$이므로

$$\sin\alpha\cos\beta=\frac{1}{2}\{\sin(\alpha+\beta)+\sin(\alpha-\beta)\}$$

$\sin(\alpha+\beta)-\sin(\alpha-\beta)=2\cos\alpha\sin\beta$이므로

$$\cos\alpha\sin\beta=\frac{1}{2}\{\sin(\alpha+\beta)-\sin(\alpha-\beta)\}$$

$\cos(\alpha+\beta)+\cos(\alpha-\beta)=2\cos\alpha\cos\beta$이므로

$$\cos\alpha\cos\beta=\frac{1}{2}\{\cos(\alpha+\beta)+\cos(\alpha-\beta)\}$$

$\cos(\alpha-\beta)-\cos(\alpha+\beta)=2\sin\alpha\sin\beta$이므로

$$\sin\alpha\sin\beta=\frac{1}{2}\{\cos(\alpha-\beta)-\cos(\alpha+\beta)\}$$

예제 4

$\cos 5x\sin 4x$를 합과 곱으로 나타내어라.

풀이

$$\cos 5x\sin 4x=\frac{1}{2}[\sin(5x+4x)-\sin(5x-4x)]=\frac{1}{2}\sin 9x-\frac{1}{2}\sin x$$

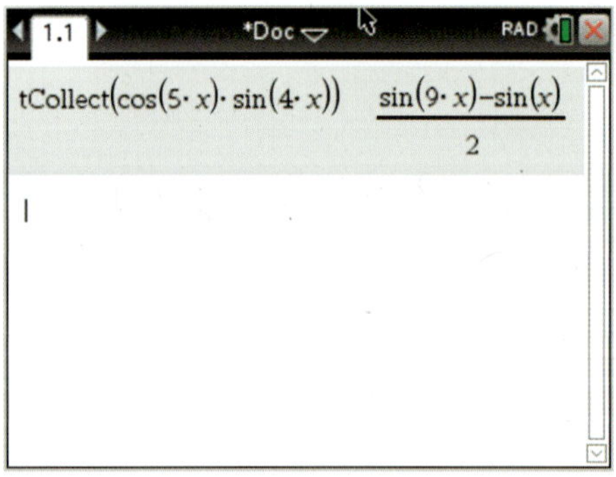

$y=\cos 5x\sin 4x$와 $y=\frac{1}{2}\sin 9x-\frac{1}{2}\sin x$의 그래프를 그리면 정확히 겹쳐지는 것을 확인할 수 있다.

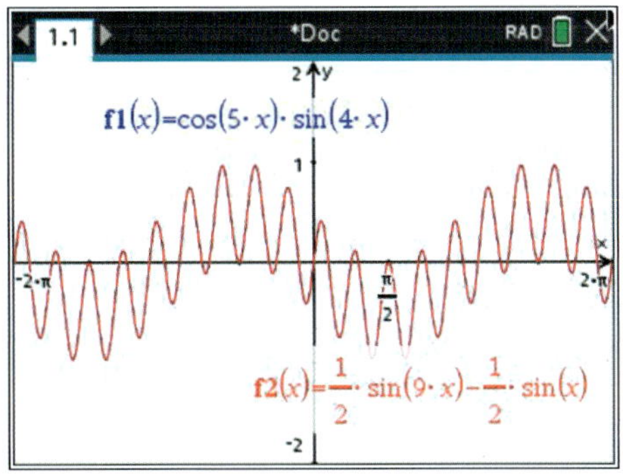

■ 삼각함수의 합 또는 차를 곱으로 변형하는 공식

삼각함수의 곱을 합 또는 차로 변형하는 공식에서 $\alpha+\beta=A, \alpha-\beta=B$로 놓고 α와 β에 관하여 풀면 $\alpha=\dfrac{A+B}{2}$, $\beta=\dfrac{A-B}{2}$가 되고 이를 대입하면 공식이 얻어진다.

$$\sin A+\sin B=2\sin\frac{A+B}{2}\cos\frac{A-B}{2}$$

$$\sin A-\sin B=2\cos\frac{A+B}{2}\sin\frac{A-B}{2}$$

$$\cos A+\cos B=2\cos\frac{A+B}{2}\cos\frac{A-B}{2}$$

$$\cos A-\cos B=-2\sin\frac{A+B}{2}\sin\frac{A-B}{2}$$

문제 1 $\cos x=\dfrac{5}{13}$, $\dfrac{3\pi}{2}<x<2\pi$일 때, $\sin 2x$, $\cos 2x$, $\tan 2x$를 구하여라.

문제 2 $\cos 195^\circ+\cos 105^\circ$의 값을 구하여라.

문제 3 $\tan 2t=\dfrac{\sin t+\sin 3t}{\cot t+\cos 3t}$가 성립함을 보여라.

문제 4 다음이 성립함을 보여라.

(1) $\sin 3x=3\sin x-4\sin^3 x$

(2) $\cos 3x=4\cos^3 x-3\cos x$

7.3 삼각방정식의 풀이

$\sin^2 x + \cos^2 x = 1$과 $\sin x = 1$은 차이가 있다. $\sin^2 x + \cos^2 x = 1$는 모든 x에 대하여 항상 성립하는 삼각함수의 성질이다. 하지만 $\sin x = 1$는 어떤 x에 대해서는 참이 되고 어떤 x에 대하여서는 거짓이 된다. 이처럼 삼각함수를 포함한 방정식을 **삼각방정식**(trigonometric equations)이라고 한다. 또 참이 되는 x값을 구하는 것을 "삼각함수를 푼다."라고 한다.

예제 1

다음 삼각방정식을 풀어라.

$$2\sin x - 1 = 0$$

▶ 풀이

〈방법 1〉

$$2\sin x - 1 = 0$$

$$2\sin x = 1 \qquad \text{양변에 1을 더한다.}$$

$$\sin x = \frac{1}{2} \qquad \text{양변을 2로 나눈다.}$$

$\sin x = \dfrac{1}{2}$는 $[0, 2\pi)$에서 $x = \dfrac{\pi}{6}$와 $x = \dfrac{5\pi}{6}$를 해로 갖는다. 그러나 $\sin x$의 주기가 2π이므로 무수히 많은 해를 가지며, 이를 $x = \dfrac{\pi}{6} + 2n\pi$와 $x = \dfrac{5\pi}{6} + 2n\pi$ $(n \in Z)$로 쓴다.

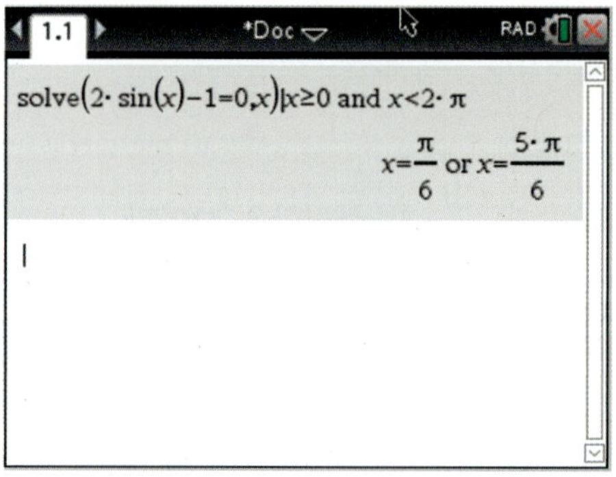

▪ 조건제시 기호 (|)는 [ctrl] [=]을 누른다. 구간 조건은 화면처럼 $x \geq 0$과 $x < 2\pi$를 and로 연결하여 조건제시 기호 뒤에 입력한다.

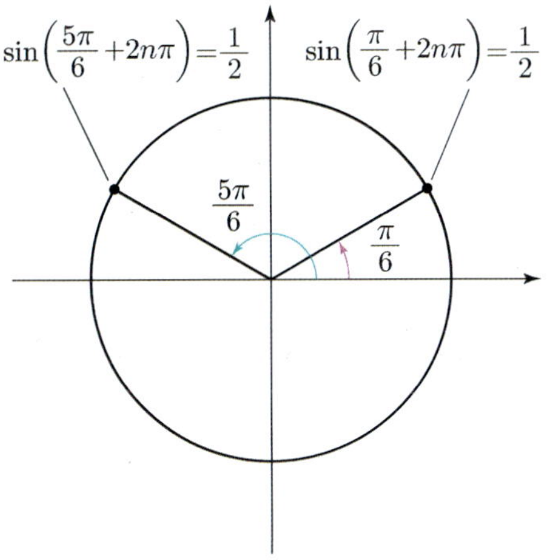

〈방법 2〉

$y=\sin x$와 $y=\dfrac{1}{2}$을 그리고 교점을 구하면 $x=\dfrac{\pi}{6}$, $x=\dfrac{5\pi}{6}$이고, $x=\dfrac{\pi}{6}$, $x=\dfrac{5\pi}{6}$와 같은 동경을 가지는 각들도 모두 방정식의 해가 된다.

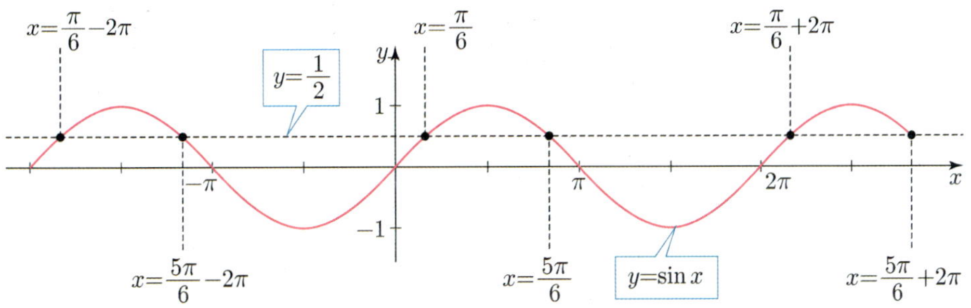

삼각방정식에서 $0 \le x \le 2\pi$, $0^\circ \le x \le 180^\circ$ 와 같은 제한 범위가 있는 경우의 해를 **특수해**(particular solution), 제한 범위가 없는 경우의 해를 **일반해**(general solution)라고 한다.

예제 2

다음 삼각방정식을 풀어라.

$$2\sin^2 x - \sin x - 1 = 0$$

▶ 풀이

$y=2\sin^2 x-\sin x-1$의 그래프를 그려보면 x축과 세 점의 만나는 것으로 보아 $[0, 2\pi)$에서 3개의 근을 가지는 것을 확인할 수 있다.

또한 대수적으로 풀어보면,

$$2\sin^2 x - \sin x - 1 = 0$$

$$(2\sin x + 1)(\sin x - 1) = 0 \quad \text{인수분해}$$

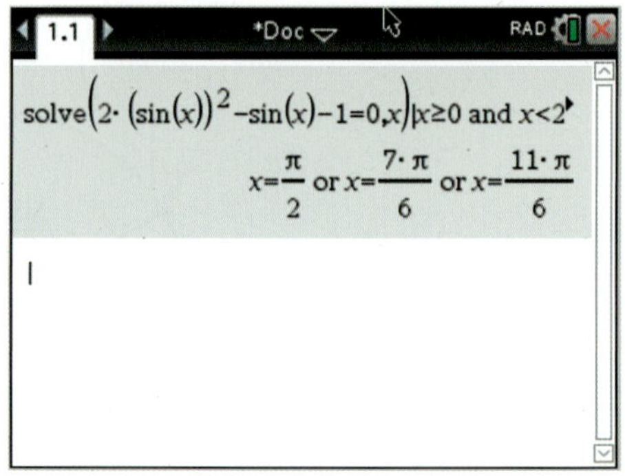

■ 제한 범위 $0 \le x < 2\pi$를 입력하여 특수해를 구한 경우이다.

각각의 인수가 0일 때 방정식의 해이므로 $[0, 2\pi)$에서 해는 다음과 같다.

$$2\sin x + 1 = 0 \qquad\qquad \sin x - 1 = 0$$

$$\sin x = -\frac{1}{2} \qquad\qquad \sin x = 1$$

$$x = \frac{7\pi}{6}, \ \frac{11\pi}{6} \qquad\qquad x = \frac{\pi}{2}$$

따라서 일반해는 아래와 같다.

$$x = \frac{7\pi}{6} + 2n\pi, \quad x = \frac{11\pi}{6} + 2n\pi, \quad x = \frac{\pi}{2} + 2n\pi \ \ (n \in Z)$$

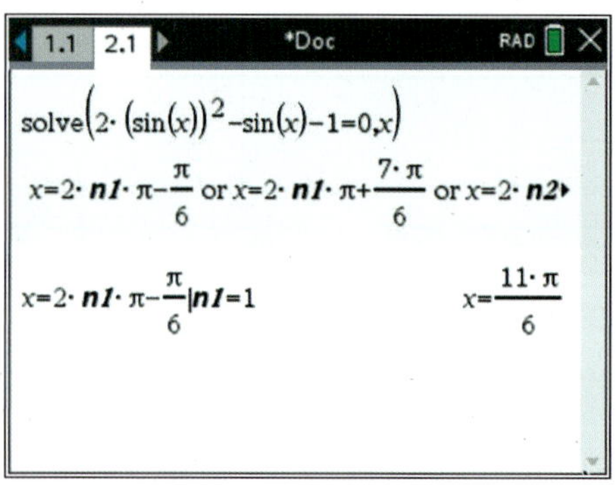

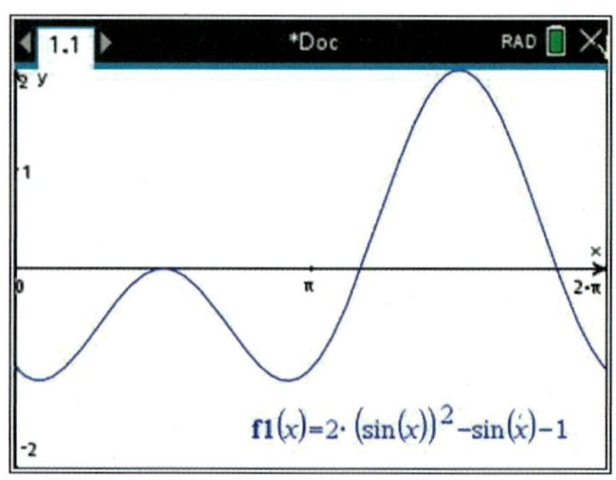

■ 제한 범위를 두지 않아 일반해가 나온 경우이다.

■ 일반해 *n1*, *n2*는 ctrl 에서 @n1=1로 입력하면 일반해가 구해진다.

예제 3

다음 삼각방정식을 풀어라.

$$2\cos 3t - 1 = 0$$

풀이

$y = 2\cot 3t - 1$ 의 그래프를 그려보면 $[0, 2\pi)$에서 x축과 여섯 점에서 만나므로 6개의 근을 가

지는 것을 확인할 수 있다. 또한 대수적으로 풀어 보면,

$$
\begin{aligned}
2\cos 3t - 1 &= 0 \\
2\cos 3t &= 1 \qquad \text{양변에 1을 더한다.} \\
\cos 3t &= \frac{1}{2} \qquad \text{양변에 2로 나눈다.}
\end{aligned}
$$

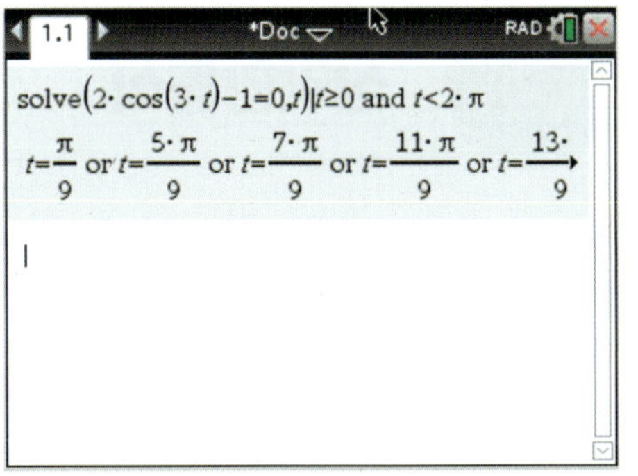

$[0, 2\pi)$에서 $3t = \dfrac{\pi}{3}$와 $3t = \dfrac{5\pi}{3}$를 가진다.

$$3t = \frac{\pi}{3} + 2n\pi, \ 3t = \frac{5\pi}{3} + 2n\pi$$

따라서 일반해는 아래와 같다.

$$t = \frac{\pi}{9} + \frac{2n\pi}{3}, \ t = \frac{5\pi}{9} + \frac{2n\pi}{3} \quad (n \in Z)$$

그리고 $[0, 2\pi)$에서는 $\dfrac{\pi}{9}$, $\dfrac{7\pi}{9}$, $\dfrac{13\pi}{9}$, $\dfrac{5\pi}{9}$, $\dfrac{11\pi}{9}$, $\dfrac{17\pi}{9}$를 해로 가진다.

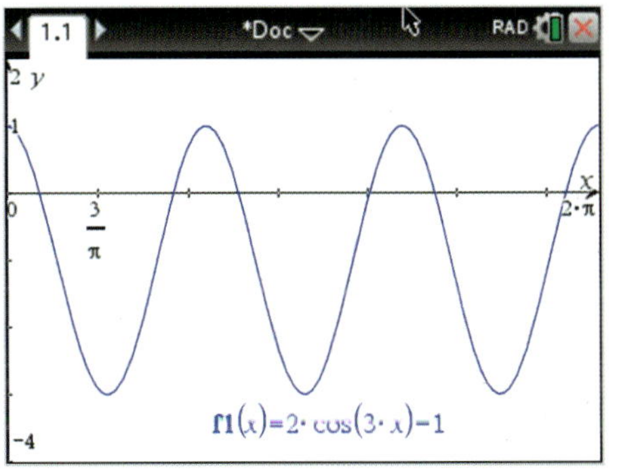

문제 1 다음 삼각방정식을 풀어라.

$$\sin x + \sqrt{2} = -\sin x$$

문제 2 다음 삼각방정식을 풀어라.

$$3\tan^2 x - 1 = 0$$

문제 3 다음 삼각방정식을 풀어라.

$$2\tan\frac{x}{3} + 3 = 0$$

7.4 삼각항등식

모든 x에 대하여 다음이 성립할 때 두 함수 f와 g는 같다고 한다.

$$f(x)=g(x)$$

이러한 방정식을 **항등식**(identity)이라고 한다. 항등식이 아닌 식을 **방정식**이라고 한다. 다음은 항등식이다.

$$(x+1)^2=x^2+2x+1 \qquad \sin^2 x+\cos^2 x=1 \qquad \csc x=\frac{1}{\sin x}$$

다음은 방정식이다.

$2x+5=0$ $\quad$ $x=-\frac{2}{5}$일 때만 참이다.

$\sin x=0$ $\quad$ $x=k\pi$ (k는 정수)일 때만 참이다.

$\sin x=\cos x$ $\quad$ $x=\frac{\pi}{4}+2k\pi$ 또는 $x=\frac{5\pi}{4}+2k\pi$ (k는 정수)일 때만 참이다.

몫 항등식

$$\tan\theta=\frac{\sin\theta}{\cos\theta} \qquad \cot\theta=\frac{\cos\theta}{\sin\theta}$$

역 항등식

$$\csc\theta=\frac{1}{\sin\theta} \qquad \sec\theta=\frac{1}{\cos\theta} \qquad \cot\theta=\frac{1}{\tan\theta}$$

피타고라스 항등식

$$\sin^2 x+\cos^2 x=1 \qquad \tan^2 x+1=\sec^2 x \qquad \cot^2 x+1=\csc^2 x$$

부호 항등식

$$\sin(-\theta)=-\sin(\theta) \qquad \cos(-\theta)=\cos(\theta) \qquad \tan(-\theta)=-\tan(\theta)$$

$$\csc(-\theta)=-\csc(\theta) \qquad \sec(-\theta)=\sec(\theta) \qquad \cot(-\theta)=-\cot(\theta)$$

위에 열거된 항등식은 **기본 삼각항등식**(trigonometric identity)이다. 이 기본 항등식에서 약간 변형된 등식이 종종 사용된다. 예를 들어, $\sin^2 x+\cos^2 x=1$ 대신

$$\sin^2 x=1-\cos^2 x \text{ 또는 } \cos^2 x=1-\sin^2 x$$

을 사용할 때도 있다. 이런 이유로 이 식들의 관계를 잘 알고 변형된 등식에 익숙해져야 한다.

예제 1

다음 등식이 항등식임을 밝혀라.

$$\frac{\sin^2(-\theta)-\cos^2(-\theta)}{\sin(-\theta)-\cos(-\theta)}=\cos\theta-\sin\theta$$

풀이

좌변이 좀 더 복잡한 표현이고 우변의 변수는 θ인 반면 좌변의 변수는 $-\theta$이다. 따라서 좌변에서 시작하고 부호 항등식을 이용한다.

$$\begin{aligned}\frac{\sin^2(-\theta)-\cos^2(-\theta)}{\sin(-\theta)-\cos(-\theta)}&=\frac{[\sin(-\theta)]^2-[\cos(-\theta)]^2}{\sin(-\theta)-\cos(-\theta)}\\&=\frac{(-\sin\theta)^2-(\cos\theta)^2}{-\sin\theta-\cos\theta}\\&=\frac{(\sin\theta)^2-(\cos\theta)^2}{-\sin\theta-\cos\theta}\\&=\frac{(\sin\theta-\cos\theta)(\sin\theta+\cos\theta)}{-(\sin\theta+\cos\theta)}\\&=\cos\theta-\sin\theta\end{aligned}$$

예제 2

다음 등식이 항등식임을 밝혀라.

$$\frac{1+\tan\theta}{1+\cot\theta}=\tan\theta$$

풀이

$$\begin{aligned}\frac{1+\tan\theta}{1+\cot\theta}&=\frac{1+\tan\theta}{1+\dfrac{1}{\tan\theta}}\\&=\frac{1+\tan\theta}{\dfrac{\tan\theta+1}{\tan\theta}}\\&=\frac{\tan\theta(1+\tan\theta)}{\tan\theta+1}\\&=\tan\theta\end{aligned}$$

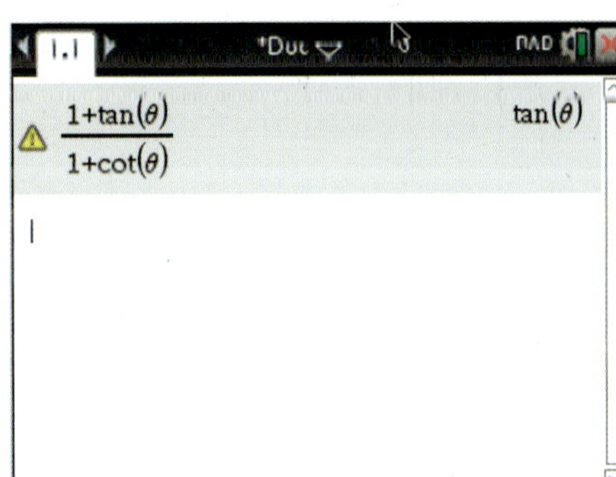

예제 3

다음 등식이 항등식임을 밝혀라.

$$\frac{\tan\theta+\cot\theta}{\sec\theta\csc\theta}=1$$

풀이

$$\begin{aligned}\frac{\tan\theta+\cot\theta}{\sec\theta\csc\theta}&=\frac{\dfrac{\sin\theta}{\cos\theta}+\dfrac{\cos\theta}{\sin\theta}}{\dfrac{1}{\cos\theta}\cdot\dfrac{1}{\sin\theta}}\\&=\frac{\dfrac{\sin^2\theta+\cos^2\theta}{\cos\theta\sin\theta}}{\dfrac{1}{\cos\theta\sin\theta}}\\&=\frac{1}{\cos\theta\sin\theta}\cdot\frac{\cos\theta\sin\theta}{1}\\&=1\end{aligned}$$

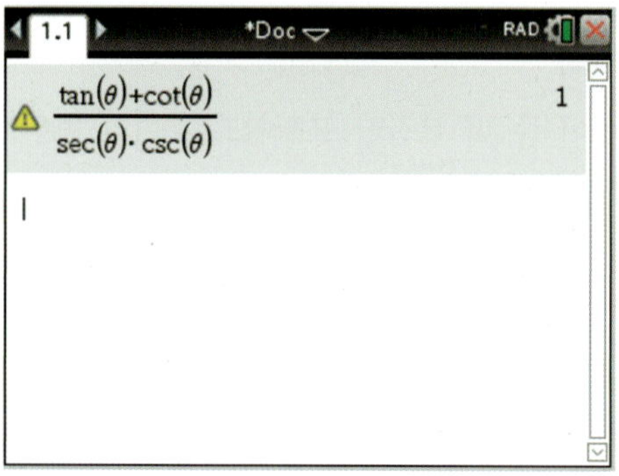

문제 1 $\dfrac{\sin\theta+\cos\theta}{\cos\theta}+\dfrac{\cos\theta-\sin\theta}{\sin\theta}$를 공통분모 표현으로 나타내어라.

문제 2 $\dfrac{\sec\theta-\csc\theta}{\sec\theta\csc\theta}=\sin\theta-\cos\theta$이 항등식임을 보여라.

7.5 삼각함수의 활용 1 – 사인법칙

1 사인법칙

이번 장과 다음 장에서는 비직각 삼각형(세 내각 중 어느 각도 직각이 아닌 삼각형)에 대하여 다룬다. 아래 그림과 같이 삼각형의 세 내각은 A, B, C로 나타내고, 각각의 마주보는 변은 a, b, c로 나타낸다.

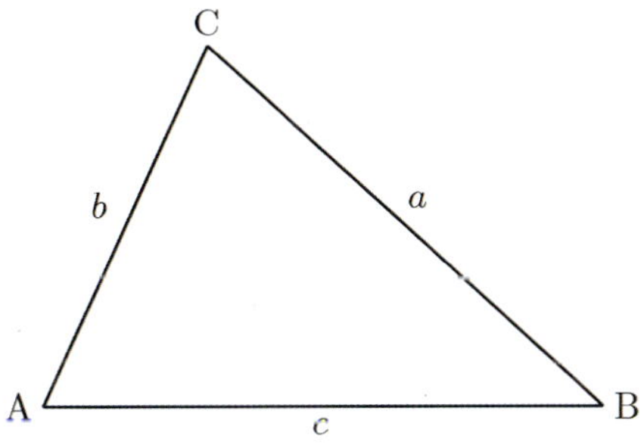

비직각 삼각형을 다루기 위해서는 한 변의 길이와 다른 변이나 각에 대하여 두 가지 이상을 알아야 한다. 한 변의 길이 외에 두 변의 길이나 두 각의 크기, 또는 한 변의 길이와 한 각의 크기 등이 주어져 있어야 한다. 이는 다음 네 가지 경우로 분류할 수 있다.

1. 한 변의 길이와 두 각의 크기(ASA 또는 AAS)
2. 두 변의 길이와 그중 한 변과 마주 보는 각(SSA)
3. 두 변의 길이와 그 끼인각(SAS)
4. 세 변의 길이(SSS)

위의 네 가지 조건들 가운데 1과 2의 경우 사인법칙을 사용할 수 있는 상황이고, 나머지 두 가지 경우는 앞으로 배우게 될 코사인법칙을 사용할 수 있다.

삼각형과 관련하여 문제를 풀 때, 답을 추측하여 간략히 상황을 스케치하는 것은 문제 해결에 도움을 준다. 또한 삼각형에서 가장 긴 변은 각의 크기가 가장 큰 각의 맞은편에 있고, 가장 짧은 변은 각의 크기가 가장 작은 각의 맞은편에 있다는 것을 기억해두면 좋다.

$\triangle ABC$의 각 변을 a, b, c라 하면,

$$\frac{a}{\sin A} = \frac{b}{\sin B} = \frac{c}{\sin C}$$

이를 **사인법칙**(law of sine)이라 한다.

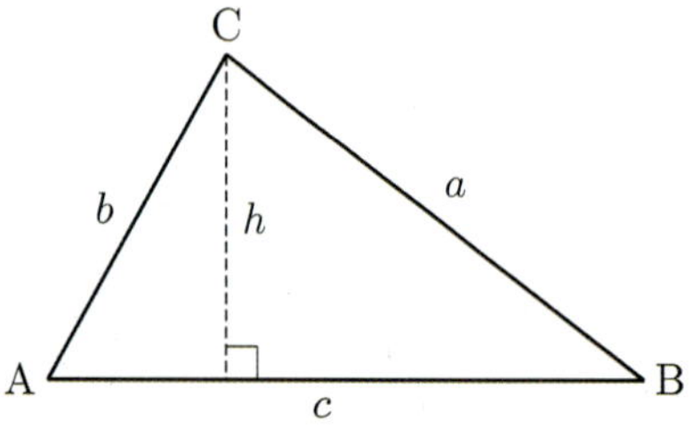

$\angle A$가 예각일 때

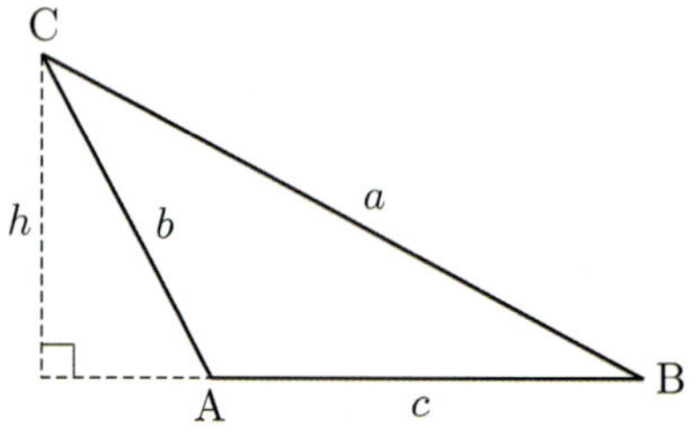

$\angle A$가 둔각일 때

Nspire를 이용하여 사인법칙을 다룰 때는 모든 중간 계산 결과를 저장해야 한다. 마지막 결과를 얻을 때까지 반올림을 사용하지 않아야 소수 계산에 있어서 오차를 최소화할 수 있다.

예제 1

오른쪽 그림과 같이 $\triangle ABC$에서

$\angle B = 28.7°$, $\angle C = 102.3°$ 이고, $b = 27.4$

이다. 이때, 나머지 각의 크기와 변의 길이를 구하여라.

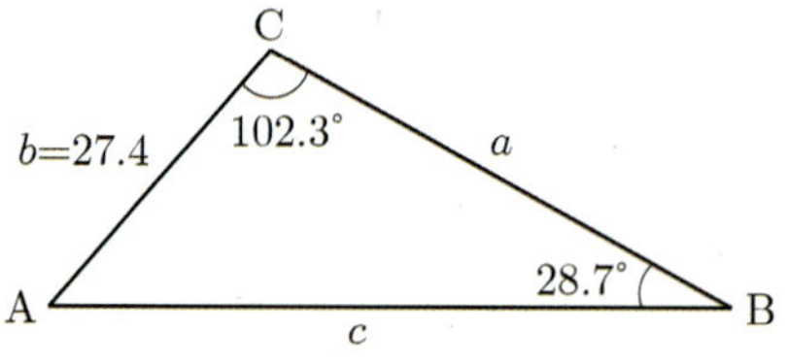

풀이

삼각형의 세 내각의 합은 180° 이므로,

$$\begin{aligned}\angle A &= 180° - B - C \\ &= 180° - 28.7° - 102.3° \\ &= 49.0°\end{aligned}$$

이다.

사인법칙(SAA의 경우)에 의해

$$\frac{a}{\sin 49^\circ}=\frac{b}{\sin 28.7^\circ}=\frac{c}{\sin 102.3^\circ}$$ 이고

$b=27.4$이므로,

$$a=\frac{27.4}{\sin 28.7^\circ}(\sin 49^\circ)\approx 43.06$$

$$b=\frac{27.4}{\sin 28.7^\circ}(\sin 102.3^\circ)\approx 55.75$$

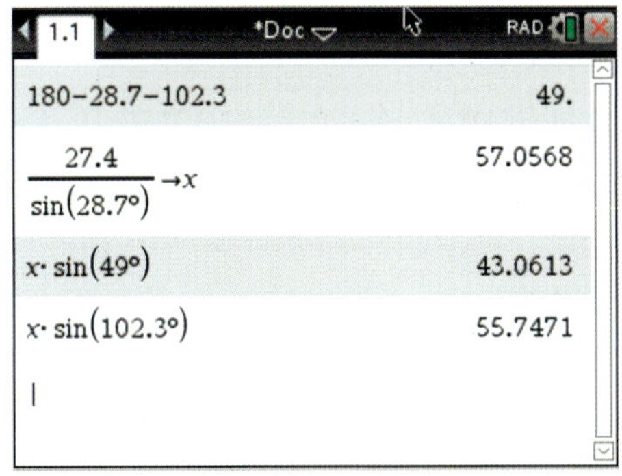

$\frac{27.4}{\sin 28.7^\circ}$의 값은 위의 풀이에서 여러 번 쓰이므로 이 값을 저장해뒀다가 반복적으로 사용할 수 있다.

[예제 1]에서 합이 180°보다 작은 두 각과 한 변의 길이가 주어질 때 만들어지는 삼각형은 오직 하나뿐임을 보았다. 그러나 두 변의 길이와 그중 한 변의 대각이 주어질 때, 세 가지 상황이 만들어질 수 있다. (1) 만들 수 있는 삼각형이 없다. (2) 주어진 조건에 맞는 삼각형이 오직 하나뿐이다. (3) 주어진 조건을 만족하는 두 개의 다른 삼각형을 만들 수 있다. 이러한 애매모호한 경우(SSA)를 다음과 같이 요약할 수 있다.

■ 애매모호한 경우(SSA) (두 변의 길이 a, b와 한 각 A의 크기가 주어졌을 때)

	$\angle A$가 예각일 때				$\angle A$가 둔각일 때	
그림 ($h=b\sin A$)	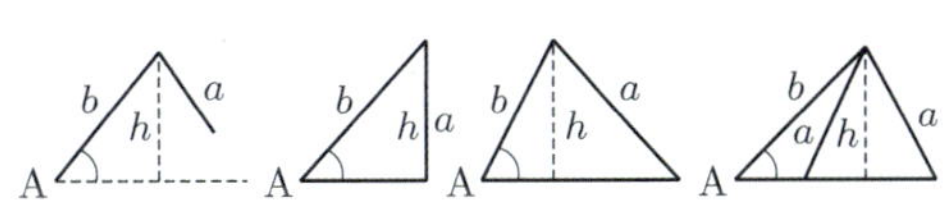				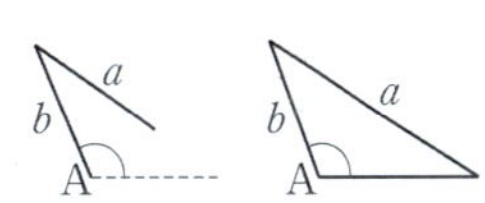	
조건	$a<h$	$a=h$	$a>b$	$h<a<b$	$a\le b$	$a>b$
가능한 삼각형	없다	한 개	한 개	두 개	없다	한 개

예제 2

$\triangle ABC$에서 $a=22, b=12$이고, $\angle A = 42^\circ$ 이다. 이때, 나머지 한 변의 길이와 두 각의 크기를 구하여라.

풀이

A가 예각이고 $a > b$이므로, B 또한 예각이며 주어진 조건을 만족하는 삼각형은 그림과 같이 하나뿐이다. 그러므로 사인법칙에 의해,

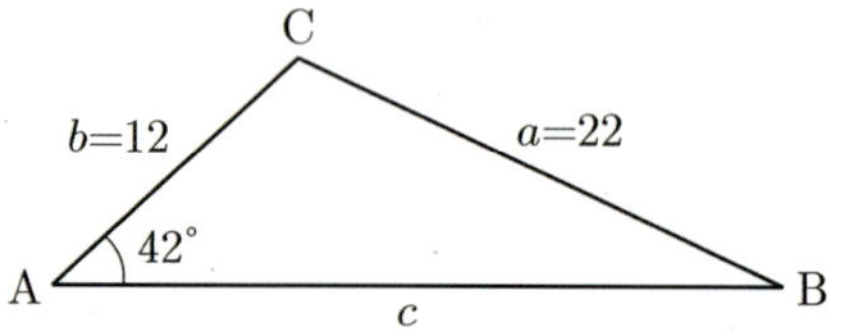

$$\frac{22}{\sin 42^\circ} = \frac{12}{\sin B}$$

$\sin B = 12\left(\frac{\sin 42^\circ}{22}\right) \approx 0.3649803$이므로

$$B \approx 21.41^\circ$$

또한 $C \approx 180^\circ - 42^\circ - 21.41^\circ = 116.59^\circ$ 이다.

$\frac{c}{\sin 116.59^\circ} = \frac{22}{\sin 42^\circ}$이므로

$c = \sin 116.59^\circ \left(\frac{22}{\sin 42^\circ}\right) \approx 29.40$이다.

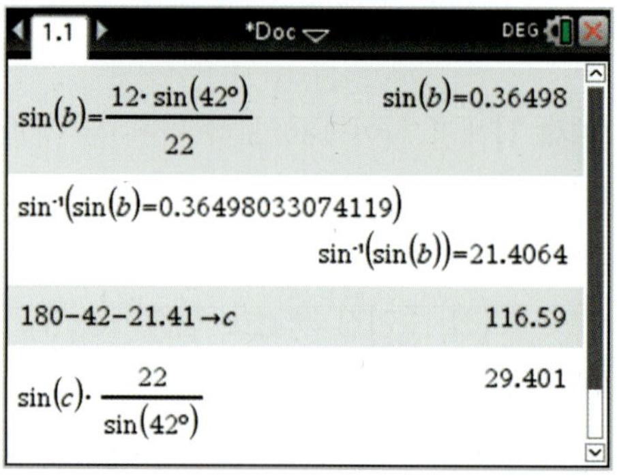

예제 3

다음 조건을 만족하는 삼각형은 존재하지 않음을 보여라.

$$a = 15,$$
$$b = 25,$$
$$A = 85^\circ$$

풀이

조건에 맞는 삼각형의 그림을 그려본다.

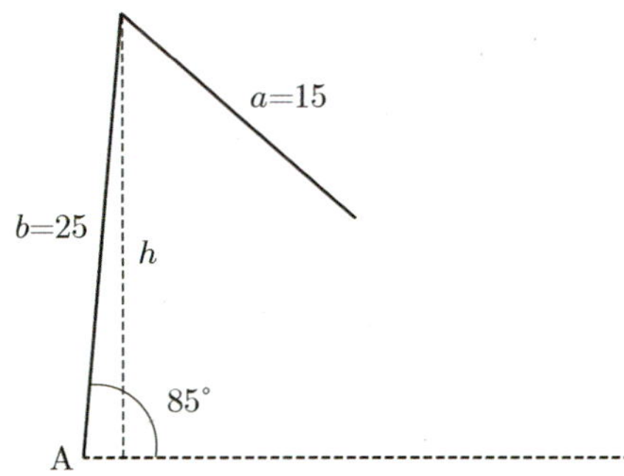

삼각형이 만들어지지 않음을 그림으로 알아볼 수 있다. 이 사실을 사인법칙을 이용하여 증명해 보자.

$$\frac{a}{\sin A} = \frac{b}{\sin B}$$
$$\frac{15}{\sin 85^\circ} = \frac{25}{\sin B}$$
$$\sin B = 25\left(\frac{\sin 85^\circ}{15}\right) \approx 1.660 > 1$$

이는 $|\sin B| \le 1$에 모순이므로, $a = 15$, $b = 25$, $A = 85^\circ$ 의 조건을 만족하는 삼각형은 존재하지 않는다.

예제 4

$a = 12$, $b = 31$, $\angle A = 20.5^\circ$ 의 조건을 만족하는 두 삼각형 ABC를 구하시오.

풀이

$h = b\sin A = 31(\sin 20.5^\circ) \approx 10.86$이므로, $h < a < b$이다. 이 조건을 만족하는 삼각형은 두 개다. 사인법칙에 의해

$$\frac{a}{\sin A} = \frac{b}{\sin B}$$
$$\sin B = b\left(\frac{\sin A}{a}\right) = 31\left(\frac{\sin 20.5^\circ}{12}\right) \approx 0.9047$$

이다. 이를 만족하는 B는 0° 와 180° 사이에 $B_1 \approx 64.8^\circ$, $B_2 \approx 115.2^\circ$ 두 개가 있다.

① $B_1 \approx 64.8^\circ$ 일 때,

$$C \approx 180^\circ - 20.5^\circ - 64.8^\circ = 94.7^\circ$$
$$c = a\left(\frac{\sin C}{\sin A}\right) = \frac{12}{\sin 20.5^\circ}(\sin 94.7^\circ) \approx 34.15$$

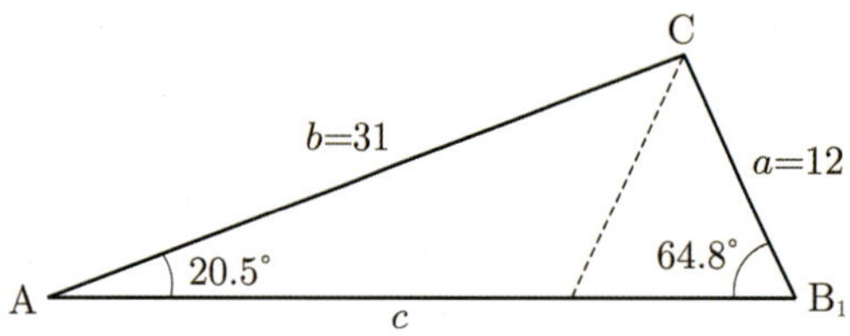

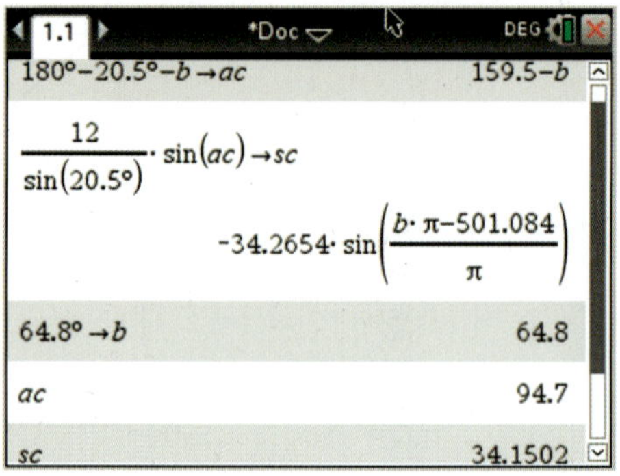

② $B_2 \approx 115.2^\circ$ 일 때,

$$C \approx 180^\circ - 20.5^\circ - 115.2^\circ = 44.3^\circ$$

$$c = a\left(\frac{\sin C}{\sin A}\right) = \frac{12}{\sin 20.5^\circ}(\sin 44.3^\circ) \approx 23.93$$

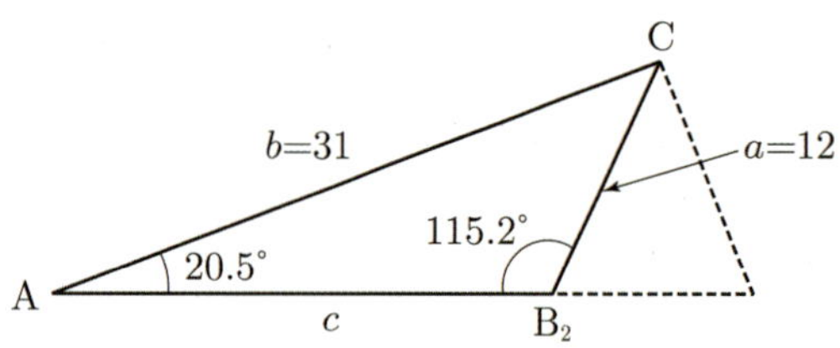

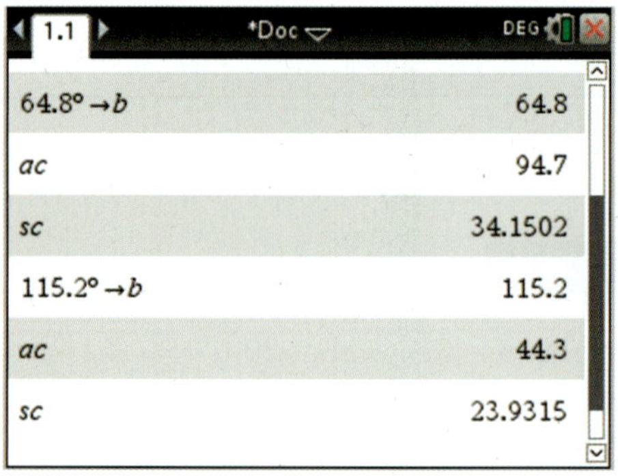

2 비직각 삼각형의 넓이

사인법칙을 이용하여 비직각 삼각형의 넓이 구하는 공식을 유도할 수 있다.

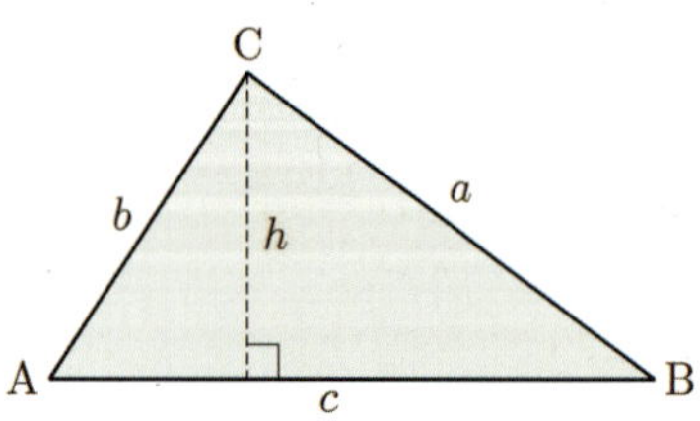

A가 예각일 때

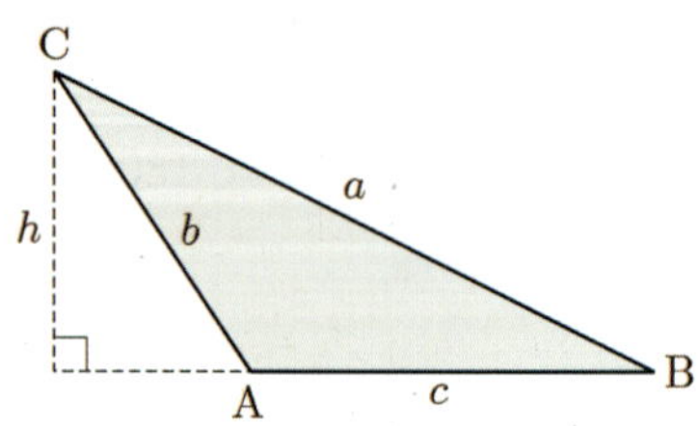

A가 둔각일 때

위 그림을 참고로 하여, 각 삼각형의 높이는 $h = b\sin A$ 임을 구할 수 있다. 그 결과 삼각형의 넓이는

$$(\text{넓이}) = \frac{1}{2}(\text{밑변})(\text{높이}) = \frac{1}{2}(c)(b\sin A) = \frac{1}{2}bc\sin A$$

이다. 비슷한 방법으로,

$$(\text{넓이}) = \frac{1}{2}ab\sin C = \frac{1}{2}ac\sin B$$

이다.

삼각형의 넓이

$$(\text{넓이}) = \frac{1}{2}bc\sin A = \frac{1}{2}ab\sin C = \frac{1}{2}ac\sin B$$

예제 5

두 변의 길이가 각각 90m, 52m이고 나머지 한 변의 길이와 마주 보는 각의 크기가 120°인 삼각형 모양의 땅의 넓이를 구하여라.

풀이

$a = 90,\ b = 52,\ \angle C = 120^\circ$ 이므로,

$$\begin{aligned}(\text{넓이}) &= \frac{1}{2}ab\sin C \\ &= \frac{1}{2}(90)(52)(\sin 102^\circ) \\ &\approx 2289(\text{m}^2)\end{aligned}$$

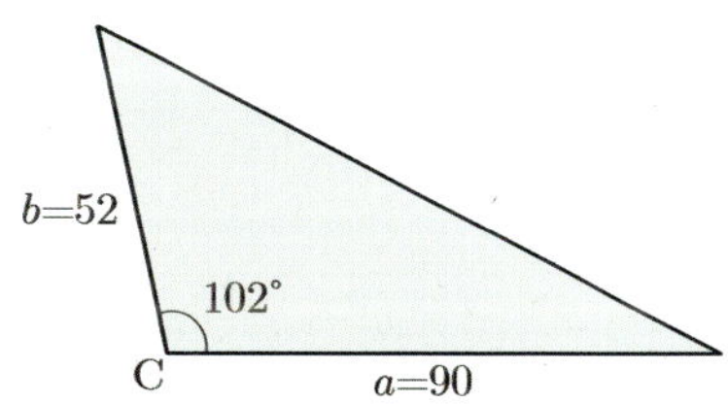

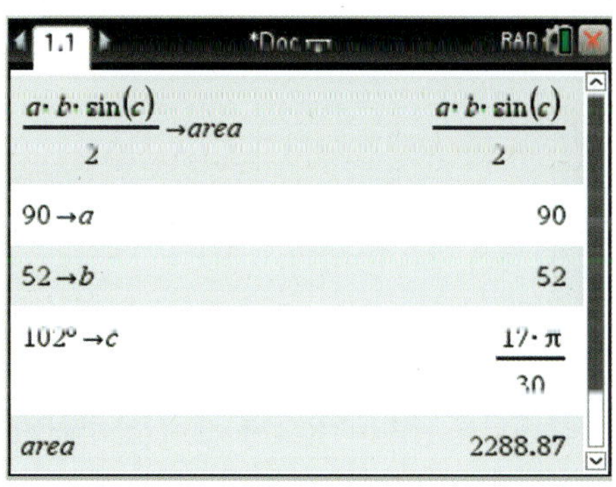

7.6 삼각함수의 활용 2 - 코사인법칙

1 코사인법칙

비직각 삼각형에 관한 조건 중 사인법칙에서 다루지 않은 두 가지 경우들(SSS, SAS)이 남아 있다. 사인법칙에서 사용되는 비를 살펴볼 때, 사인법칙을 사용하려면 적어도 한 변의 길이와 그 대각의 크기를 알고 있어야 한다.

$$\frac{a}{\sin A} = \frac{b}{\sin B} = \frac{c}{\sin C}$$

만약 세 변의 길이가 주어진다면(SSS) 혹은 두 변의 길이와 그 끼인각이 주어진다면(SAS), 위의 비를 사용할 수 없게 된다. 그러한 경우에 코사인법칙을 사용한다.

$\triangle ABC$ 의 각 변을 a, b, c라 할 때, 다음 방정식을 사용할 수 있다.

표준형	변형
$a^2 = b^2 + c^2 - 2bc\cos A$	$\cos A = \dfrac{b^2 + c^2 - a^2}{2bc}$
$b^2 = a^2 + c^2 - 2ac\cos B$	$\cos B = \dfrac{a^2 + c^2 - b^2}{2ac}$
$c^2 = a^2 + b^2 - 2ab\cos C$	$\cos C = \dfrac{a^2 + b^2 - c^2}{2ab}$

이를 **코사인법칙**(law of cosines)이라 한다.

여기서 $A = 90^\circ$ 라면 $\cos A = 0$이므로 코사인법칙의 표준형 첫 번째 식이 피타고라스의 정리가 됨을 볼 수 있다.

$$a^2 = b^2 + c^2$$

그러므로 피타고라스의 정리는 코사인법칙의 특수한 경우이다.

예제 1

삼각형 세 변의 길이가 각각 $a=8$, $b=19$, $c=14$일 때, 세 내각의 크기를 구하여라.

풀이

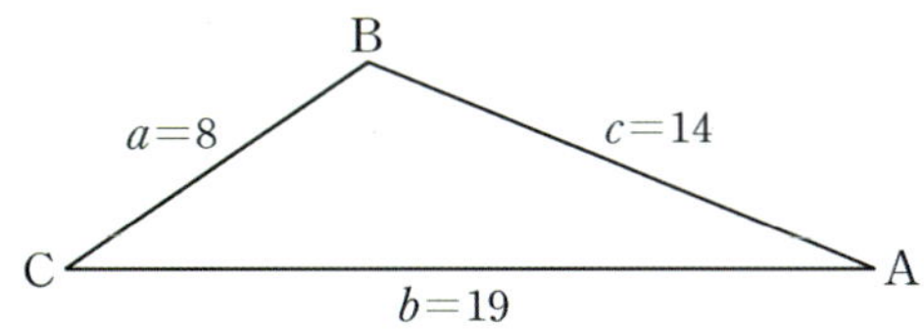

길이가 가장 긴 변 b의 대각을 먼저 구하는 것이 좋다. 코사인법칙을 사용하면,

$$\cos B=\frac{a^2+c^2-b^2}{2ac}=\frac{8^2+14^2-19^2}{2(8)(14)}\approx-0.45089$$

$\cos B$가 음수이므로, B는 둔각이다.

따라서 $B\approx116.80^\circ$ 이다. 이제 $\cos A$와 $\cos C$을 구할 차례이다. 그러나 $B\approx116.80^\circ$ 이므로, 사인법칙을 사용하면 더 간단히 해결할 수 있다.

$$\frac{b}{\sin B}=\frac{a}{\sin A}$$

$$\sin A=a\left(\frac{\sin B}{b}\right)\approx8\left(\frac{\sin116.80^\circ}{19}\right)\approx0.37582$$

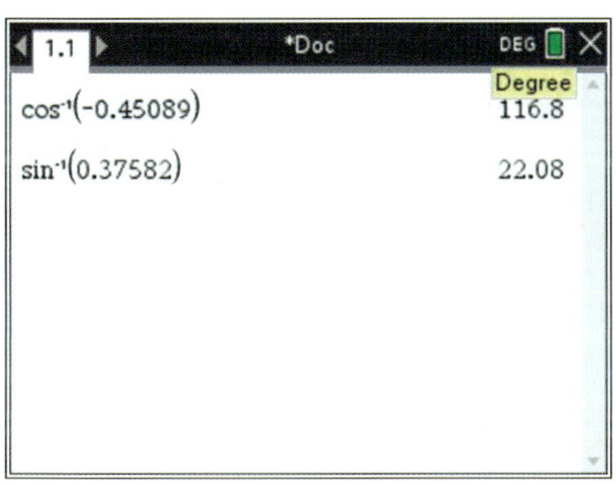

■ 이 계산의 경우는 Angle Mode를 Degree로 해야 한다. Angle Mode의 간단한 전환은 [아이콘]로 커서를 화면 상단의 DEG에 두고 클릭하면 Radian ↔ Degree로 바뀐다.

B가 둔각이므로 A는 예각이다. 따라서 $A\approx22.08^\circ$ 이고

$$C\approx180^\circ-22.08^\circ-116.80^\circ=41.12^\circ$$

이다.

[예제 1]에서 왜 가장 큰 각을 먼저 찾는 게 현명한 풀이법일까? 각의 코사인 값을 코사인 그래프에서 살펴보면 그 각이 예각인지 둔각인지를 알 수 있다. 즉,

$$\cos\theta > 0 \ (0^\circ < \theta < 90^\circ) \qquad \text{예각}$$
$$\cos\theta < 0 \ (90^\circ < \theta < 180^\circ) \qquad \text{둔각}$$

[예제 1]에서 $\cos B \approx -0.45089$가 음수이므로 둔각임을 알아냄으로써, A와 C가 모두 예각임을 결론 내릴 수 있다. 만약 가장 큰 각이 예각이라면 나머지 두 각 또한 예각일 것이다.

예제 2

동쪽으로 60마일의 속도로 항해하는 배가 있다. 진로를 북쪽으로 15° 조절하여 80마일을 항해했다. 배의 처음 출발 위치에서부터의 거리를 구하여라.

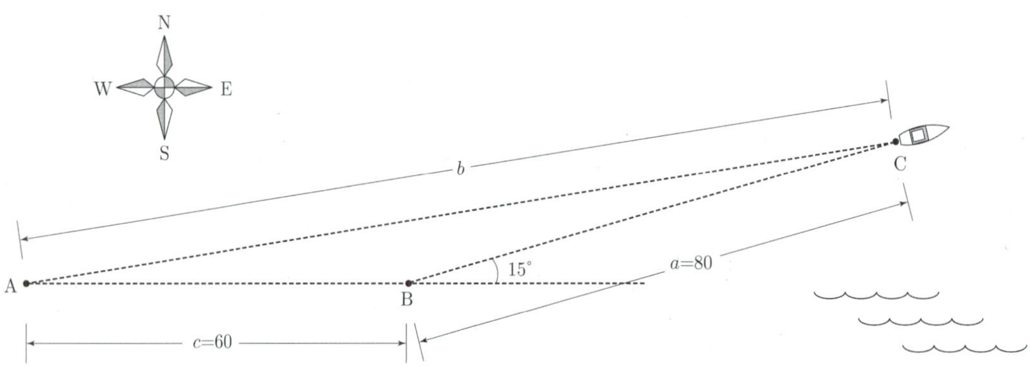

풀이

$c=60$, $B=180^\circ-15^\circ=165^\circ$, $a=80$이므로, 코사인법칙에 의하여

$$b^2 = a^2 + c^2 - 2ac\cos B$$
$$b^2 = 80^2 + 60^2 - 2(80)(60)\cos 165^\circ \approx 19{,}273$$

그러므로 거리 b는

$$b \approx \sqrt{19{,}273} \approx 138.8\text{마일}$$

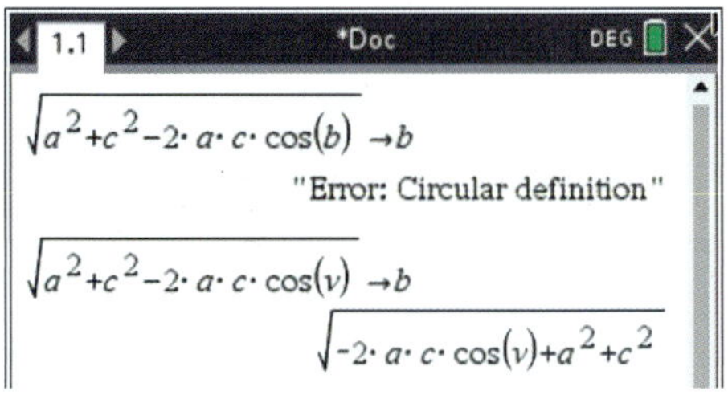

- 코사인법칙 입력에서 cos(B)를 대문자로 하고 뒤에 b를 입력하면 중복 에러가 발생한다. Nspire는 영어 대문자, 소문자 구분을 하지 않기 때문이다. 따라서 cos(B)를 cos(v)로 표현하였다.

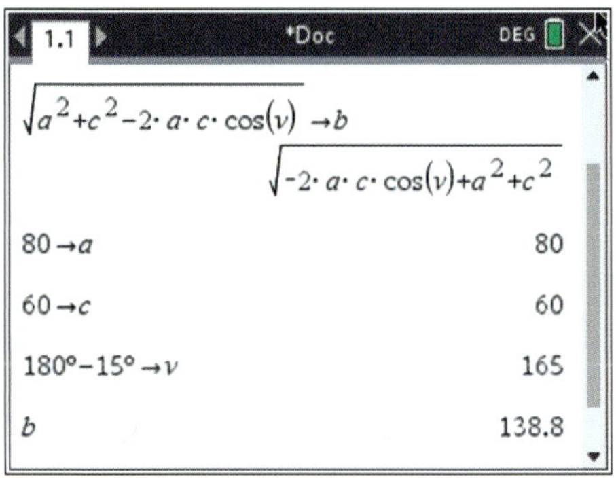

- 각도 ∘ 는 [π▸]나 [?!▸] 에서 입력한다.
- b=138.8은 근삿값 계산이므로 [ctrl] [enter]를 클릭한다.
- Angle Mode가 Degree임에 유의한다.

CHAPTER

8 복소수 COMPLEX NUMBERS

8.1 평면벡터와 그 연산

1 평면벡터

실수를 사용하여 기하, 물리 그리고 면적, 시간, 온도를 재는 등과 같은 다양한 것을 표현할 수 있다. 그러나 힘과 속력처럼 그 크기와 방향을 함께 가지고 있는 양들은 실수만으로 완전히 표현할 수 없다. 이러한 양들을 표현하기 위해서 아래 그림과 같이 방향이 있는 선분, 즉 **유향선분**(directed line segment)을 사용한다. 유향선분 $\overrightarrow{PQ}$는 시점 P와 종점 Q를 가지고, 그 크기는 선분 PQ의 길이이며 기호로는 $\| PQ \|$로 나타내며 벡터의 크기(magnitude) 또는 길이(length)라 한다.

크기와 방향이 같은 두 유향선분을 같다고 한다. 예를 들어, 아래 그림의 유향선분들은 크기와 방향이 같으므로 모두 같다. 유향선분 $\overrightarrow{PQ}$처럼 모든 유향선분들의 집합을 하나의 기호로 나타낸 것을 평면에서의 **벡터**(vector) v라 하며, $v = \overrightarrow{PQ}$라 쓴다. 벡터는 $\mathbf{u}$, $\mathbf{v}$, $\mathbf{w}$와 같이 소문자로 굵게 나타낸다.

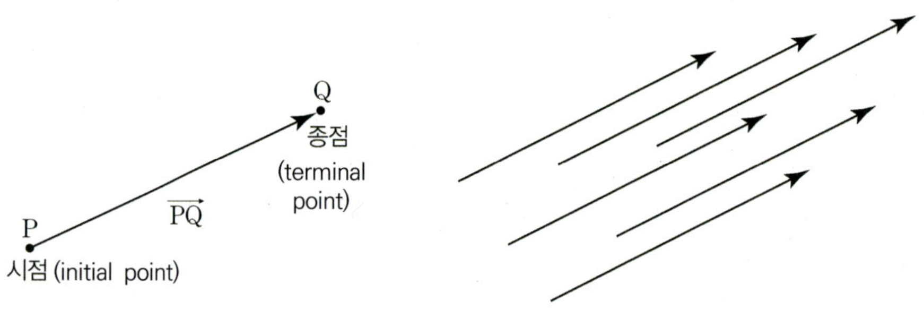

같은 유향 선분들

예제 1

벡터 $\mathbf{u}$는 $P=(0,0)$에서 $Q=(3,2)$로의 유향선분이고, 벡터 $\mathbf{v}$는 $R=(1,2)$에서 $S=(4,4)$로의 유향선분이다. $\mathbf{u} = \mathbf{v}$임을 보여라.

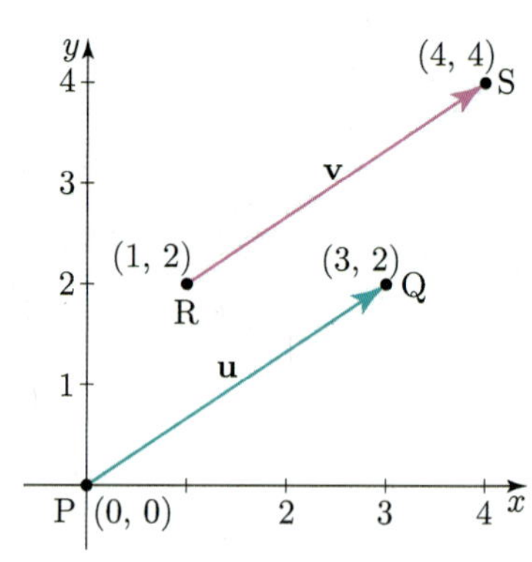

▶ **풀이**

거리공식을 이용하여 $\overrightarrow{PQ}$와 $\overrightarrow{RS}$가 같은 크기를 가짐을 보인다.

$$\| \overrightarrow{PQ} \| = \sqrt{(3-0)^2+(2-0)^2} = \sqrt{13}$$
$$\| \overrightarrow{RS} \| = \sqrt{(4-1)^2+(4-2)^2} = \sqrt{13}$$

또한 두 유향선분 모두 기울기가 $\frac{2}{3}$인 직선 위에 놓여 있고 오른쪽 위로 향하고 있으므로 방향이 같다. $\overrightarrow{PQ}$와 $\overrightarrow{RS}$는 같은 크기와 방향을 가지고 있으므로 $\mathbf{u}=\mathbf{v}$이다.

2 벡터의 성분

좌표의 원점 O을 시점으로 하고 공간 내의 임의의 한 P점을 종점으로 하는 벡터를 생각해보자. 유향선분으로 흩어져 있는 벡터들은 서로 연산을 하거나 평행 여부를 확인하기 어렵다. 그래서 모든 벡터를 평행이동하여 벡터의 시점을 원점 O로 같게 하면 편리하다. 이렇게 원점을 시점으로 하고 임의의 한 점 P를 종점으로 하는 벡터를 **위치벡터**(position vector)라 한다.

시점을 원점으로 가지는 벡터는 그 종점 $(v_1,\ v_2)$로 표현할 수 있다.

$$\mathbf{v} = < v_1,\ v_2 >$$

이와 같은 표현을 벡터 $\mathbf{v}$의 **성분표시**라 한다. 이때 v_1과 v_2를 $\mathbf{v}$의 **성분**(component)이라 하고, v_1과 v_2를 벡터 $\mathbf{v}$의 x성분(수평 성분), y성분(수직 성분)이라 한다.

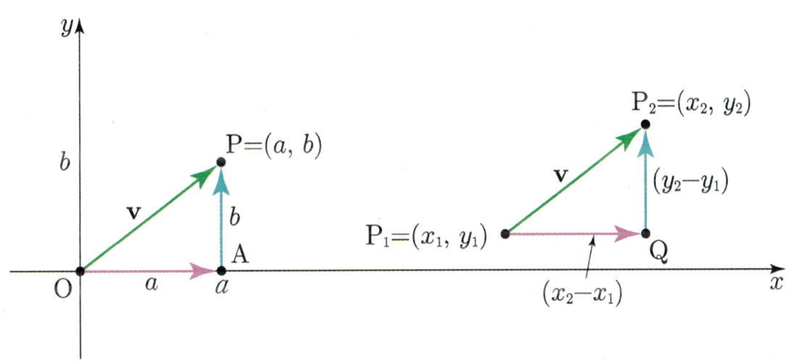

이 그림에서 직각삼각형의 닮음에 따라 원점이 아닌 시점 P_1과 종점 P_2를 가진 벡터 $\mathbf{v}=\overrightarrow{P_1P_2}$는 원점을 시점으로 하는 위치벡터와 같다. $x_2-x_1=a$, $y_2-y_1=b$라 하면 벡터 $\mathbf{v}$는 다음의 위치벡터로 표현된다.

$$\mathbf{v} = < x_2-x_1,\ y_2-y_1 > = < a,\ b >$$

시점과 종점 모두 원점에 놓여있는 벡터를 **영벡터**(zero vector)라 하고 $\mathbf{O} = < 0, 0 >$으로 나타낸다. 유향선분을 성분으로 다음과 같이 나타낼 수 있다. 이 책에서는 좌표는 괄호 (,)로 나타내고, 벡터는 좌표와 구분하기 위해 부등호 기호를 사용한 홑화살괄호 < , >로 나타내기로 한다.

$P=(p_1,\ p_2)$, $Q=(q_1,\ q_2)$를 각각 시점과 종점으로 가지는 벡터의 성분은 다음과 같다.

$$\overrightarrow{PQ} = \ < q_1 - p_1,\ q_2 - p_2 > \ = \ < v_1,\ v_2 > \ = \mathbf{v}$$

$\mathbf{v}$의 크기는

$$\|\mathbf{v}\| = \sqrt{(q_1-p_1)^2+(q_2-p_2)^2} = \sqrt{v_1^2+v_2^2}$$

이다. 특히 $\|\mathbf{v}\|=1$일 때, $\mathbf{v}$를 **단위벡터**(unit vector)라 하고, $\|\mathbf{v}\|=0$일 때, $\mathbf{v}$를 **영벡터**라 한다.

두 벡터 $\mathbf{u} = < u_1,\ u_2 >$, $\mathbf{v} = < v_1,\ v_2 >$가 같다는 것은 $u_1 = v_1$, $u_2 = v_2$와 필요충분조건이다. 예를 들어, **[예제 1]**에서 $P=(0,0)$에서 $Q=(3,2)$로의 벡터 $\mathbf{u}$는

$$\mathbf{u} = \overrightarrow{PQ} = < 3-0,\ 2-0 > \ = \ < 3,\ 2 >$$

이고, $R=(1,2)$에서 $S=(4,4)$로의 벡터 $\mathbf{v}$는

$$\mathbf{v} = \overrightarrow{RS} = < 4-1,\ 4-2 > \ = \ < 3,\ 2 >$$

이므로, $\mathbf{u}=\mathbf{v}$이다.

예제 2

시점을 (4, 7), 종점을 $(-1,\ 5)$로 가지는 벡터 $\mathbf{v}$의 성분과 크기를 구하여라.

풀이

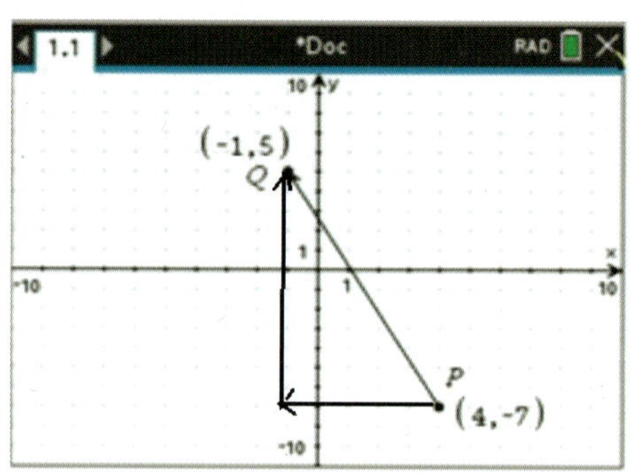

$P=(4,\ -7)=(p_1,\ p_2)$, $Q=(-1,5)=(q_1,\ q_2)$라 하자. $\mathbf{v} = < v_1,\ v_2 >$일 때, 직각삼각형을 만들어보면 벡터 $\mathbf{v}$의 수평 성분은 4에서 -1까지 5이고 방향이 왼쪽이므로 -5이다. 수직 방향은 -7에서 5까지 12이고 위쪽이므로 $+12$이다. 즉,

$$v_1 = q_1 - p_1 = -1-4 = -5$$
$$v_2 = q_2 - p_2 = 5-(-7) = 12$$

그러므로 $\mathbf{v} = < -5,12 >$이고, $\mathbf{v}$의 크기는

$$\|\mathbf{v}\| = \sqrt{(-5)^2+12^2} = \sqrt{169} = 13$$

CAS TIP 19 벡터 그리기

1. menu > 2.View > 6.Grid > 2.Dot Grid
2. menu > 8.Geometry > 1.Points & Lines > 3.Point by Coordinates 선택
3. 괄호에 x 좌표 4를 입력하고 Enter, y 좌표 −7을 입력하고 Enter
4. esc로 항상 현재 사용하는 기능을 해제하고 다음 기능 선택
5. menu > 1.Actions > 7.Text 선택, 원하는 위치에 클릭하여 네모 안에 P 입력
6. esc로 Text 입력의 기능 해제하고 로 문자 P를 잡아 적당한 위치로 이동하여 Enter
7. 좌표 $Q(-1, 5)$도 위의 절차대로 작성
8. 아래 순서대로 9.Vector를 선택해서 점 P에서 점 Q를 연결하여 벡터 그리기

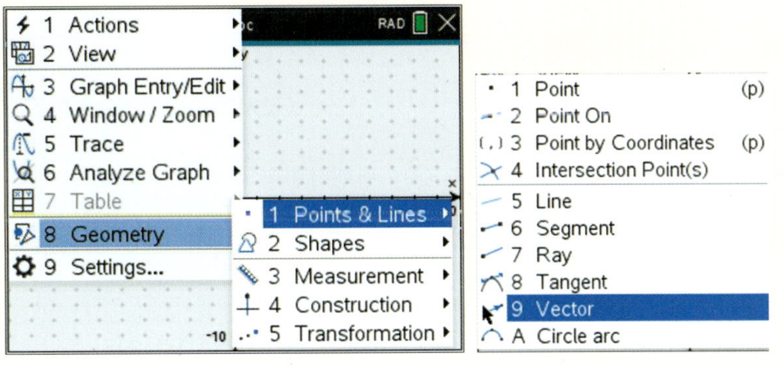

3 벡터의 연산

벡터의 두 가지 기본 연산은 스칼라 곱(scalar product)과 벡터의 덧셈이다. (여기서 스칼라는 실수를 뜻한다.) 기하학적으로 벡터 $\mathbf{v}$와 스칼라 k의 곱은 $\mathbf{v}$의 길이만큼 $|k|$배 된 벡터이다. 만약 k가 양수이면 $k\mathbf{v}$는 $\mathbf{v}$와 같은 방향이고, k가 음수이면 $k\mathbf{v}$는 $\mathbf{v}$와 반대 방향이다.

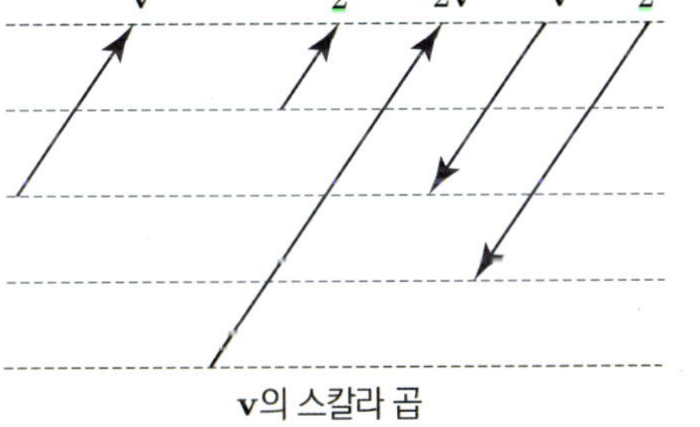

v의 스칼라 곱

기하학적으로 두 벡터를 더한다는 것은 크기와 방향의 변화 없이 한 벡터의 종점이 다른 벡터의 시점이 되도록 위치를 잡는 것이다. 즉, $\mathbf{u}+\mathbf{v}$는 $\mathbf{u}$의 종점을 $\mathbf{v}$의 시점으로 결합시켜 만든다.

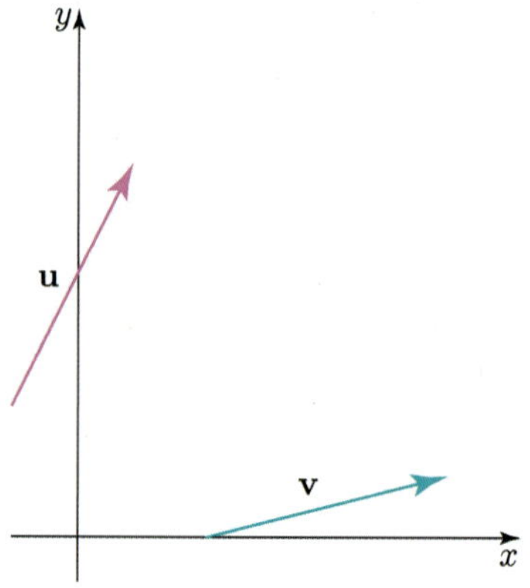

u+v

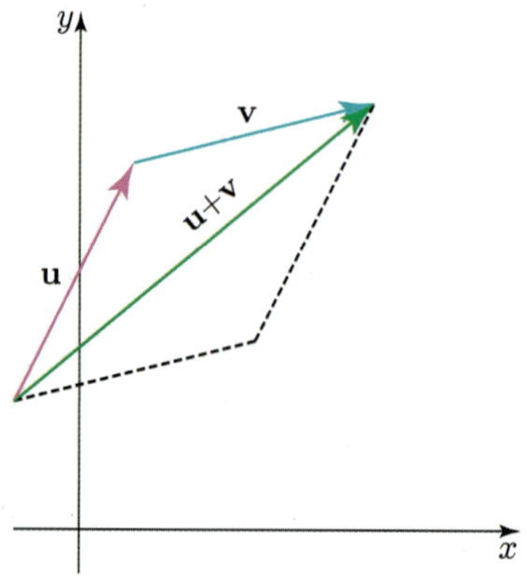

v의 시점을 u의 종점으로 이동시킨다.

$\mathbf{u}+\mathbf{v}$는 $\mathbf{u}$와 $\mathbf{v}$를 이웃하는 두 변으로 갖는 평행사변형의 대각선이므로, 이를 **평행사변형의 법칙**이라 부른다. 또한 벡터의 합과 스칼라 곱은 벡터의 성분을 이용하여 정의할 수 있다.

두 벡터를 $\mathbf{u}=< u_1, u_2 >$, $\mathbf{v}=< v_1, v_2 >$, k를 스칼라(실수)라 하자.

$\mathbf{u}$와 $\mathbf{v}$의 합은

$$\mathbf{u}+\mathbf{v}=< u_1+v_1,\ u_2+v_2 > \qquad \text{벡터 합}$$

$\mathbf{u}$의 스칼라 k의 곱은

$$k\mathbf{u}=k< u_1, u_2 > = < ku_1, ku_2 > \qquad \text{스칼라 곱}$$

$\mathbf{v}=< v_1, v_2 >$의 음의 벡터는

$$-\mathbf{v}=(-1)\mathbf{v} = < -v_1, -v_2 > \qquad \text{음의 벡터}$$

$\mathbf{u}$와 $\mathbf{v}$의 차는

$$\mathbf{u}-\mathbf{v}=\mathbf{u}+(-\mathbf{v})= < u_1-v_1,\ u_2-v_2 > \qquad \text{벡터 차}$$

$\mathbf{u}-\mathbf{v}$를 그래프적으로 표현하기 위해 같은 시점을 가지는 유향선분을 사용하자. $\mathbf{u}-\mathbf{v}$는 $\mathbf{v}$의 종점에서 $\mathbf{u}$의 종점으로 가는 벡터이다.

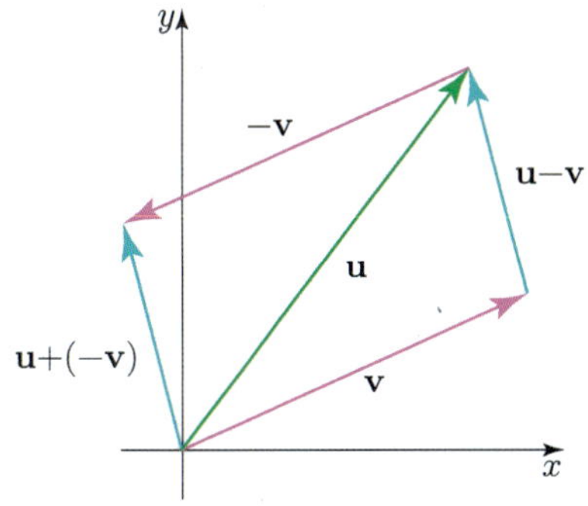

벡터의 차

예제 3

v $=<2,5>$, w $=<3,4>$일 때, 다음을 구하여라.

(1) 2v　　(2) w − v　　(3) v + 2w

풀이

(1) v $=<2,5>$이므로

$$2\mathrm{v} = <2(2),\ 2(5)> \ = \ <4, 10>$$

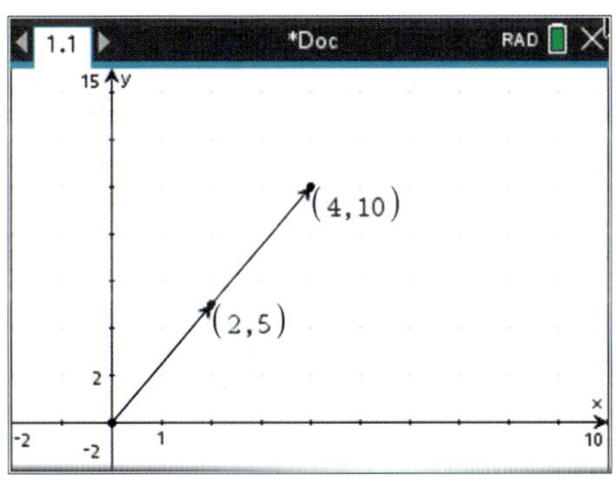

(2) w와 v의 차는

$$\mathrm{w} - \mathrm{v} = <3-2, 4-5> \ = \ <1,\ -1>$$

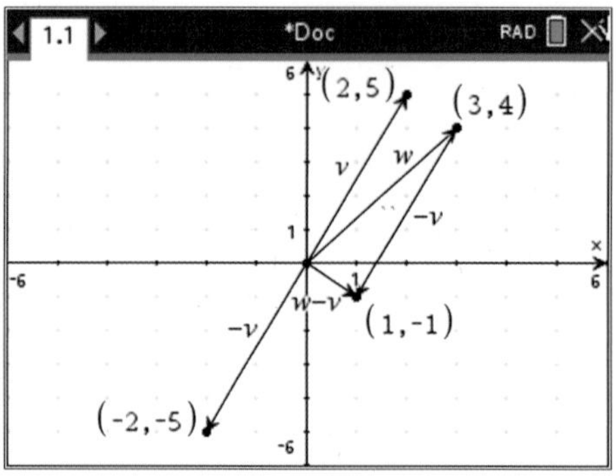

(3) $2\mathrm{w} = < 6, 8 >$ 이므로,

$$\mathrm{v} + 2\mathrm{w} = < 2, 5 > + < 6, 8 > = < 2+6, 5+8 > = < 8, 13 >$$

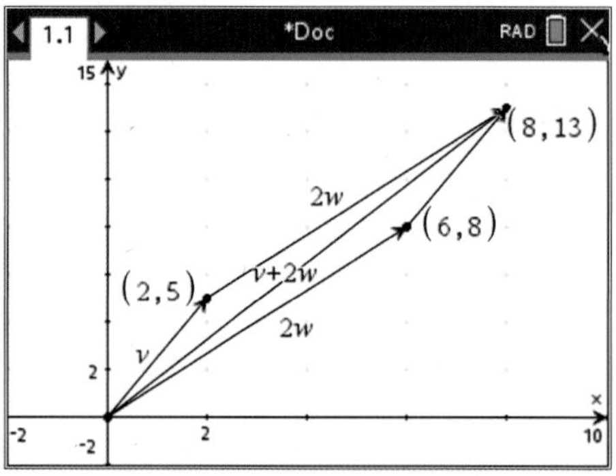

벡터 합과 스칼라 곱은 보통의 연산과 비슷한 성질을 갖는다.

---

u, v, w는 벡터 c, d는 스칼라일 때, 다음 법칙이 성립한다.

1. $\mathrm{u} + \mathrm{v} = \mathrm{v} + \mathrm{u}$
2. $(\mathrm{u} + \mathrm{v}) + \mathrm{w} = \mathrm{u} + (\mathrm{v} + \mathrm{w})$
3. $\mathrm{u} + 0 = \mathrm{u}$
4. $\mathrm{u} + (-\mathrm{u}) = 0$
5. $c(d\mathrm{u}) = (cd)\mathrm{u}$
6. $(c+d)\mathrm{u} = c\mathrm{u} + d\mathrm{u}$
7. $c(\mathrm{u} + \mathrm{v}) = c\mathrm{u} + c\mathrm{v}$
8. $1(\mathrm{u}) = \mathrm{u}$, $0(\mathrm{u}) = 0$
9. $\| c\mathrm{v} \| = |c| \, \| \mathrm{v} \|$

---

4 단위벡터

벡터의 응용에서 영벡터가 아닌 v와 같은 방향을 가지는 크기가 1인 단위벡터가 유용하게 쓰인다.

$$\mathbf{u} = \frac{\mathbf{v}}{\|\mathbf{v}\|} = \left(\frac{1}{\|\mathbf{v}\|}\right)\mathbf{v} \qquad \text{단위벡터}$$

u는 v의 스칼라 곱이다. u는 v와 같은 방향을 가지고 크기가 1이다. 이때, u를 v 방향의 **단위벡터**(unit vector)라 한다.

예제 4

$\mathbf{v} = <2, 5>$ 방향으로의 단위벡터를 구하고, 그 벡터의 크기가 1임을 보여라.

풀이

v 방향으로 단위벡터는

$$\frac{\mathbf{v}}{\|\mathbf{v}\|} = \frac{\langle 2, 5\rangle}{\sqrt{(-2)^2+(5)^2}} = \frac{1}{\sqrt{29}}\langle 2, 5\rangle = \left\langle \frac{2}{\sqrt{29}}, \frac{5}{\sqrt{29}}\right\rangle$$

$\sqrt{\left(\frac{2}{\sqrt{29}}\right)^2+\left(\frac{5}{\sqrt{29}}\right)^2} = \sqrt{\frac{4}{29}+\frac{25}{29}} = \sqrt{\frac{29}{29}} = 1$이므로 위 벡터는 크기가 1이다.

단위벡터 $<1, 0>$, $<0, 1>$은 **기본단위벡터**라 한다.

$$\mathbf{i} = <1, 0>, \ \mathbf{j} = <0, 1>$$

(이때, $\mathbf{i}$는 소문자로 굵게 표시하며, 허수 $i = \sqrt{-1}$과는 다르게 구별해야 한다.)

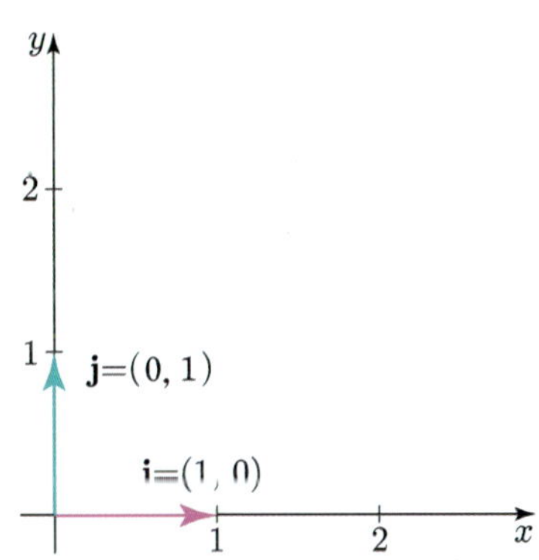

기본단위 벡터 **i**와 **j**

임의의 평면벡터 $\mathbf{v} = < v_1, v_2 >$를 기본단위벡터를 사용하여 다음과 같이 표현할 수 있다.

$$\mathbf{v} = < v_1, v_2 > = v_1 < 1, 0 > + v_2 < 0, 1 > = v_1\mathbf{i} + v_2\mathbf{j}$$

스칼라 v_1과 v_2는 각각 $\mathbf{v}$의 x성분(수평 성분), y성분(수직 성분)이다. 벡터의 합 $v_1\mathbf{i} + v_2\mathbf{j}$는 벡터 $\mathbf{i}$와 $\mathbf{j}$의 **일차결합**(linear combination)이다. 임의의 평면벡터는 기본단위벡터 $\mathbf{i}$와 $\mathbf{j}$의 일차결합으로 나타낼 수 있다.

예제 5

시점을 $(2, -5)$, 종점을 $(-1, 3)$으로 갖는 벡터 $\mathbf{u}$에 대하여 기본단위벡터 $\mathbf{i}$와 $\mathbf{j}$의 일차결합으로 $\mathbf{u}$를 나타내어라.

풀이

$$\mathbf{u} = < -1-2, 3-(-5) > = < -3, 8 > = -3\mathbf{i} + 8\mathbf{j}$$

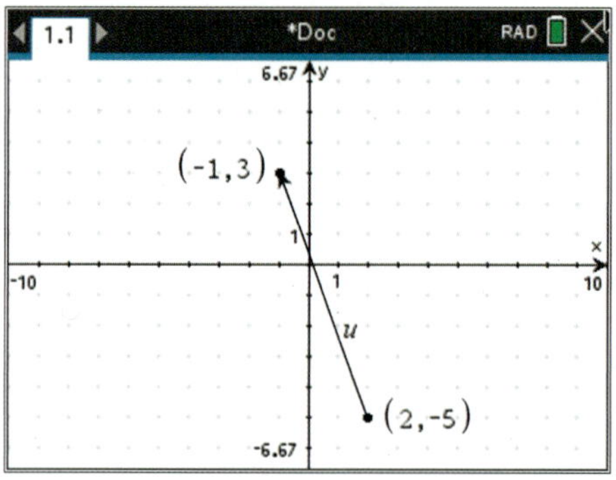

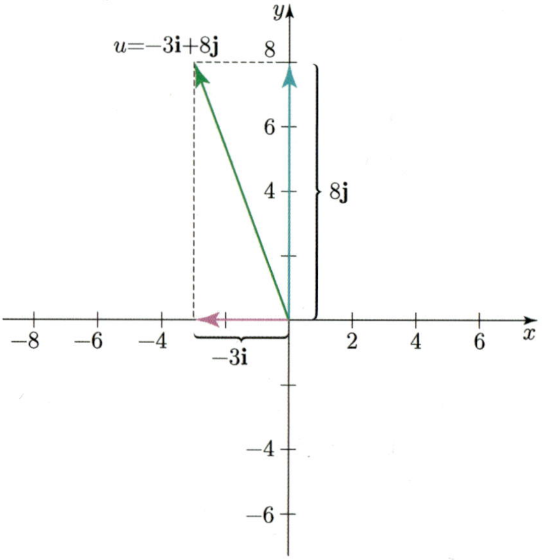

예제 6

$\mathbf{u} = -3\mathbf{i} + 8\mathbf{j}$, $\mathbf{v} = 2\mathbf{i} - \mathbf{j}$일 때, $2\mathbf{u} - 3\mathbf{v}$를 구하여라.

풀이

$$\begin{aligned} 2\mathbf{u} - 3\mathbf{v} &= 2(-3\mathbf{i} + 8\mathbf{j}) - 3(2\mathbf{i} - \mathbf{j}) \\ &= -6\mathbf{i} + 16\mathbf{j} - 6\mathbf{i} + 3\mathbf{j} \\ &= -12\mathbf{i} + 19\mathbf{j} \end{aligned}$$

5 방향각

영벡터가 아닌 평면벡터 u가 x축의 양의 방향과 이루는 각을 θ라 하면, u의 종점은 단위원 위에 놓여 있으며 u는 다음과 같이 표현된다.

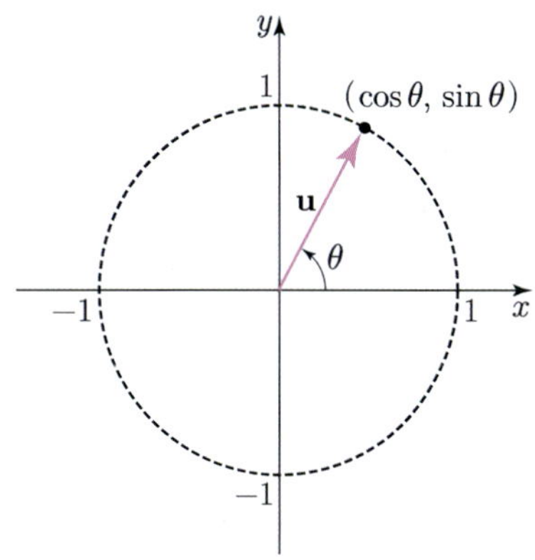

$$\mathbf{u} = < \cos\theta, \sin\theta > = (\cos\theta)\mathbf{i} + (\sin\theta)\mathbf{j}$$

이다. 이때, θ를 벡터 u의 **방향각**(direction angle)이라 한다.

만약 u가 방향각을 θ로 가지는 단위벡터이고, v가 방향각을 θ로 가지는 임의의 벡터라면, v는 u를 이용하여 다음과 같이 나타낼 수 있다.

$$\mathbf{v} = \|\mathbf{v}\|\mathbf{u} = \|\mathbf{v}\|(\cos\theta)\mathbf{i} + \|\mathbf{v}\|(\sin\theta)\mathbf{j}$$

예를 들어, 크기가 3이고 x의 양의 방향과 이루는 각이 30° 인 벡터 v는

$$\mathbf{v} = 3(\cos 30^\circ)\mathbf{i} + 3(\sin 30^\circ)\mathbf{j} = \frac{3\sqrt{3}}{2}\mathbf{i} + \frac{3}{2}\mathbf{j}$$

이고, $\|\mathbf{v}\| = 3$이다.

$$\mathbf{v} = a\mathbf{i} + b\mathbf{j} = \|\mathbf{v}\|(\cos\theta)\mathbf{i} + \|\mathbf{v}\|(\sin\theta)\mathbf{j}$$

이므로, v의 방향각 θ는 $\tan\theta$에 의하여 결정된다.

$$\tan\theta = \frac{\sin\theta}{\cos\theta} = \frac{\|\mathbf{v}\|\sin\theta}{\|\mathbf{v}\|\cos\theta} = \frac{b}{a}$$

예제 7

다음 벡터의 방향각을 구하여라.

(1) $\mathbf{u} = 3\mathbf{i} + 3\mathbf{j}$

(2) $\mathbf{v} = 3\mathbf{i} - 4\mathbf{j}$

풀이

(1) 방향각은 $\tan\theta = \frac{b}{a} = \frac{3}{3} = 1$에 의해 결정된다. 따라서 $\theta = 45^\circ$이다.

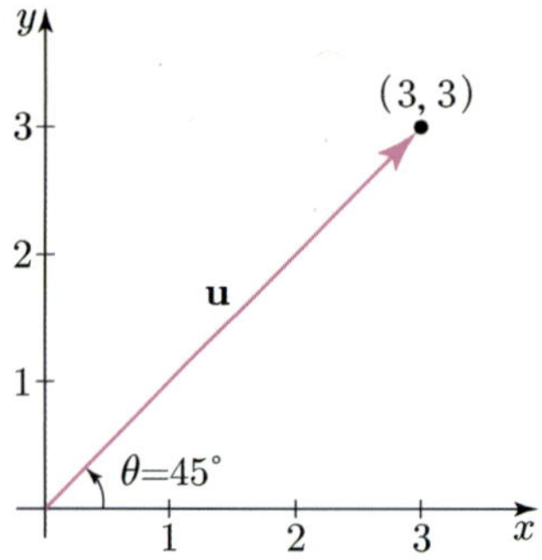

(2) 방향각은 $\tan\theta = \dfrac{b}{a} = \dfrac{-4}{3}$에 의해 결정된다. $\mathbf{v} = 3\mathbf{i} - 4\mathbf{j}$는 제4사분면 위에 있으므로

$$\theta = \left|\arctan\left(-\frac{4}{3}\right)\right| \approx |-53.13^\circ| = 53.13^\circ$$

따라서 $\theta \approx 360^\circ - 53.13^\circ = 306.87^\circ$이다.

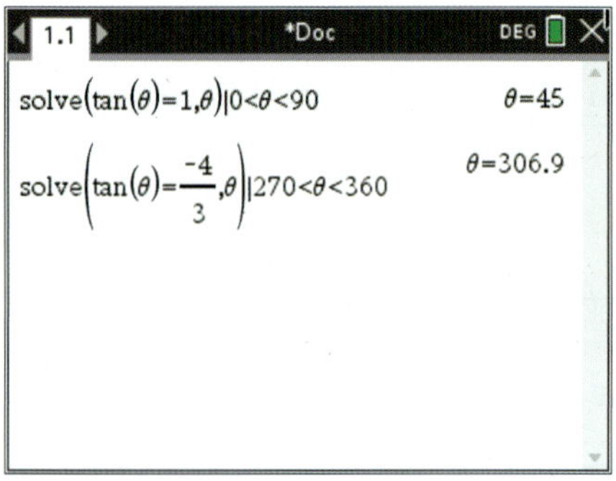

- Angle Mode가 Degree임에 주의한다.
- 두 번째 solve 풀이에서 결과는 근삿값 계산을 위해 ctrl enter 한다.

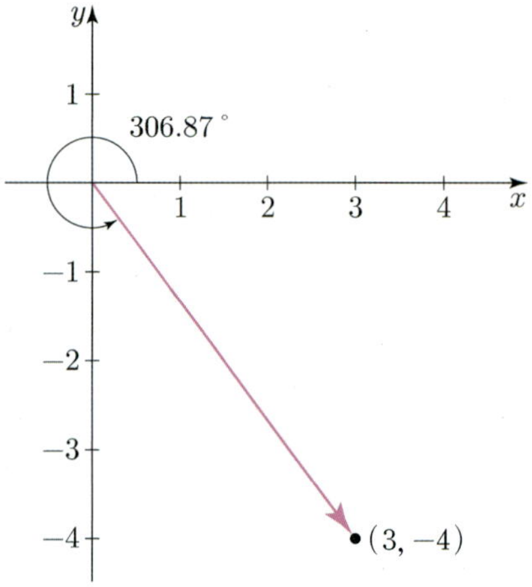

5 벡터의 응용

벡터의 응용은 삼각형과 삼각함수에 많은 관련이 있다.

예제 8

수평으로 날던 비행기가 30° 아래로 시간당 100마일의 속력으로 하강할 때, 이 비행기를 성분으로 나타내어라.

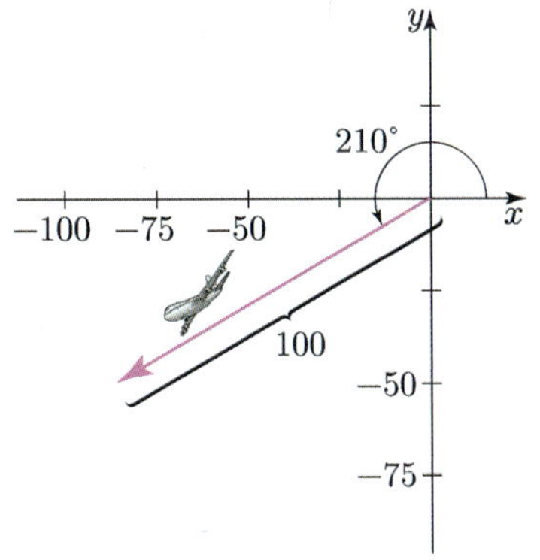

풀이

속력 v 의 크기가 100, 방향각 $\theta = 210^\circ$ 라 하자. v 의 성분은 다음과 같다.

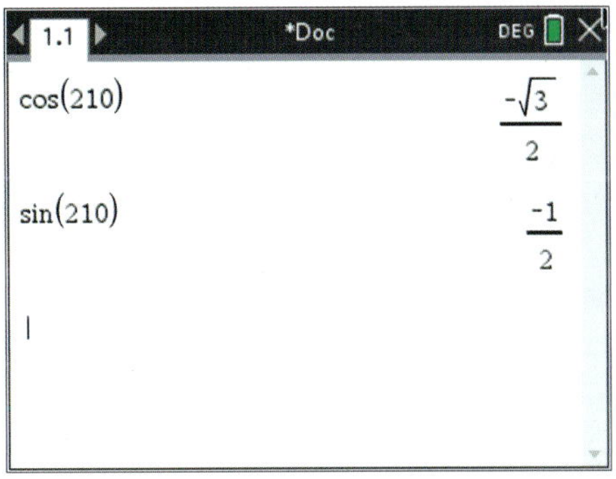

$$
\begin{aligned}
\mathbf{v} &= \|\mathbf{v}\|(\cos\theta)\mathbf{i} + \|\mathbf{v}\|(\sin\theta)\mathbf{j} \\
&= 100(\cos 210^\circ)\mathbf{i} + 100(\sin 210^\circ)\mathbf{j} \\
&= 100\left(\frac{-\sqrt{3}}{2}\right)\mathbf{i} + 100\left(\frac{-1}{2}\right)\mathbf{j} \\
&= -50\sqrt{3}\,\mathbf{i} - 50\mathbf{j} \\
&= \langle -50\sqrt{3}, -50 \rangle
\end{aligned}
$$

$\|\mathbf{v}\| = 100$임을 확인할 수 있다.

예제 9

땅에서부터 15° 경사진 곳에서 수레가 배를 싣고 오를 때 600 kg의 힘이 필요하다. 배와 수레의 무게 합을 구하여라. (마찰은 없다고 가정한다.)

풀이

다음 그림에 기초하여 몇 가지 관찰을 할 수 있다.

$\|\overrightarrow{BA}\|$ = 중력 =배와 수레의 무게 힘

$\|\overrightarrow{BC}\|$ = 경사로와 수직 방향의 힘

$\|\overrightarrow{AC}\|$ = 배를 끌어올리는데 필요한 힘=600kg ($\|\overrightarrow{AC}\|$ 는 비탈길에 평행하다)

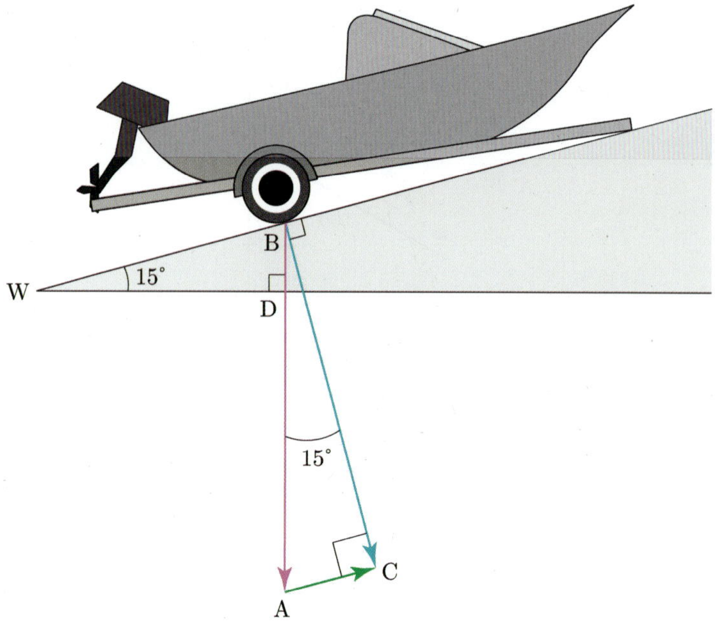

위 그림에서 $\triangle WBD$와 $\triangle ABC$는 닮음이므로 $\angle ABC = 15^\circ$ 이다.

$$\sin 15^\circ = \frac{\| \overrightarrow{AC} \|}{\| \overrightarrow{BA} \|} = \frac{600}{\| \overrightarrow{BA} \|}$$

$$\| \overrightarrow{BA} \| = \frac{600}{\sin 15^\circ} \approx 2318$$

따라서 배와 수레의 무게 합은 2318kg이다.

8.2 복소수의 극형식

1 복소평면

이 장에서는 복소수의 극형식에 대해 다루고자 한다. 이 극형식은 8.3의 드무아브르의 정리에서 유용하게 사용된다.

실수를 수직선 위의 점과 일대일로 대응시켜서 나타내는 것과 마찬가지로, 복소수를 평면 위의 점과 대응시켜 나타낼 수 있다. 즉, 복소수 $z = x + yi$에 좌표평면 위의 점 (a, b)를 대응시키면, 이 대응에 의해 임의의 한 복소수는 좌표평면 위의 한 점으로 나타내어지고, 또 좌표평면 위의 한 점은 하나의 복소수로 나타내어진다. 이처럼 복소수에 대응하는 점들이 모인 평면을 **복소평면**(complex plane) 또는 **복소수 평면**이라 한다. 가로축을 **실수축**(real axis), 세로축을 **허수축**(imaginary axis)이라 한다.

복소수 $a + bi$의 **절댓값**(magnitude)은 원점 $(0, 0)$과 점 (a, b) 사이의 거리로 정의한다.

$$|x + yi| = \sqrt{x^2 + y^2}$$

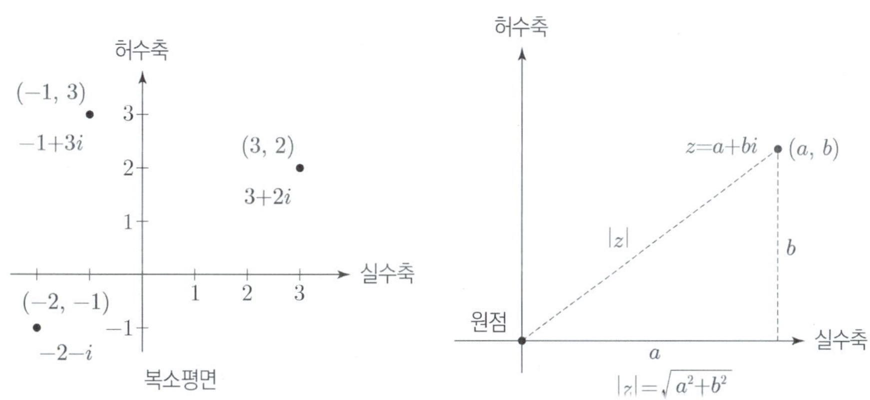

복소수 z의 직교형식은 복소수의 덧셈, 뺄셈에 편리하고, 복소수 z의 극형식과 지수형식은 복소수의 곱셈과 나눗셈에 편리하다.

복소수 z의 직교형식(Cartesian/Rectangular form): $z = x + yi$

복소수 z의 극형식(Polar form): $z = r(\cos\theta + i\sin\theta)$

복소수 z의 지수형식(Exponential form):

오일러 공식 $e^{i\theta} = \cos\theta + i\sin\theta$에서 양변에 r을 곱하여

$$r(\cos\theta + i\sin\theta) = re^{i\theta} = z = x + yi$$

$x,\ y,\ r,\ \theta \in R,\ r \geq 0$

예제 1

다음 복소수에 대응하는 점을 그리고, 각 복소수의 절댓값을 구하여라.

(1) $z = -3i$ (2) $z = -2 + 5i$

풀이

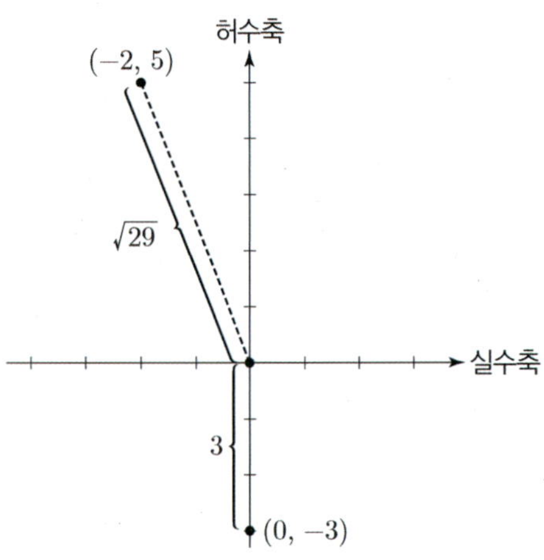

(1) 복소수 $z = 0 + (-3)i$의 절댓값은

$$|z| = \sqrt{0^2 + (-3)^2} = \sqrt{9} = 3$$

(2) 복소수 $z = -2 + 5i$의 절댓값은

$$|z| = \sqrt{(-2)^2 + 5^2} = \sqrt{29}$$

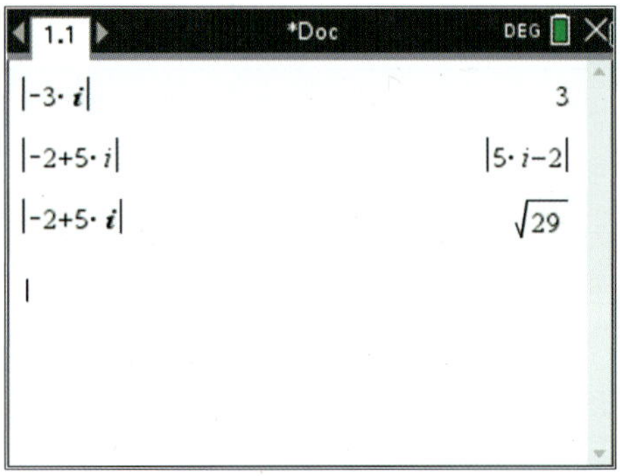

복소수의 절댓값(크기) 구하기

- menu > 2. Number > 9. Complex Number Tools > 5.Magnitude 선택
- 복소수 입력할 때 영어 i 키를 사용하면 에러 발생한다. π▸에서 입력해야 한다.

2 복소수의 극형식

이미 3.5에서 복소수의 사칙연산에 대하여 다루었으나 복소수 근과 복소수의 거듭제곱을 좀 더 쉽게 표현하기 위해 복소수의 극형식을 이용한다.

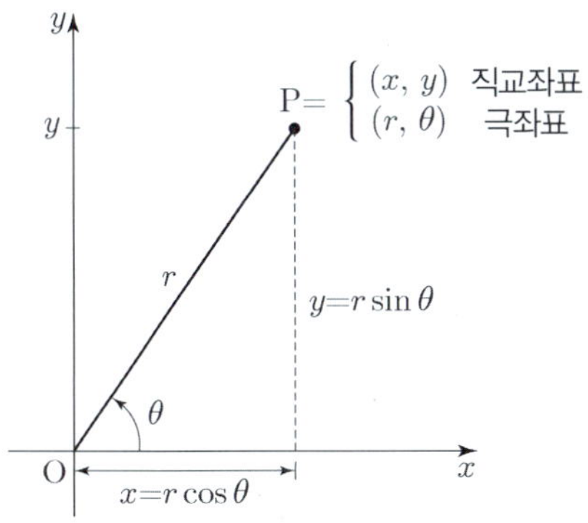

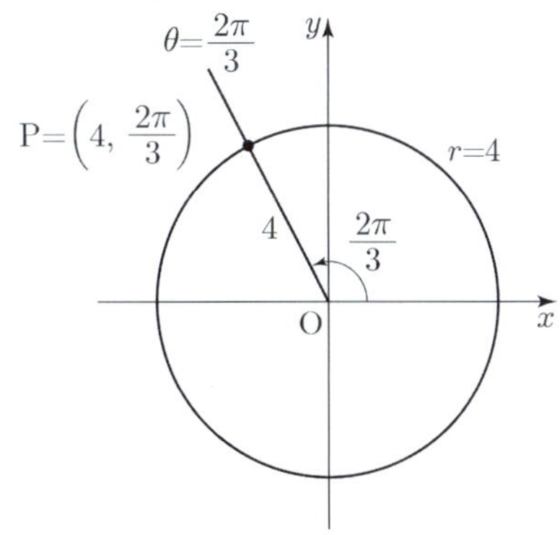

영이 아닌 복소수 $x+yi$에 대하여, x축의 양의 부분에서 원점과 점 (x, y)를 연결하는 직선까지 이르는 각을 θ라 두면,

$$x=r\cos\theta,\ y=r\sin\theta\ \ (r=\sqrt{x^2+y^2})$$

이것을 $x+yi$에 대입하면,

$$x+yi=(r\cos\theta)+(r\sin\theta)i$$

위와 같은 복소수의 형태를 **복소수의 극형식**(polar form of a complex number)이라 한다.

복소수 $z=x+yi$일 때, z의 **극형식**은

$$z=r(\cos\theta+i\sin\theta)$$

단, $x=r\cos\theta,\ y=r\sin\theta,\ r=\sqrt{x^2+y^2},\ \tan\theta=\dfrac{y}{x}$

r은 z의 **절댓값**(absolute value) $|z|=r$, θ는 z의 **편각**(argument)이다.

- 극좌표 (r, θ)에서 직교좌표 (x, y)로 변환: $x=r\cos\theta,\ y=r\sin\theta$
- 직교좌표 (x, y)에서 극좌표 (r, θ)로 변환: $r=\sqrt{x^2+y^2}$, $\tan\theta=\dfrac{y}{x}$, $x\neq 0$

예제 2

다음 직교형식의 복소수를 극형식으로 나타내어라.

(1) $z = -2-2\sqrt{3}i$ (호도법(rad) 단위를 사용하시오.)

(2) $r = 6+2i$ (도(°) 단위를 사용하시오.)

풀이

(1) z의 절댓값

$$z = |-2-2\sqrt{3}i| = \sqrt{(-2)^2+(-2\sqrt{3})^2} = \sqrt{16} = 4$$

z의 편각 θ

$$\tan\theta = \frac{b}{a} = \frac{-2\sqrt{3}}{-2} = \sqrt{3}$$

$\tan\frac{\pi}{3} = \sqrt{3}$ 이고, $z = -2-2\sqrt{3}i$가 제3 사분면에 속해 있으므로, $\theta = \pi + \frac{\pi}{3} = \frac{4\pi}{3}$ 이다. 그러므로 z의 극형식은

$$z = r(\cos\theta + i\sin\theta) = 4\left(\cos\frac{4\pi}{3} + i\sin\frac{4\pi}{3}\right)$$

이다.

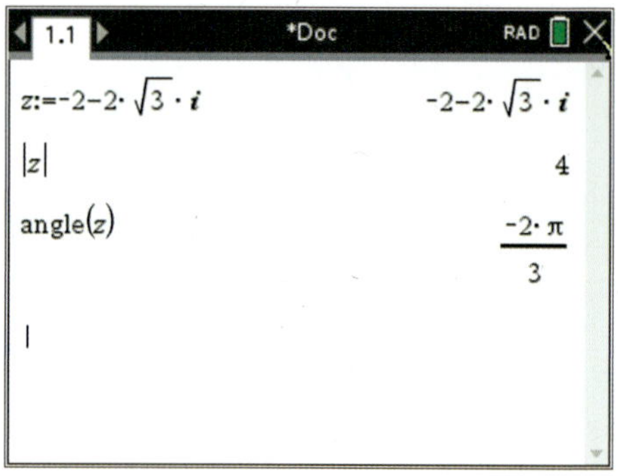

- 복소수 z를 먼저 정의해서 사용하면 편리하다. 이때 define이나 →로 정의할 수 있지만 := 를 사용하면 수학 기호 = 와 동일하게 사용할 수 있다.
- 복소수 z의 편각 구하기
  menu > 2.Number > 9.Complex Number Tools > 4.Polar angle 선택

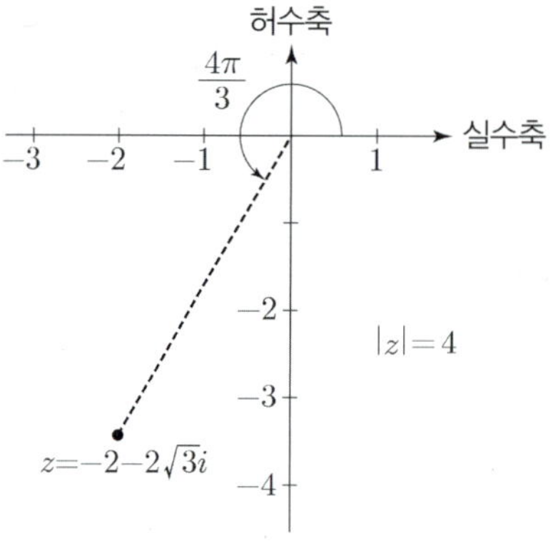

(2) $r = |6+2i| = 2\sqrt{10}$

$$\tan\theta = \frac{2}{6} = \frac{1}{3}$$

이므로

$$\theta = \arctan\frac{1}{3} \approx 18.4^\circ$$

이다. 따라서 z의 극형식은

$$\begin{aligned} z &= r(\cos\theta + i\sin\theta) \\ &= 2\sqrt{10}\left[\cos\left(\arctan\frac{1}{3}\right) + i\sin\left(\arctan\frac{1}{3}\right)\right] \\ &\approx 2\sqrt{10}\,(\cos 18.4^\circ + i\sin 18.4^\circ) \end{aligned}$$

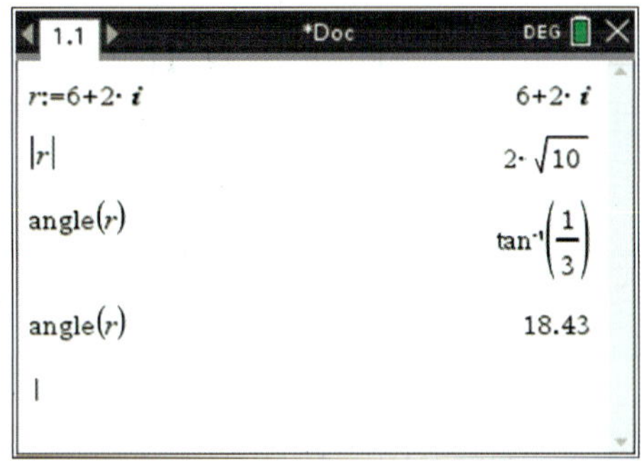

- Angle Mode를 각도 DEG(Degree)로 바꾼다.
- 각도 18.43은 ctrl enter로 근삿값을 구한 것이다.

예제 3

다음 극형식 복소수를 직교형식 $x+yi$로 나타내어라.

$$z = \sqrt{8}\left[\cos\left(-\frac{\pi}{3}\right) + i\sin\left(-\frac{\pi}{3}\right)\right]$$

풀이

$\cos\left(-\frac{\pi}{3}\right) = \frac{1}{2}$, $\sin\left(-\frac{\pi}{3}\right) = -\frac{\sqrt{3}}{2}$ 이므로

$$\begin{aligned} z &= \sqrt{8}\left[\cos\left(-\frac{\pi}{3}\right) + i\sin\left(-\frac{\pi}{3}\right)\right] \\ &= \sqrt{8}\left[\frac{1}{2} - \frac{\sqrt{3}}{2}i\right] \\ &= 2\sqrt{2}\left[\frac{1}{2} - \frac{\sqrt{3}}{2}i\right] \\ &= \sqrt{2} - \sqrt{6}\,i \end{aligned}$$

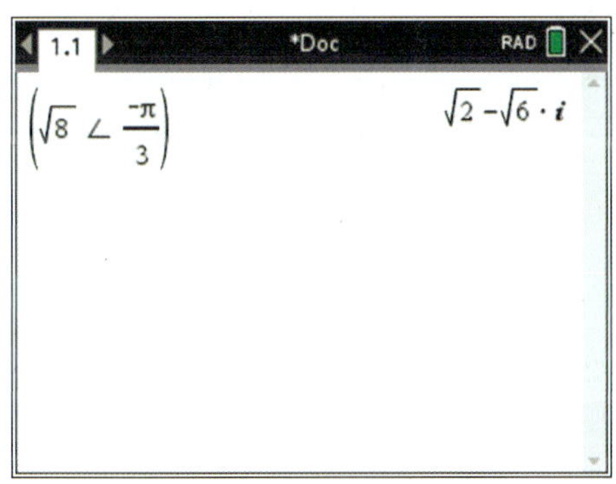

- Nspire에서는 복소수 극형식 $x+yi$를 $(r\ \angle\theta)$로도 나타낸다.
- 각 기호 ∠는 ctrl + (책 아이콘)에서 찾을 수 있다.

3 복소수의 곱셈과 나눗셈

극형식을 이용하면 복소수의 곱셈과 나눗셈이 더 간단해진다.

두 복소수 $z_1 = r_1(\cos\theta_1 + i\sin\theta_1)$, $z_2 = r_2(\cos\theta_2 + i\sin\theta_2)$에 대하여 z_1과 z_2의 곱은

$$\begin{aligned} z_1 z_2 &= r_1 r_2(\cos\theta_1 + i\sin\theta_1)(\cos\theta_2 + i\sin\theta_2) \\ &= r_1 r_2[(\cos\theta_1\,\theta_2 - \sin\theta_1\,\theta_2) + i(\sin\theta_1\cos\theta_2 + \cos\theta_1\sin\theta_2)] \end{aligned}$$

코사인과 사인의 합과 차 공식을 이용하여 위 방정식은 다음과 같이 다시 나타낼 수 있다.

$$z_1 z_2 = r_1 r_2[\cos(\theta_1 + \theta_2) + i\sin(\theta_1 + \theta_2)]$$

두 복소수 $z_1 = r_1(\cos\theta_1 + i\sin\theta_1)$, $z_2 = r_2(\cos\theta_2 + i\sin\theta_2)$에 대하여,

$$z_1 z_2 = r_1 r_2[\cos(\theta_1 + \theta_2) + i\sin(\theta_1 + \theta_2)] \qquad \text{곱셈}$$

$$\frac{z_1}{z_2} = \frac{r_1}{r_2}[\cos(\theta_1 - \theta_2) + i\sin(\theta_1 - \theta_2)],\ z_2 \neq 0 \qquad \text{나눗셈}$$

두 복소수의 곱에 대한 이 법칙은 복소수의 절댓값끼리 곱하고 편각끼리 더하면 된다. 나눗셈에 대한 법칙은 두 절댓값끼리 나누고 편각끼리 빼는 것이다.

예제 4

다음 두 극형식 복소수의 곱을 구하여 직교형식으로 나타내어라.

$$z_1 = 2\left(\cos\frac{2\pi}{3} + i\sin\frac{2\pi}{3}\right)$$

$$z_2 = 8\left(\cos\frac{11\pi}{6} + i\sin\frac{11\pi}{6}\right)$$

▶ 풀이

$$\begin{aligned} z_1 z_2 &= 2\left(\cos\frac{2\pi}{3} + i\sin\frac{2\pi}{3}\right)\cdot 8\left(\cos\frac{11\pi}{6} + i\sin\frac{11\pi}{6}\right) \\ &= 16\left[\cos\left(\frac{2\pi}{3} + \frac{11\pi}{6}\right) + i\sin\left(\frac{2\pi}{3} + \frac{11\pi}{6}\right)\right] \\ &= 16\left(\cos\frac{5\pi}{2} + i\sin\frac{5\pi}{2}\right) \end{aligned}$$

$$= 16\left(\cos\frac{\pi}{2} + i\sin\frac{\pi}{2}\right)$$
$$= 16[0 + i(1)] = 16i$$

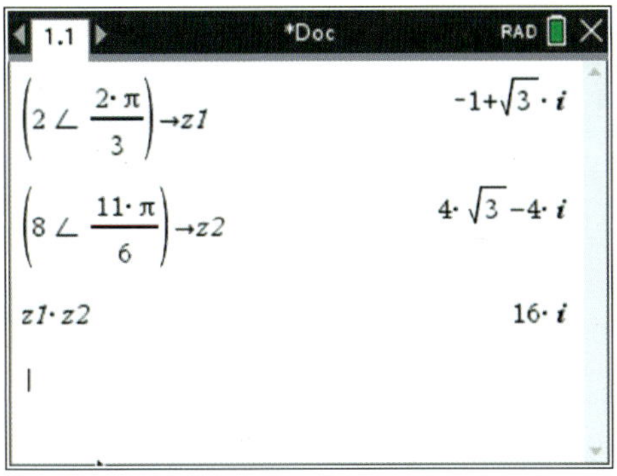

■ $z1$, $z2$를 →로 저장하고 다시 사용할 때는 var에서 찾는다.

예제 5

다음 두 극형식 복소수 z_1, z_2에 대하여 $\frac{z_1}{z_2}$를 구하여 직교형식으로 나타내어라.

$$z_1 = 24(\cos 300^\circ + i\sin 300^\circ)$$
$$z_2 = 8(\cos 75^\circ + i\sin 75^\circ)$$

풀이

$$\frac{z_1}{z_2} = \frac{24(\cos 300^\circ + i\sin 300^\circ)}{8(\cos 75^\circ + i\sin 75^\circ)}$$
$$= \frac{24}{8}[\cos(300^\circ - 75^\circ) + i\sin(300^\circ - 75^\circ)]$$
$$= 3[\cos 225^\circ + i\sin 225^\circ]$$
$$= -\frac{3\sqrt{2}}{2} - \frac{3\sqrt{2}}{2}i$$

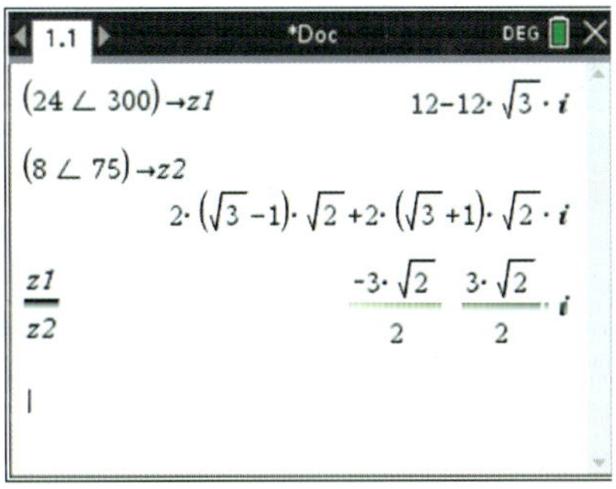

■ Angle Mode를 각도 Degree(DEG)로 설정함에 유의한다.

8.3 드무아브르의 정리와 거듭제곱근

1 복소수의 거듭제곱

이 장에서는 복소수의 거듭제곱과 거듭제곱근에 대하여 알아본다. 먼저 복소수의 극형식 $z = r(\cos\theta + i\sin\theta)$과 앞 장에서 언급했던 복소수의 곱셈 방법을 살펴보자.

$$z = r(\cos\theta + i\sin\theta)$$

$$\begin{aligned} z^2 &= r(\cos\theta + i\sin\theta) \times r(\cos\theta + i\sin\theta) \\ &= r^2(\cos2\theta + i\sin2\theta) \end{aligned}$$

$$\begin{aligned} z^3 &= z^2(z) = r^2(\cos2\theta + i\sin2\theta) \times r(\cos\theta + i\sin\theta) \\ &= r^3(\cos3\theta + i\sin3\theta) \end{aligned}$$

비슷한 방법으로,

$$z^4 = r^4(\cos4\theta + i\sin4\theta)$$
$$z^5 = r^5(\cos5\theta + i\sin5\theta)$$
$$\vdots$$

이 규칙은 프랑스 출신의 수학자 드무아브르(Abraham De Moivre, 1667-1754)에 의해 정리되었다.

복소수 $z = r(\cos\theta + i\sin\theta)$와 자연수 n에 대하여,

$$z^n = [r(\cos\theta + i\sin\theta)]^n = r^n(\cos n\theta + i\sin n\theta)$$

이것을 **드무아브르의 정리**(De Moivre's Theorem)라 한다.

예제 1

드무아브르의 정리를 사용하여 $(-1+\sqrt{3}i)^{12}$을 구하여라.

풀이

복소수를 극형식으로 바꾸면,

$$-1+\sqrt{3}i = 2\left(\cos\frac{2\pi}{3} + i\sin\frac{2\pi}{3}\right)$$

이다.

드무아브르의 정리를 사용하면,

$$\begin{aligned}(-1+\sqrt{3}i)^{12} &= \left[2\left(\cos\frac{2\pi}{3} + i\sin\frac{2\pi}{3}\right)\right]^{12} \\ &= 2^{12}\left[\cos\left(12\cdot\frac{2\pi}{3}\right) + i\sin\left(12\cdot\frac{2\pi}{3}\right)\right] \\ &= 4096(\cos 8\pi + i\sin 8\pi) \\ &= 4096(1+0) \\ &= 4096\end{aligned}$$

복소수의 거듭제곱 결과가 실수라는 사실이 놀랍다.

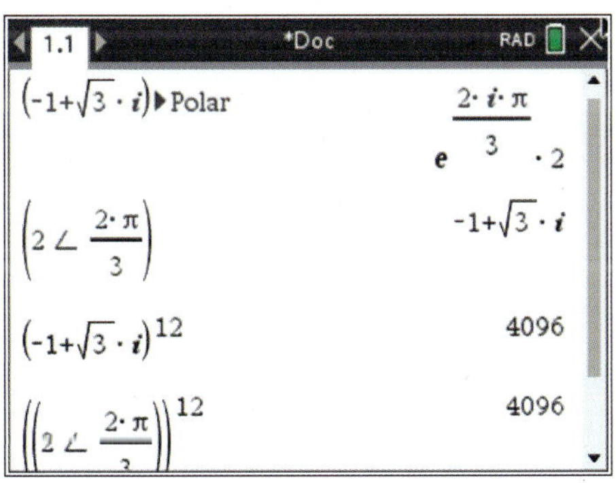

직교형식 복소수를 극형식으로 바꾸기

- 직교형식 복소수 $(-1+\sqrt{3}i)$를 입력하고 menu > 2.Number > 9.Complex Number Tools > 6.Convert to Polar 선택한다.
- 첫째 줄 복소수의 지수형식 $e^{\frac{2i\pi}{3}}\cdot 2 = 2\cdot e^{\frac{i2\pi}{3}} = re^{i\theta}$을 보면 $r=2$, $\theta = \frac{2\pi}{3}$ 임을 알 수 있다.

2 복소수의 거듭제곱근

n차 방정식은 복소수 범위 내에서 n개의 근을 가진다는 대수학의 기본 정리를 떠올려보자. 이 정리에 의해 방정식 $x^6 = 1$은 여섯 개의 근을 가진다.

$$
\begin{aligned}
x^6 - 1 &= (x^3 - 1)(x^3 + 1) \\
&= (x-1)(x^2+x+1)(x+1)(x^2-x+1) = 0
\end{aligned}
$$

이 방정식의 해는 $x = \pm 1$, $x = \dfrac{-1 \pm \sqrt{3}i}{2}$, $x = \dfrac{1 \pm \sqrt{3}i}{2}$이다. 이 값들은 모두 1의 6 제곱근이다.

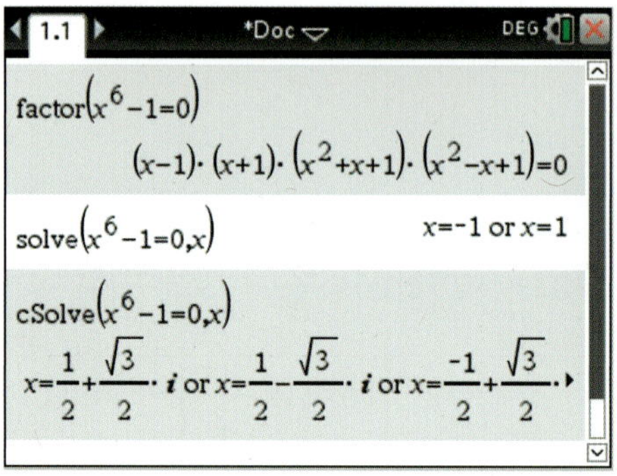

자연수 n, 복소수 $z = r(\cos\theta + i\sin\theta)$에 대하여 z는 n개의 서로 다른 n 제곱근을 가진다.

$$
\sqrt[n]{r}\left(\cos\frac{\theta + 2k\pi}{n} + i\sin\frac{\theta + 2k\pi}{n}\right) \quad (k = 0, 1, 2, \cdots, n-1)
$$

복소수 z의 n 제곱근을 구하는 공식을 기하학적으로 해석해보자. z의 n 제곱근은 모두 크기가 $\sqrt[n]{r}$로 같으므로, 중심을 원점으로 하고 반지름을 $\sqrt[n]{r}$으로 갖는 원 위에 놓여 있다. 따라서 n 제곱근은 원을 따라 $\dfrac{2\pi}{n}$만큼씩 같은 거리를 두고 위치한다.

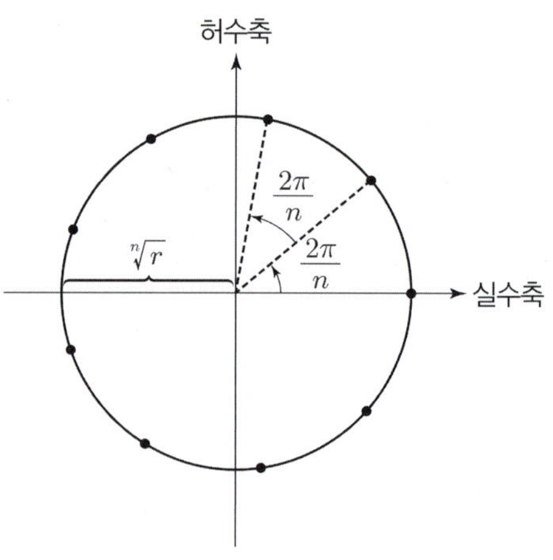

예제 2

1의 6 제곱근을 모두 구하여라.

풀이

1의 극형식은 $1 = 1(\cos 0 + i\sin 0)$이다.
n 제곱근 공식에서 $n=6,\ r=1$일 때, 1의 6 제곱근은

$$\sqrt[6]{1}\left(\cos\frac{0+2\pi k}{6}+i\sin\frac{0+2\pi k}{6}\right)\quad (k=0,1,2,3,4,5)$$

이다. 이를 간단히 하면,

$$\cos\left(\frac{\pi k}{3}\right)+i\sin\left(\frac{\pi k}{3}\right)\quad (k=0,1,2,3,4,5)$$

이다. 따라서 다음은 1의 6 제곱근이다.

$$\cos 0 + i\sin 0 = 1$$
$$\cos\frac{\pi}{3}+i\sin\frac{\pi}{3}=\frac{1}{2}+\frac{\sqrt{3}}{2}i$$
$$\cos\frac{2\pi}{3}+i\sin\frac{2\pi}{3}=-\frac{1}{2}+\frac{\sqrt{3}}{2}i$$
$$\cos\pi + i\sin\pi = -1$$
$$\cos\frac{4\pi}{3}+i\sin\frac{4\pi}{3}=-\frac{1}{2}-\frac{\sqrt{3}}{2}i$$
$$\cos\frac{5\pi}{3}+i\sin\frac{5\pi}{3}=\frac{1}{2}-\frac{\sqrt{3}}{2}i$$

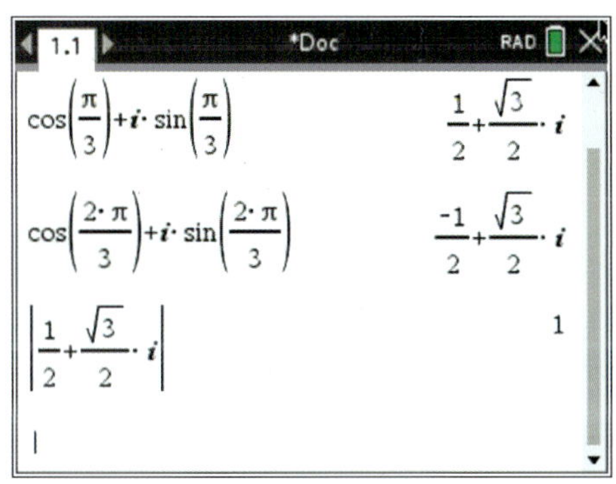

[예제 2]의 제곱근은 모두 크기가 1이고 오른쪽 그림과 같은 단위원 위에 같은 간격으로 놓여 있다. 또한 3.5절에서 설명한 것처럼 복소수 근은 켤레근으로 존재한다. 1의 n 제곱근은 서로 다른 n개의 n 제곱근을 갖는 특수한 경우이다.

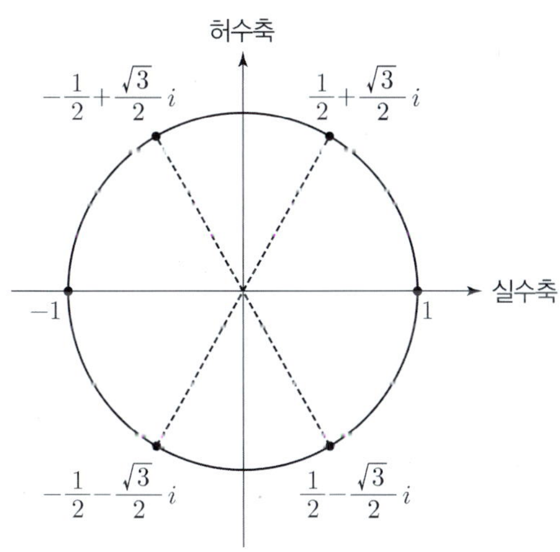

예제 3

복소수 $z = -2+2i$의 세 제곱근을 구하여라.

풀이

z는 제2사분면에 속하므로 z의 극형식은

$$z = -2+2i = \sqrt{8}\,(\cos 135^\circ + i\sin 135^\circ)$$

이다.

n 제곱근을 구하는 공식을 사용하면, z의 세 제곱근은

$$\sqrt[3]{8}\left(\cos\frac{135^\circ + k360^\circ}{3} + i\sin\frac{135^\circ + k360^\circ}{3}\right)\ (k=1,\ 2,\ 3)$$

다음은 z의 세 제곱근이다.

$$\sqrt{2}\,(\cos 45^\circ + i\sin 45^\circ) = 1+i$$
$$\sqrt{2}\,(\cos 165^\circ + i\sin 165^\circ) \approx -1.3660+0.3660i$$
$$\sqrt{2}\,(\cos 285^\circ + i\sin 285^\circ) \approx 0.3660-1.3660i$$

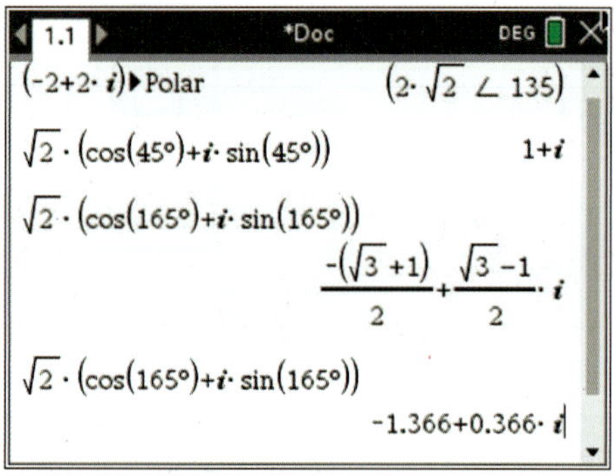

■ 각도의 도 ° 기호는 [π▸] 에서 찾을 수 있다.

예제 4

방정식 $x^4+16=0$의 네 제곱근을 구하여라.

풀이

주어진 방정식을 다시 쓰면,

$$x^4 = -16$$
$$x^4 = 16(\cos\pi + i\sin\pi)$$

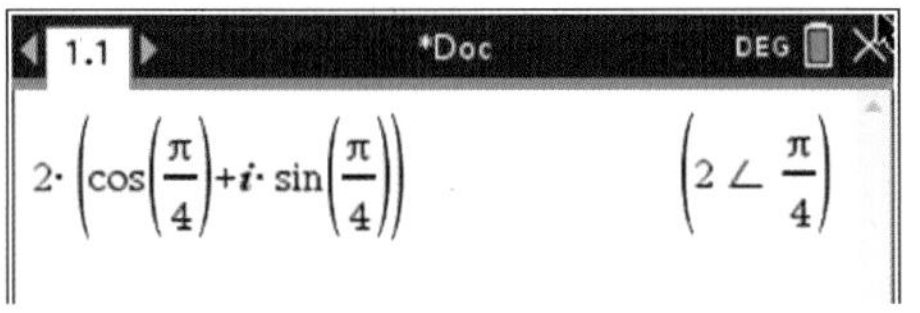

■ Degree(DEG) 모드일 때 복소수 극형식의 결과

이는 -16의 네 제곱근이 이 방정식의 근이라는 것을 뜻한다. -16의 네 제곱근은

$$\sqrt[4]{16}\left(\cos\frac{\pi+2\pi k}{4} + i\sin\frac{\pi+2\pi k}{4}\right)\ (k=0,1,2,3)$$

이다. 따라서 -16의 네 제곱근은

$$2\left(\cos\frac{\pi}{4}+i\sin\frac{\pi}{4}\right)=2\left(\frac{\sqrt{2}}{2}+\frac{\sqrt{2}}{2}i\right)=\sqrt{2}+\sqrt{2}i$$
$$2\left(\cos\frac{3\pi}{4}+i\sin\frac{3\pi}{4}\right)=2\left(-\frac{\sqrt{2}}{2}+\frac{\sqrt{2}}{2}i\right)=-\sqrt{2}+\sqrt{2}i$$
$$2\left(\cos\frac{5\pi}{4}+i\sin\frac{5\pi}{4}\right)=2\left(-\frac{\sqrt{2}}{2}-\frac{\sqrt{2}}{2}i\right)=-\sqrt{2}-\sqrt{2}i$$
$$2\left(\cos\frac{7\pi}{4}+i\sin\frac{7\pi}{4}\right)=2\left(\frac{\sqrt{2}}{2}-\frac{\sqrt{2}}{2}i\right)=\sqrt{2}-\sqrt{2}i$$

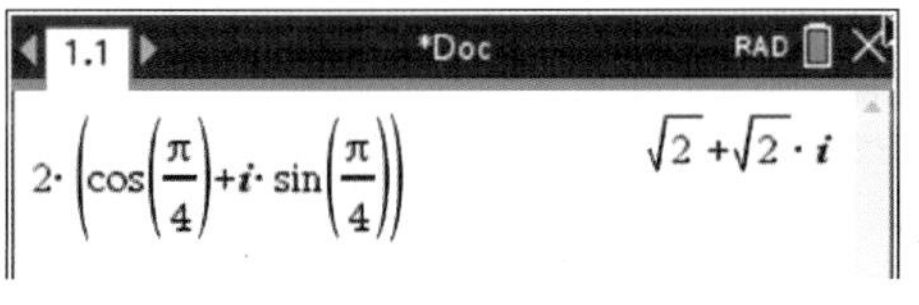

■ Radian(RAD) 모드일 때 복소수 극형식의 결과

CHAPTER

9 행렬

MATRIX

9.1 행렬의 정의

m과 n이 자연수일 때, $m \times n$ **행렬**(Matrix, m by n 행렬)은 다음과 같은 직사각형의 배열이다.

$$\begin{array}{c} \begin{pmatrix} a_{11} & a_{12} & a_{13} & \cdots & a_{1n} \\ a_{21} & a_{22} & a_{23} & \cdots & a_{2n} \\ a_{31} & a_{12} & a_{13} & \cdots & a_{3n} \\ \vdots & \vdots & \vdots & \cdots & \vdots \\ a_{m1} & a_{m2} & a_{m3} & \cdots & a_{mn} \end{pmatrix} \begin{array}{l} \text{제1행} \\ \text{제2행} \\ \text{제3행} \\ \\ \text{제}m\text{행} \end{array} \\ \text{제1열} \quad \text{제2열} \quad \text{제3열} \qquad\quad \text{제}n\text{열} \end{array}$$

여기서 괄호 안에 있는 수나 문자(a_{ij})를 그 행렬의 **성분(원소, 계수)**(component, element, coefficient)이라 하고 성분은 실수이다. 행렬의 성분에서 i열과 j열이 만나는 위치에 있는 성분을 그 행렬의 (i, j) 성분이라 하고 두 개의 아래첨자를 이용하여 a_{ij}로 표현한다. i는 수평 위치를 나타내므로 행 아래첨자라 하고 j는 수직 위치를 나타내므로 열 아래첨자라 한다. m개의 행과 n개의 열을 가지는 행렬을 $m \times n$ 행렬이라고 한다. $m = n$일 때 n차 정사각행렬이라고 한다. 정사각행렬에서 성분 a_{11}, a_{22}, a_{33}, $\cdots$ 을 **주대각(선)**(main/leading/principal diagonal) **성분**이라고 한다.

일반적으로, 행렬은 대문자 A, B, C, $\cdots$로 나타내고 행렬의 성분은 소문자 a, b, c, $\cdots$로 나타낸다. 행렬 A가 2×3 행렬이면 A는

$$A = \begin{pmatrix} a_{11} & a_{12} & a_{13} \\ a_{21} & a_{22} & a_{23} \end{pmatrix}$$

와 같이 나타낸다.

하나의 행으로 구성된 행렬을 행행렬이라 하고, 하나의 열으로 구성된 행렬을 열행렬이라 한다.

CAS TIP 20 행렬 입력과 행, 열 추가 및 삭제

■ 수학 기호 템플릿 키 [템플릿]를 누른다.

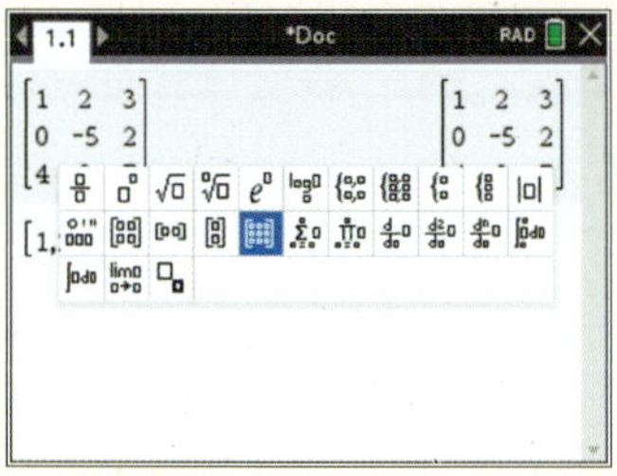

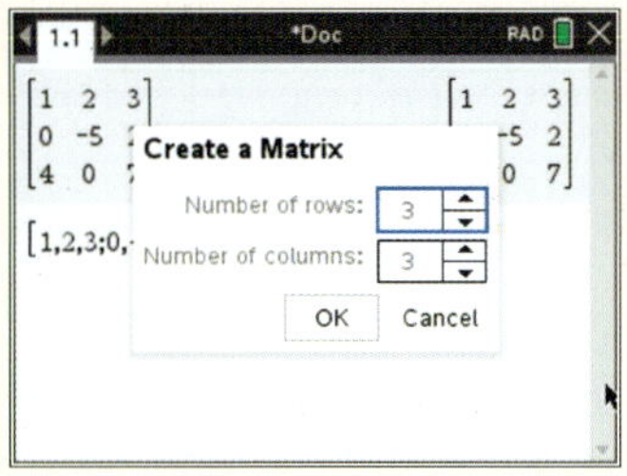

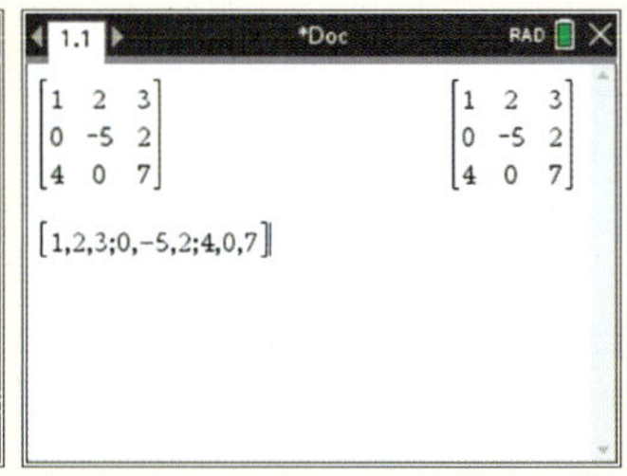

- 행렬 생성(Create a Matrix) 기호를 선택
- 행(rows)과 열(columns)의 개수를 입력하고 OK
- 행렬을 직접 입력하는 방법
  대괄호 [ ]에 행 성분은 콤마(,)로 구분하고 열 성분은 세미콜론(;)으로 구분하여 입력하며, 띄어쓰기는 상관없다.
- 세미콜론(;)은 [?!▸]에서 찾을 수 있다.

행과 열 추가, 삭제 방법

■ 행과 열 추가는 [↵](캐리지리턴키)를 사용해야 한다.

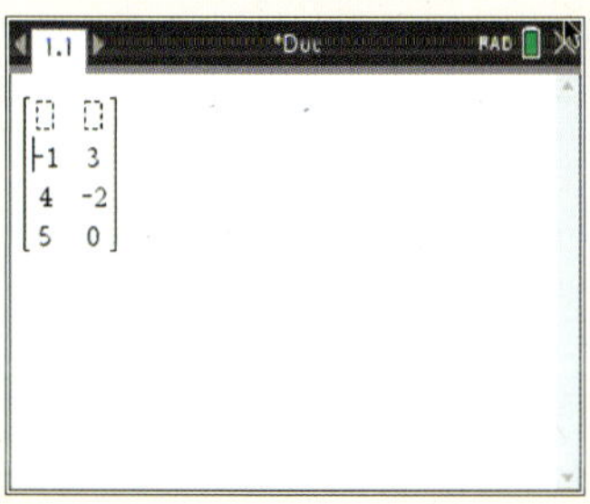

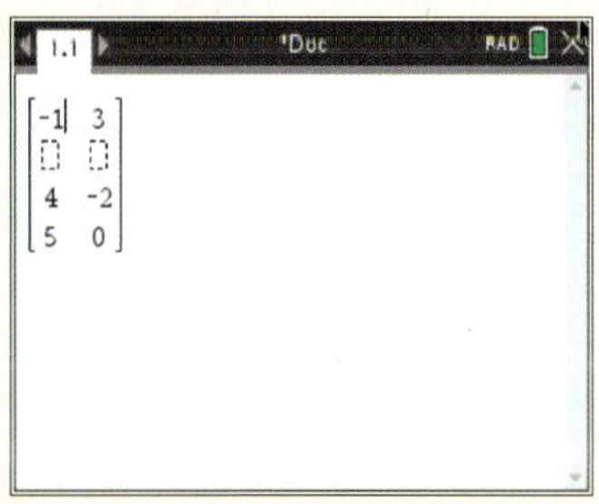

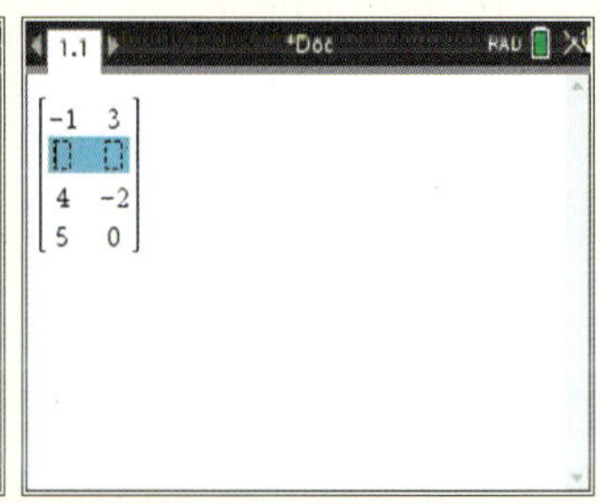

- 숫자 앞에 커서 두고 [↵](캐리지리턴)하면 그 행의 위쪽에 새로운 행이 추가된다.
- 숫자 뒤에 커서 두고 [↵]하면 그 행의 아래쪽에 새로운 행이 추가된다.
- [⇧shift]와 방향키로 삭제할 행을 선택한 후 [del] 한다.

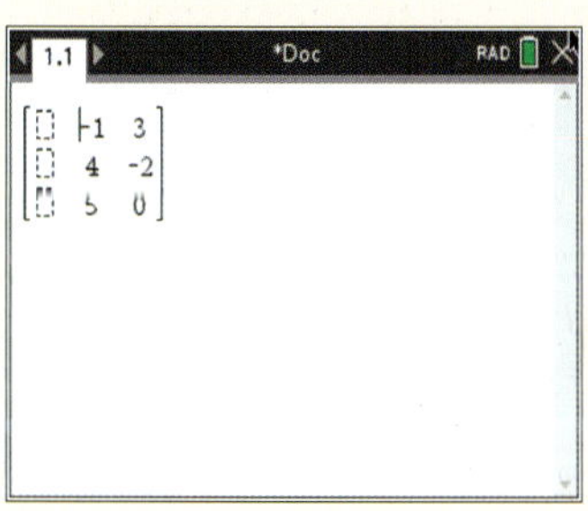

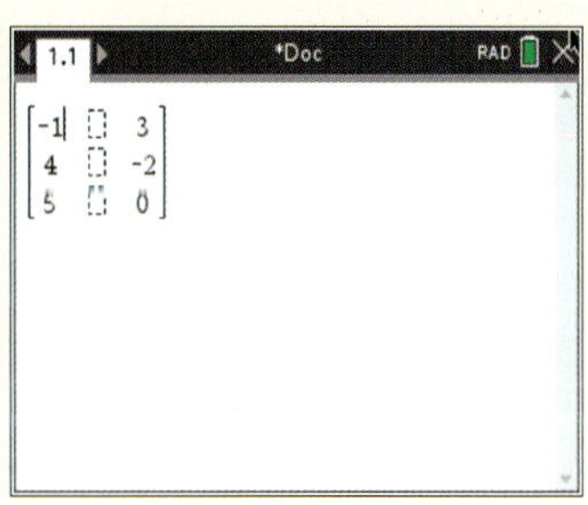

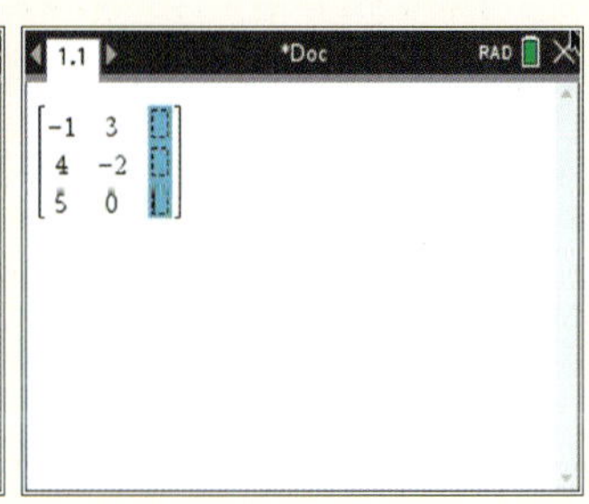

- 숫자 앞에 커서 두고 [⇧shift][↵] 하면 그 열의 왼쪽에 새로운 열이 추가된다.
- 숫자 뒤에 커서 두고 [⇧shift][↵] 하면 그 열의 오른쪽에 새로운 열이 추가된다.
- [⇧shift]와 방향키로 삭제할 열을 선택한 후 [del] 한다.

예제 1

다음 행렬의 3행과 2열을 각각 말하여라.

$$\begin{pmatrix} 1 & 2 & 3 \\ 0 & -5 & 2 \\ 4 & 0 & 7 \end{pmatrix}$$

풀이

주어진 행렬에서 3행은 $(4 \ \ 0 \ \ 7)$이고, 2열은 $\begin{pmatrix} 2 \\ -5 \\ 7 \end{pmatrix}$이다.

예제 2

다음 행렬의 $(1, 2)$ 성분과 $(2, 3)$ 성분을 각각 말하여라.

$$\begin{pmatrix} 1 & 2 & 5 \\ -3 & 1 & 3 \\ 2 & 7 & 8 \end{pmatrix}$$

풀이

$(1, 2)$ 성분은 1행 2열의 성분이므로 2이고, $(2, 3)$ 성분은 2행 3열 성분이므로 3이다.

9.2 행렬의 연산

1 서로 같은 행렬

두 행렬 A , B 에서 이들의 행의 개수와 열의 개수가 각각 같을 때, 이 두 행렬은 서로 같은 꼴이라 한다. 두 행렬 A , B 가 같은 꼴의 행렬이고 같은 위치에 있는 성분끼리 서로 같을 때, 두 행렬은 서로 같다고 하며 기호

$$\mathrm{A} = \mathrm{B}$$

로 나타낸다.

예제 1

다음 등식을 만족시키는 상수 a, b, c, d의 값을 구하여라.

$$\begin{pmatrix} 5 & a \\ 7 & b \end{pmatrix} = \begin{pmatrix} c & -1 \\ d & 2 \end{pmatrix}$$

풀이

$a = -1$, $b = 2$, $c = 5$, $d = 7$이다.

2 행렬의 덧셈

두 행렬 A, B 가 같은 꼴의 행렬일 때, $\mathrm{A} = [a_{ij}]$와 $\mathrm{B} = [b_{ij}]$의 같은 위치에 있는 성분의 합을 새로운 성분으로 하는 행렬을 두 행렬 A와 B 의 합이라고 한다. 기호로는

$$\mathrm{A} + \mathrm{B} = [a_{ij} + b_{ij}]$$

로 나타낸다. 그리고 행렬의 덧셈에서는

$$\mathrm{A} + \mathrm{B} = \mathrm{B} + \mathrm{A} \qquad \text{교환법칙}$$
$$(\mathrm{A} + \mathrm{B}) + \mathrm{C} = \mathrm{A} + (\mathrm{B} + \mathrm{C}) \qquad \text{결합법칙}$$

가 성립한다.

예제 2

다음을 계산하여라.

(1) $\begin{pmatrix} -1 & 2 \\ 0 & 1 \end{pmatrix} + \begin{pmatrix} 1 & 3 \\ -1 & 2 \end{pmatrix}$　　(2) $\begin{pmatrix} 1 \\ -3 \\ -2 \end{pmatrix} + \begin{pmatrix} 1 \\ 3 \\ 2 \end{pmatrix}$　　(3) $\begin{pmatrix} 2 & 1 & 0 \\ 4 & 0 & -1 \\ 3 & -2 & 2 \end{pmatrix} + \begin{pmatrix} 0 & 1 \\ -1 & 3 \\ 2 & 4 \end{pmatrix}$

풀이

(1) $\begin{pmatrix} -1 & 2 \\ 0 & 1 \end{pmatrix} + \begin{pmatrix} 1 & 3 \\ -1 & 2 \end{pmatrix} = \begin{pmatrix} -1+1 & 2+3 \\ 0-1 & 1+2 \end{pmatrix} = \begin{pmatrix} 0 & 5 \\ -1 & 3 \end{pmatrix}$

(2) $\begin{pmatrix} 1 \\ -3 \\ -2 \end{pmatrix} + \begin{pmatrix} 1 \\ 3 \\ 2 \end{pmatrix} = \begin{pmatrix} 1+1 \\ -3+3 \\ -2+2 \end{pmatrix} = \begin{pmatrix} 2 \\ 0 \\ 0 \end{pmatrix}$

(3) 행렬 덧셈은 같은 위치의 성분을 더한다. 주어진 행렬의 경우 열의 개수가 3개와 2개로 서로 다르다. 따라서 행렬 덧셈을 할 수 없다.

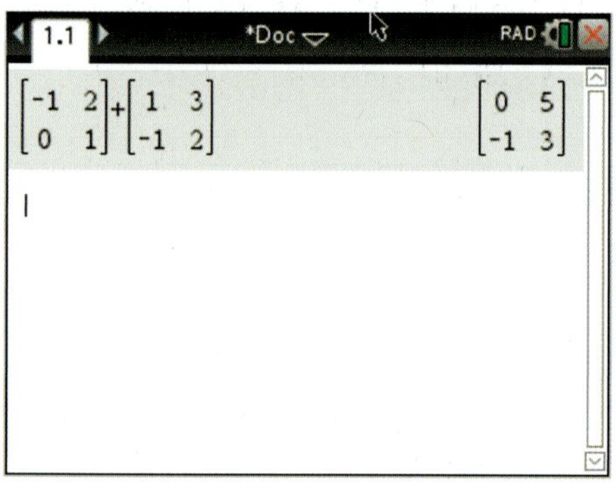

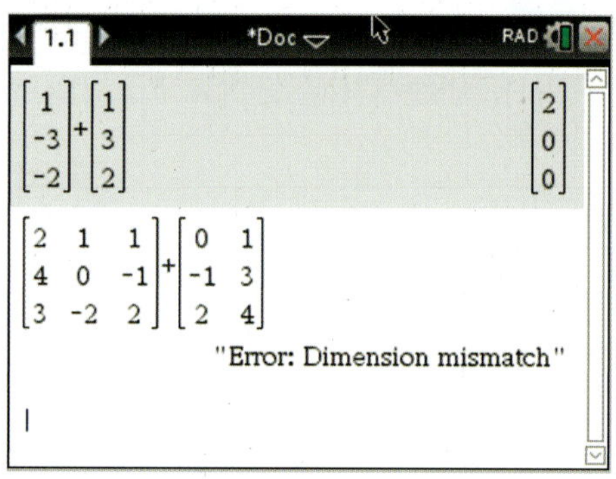

3 영행렬

모든 성분이 0인 행렬을 영행렬이라고 하고 기호로 O로 나타낸다. 이를테면

$$\begin{pmatrix} 0 \\ 0 \end{pmatrix}, \quad \begin{pmatrix} 0 & 0 \\ 0 & 0 \end{pmatrix}, \quad \begin{pmatrix} 0 & 0 & 0 \\ 0 & 0 & 0 \end{pmatrix}$$

은 모두 영행렬이다. 또 행렬 A의 모든 성분의 부호를 바꾼 것을 새로운 성분으로 하는 행렬을 $-$A와 같이 나타낸다. 즉,

$$\mathrm{A} = \begin{pmatrix} a_{11} & a_{12} \\ a_{21} & a_{22} \end{pmatrix} \text{이면, } -\mathrm{A} = \begin{pmatrix} -a_{11} & -a_{12} \\ -a_{21} & -a_{22} \end{pmatrix}$$

으로 나타낸다.

4 행렬의 뺄셈

두 행렬 $\mathrm{A}=[a_{ij}]$와 $\mathrm{B}=[b_{ij}]$가 같은 꼴의 행렬일 때, $\mathrm{A}+(-\mathrm{B})$를 $\mathrm{A}-\mathrm{B}$로 나타낸다. 이때 $\mathrm{A}-\mathrm{B}$는 행렬 A의 각 성분에서 같은 위치에 있는 행렬 B의 각 성분을 뺀 값을 새로운 성분으로 하는 행렬이 된다. 즉,

$$\mathrm{A}-\mathrm{B}=[a_{ij}-b_{ij}]$$

로 나타낸다.

예제 3

다음을 계산하여라.

$$\begin{pmatrix} 3 & -1 & -3 \\ -2 & 4 & 7 \end{pmatrix}-\begin{pmatrix} 1 & -1 & 0 \\ -1 & 1 & -3 \end{pmatrix}$$

풀이

$$\begin{pmatrix} 3 & -1 & -3 \\ 2 & 4 & 7 \end{pmatrix}-\begin{pmatrix} 1 & -1 & 0 \\ 1 & 1 & 3 \end{pmatrix}$$
$$=\begin{pmatrix} 3-1 & -1+1 & -3-0 \\ -2-(-1) & 4-1 & 7-(-3) \end{pmatrix}$$
$$=\begin{pmatrix} 2 & 0 & -3 \\ -1 & 3 & 10 \end{pmatrix}$$

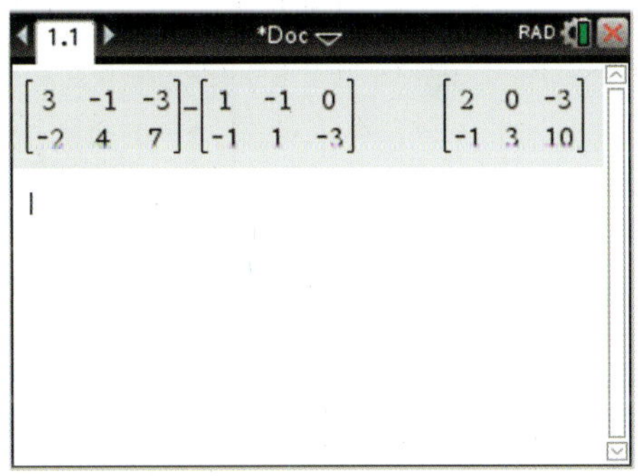

5 행렬의 실수배

임의의 실수 k에 대하여 행렬 $\mathrm{A}=[a_{ij}]$의 각 성분을 k배 한 것을 성분으로 하는 행렬을 A의 k배라 하고, 이것을

$$k\,\mathrm{A}=[ka_{ij}]$$

로 나타낸다. 그리고 행렬의 실수배에서는 행렬 A에 대하여

$1\mathrm{A}=\mathrm{A}$

$(-1)\mathrm{A}=-\mathrm{A}$

$0\mathrm{A}=\mathrm{O}$

$k\mathrm{O}=\mathrm{O}$(단, k는 실수)

$(cd)\mathrm{A}=c(d\mathrm{A})$ (단, c, d는 실수)

$c(\mathrm{A}+\mathrm{B})=c\mathrm{A}+c\mathrm{B}$ (단, c는 실수)

와 같은 성질이 성립한다.

예제 4

행렬 $A=\begin{pmatrix} 1 & 2 & 4 \\ -3 & 0 & -1 \\ 2 & 1 & 2 \end{pmatrix}$와 $B=\begin{pmatrix} 2 & 0 & 0 \\ 1 & -4 & 3 \\ -1 & 3 & 2 \end{pmatrix}$에 대해 다음을 구하여라.

(1) $3A$ (2) $3A-B$

풀이

(1) $3A=3\begin{pmatrix} 1 & 2 & 4 \\ -3 & 0 & -1 \\ 2 & 1 & 2 \end{pmatrix}=\begin{pmatrix} 3\times 1 & 3\times 2 & 3\times 4 \\ 3\times(-3) & 3\times 0 & 3\times(-1) \\ 3\times 2 & 3\times 1 & 3\times 2 \end{pmatrix}=\begin{pmatrix} 3 & 6 & 12 \\ -9 & 0 & -3 \\ 6 & 3 & 6 \end{pmatrix}$

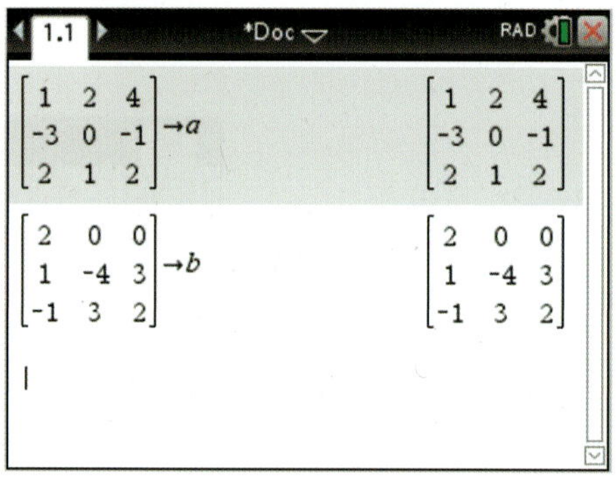

(2) $3A-B=\begin{pmatrix} 3 & 6 & 12 \\ -9 & 0 & -3 \\ 6 & 3 & 6 \end{pmatrix}-\begin{pmatrix} 2 & 0 & 0 \\ 1 & -4 & 3 \\ -1 & 3 & 2 \end{pmatrix}=\begin{pmatrix} 1 & 6 & 12 \\ -10 & 4 & -6 \\ 7 & 0 & 4 \end{pmatrix}$

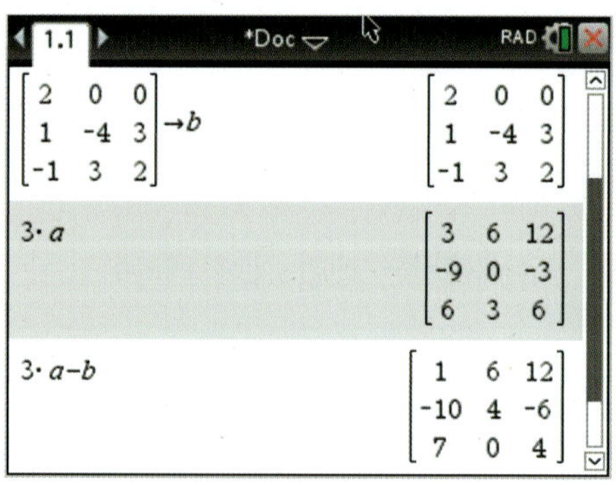

문제 1 다음 등식 $\begin{pmatrix} a & b \\ c & d \end{pmatrix} = \begin{pmatrix} 1 & 3 \\ 0 & -2 \end{pmatrix}$을 만족시키는 a, b, c, d의 값을 구하여라.

문제 2 행렬 $\mathrm{A} = \begin{pmatrix} 1 & -2 \\ 0 & 3 \end{pmatrix}$, $\mathrm{B} = \begin{pmatrix} -3 & 4 \\ 2 & 1 \end{pmatrix}$에서 $3\mathrm{X} + \mathrm{A} = \mathrm{B}$일 때, X를 구하여라.

9.3 행렬의 곱셈

행렬 A와 B의 곱 AB는 A의 열 개수와 B의 행 개수가 같을 때에만 정의된다. 행렬 A와 B가 각각 $m\times k$ 행렬, $k\times n$ 행렬일 때, 곱 행렬 AB는 $m\times n$ 행렬이고 곱 AB의 (i, j) 성분은 A의 i와 B의 j 성분을 차례로 곱하여 더한 것이다

$$\text{제}i\text{행}\begin{pmatrix} \Rightarrow \end{pmatrix}\overset{\text{제}j\text{열}}{\begin{pmatrix} \Downarrow \end{pmatrix}}=\overset{\text{제}j\text{열}}{\begin{pmatrix} ※ \end{pmatrix}}\text{제}i\text{행}$$

$$m\times k\text{행렬} \quad k\times n\text{행렬} \quad m\times n\text{행렬}$$

$$\begin{pmatrix} a_{11} & a_{12} & a_{13} & \cdots & a_{1n} \\ a_{21} & a_{22} & & \cdots & a_{2n} \\ a_{31} & a_{32} & & \cdots & a_{3n} \\ \vdots & \vdots & \vdots & & \vdots \\ a_{i1} & a_{i2} & a_{i3} & \cdots & a_{in} \\ \vdots & \vdots & \vdots & & \vdots \\ a_{m1} & a_{m2} & a_{m3} & \cdots & a_{mn} \end{pmatrix}\begin{pmatrix} b_{11} & b_{12} & \cdots & b_{1j} & \cdots & b_{1p} \\ b_{21} & b_{22} & \cdots & b_{2j} & \cdots & b_{2p} \\ b_{31} & b_{32} & \cdots & b_{3j} & \cdots & b_{3p} \\ \vdots & \vdots & & \vdots & & \vdots \\ b_{n1} & b_{n2} & \cdots & b_{nj} & \cdots & b_{np} \end{pmatrix}=\begin{pmatrix} c_{11} & c_{12} & \cdots & c_{1j} & \cdots & c_{1p} \\ c_{21} & c_{22} & \cdots & c_{2j} & \cdots & c_{2p} \\ \vdots & \vdots & & \vdots & & \vdots \\ c_{i1} & c_{i2} & \cdots & c_{ij} & & c_{ip} \\ \vdots & \vdots & & \vdots & & \vdots \\ c_{m1} & c_{m2} & \cdots & c_{mj} & \cdots & c_{mp} \end{pmatrix}$$

$$a_{i1}b_{1j}+a_{i2}b_{2j}+a_{i3}b_{3j}+\cdots+a_{in}b_{nj}=c_{ij}$$

예제 1

두 행렬 $A=\begin{pmatrix} -1 & 3 \\ 4 & -2 \\ 5 & 0 \end{pmatrix}$과 $B=\begin{pmatrix} -3 & 2 \\ -4 & 1 \end{pmatrix}$의 곱 AB를 구하여라.

풀이

행렬 A의 열과 행렬 B의 행이 같기 때문에 곱 행렬 AB를 구할 수 있다. AB는 3×2 행렬이기 때문에 오른쪽과 같이 표현된다.

$$\begin{pmatrix} -1 & 3 \\ 4 & -2 \\ 5 & 0 \end{pmatrix}\begin{pmatrix} -3 & 2 \\ -4 & 1 \end{pmatrix}=\begin{pmatrix} c_{11} & c_{12} \\ c_{21} & c_{22} \\ c_{31} & c_{32} \end{pmatrix}$$

여기서 c_{11}을 구하기 위해서 행렬 A의 1행과 행렬 B의 1열을 곱하여 더한다.

$$c_{11} = (-1)(-3)+(3)(-4) = -9$$

$$\begin{bmatrix} -1 & 3 \\ 4 & -2 \\ 5 & 0 \end{bmatrix} \begin{bmatrix} -3 & 2 \\ -4 & 1 \end{bmatrix} = \begin{bmatrix} -9 & c_{12} \\ c_{21} & c_{22} \\ c_{31} & c_{32} \end{bmatrix}$$

비슷한 방법으로 c_{12}를 구하기 위해서 행렬 A 의 1행과 행렬 B 의 2열을 곱하여 더한다.

$$c_{12} = (-1)(2)+(3)(1) = 1$$

$$\begin{bmatrix} -1 & 3 \\ 4 & -2 \\ 5 & 0 \end{bmatrix} \begin{bmatrix} -3 & 2 \\ -4 & 1 \end{bmatrix} = \begin{bmatrix} -9 & 1 \\ c_{21} & c_{22} \\ c_{31} & c_{32} \end{bmatrix}$$

이런 패턴을 반복하면 결과는 다음과 같다.

$$c_{21} = (4\times-3)+(-2\times-4) = -4$$
$$c_{22} = (4\times2)+(-2\times1) = 6$$
$$c_{31} = (5\times-3)+(0\times-4) = -15$$
$$c_{32} = (5\times2)+(0\times1) = 10$$

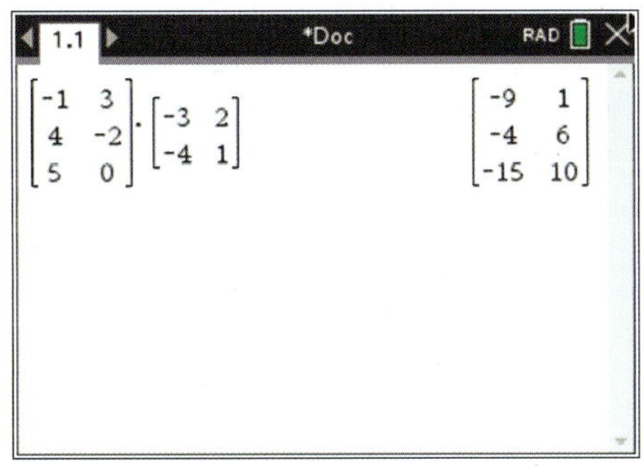

따라서

$$A = \begin{pmatrix} -1 & 3 \\ 4 & -2 \\ 5 & 0 \end{pmatrix}\begin{pmatrix} -3 & 2 \\ -4 & 1 \end{pmatrix} = \begin{pmatrix} (-1\times-3)+(3\times-4) & (-1\times2)+(3\times1) \\ (4\times-3)+(-2\times-4) & (4\times2)+(-2\times1) \\ (5\times-3)+(0\times-4) & (5\times2)+(0\times1) \end{pmatrix} = \begin{pmatrix} -9 & 1 \\ -4 & 6 \\ -15 & 10 \end{pmatrix}$$

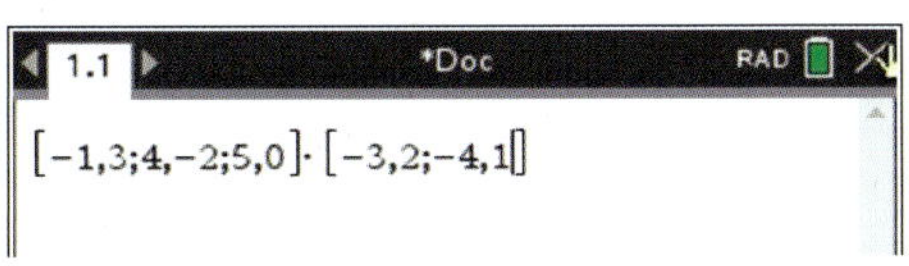

- 템플릿키를 사용하지 않고 대괄호를 사용한 행렬 입력 방법

예제 2

다음 행렬의 곱을 구하여라.

(1) $\begin{pmatrix} 1 & 0 & 3 \\ 2 & -1 & -2 \end{pmatrix}\begin{pmatrix} -2 & 4 & 2 \\ 1 & 0 & 0 \\ -1 & 1 & -1 \end{pmatrix}$

(2) $\begin{pmatrix} 1 & 2 & 3 \end{pmatrix}\begin{pmatrix} 2 \\ 1 \\ -1 \end{pmatrix}$

(3) $\begin{pmatrix} -2 & 1 \\ 1 & -3 \\ 1 & 4 \end{pmatrix}\begin{pmatrix} -2 & 3 & 1 & 4 \\ 0 & 1 & -1 & 2 \\ 2 & -1 & 0 & 1 \end{pmatrix}$

풀이

(1) $\begin{pmatrix} 1 & 0 & 3 \\ 2 & -1 & -2 \end{pmatrix}\begin{pmatrix} -2 & 4 & 2 \\ 1 & 0 & 0 \\ -1 & 1 & -1 \end{pmatrix} = \begin{pmatrix} -5 & 7 & -1 \\ -3 & 6 & 6 \end{pmatrix}$

(2) $(1 \ \ -2 \ \ -3)\begin{pmatrix} 2 \\ 1 \\ -1 \end{pmatrix} = (3)$

(3) 행렬 A는 3행 2열, 행렬 B는 3행 4열이므로 행렬 A의 열과 B의 행이 다르기 때문에 행렬 AB를 구할 수 없다.

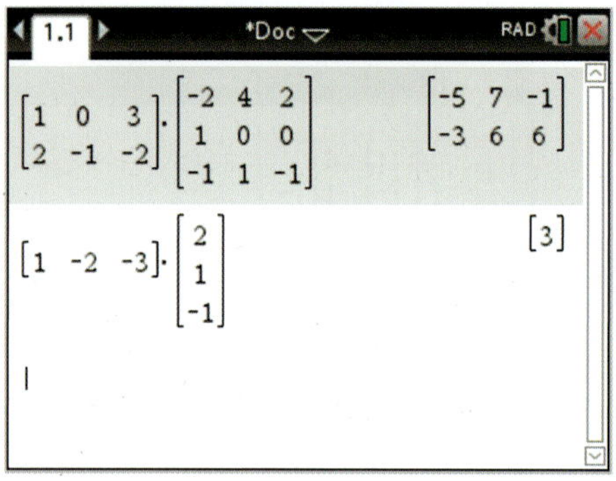

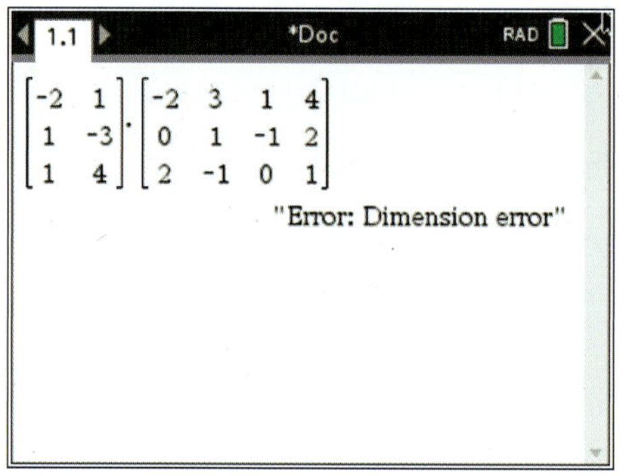

문제 1 다음 행렬의 곱을 계산하여라.

$$\begin{pmatrix} 3 & -2 & 5 \\ 1 & 0 & 4 \\ -1 & 2 & -3 \end{pmatrix}\begin{pmatrix} 1 & 0 & 0 \\ 0 & 1 & 0 \\ 0 & 0 & 1 \end{pmatrix}$$

문제 2 행렬 $A = \begin{pmatrix} 1 & 0 \\ -1 & 1 \end{pmatrix}$, $B = \begin{pmatrix} -2 & 3 \\ 4 & -5 \end{pmatrix}$에 대해 다음을 구하여라.

(1) AB (2) BA (3) A^2

9.4 행렬식

1 행렬식의 정의

행렬식(determinant)은 행의 개수와 열의 개수가 같은 정사각형, 즉 $n \times n$ 행렬에서만 정의된다. 따라서 행렬식은 정사각형 행렬의 성분들을 더하고 곱해서 얻어진 값을 말한다. 따라서 "행렬식을 구하여라"는 행렬식의 값을 하나의 수로 표현하라는 뜻이다. 행렬 A의 행렬식 $\det(A)$는 행렬의 성분을 절댓값 기호로 나타낸다. 행렬 A를 $n \times n$ 행렬이라고 할 때 A의 행렬식 $\det(A)$ 또는 $|A|$로 표시한다. $\det(A)$의 결과는 하나의 수로 표현되므로 행렬식 $\det(A)$은 함수라고 볼 수 있다.

$$\det A = \begin{vmatrix} a_{11} & a_{12} & \cdots & a_{1n} \\ \cdots & \cdots & \cdots & \cdots \\ a_{n1} & a_{n2} & \cdots & a_{nn} \end{vmatrix}$$

2 2×2와 3×3 행렬식의 계산

2×2 행렬식의 계산

$$\det\begin{pmatrix} a_{11} & a_{12} \\ a_{21} & a_{22} \end{pmatrix} = \begin{vmatrix} a_{11} & a_{12} \\ a_{21} & a_{22} \end{vmatrix} = a_{11}a_{22} - a_{12}a_{21}$$

3×3 행렬식의 계산

$$\det\begin{pmatrix} a_{11} & a_{12} & a_{13} \\ a_{21} & a_{22} & a_{23} \\ a_{31} & a_{32} & a_{33} \end{pmatrix} = \begin{vmatrix} a_{11} & a_{12} & a_{13} \\ a_{21} & a_{22} & a_{23} \\ a_{31} & a_{32} & a_{33} \end{vmatrix}$$

$$= a_{11}a_{22}a_{33} + a_{12}a_{23}a_{31} + a_{13}a_{21}a_{32} - a_{12}a_{21}a_{33} - a_{11}a_{23}a_{32} - a_{13}a_{22}a_{31}$$

으로 구할 수 있다. 이 계산법을 쉽게 기억하려면

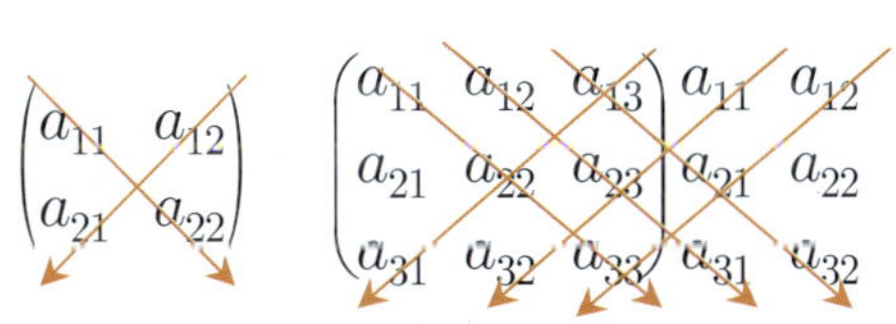

이 그림처럼 오른쪽 위에서 왼쪽 아래로 향한 화살표 성분을 곱한 것에 왼쪽 위에서 오른쪽 아래로 향한 화살표 성분의 곱을 빼면 된다.

예제 1

$\begin{vmatrix} 3 & -2 \\ 6 & 1 \end{vmatrix}$ 을 계산하여라.

풀이

$$\begin{vmatrix} 3 & -2 \\ 6 & 1 \end{vmatrix} = (3\times 1) - \{6\times(-2)\}$$
$$= 3 - (-12)$$
$$= 15$$

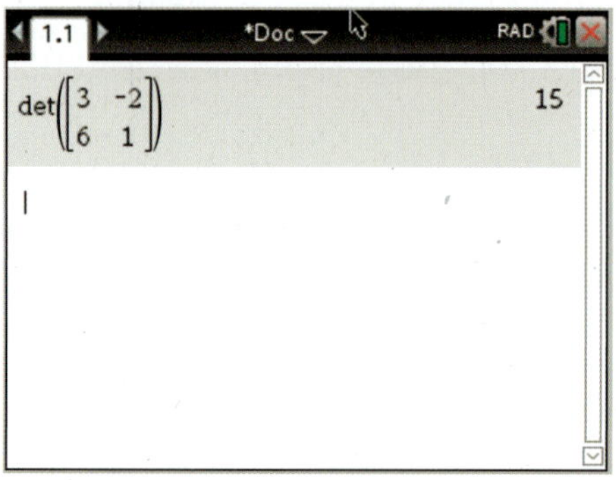

■ det는 menu > 7.Matrix & Vector > 3.Determinant를 선택한다.

예제 2

Nspire를 이용해서 다음 행렬의 행렬식 값을 구하여라.

$$A = \begin{pmatrix} 2 & -1 & 3 \\ -2 & 5 & 1 \\ 0 & 6 & -9 \end{pmatrix}$$

풀이

$$\det(A) = |A| = -120$$

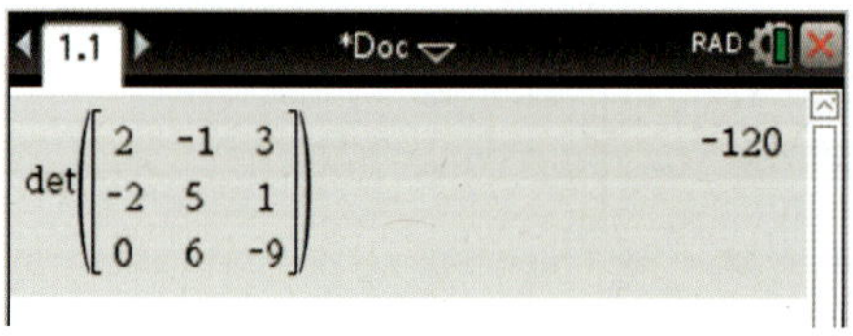

■ det( )에 행렬을 직접 입력하는 경우

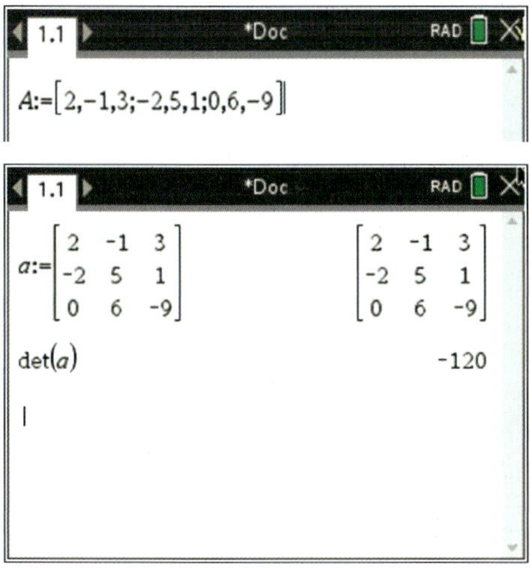

- 행렬을 콜론이퀄 :=을 사용하여 정의하였다. 대문자 A로 행렬을 정의하더라도 오른쪽 화면처럼 결과는 a로 설정된다.
- 정의된 행렬 a는 var에서 찾아서 입력한다.

문제 1 다음 행렬식의 값을 구하여라.

(1) $\begin{vmatrix} 6 & 4 \\ -1 & 3 \end{vmatrix}$

(2) $\begin{vmatrix} 3 & -9 & 4 \\ 1 & 4 & 0 \\ 8 & -3 & 1 \end{vmatrix}$

9.5 역행렬

1 단위행렬

두 행렬 $A=\begin{pmatrix} a & b \\ c & d \end{pmatrix}$와 $E=\begin{pmatrix} 1 & 0 \\ 0 & 1 \end{pmatrix}$에 대하여

$$AE=\begin{pmatrix} a & b \\ c & d \end{pmatrix}\begin{pmatrix} 1 & 0 \\ 0 & 1 \end{pmatrix}=\begin{pmatrix} a & b \\ c & d \end{pmatrix}=A$$

$$EA=\begin{pmatrix} 1 & 0 \\ 0 & 1 \end{pmatrix}\begin{pmatrix} a & b \\ c & d \end{pmatrix}=\begin{pmatrix} a & b \\ c & d \end{pmatrix}=A$$

이므로 $AE=EA=A$

일반적으로, 임의의 n차 정사각행렬 A에 대하여

$$AE=EA=A$$

를 만족시키는 n차 정사각행렬 E를 n차 **단위행렬**(unit matrix 또는 identity matrix)이라고 한다. 단위행렬은 E (독일어 Einheit) 또는 I(영어 Identity)로 나타낸다.

단위행렬은 정사각행렬로서 왼쪽 위에서 오른쪽 아래로의 대각선 위의 성분이 모두 1이고, 그 이외의 성분은 모두 0이다. 또한 행렬의 곱셈에서 단위행렬 E는 수의 곱셈에서의 1과 같은 성질을 가지고 있음을 알 수 있다.

2 역행렬

0이 아닌 실수 a에 대하여 $ax=xa=a$가 되는 실수 x가 존재할 때, x를 a의 곱셈에 대한 역원이라 하고, a^{-1}로 나타내었다. 수의 경우와 같이 정사각행렬 A와 단위행렬 E에 대해서도

$$AX=XA=E$$

를 만족하는 행렬 X가 존재할 때, 이 행렬 X를 행렬 A의 **역행렬**(inverse matrix)이라 하고, 기호

$$A^{-1}$$

로 나타낸다. 즉, 행렬 A의 역행렬 A^{-1}가 존재하면

$$AA^{-1}=A^{-1}A=E$$

가 성립한다.

예제 1

B가 A의 역행렬임을 보이시오.

$$\mathrm{A}=\begin{pmatrix}-1 & 2\\ 1 & -1\end{pmatrix},\quad \mathrm{B}=\begin{pmatrix}1 & 2\\ 1 & 1\end{pmatrix}$$

풀이

역행렬의 정의를 사용하여 $\mathrm{AB}=\mathrm{E}=\mathrm{BA}$ 임을 보이면, B가 A의 역행렬임을 알 수 있다.

$$\mathrm{AB}=\begin{pmatrix}-1 & 2\\ 1 & -1\end{pmatrix}\begin{pmatrix}1 & 2\\ 1 & 1\end{pmatrix}=\begin{pmatrix}-1+2 & -2+2\\ 1-1 & 2-1\end{pmatrix}=\begin{pmatrix}1 & 0\\ 0 & 1\end{pmatrix}$$

$$\mathrm{BA}=\begin{pmatrix}1 & 2\\ 1 & 1\end{pmatrix}\begin{pmatrix}-1 & 2\\ 1 & -1\end{pmatrix}=\begin{pmatrix}-1+2 & 2-2\\ -1+1 & 2-1\end{pmatrix}=\begin{pmatrix}1 & 0\\ 0 & 1\end{pmatrix}$$

이므로 B는 A의 역행렬이다.

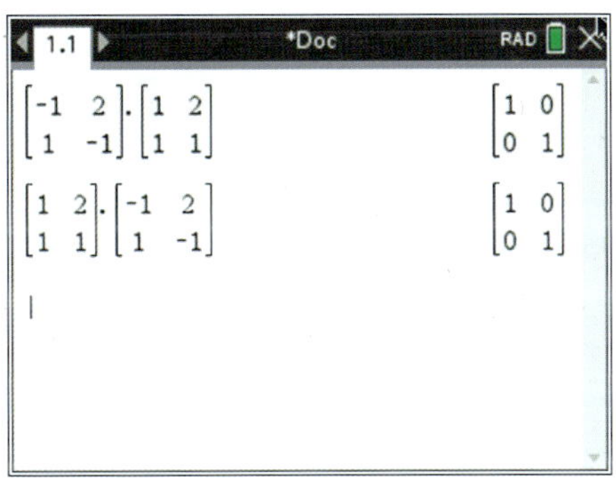

3 이차 정사각행렬의 역행렬

행렬 $\mathrm{A}=\begin{pmatrix}a & b\\ c & d\end{pmatrix}$에 대하여 $ad-bc\neq 0$이면 A^{-1}이 존재하고

$$\mathrm{A}^{-1}=\frac{1}{ad-bc}\begin{pmatrix}d & -b\\ -c & a\end{pmatrix}$$

이다. 그리고 $ad-bc=0$이면 A의 역행렬은 존재하지 않는다.

예제 2

다음 행렬의 역행렬이 존재하면 역행렬을 구하여라.

(1) $A=\begin{pmatrix} 3 & -1 \\ -2 & 2 \end{pmatrix}$　　　　(2) $B=\begin{pmatrix} -1 & 3 \\ -2 & 6 \end{pmatrix}$

풀이

(1) $ad-bc=3\times 2-(-1)\times(-2)=6-2=4$ 이므로 행렬 A 의 역행렬은 존재한다.

$$A^{-1}=\frac{1}{ad-bc}\begin{pmatrix} d & -b \\ -c & a \end{pmatrix}=\frac{1}{4}\begin{pmatrix} 2 & 1 \\ 2 & 3 \end{pmatrix}=\begin{pmatrix} \frac{1}{2} & \frac{1}{4} \\ \frac{1}{2} & \frac{3}{4} \end{pmatrix}$$

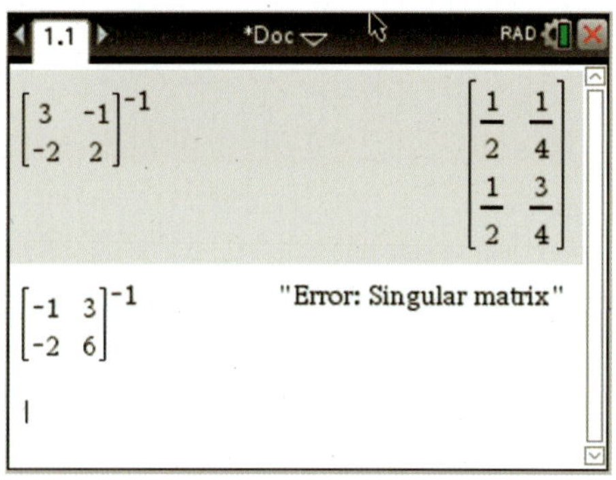

■ 역행렬은 거듭제곱 기호 ^−1로 입력하면 된다.

(2) $ad-bc=(-1)6-3(-2)=0$ 이므로 역행렬을 구할 수 없다.

문제 1 다음 주어진 행렬 B가 행렬 A 의 역행렬임을 보여라.

$$A=\begin{pmatrix} 1 & 2 \\ 3 & 4 \end{pmatrix},\quad B=\begin{pmatrix} -2 & 1 \\ \frac{3}{2} & -\frac{1}{2} \end{pmatrix}$$

문제 2 다음 행렬의 역행렬을 Nspire로 구하여라.

(1) $\begin{pmatrix} 2 & 0 \\ 0 & 3 \end{pmatrix}$　　(2) $\begin{pmatrix} 2 & 7 & 1 \\ -3 & -9 & 2 \end{pmatrix}$　　(3) $\begin{pmatrix} 1 & 0 & 0 \\ 3 & 4 & 0 \\ 2 & 5 & 5 \end{pmatrix}$

CHAPTER

10 연립방정식과 행렬

SYSTEMS of EQUATIONS and MATRICES

10.1 대입법과 미지수가 두 개인 연립일차방정식

우리가 해결해야 할 대부분 문제는 일차함수 또는 미지수가 2개인 방정식 형태이다. 그러나 과학, 경제, 공학에서의 문제는 미지수가 2개 이상이고 연립방정식(system of equations)인 형태가 많다. 이러한 문제를 해결하기 위해서는 여러 방정식의 해를 구할 수 있어야 한다. 방정식의 해는 순서쌍으로 나타낼 수 있는데 이러한 순서쌍의 해를 모두 찾아야 방정식 문제를 완벽하게 해결한 것이다. 아래와 같이 x, y로 이루어진 두 방정식을 예로 들어보자.

$$2x + y = 5 \quad \text{방정식 1}$$
$$3x - 2y = 4 \quad \text{방정식 2}$$

$(2, 1)$은 위 방정식의 해다. 이는 x에 2, y에 1을 대입하여 아래와 같이 확인할 수 있다.

$$2\times 2 + 1 = 5 \quad \text{방정식 1 확인}$$
$$3\times 2 - 2\times 1 = 4 \quad \text{방정식 2 확인}$$

방정식은 여러 가지 방법으로 풀 수 있다. 이번 장에서는 방정식을 푸는 여러 방법 중 일반적으로 많이 사용되는 세 가지를 공부한다. 그 시작으로 대입(substitution) 방법을 알아보자. 대입 방법은 5단계(풀기, 대입, 풀기, 역대입, 확인)로 이루어진다. 다음 예제를 통해 확인해보자.

예제 1

다음 방정식을 풀어라.

$$x + y = 4 \quad \text{방정식 1}$$
$$x - y = 2 \quad \text{방정식 2}$$

풀이

방정식 1을 $y = 4 - x$ 형태로 푼다. 방정식 2의 y에 대입하여 x에 관한 한 문자로 정리한 후 x에 대해 방정식을 푼다.

$$x - (4 - x) = 2 \quad y\text{에 대입}$$
$$x - 4 + x = 2 \quad \text{한 문자로 정리}$$
$$2x = 6$$
$$x = 3 \quad x\text{ 구하기}$$

마지막으로 $x=3$을 방정식 1에 대입하여 $y=1$을 구한다. 그러므로 위 방정식의 해는 $(3, 1)$이다. 확인 작업으로 $x=3$과 $y=1$을 방정식 1과 2에 대입하여 참임을 확인한다.

$y=-x+4$, $y=x-2$

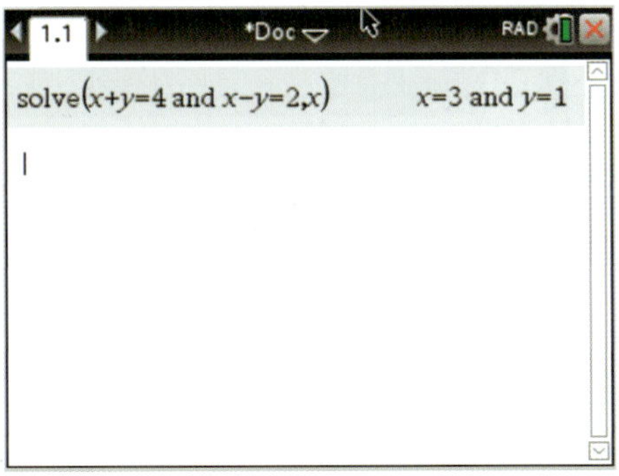

▪ solve 기능을 이용하여 연립방정식의 해를 구할 수 있다.

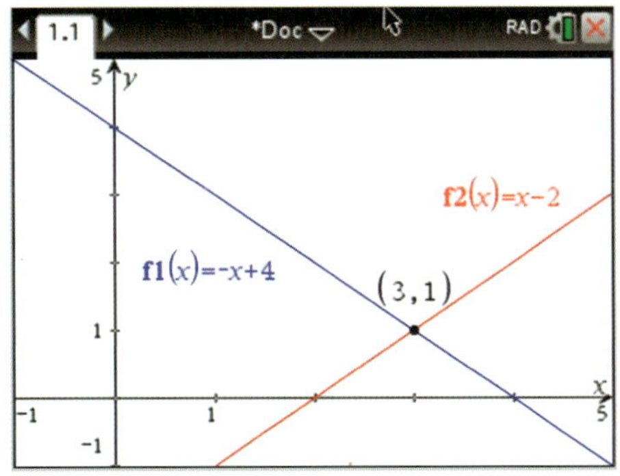

▪ 방정식을 함수식으로 입력한 경우이다.
▪ 연립방정식의 해는 그래프 교점으로도 구할 수 있다.
▪ 연립방정식의 해가 한 개이므로 두 그래프의 교점도 한 개다.

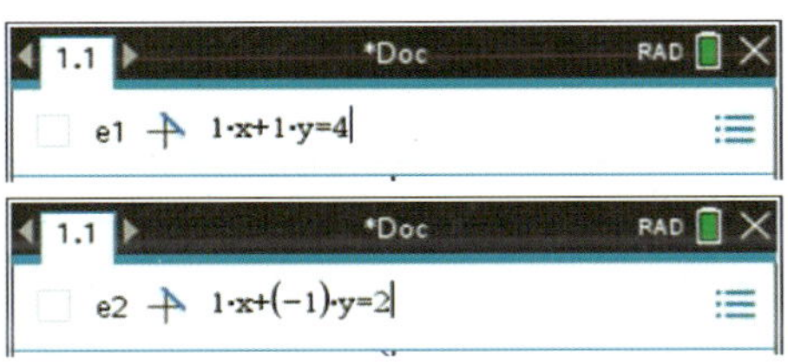

▪ 방정식 형태로 입력하여 그래프를 그릴 수 있다.
▪ 방정식 입력 방법

menu > 3.Graph Entry/Edit > 3.Equation Templates > 1.Line > 3. Line Standard

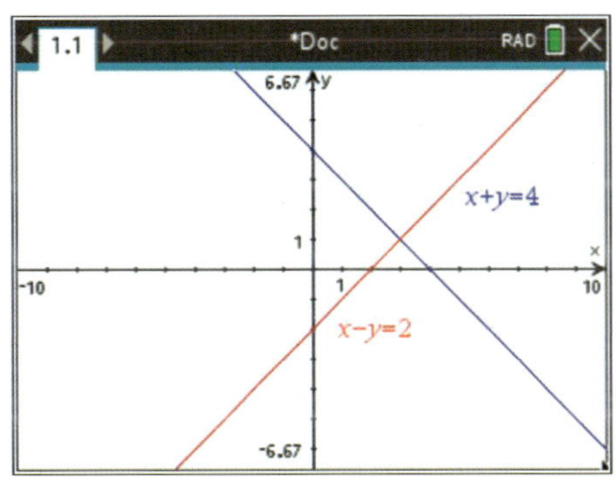

예제 2

다음 방정식을 풀어라.

$$x^2-x-y=1 \quad \text{방정식 1}$$
$$-x+y=-1 \quad \text{방정식 2}$$

풀이

방정식 2를 y에 관하여 정리하는 것이 더 간단하므로 $y=x-1$을 방정식 1에 대입한다.

$$x^2 - x - (x-1) = 1$$

이 방정식을 풀어 x의 값을 구한다.

$$x^2 - 2x + 1 = 1$$
$$x^2 - 2x = 0$$
$$x(x-2) = 0$$
$$x = 0, \ x = 2$$

x 의 값을 역대입하여 y의 값을 구한다.

$$x = 0 : y = 0 - 1 = -1$$
$$x = 2 : y = 2 - 1 = 1$$

그러므로 해는 $(0, -1)$, $(2, 1)$이다. 원래 방정식에 이 값을 대입하여 참임을 확인한다.

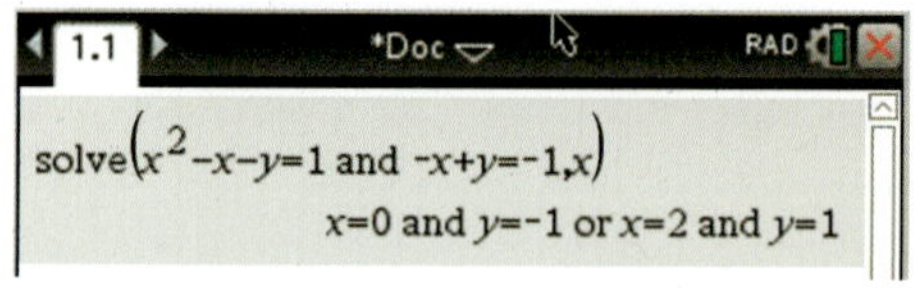

$y = x^2 - x - 1, \ y = x - 1$

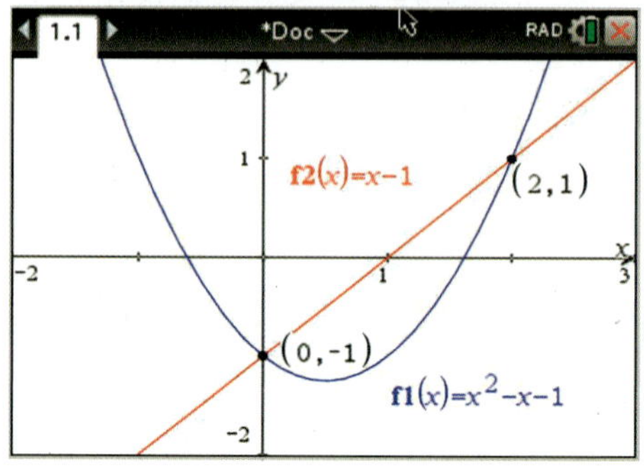

■ 연립방정식의 해가 두 개이므로 그래프에서도 교점이 2개로 나타난다.

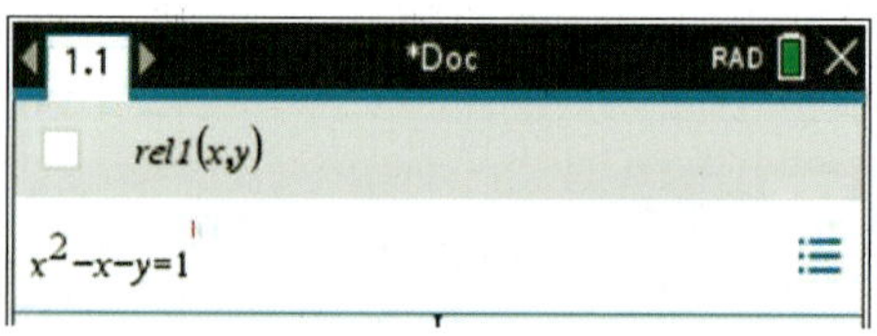

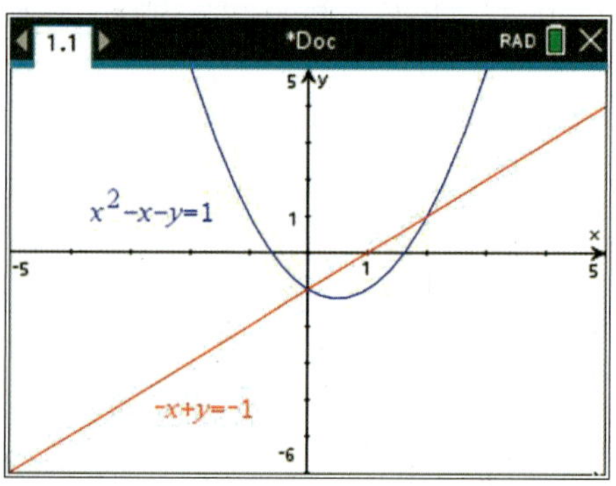

■ 연립방정식을 관계 relation를 이용하여 그래프를 그린 경우이다.

■ 관계 입력 방법

menu > 3.Graph Entry/Edit > 2.Relation

예제 3

다음 방정식을 풀어라.

$$-x + y = 4 \qquad \text{방정식 1}$$
$$x^2 + y = 3 \qquad \text{방정식 2}$$

풀이

방정식 1이 간단하므로 $y = x + 4$을 방정식 2에 대입한다.

$$x^2 + (x + 4) = 3$$

방정식을 풀어 x의 값을 구한다.

$$x^2 + x + 4 = 3$$

$$x^2 + x + 1 = 0$$

$$x = \frac{-1 \pm \sqrt{1^2 - 4(1)(1)}}{2}$$

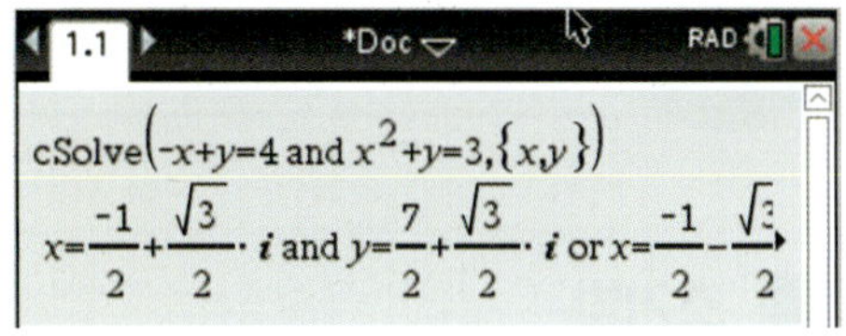

$y = x + 4$, $y = -x^2 + 3$

판별식이 음수이므로, $x^2 + x + 1 = 0$은 (실수) 해를 갖지 않는다. 즉, 이 연립방정식은 실수의 해를 갖지 않는다.

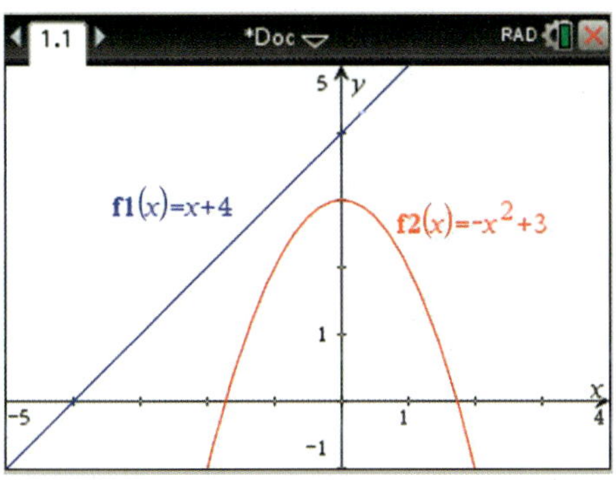

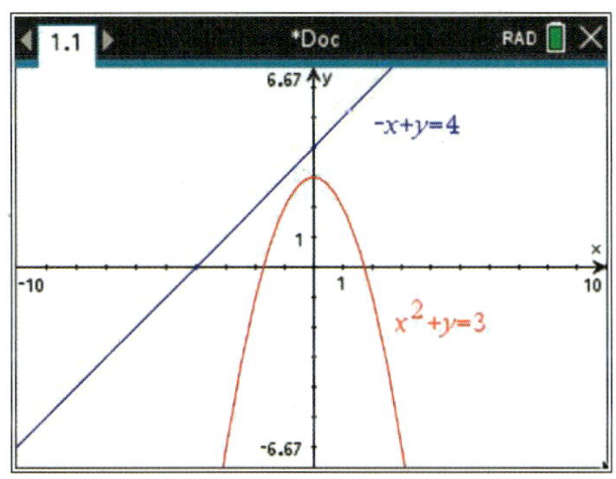

▪ 연립방정식의 실수해가 없으므로 그래프에서도 교점이 생기지 않는다.

문제 1 다음 방정식을 대입으로 풀어라.

$$5x - 3y = 10 \quad \text{방정식 1}$$

$$x - y = 0 \quad \text{방정식 2}$$

문제 2 Nspire의 그래프 기능을 이용하여 다음 방정식을 풀어라.

$$y = \sqrt{x} \quad \text{방정식 1}$$

$$x - y + 1 = 0 \quad \text{방정식 2}$$

10.2 소거법과 미지수가 두 개인 연립일차방정식

1 소거법

앞에서는 대입법과 그래프를 이용한 연립방정식 풀이를 공부했다. 여기서는 소거법(elimination)을 이용한 연립방정식의 풀이를 다룬다. 소거법을 사용할 때는 두 연립방정식을 더하여 한 문자를 없애는 것이 핵심이다.

CAS TIP 21 방정식의 그래프 그리기

방정식의 그래프를 그리는 방법은 두 가지이다.

- 주어진 방정식을 만족하는 x와 y 사이의 관계인 점의 집합으로 그래프를 그리는 경우

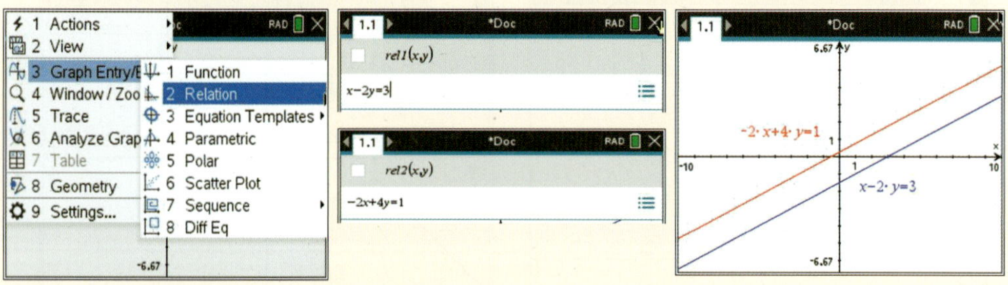

- 주어진 방정식에 따라 직선의 방정식으로 그래프를 그리는 경우
- Menu > 3.Graph Entry/Edit > 3.Equation Templates > 1.Line > 3.Line Standard

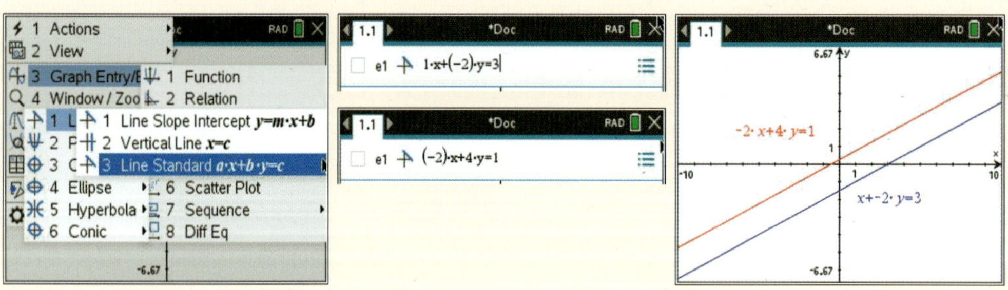

예제 1

다음 연립방정식을 풀어라.

$$3x + 2y = 4 \qquad \text{방정식 1}$$
$$5x - 2y = 8 \qquad \text{방정식 2}$$

풀이

y의 계수가 절댓값은 같고 부호는 다르므로 두 방정식을 더하면 y를 소거할 수 있다.

$$\begin{aligned} 3x + 2y &= 4 && \text{방정식 1} \\ 5x - 2y &= 8 && \text{방정식 2} \\ 8x \quad &= 12 && \text{두 방정식의 합} \end{aligned}$$

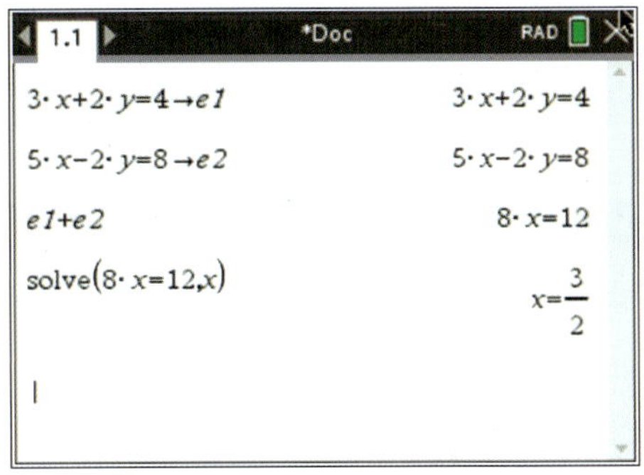

■ solve를 이용하거나 이 해를 주어진 방정식에 대입하여 참이 됨을 확인할 수 있다.

■ e1과 e2는 var에 저장되어 있다.

따라서 $x = \frac{3}{2}$이다. 이 값을 방정식 1 또는 2에 대입하면 y의 값을 구할 수 있다.

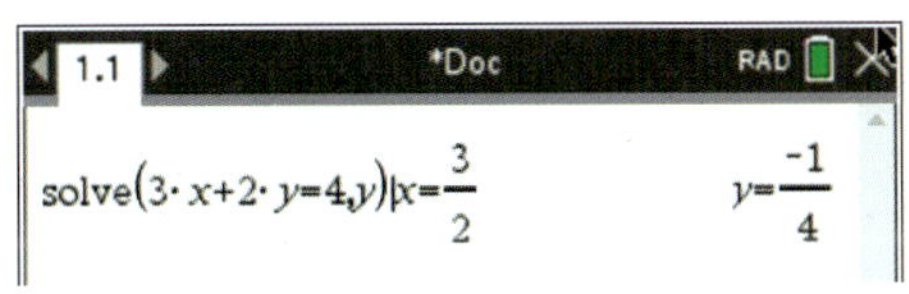

$$\begin{aligned} 3x + 2y &= 4 && \text{방정식 1} \\ 3\left(\frac{3}{2}\right) + 2y &= 4 && x = \frac{3}{2} \text{ 대입} \\ 2y = 4 - \frac{9}{2} &= -\frac{1}{2} && y\text{에 관해 정리} \\ y &= -\frac{1}{4} \end{aligned}$$

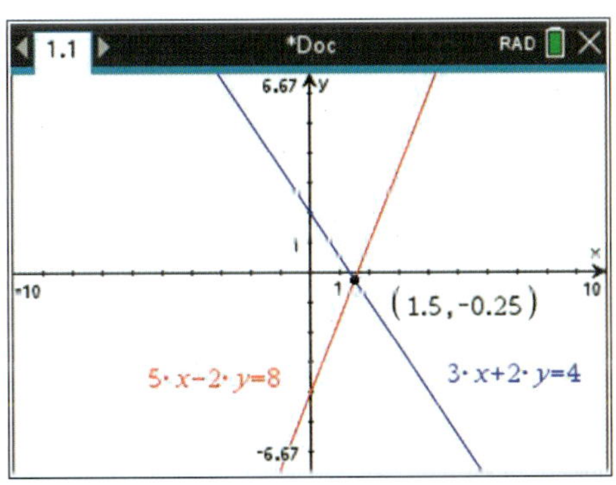

■ 관계 relation을 이용하여 그래프 입력

■ 연립방정식의 해는 $\left(\frac{3}{2}, -\frac{1}{4}\right)$이므로 그래프의 교점이 1개이다.

[예제 1]을 대입법을 이용하여 연립방정식을 풀어보자. 대입법과 소거법 중 어느 방법이 더 쉬울까? 아마도 소거법이 더 쉽게 느껴질 것이다. 한 미지수에 대하여 계수의 절댓값은 같고 부호는 다르게 되도록 적당한 수를 곱하거나 나눈 후 두 방정식을 더하거나 곱하면 된다.

예제 2

다음 연립방정식을 풀어라.

$$\begin{aligned} 2x-3y&=-7 &\quad& \text{방정식 1} \\ 3x+y&=-5 &\quad& \text{방정식 2} \end{aligned}$$

풀이

방정식 2에 3을 곱하면 두 연립방정식의 y의 계수가 같고 부호가 반대이므로 이 두 방정식을 더한다.

$$\begin{aligned} 2x-3y=-7 \rightarrow 2x-3y&=-\ \ 7 &\quad& \text{방정식 1} \\ 3x+y=-5 \rightarrow 9x+3y&=-15 &\quad& \text{(방정식 2)}\times 3 \\ 11x\quad\ &=-22 &\quad& \text{두 방정식의 합} \end{aligned}$$

따라서 $x=-2$이다. 이를 방정식 1에 대입하여 y를 구한다.

$$\begin{aligned} 2x-3y&=-7 &\quad& \text{방정식 1} \\ 2(-2)-3y&=-7 &\quad& x=-2 \text{ 대입} \\ -3y&=-3 &\quad& \text{양변에 4를 더한다.} \\ y&=1 &\quad& y\text{에 관해 정리} \end{aligned}$$

그러므로 연립방정식의 해는 $(-2,\ 1)$이다.

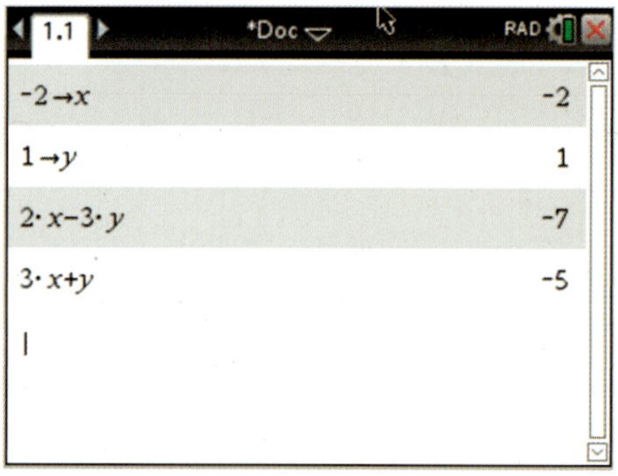

다음 두 연립방정식은 서로 같은 해를 가지므로 **동치**라고 한다.

$$\begin{cases} 2x-3y=-1 \\ 3x+y=-5 \end{cases} \qquad \begin{cases} 2x-3y=-1 \\ 9x+3y=-15 \end{cases}$$

연립방정식의 풀이에서 (i) 동치인 두 방정식을 서로 바꿀 수 있으며 (ii) 0이 아닌 상수를 방정식에 곱할 수 있고 (iii) 상수배 한 방정식과 다른 방정식을 더하거나 뺄 수 있다.

미지수가 두 개인 연립일차방정식의 해의 개수는 다음 중 하나의 경우를 가진다.

해의 개수	그래프 의미
1. 1개	두 직선은 한 점에서 만난다.
2. 무수히 많다.	두 직선은 일치한다.
3. 해가 없다.	두 직선은 평행하다.

아래 그래프는 위의 세 가지 경우를 보여준다.

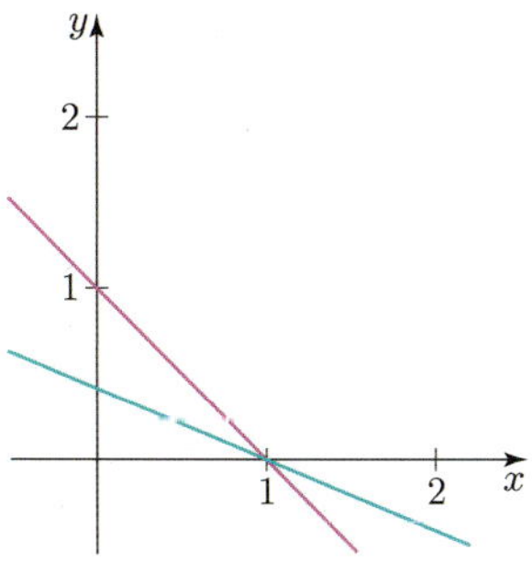

해가 한 개인 경우

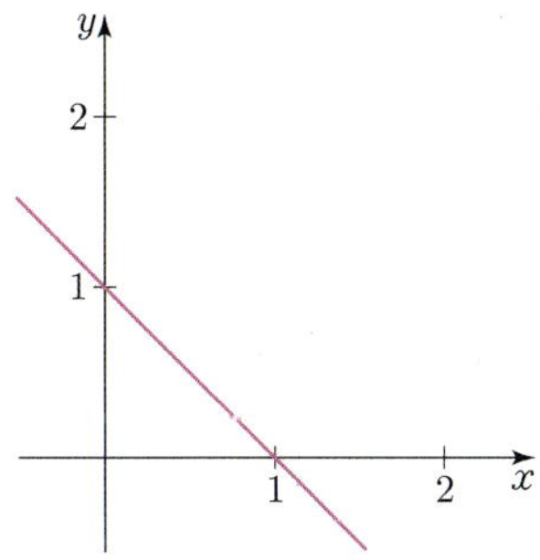

해가 무수히 많은 경우

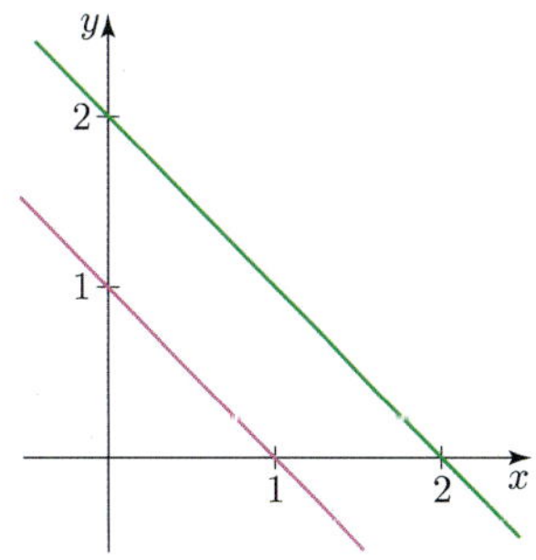

해가 없는 경우

예제 3

다음 연립일차방정식을 풀어라.

$$x-2y=3 \quad \text{방정식 1}$$
$$-2x+4y=1 \quad \text{방정식 2}$$

풀이

방정식 1에 2를 곱하면, 연립방정식에서 y 의 계수가 같고 부호는 다르게 된다.

$$\begin{aligned} x-2y=3 \;&\rightarrow\; 2x-4y=6 && \text{(방정식 1)}\times 2 \\ -2x+4y=1 \;&\rightarrow\; -2x+4y=1 && \text{(방정식 2)} \\ & \qquad\quad\; 0=7 && \text{거짓} \end{aligned}$$

이 연립방정식은 해를 갖지 않으므로 연립방정식의 그래프 또한 평행하면서 교점을 갖지 않는다. **[예제 1]**, **[예제 2]**의 경우 방정식의 그래프를 $y=f(x)$ 의 함수로 변형하여 그렸다. 이 예부터는 주어진 방정식의 그래프를 함수 형태로 변형하지 않고 Nspire로 (i) x, y 의 관계식으로 그리거나 (ii) 직선의 방정식으로 그린다.

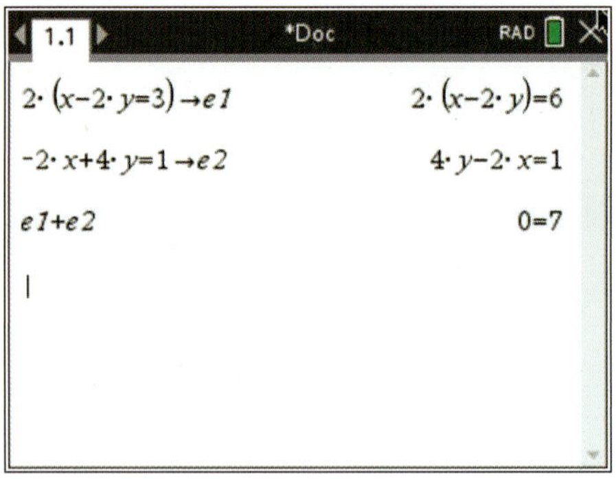

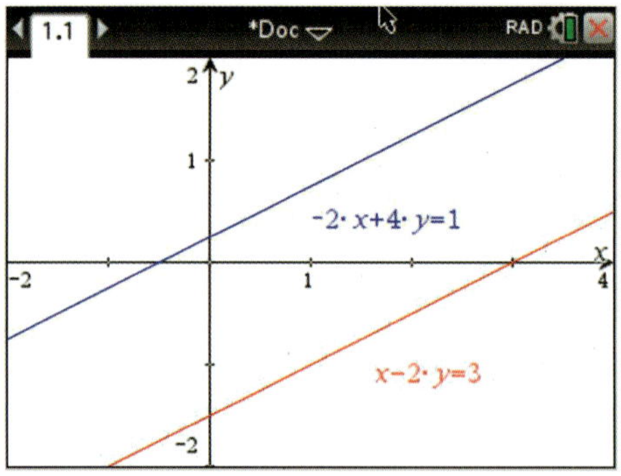

예제 4

다음 연립일차방정식을 풀어라.

$$\begin{aligned} 2x - y &= 1 \quad \text{방정식 1} \\ 4x - 2y &= 2 \quad \text{방정식 2} \end{aligned}$$

풀이

방정식 2에 $-\dfrac{1}{2}$을 곱하면, 연립방정식에서 y의 계수가 같고 부호는 다르게 된다.

$$\begin{aligned} 2x - y = 1 &\rightarrow \quad 2x - y = 1 \quad \text{방정식 1} \\ 4x - 2y = 2 &\rightarrow -2x + y = -1 \quad \text{방정식 } 2\times\left(-\frac{1}{2}\right) \\ & \qquad\qquad 0 = 0 \quad \text{두 방정식의 합} \end{aligned}$$

두 방정식이 같은 해를 가지므로 동치이다. 따라서 이 연립방정식은 무수히 많은 해를 갖는다. 그 해의 집합은 직선 $2x - y = 1$ 위에 있는 모든 점들의 집합이다.

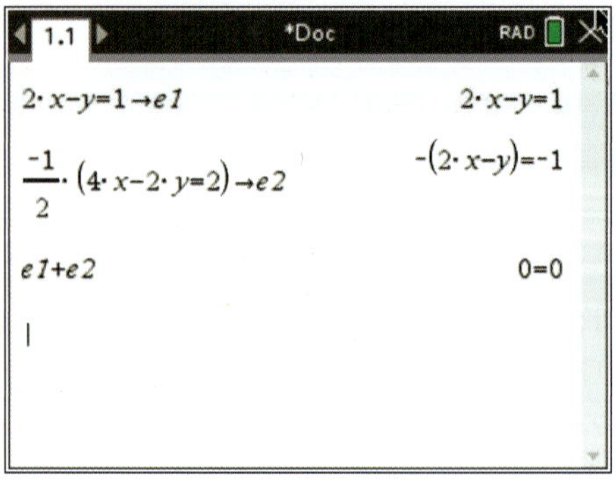

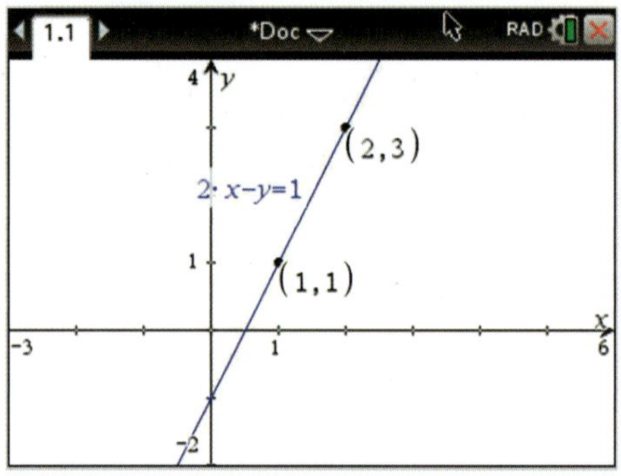

방정식 1에 2를 곱해도 같은 결과임을 알 수 있다.

$$4x - 2y = 2 \quad \text{새로운 방정식 1}$$
$$4x - 2y = 2 \quad \text{방정식 2}$$

10.3 연립일차방정식과 행렬

1 계수행렬과 확대행렬

앞에서는 연립방정식의 해를 대입법과 소거법으로 구했는데 상당히 번거로운 작업이었다. 이제부터는 행렬을 이용하여 연립방정식의 해를 구하고자 한다. 연립방정식에서 상수항을 제외한 계수로만 만든 행렬을 **계수행렬**(Coefficient Matrix)이라 한다. 그리고 계수행렬에 상수항을 오른쪽에 첨가한 행렬을 연립방정식의 **확대행렬**(또는 첨가행렬, Argument Matrix)이라 한다. 이 확대행렬만 조작하면 연립방정식의 해를 편리하게 구할 수 있다.

연립방정식	계수행렬	확대행렬
$\begin{aligned} x-4y+3z&=5 \\ -x+3y-z&=-3 \\ 2x\qquad -4z&=6 \end{aligned}$	$\begin{pmatrix} 1 & -4 & 3 \\ -1 & 3 & -1 \\ 2 & 0 & -4 \end{pmatrix}$	$\begin{pmatrix} 1 & -4 & 3 & : & 5 \\ -1 & 3 & -1 & : & -3 \\ 2 & 0 & -4 & : & 6 \end{pmatrix}$

연립방정식의 확대행렬이나 계수행렬을 나타낼 때, 방정식의 같은 변수를 수직으로 정렬하고 빠진 변수 자리에는 0을 적는다.

연립방정식	변수의 정렬	확대행렬
$\begin{aligned} x+3y\qquad&=9 \\ -y+4z&=-2 \\ x\qquad-5z&=0 \end{aligned}$	$\begin{aligned} x+3y\qquad&=9 \\ -y+4z&=-2 \\ x\qquad-5z&=0 \end{aligned}$	$\begin{pmatrix} 1 & 3 & 0 & : & 9 \\ 0 & -1 & 4 & : & -2 \\ 1 & 0 & -5 & : & 0 \end{pmatrix}$

2 기본 행 연산

앞에서 연립일차방정식을 동치인 연립방정식으로 만드는 대입법과 소거법 연산을 배웠다. 행렬에서 이 연산은 **기본 행 연산**(elementary row operation)에 해당된다. 주어진 연립일차방정식의 확대행렬에서 기본 행 연산을 하게 되면 새로운 확대행렬이 만들어지는데 이 확대행렬로부터 동치인 새로운 일차방정식을 얻는다. 주어진 행렬에 대해 기본 행 연산을 하면 두 행렬의 행이 같아지는데 이를 **행동치**(row equivalent)라 하고, 이때 이 두 행렬을 **행동치 행렬**이라 한다.

앞에서 연립일차방정식을 풀기 위하여 대입법과 소거법을 배웠다. 이 두 방법과 기본 행 연산은 본질적으로 같다. 기본적인 차이점은 행렬에서는 변수를 쓰지 않아도 된다는 점이 더 편리하다.

기본 행 연산

1. 두 행의 행 위치를 교환한다.
2. 행에 0이 아닌 수를 곱한다.
3. 한 행에 0이 아닌 수를 곱하여 다른 행에 더한다.

CAS TIP 22 행렬의 기본 행 연산

■ menu > 7.Matrix & Vector > 9.Row Operations

1. Swap Rows: 행과 행의 위치 바꾸기

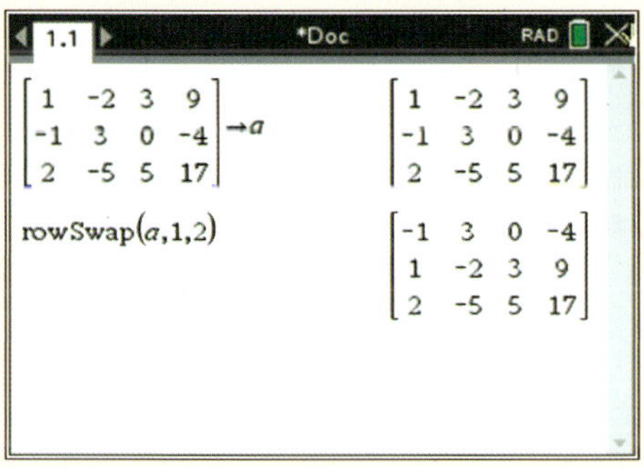

■ rowSwap(a, 1, 2): 행렬 a의 1행과 2행 위치를 바꾼다. 행렬 a의 새로운 행동치 행렬이 만들어진다.

2. Row Add: 행과 행을 더해 새로운 행 만들기

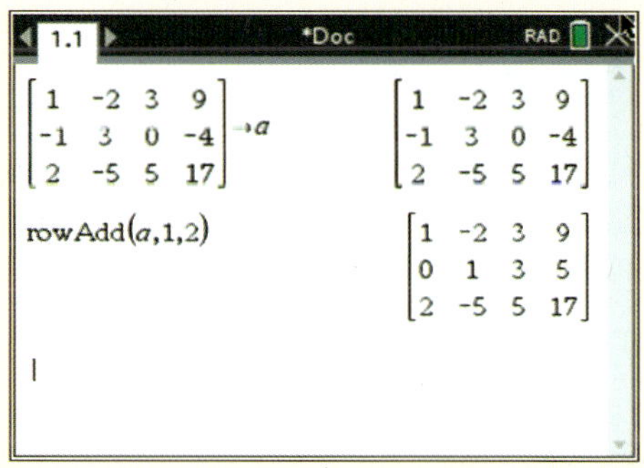

■ rowAdd(a, 1, 2): 행렬 a의 1행과 2행을 더해 새로운 2행을 만든다. 행렬 a의 새로운 행동치 행렬이 만들어진다.

3. Multiply Row: 행에 상수배 하기

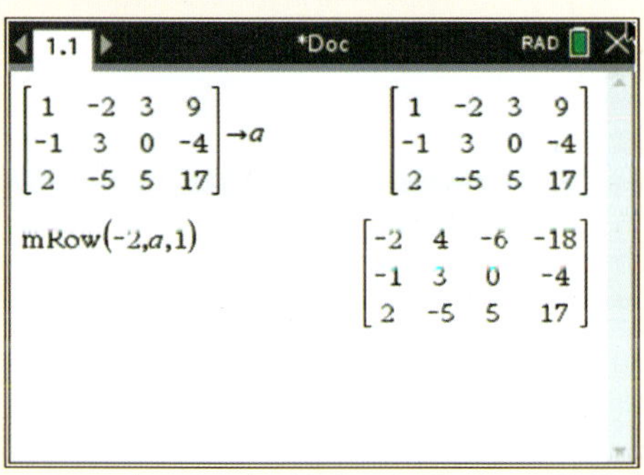

■ mRow(−2, a, 1): 행렬 a의 1행에 −2배 하여 새로운 1행을 만든다. 행렬 a의 새로운 행동치 행렬이 만들어진다.

4. Multiply Row & Add: 행에 상수배하여 더하기

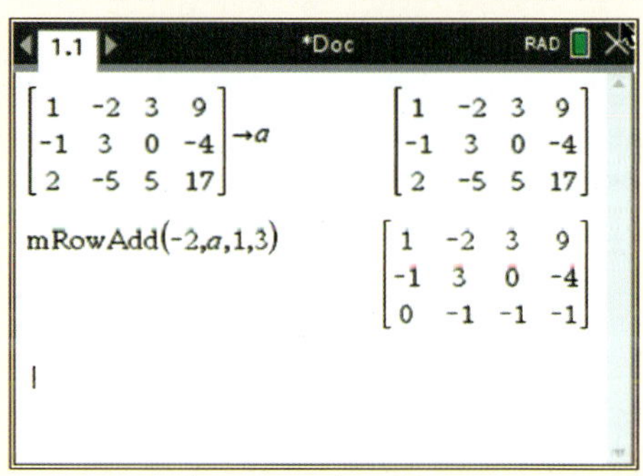

■ mRowadd(−2, a, 1, 3): 행렬 a의 1행에 −2배 하여 3행과 더해 새로운 3행을 만든다. 행렬 a의 새로운 행동치 행렬이 만들어진다.

예제 1

연립방정식	확대행렬
$\begin{cases} x-2y+3z=9 \\ -x+3y=-4 \\ 2x-5y+5z=17 \end{cases}$	$\left(\begin{array}{ccc:c} 1 & -2 & 3 & 9 \\ -1 & 3 & 0 & -4 \\ 2 & -5 & 5 & 17 \end{array}\right)$

풀이

첫 번째와 두 번째 방정식을 더한다.

$$\begin{cases} x-2y+3z=9 \\ -x+3y=-4 \\ 2x-5y+5z=17 \end{cases}$$

1행과 2행을 더하여 새로운 2행을 만든다. (R_1+R_2)

$$\left(\begin{array}{ccc:c} 1 & -2 & 3 & 9 \\ 0 & 1 & 3 & 5 \\ 2 & -5 & 5 & 17 \end{array}\right)$$

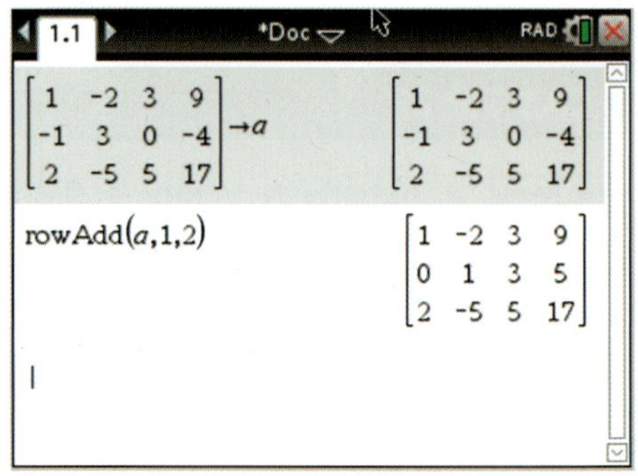

첫 번째 방정식에 -2를 곱하여 세 번째 방정식과 더한다.

$$\begin{cases} x-2y+3z=9 \\ y+3z=5 \\ -y-z=-1 \end{cases}$$

1행에 -2를 곱하여 3행에 더하여 새로운 3행을 만든다. $(-2R_1+R_3)$

$$\left(\begin{array}{ccc:c} 1 & -2 & 3 & 9 \\ 0 & 1 & 3 & 5 \\ 0 & -1 & -1 & -1 \end{array}\right)$$

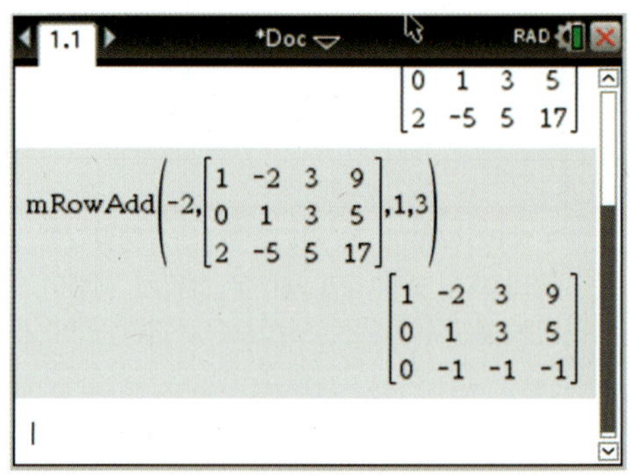

두 번째와 세 번째 방정식을 더한다.

$$\begin{cases} x-2y+3z=9 \\ y+3z=5 \\ 2z=4 \end{cases}$$

2행과 3행을 더하여 새로운 3행을 만든다. (R_2+R_3)

$$\left(\begin{array}{ccc:c} 1 & -2 & 3 & 9 \\ 0 & 1 & 3 & 5 \\ 0 & 0 & 2 & 4 \end{array}\right)$$

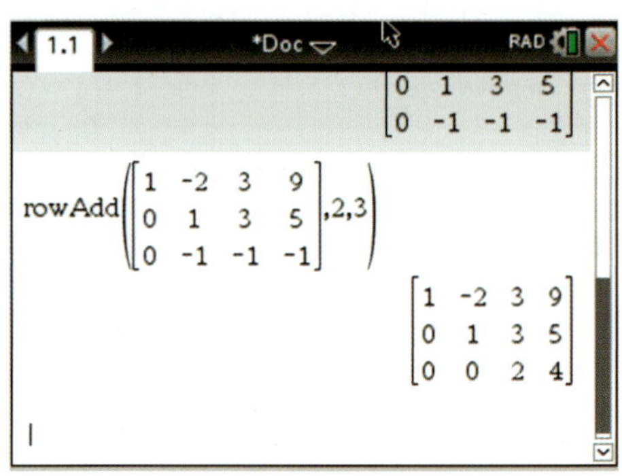

세 번째 방정식에 $\frac{1}{2}$을 곱한다.

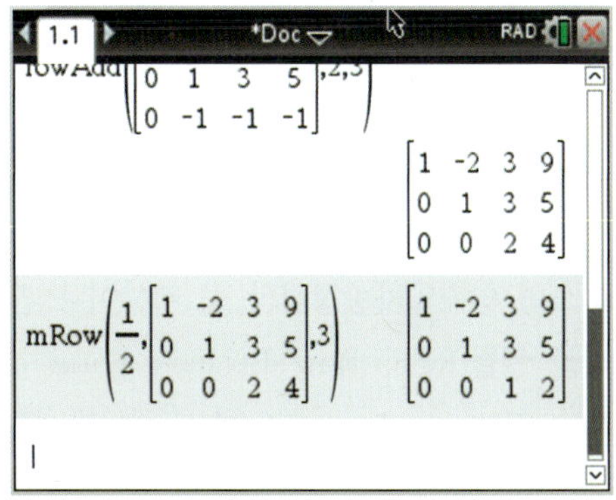

$$
\begin{aligned}
x-2y+3z&=9\\
y+3z&=5\\
2z&=4
\end{aligned}
$$

3행에 $\frac{1}{2}$을 곱하여 새로운 3행을 만든다. $\left(\frac{1}{2}R_3\right)$

$$
\left(\begin{array}{ccc:c}
1 & -2 & 3 & 9\\
0 & 1 & 3 & 5\\
0 & 0 & 1 & 2
\end{array}\right)
$$

구한 행렬 결과를 방정식으로 표현하면 다음과 같다.

$$
\begin{aligned}
&z=2\\
&y+3z=5\\
&x-2y+3z=9
\end{aligned}
$$

$z=2$를 대입하여 y를 구하고 그런 다음 y와 z를 대입하여 x를 구한다. 이처럼 마지막 식을 거꾸로 대입하여 해를 구하는 방법을 **후방대입법**(backward substitution)이라 한다. 따라서 연립일차방정식의 해는 다음과 같다.

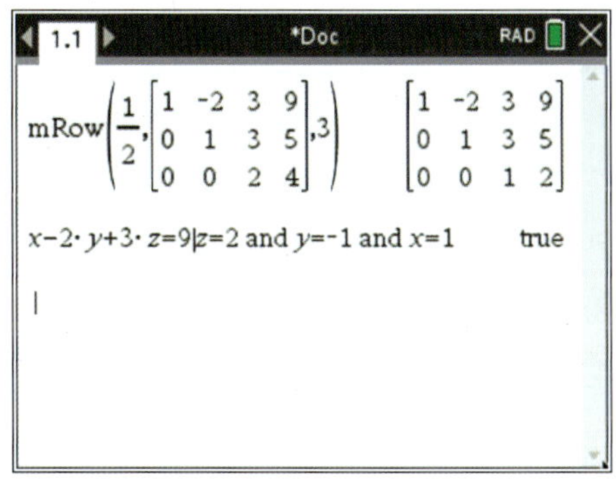

■ Nspire로 구한 해를 확인하면 다음과 같다.

$$x=1,\ y=-1,\ z=2$$

이 예에서 보면 연립일차방정식의 해를 구할 때는 미지수의 개수가 적은 방정식을 아래 행으로 내려 계산하는 것이 편리하다. 그리고 마지막 행렬을 **행사다리꼴**이라고 한다. 사다리꼴이라는 용어는 행렬의 0이 아닌 원소가 계단식 패턴으로 사다리꼴 모양임을 말해 준다.

$$
\begin{pmatrix}
1 & 2 & 3 & 9\\
0 & 1 & 3 & 5\\
0 & 0 & 1 & 2
\end{pmatrix}
$$

3 행사다리꼴 행렬과 기약 행사다리꼴 행렬

연립일차방정식의 해를 구하거나 두 행렬의 곱을 구하려면 많은 곱셈과 덧셈을 해야 한다. 그런데 행렬의 성분에 0(영)이 많으면 곱셈과 덧셈의 계산 양이 크게 줄어든다. 따라서 연립방정식의 해를 구하거나 행렬 곱셈을 하기 전에 주어진 행렬의 성분을 0으로 되도록 많이 만들어 놓으면 연립일차방정식의 해 계산이나 곱셈 계산이 쉬울 것이다. 이런 형태의 행렬을 **행 사다리꼴 행렬**(REF, Row Echelon Form of Matrix)과 **기약 행사다리꼴 행렬**(RREF, Reduced Row Echelon Form of Matrix)이라 한다.

■ 행사다리꼴 행렬과 기약행 사다리꼴 행렬의 성질

$m \times n$ 행렬 A 가 다음 성질 중 ①, ②, ③을 가질 때, 행렬 A 를 **행 사다리꼴 행렬**이라 하고 ④의 성질까지 가지면 행렬 A 를 **기약 행사다리꼴 행렬**이라 한다.

1. 각 행에서 처음 성분이 0이 아니라면 1이어야 한다. 이 1을 그 행의 **선행 성분**(leading entry)라 한다.
2. 아래 행의 선행 성분 1은 윗 행의 선행 선분 1보다 오른쪽에 있다.
3. 성분이 모두 0(영)인 행이 있다면 행렬의 맨 아래 행에 있다.
4. 어떤 행의 선행 성분을 포함하는 열의 모든 성분이 0이다.

예제 2

아래 행렬은 행사다리꼴 행렬이다.

(1) $\begin{pmatrix} 1 & 2 & -1 & 4 \\ 0 & 1 & 0 & 3 \\ 0 & 0 & 1 & -2 \end{pmatrix}$ (2) $\begin{pmatrix} 0 & 1 & 0 & 5 \\ 0 & 0 & 1 & 3 \\ 0 & 0 & 0 & 0 \end{pmatrix}$

(3) $\begin{pmatrix} 1 & -5 & 2 & -1 & 3 \\ 0 & 0 & 1 & 3 & -2 \\ 0 & 0 & 0 & 1 & 4 \\ 0 & 0 & 0 & 0 & 1 \end{pmatrix}$ (4) $\begin{pmatrix} 1 & 0 & 0 & -1 \\ 0 & 1 & 0 & 2 \\ 0 & 0 & 1 & 3 \\ 0 & 0 & 0 & 0 \end{pmatrix}$

(2)와 (4)는 기약 행사다리꼴 행렬이다. 다음 행렬은 행사다리꼴 행렬이 아니다.

(5) $\begin{pmatrix} 1 & 2 & -3 & 4 \\ 0 & 2 & 1 & -1 \\ 0 & 0 & 1 & -3 \end{pmatrix}$ (6) $\begin{pmatrix} 1 & 2 & -1 & 2 \\ 0 & 0 & 0 & 0 \\ 0 & 1 & 2 & -4 \end{pmatrix}$

모든 행렬은 행동치로 행사다리꼴이 된다.

예제 3

행렬 $\begin{pmatrix} 0 & 2 & -7 & -17 \\ 2 & 2 & 4 & 18 \\ 3 & 6 & -5 & 0 \end{pmatrix}$을 확대행렬로 가지는 연립일차방정식의 해를 구하여라.

풀이

이 확대행렬을 가지는 연립일차방정식은 식과 미지수가 세 개이므로 다음과 같다.

$$\begin{cases} 2y-7z=-17 \\ 2x+2y+4z=18 \\ 3x+6y-5z=0 \end{cases}$$

이 연립일차방정식의 확대행렬을 REF로 고치기 위해 기본 행 연산을 하면 아래와 같다.

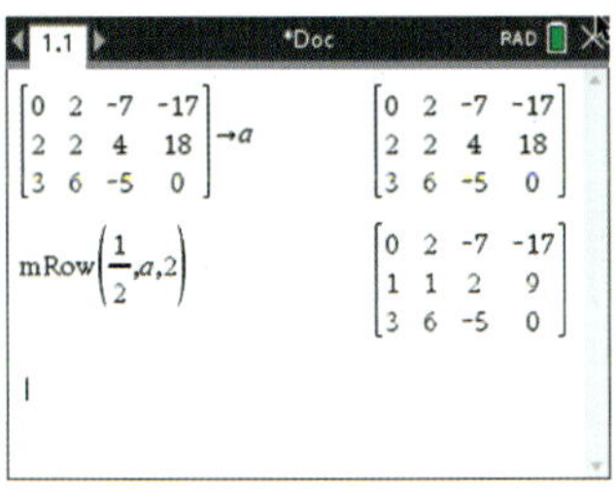

■ 2행의 첫 성분 2를 선행 성분 1로 만든다.

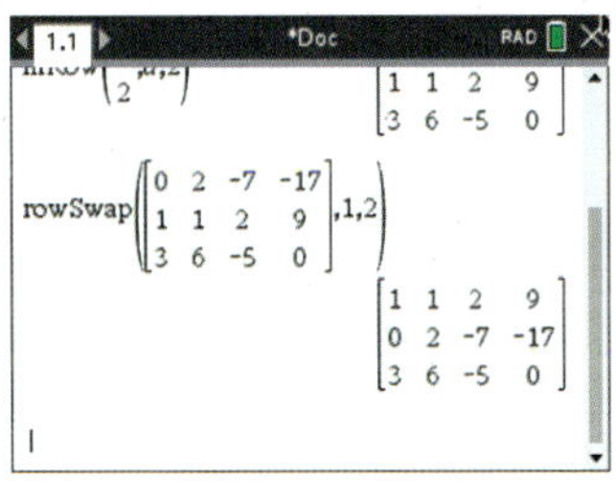

■ 1행과 2행의 위치를 교환한다.

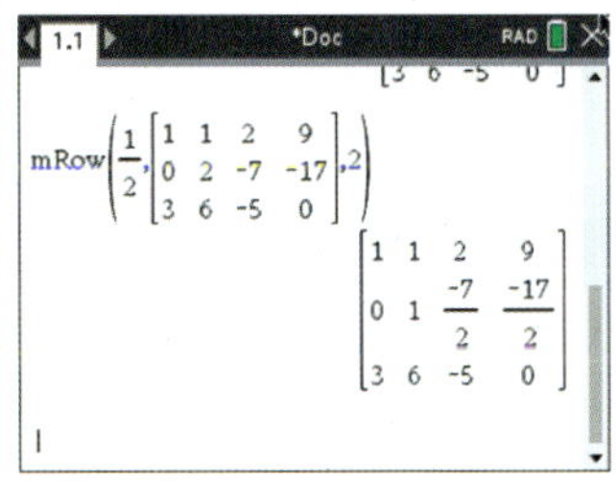

■ 2행의 첫 성분 2를 선행 성분 1로 하기 위해 1/2배 한다.

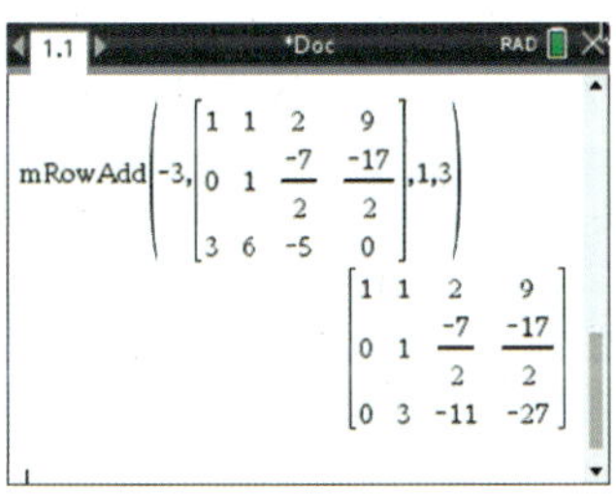

■ 3행에 −3배 하여 1행과 더해서 새로운 3행을 만든다.

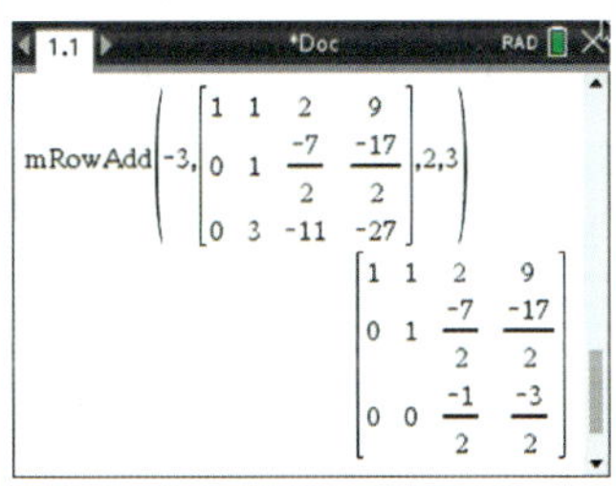

■ 2행에 −3배 하여 3행과 더해서 새로운 3행을 만든다.

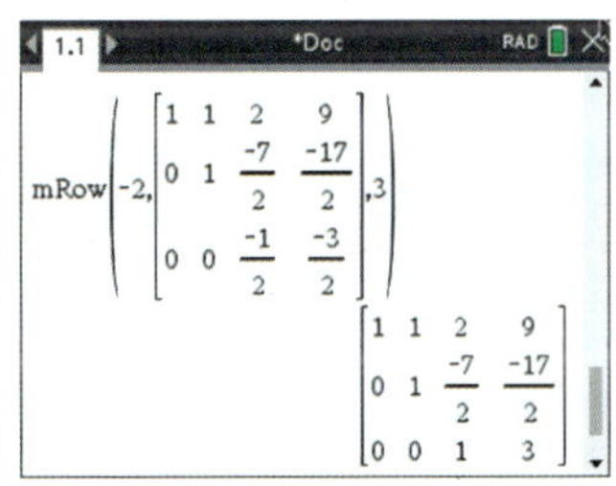

■ 주어진 행렬과 동치인 행사다리꼴 행렬이 만들어진다.

이제 이 REF와 대응하는 연립일차방정식을 쓰면 아래와 같다.

$$\begin{aligned} x+y+2z &= 9 \\ y-\frac{7}{2}z &= -\frac{17}{2} \\ z &= 3 \end{aligned}$$

따라서 구하는 해는 $x=1$, $y=2$, $z=3$이다.

이제 Nspire를 이용하여 기본 행 연산 없이 REF를 만들려면, menu > 7.Matrix & & Vector > 4.Row-Echelon Form을 선택하여 구할 수 있다. 아래는 그 결과를 보여준다. 그런데 위의 기본 행 연산을 한 REF와 Nspire에서 구한 REF 결과가 서로 다르지만 구하는 해는 같다. 따라서 주어진 행렬에 대한 REF는 유일하지 않음에 유의해야 한다.

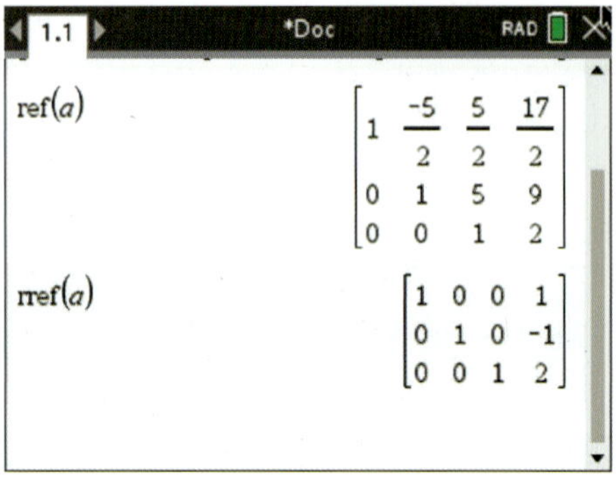

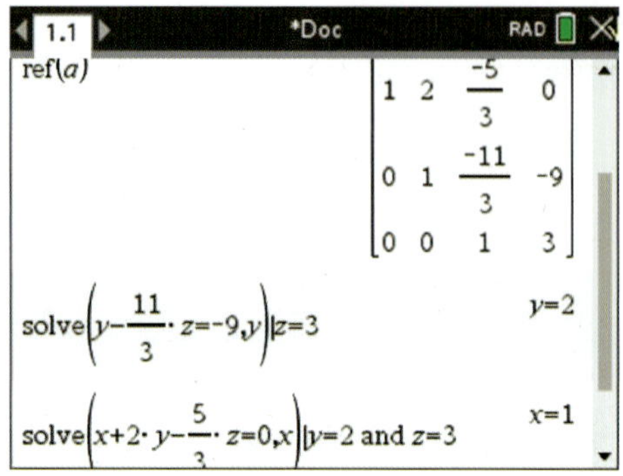

4 가우스 소거법과 가우스-조르단 소거법

위의 **[예제 1]**에서 주어진 연립일차방정식의 확대행렬을 기본 행 연산을 하여 행사다리꼴(REF) 행렬로 변형한 뒤 마지막 식에서 거꾸로 값을 대입하여 해를 구하는 과정을 후방대입법이라했다. 이 용어는 연립방정식 풀이법에 근거한 명칭이며 행렬 입장에서는 이 방법을 **가우스 소거법**(Gaussian elimination)이라 한다. 또 확대행렬을 기약 행사다리꼴(RREF) 행렬로까지 변형하여 연립일차방정식의 해를 구하는 방법을 **가우스-조르단 소거법**(Gauss-Jordan elimination)이라 한다. 위에서 설명한 것처럼 행렬의 REF는 유일하지 않지만 RREF는 유일하므로 연립일차방정식을 구하는 표준화된 방법은 가우스-조르단 소거법이다.

예제 4

다음 연립일차방정식을 풀어라.

$$\begin{aligned} x-2y+3z &= 9 \\ -x+3y \quad &= -4 \\ 2x-5y+5z &= 17 \end{aligned}$$

풀이

주어진 연립일차방정식의 확대행렬에 대한 REF의 결과는 다음과 같다.

$$x-\frac{5}{2}y+\frac{5}{2}z=\frac{17}{2}$$
$$y+\ 5z=\ 9$$
$$z=\ 2$$

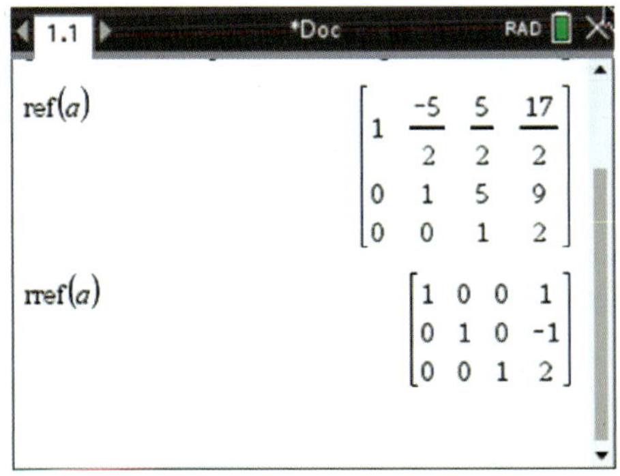

여기서 해를 구하려면 후방대입법을 사용한다. RREF를 구한 결과를 보면 이 연립방정식의 해는 다음과 같다.

$$x=1,\ y=-1,\ z=2$$

예제 5

다음 연립일차방정식을 풀어라.

$$x+y-3z=\ -1$$
$$y-z=0$$
$$-x+2y=1$$

풀이

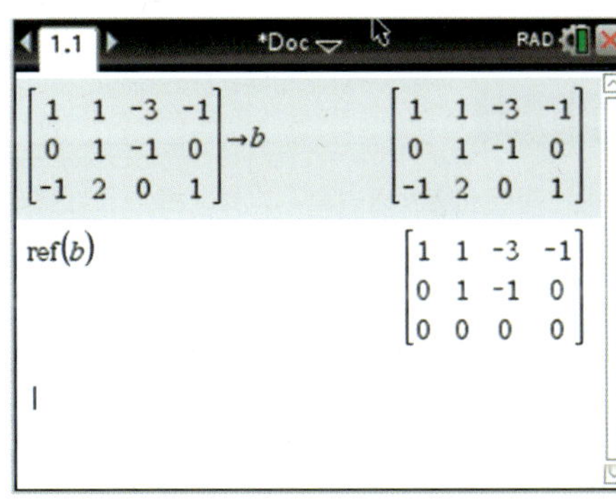

주어진 연립일차방정식에 대한 확대행렬은 오른쪽 화면과 같다. 그리고 이 확대행렬에 대한 REF 결과를 식으로 쓰면 아래와 같다.

$$x+y-3z=\ -1$$
$$y-z=0$$
$$0=0$$

이렇게 하고 나면 두 개의 식만 남는다. 결국 해에 영향을 주는 식은 이들 두 개의 식이라는 의미이다. 두 번째 식에서 $y=z$ 이므로 이를 첫 번째 식에 대입하면 $x=2z-1$ 이다. 여기서 $z=a$ 라 두면 $x=2a-1,\ y=a,\ z=a$ (a는 임의의 실수)이다. 따라서 주어진 연립일차방정식의 해는 무수히 많다는 것을 알 수 있다.

10.4 역행렬과 연립일차방정식

앞에서 정사각행렬 A와 단위행렬 E에 대해

$$AX = XA = E$$

를 만족하는 행렬 X가 존재할 때, 이 행렬 X를 행렬 A의 **역행렬**(inverse matrix)이라 하고, 기호

$$A^{-1}$$

로 나타낸다고 했다. 그리고 행렬 A의 역행렬 A^{-1}가 존재하면

$$AA^{-1} = A^{-1}A = E$$

가 성립한다고 배웠다.

A가 역행렬을 가지면 A는 **가역 행렬**(invertible matrix) 또는 **정칙 행렬**(regular matrix)이라 하고, 그렇지 않은 경우 **특이 행렬**(singular matrix)이라 한다. 정사각행렬이 아닌 경우는 역행렬을 가질 수 없다. 왜냐하면 $m \times n$행렬 A와 $n \times m$행렬 B에 대하여($m \neq n$) 두 행렬의 곱 AB와 BA는 서로 다른 차수를 갖는 정사각행렬이므로 $AB \neq BA$이기 때문이다. 그러나 모든 정사각행렬이 역행렬을 갖는 것은 아니다. 가역 행렬의 역행렬은 오직 하나만 존재한다.

예제 1

다음 행렬의 역행렬을 구하여라.

$$A = \begin{pmatrix} 1 & 4 \\ -1 & -3 \end{pmatrix}$$

풀이

A의 역행렬을 구하기 위해 행렬 방정식 $AX = E$를 풀고 X를 찾는다.

$$\overset{A}{\begin{pmatrix} 1 & 4 \\ -1 & -3 \end{pmatrix}} \overset{X}{\begin{pmatrix} x_{11} & x_{12} \\ x_{21} & x_{22} \end{pmatrix}} = \overset{E}{\begin{pmatrix} 1 & 0 \\ 0 & 1 \end{pmatrix}}$$

$$\begin{pmatrix} x_{11} + 4x_{21} & x_{12} + 4x_{22} \\ -x_{11} - 3x_{21} & -x_{12} - 3x_{22} \end{pmatrix} = \begin{pmatrix} 1 & 0 \\ 0 & 1 \end{pmatrix}$$

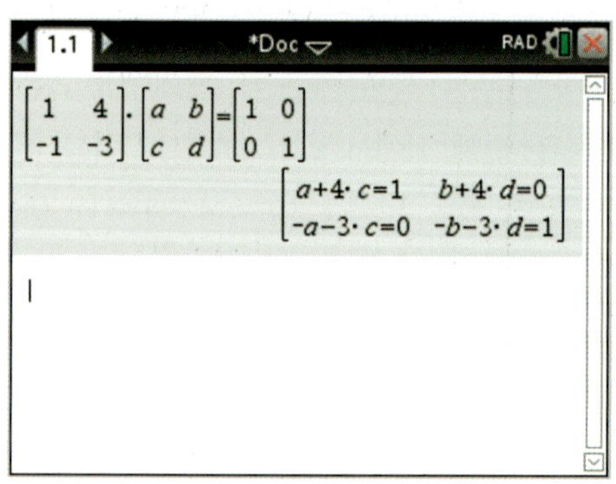

각각의 대응하는 성분이 같으므로,

$$\begin{aligned} x_{11}+4x_{21}&=1 & x_{12}+4x_{22}&=0 \\ -x_{11}-3x_{21}&=0 & -x_{12}-3x_{22}&=1 \end{aligned}$$

위의 연립방정식을 풀면,

$$x_{11}=-3\,,\ x_{21}=1,\ x_{12}=-4\,,\ x_{22}=1$$

이다.

따라서 A의 역행렬은

$$X=A^{-1}=\begin{pmatrix}-3 & -4\\ 1 & 1\end{pmatrix}$$

이다.

이 결과를 다시 확인해보려면 행렬의 곱셈을 하면 알 수 있다.

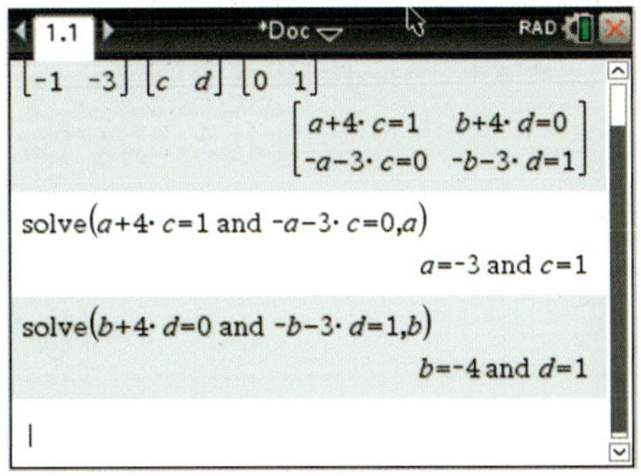

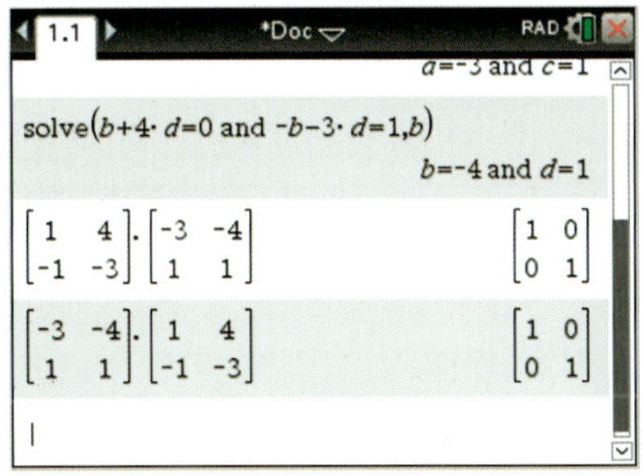

예제 2

역행렬을 이용하여 다음 연립일차방정식을 풀어라.

$$\begin{cases} 2x+3y+z=-1 \\ 3x+3y+z=1 \\ 2x+4y+z=-2 \end{cases}$$

풀이

먼저 주어진 연립일차방정식을 행렬을 이용하여 나타낸다.

$$\overset{A}{\begin{pmatrix}2 & 3 & 1\\ 3 & 3 & 1\\ 2 & 4 & 1\end{pmatrix}}\overset{X}{\begin{pmatrix}x\\ y\\ z\end{pmatrix}}=\overset{B}{\begin{pmatrix}-1\\ 1\\ 2\end{pmatrix}}$$

이 방정식을 풀기 위해 Nspire에 A와 B를 입력한 후 $A^{-1}B$를 계산한다.

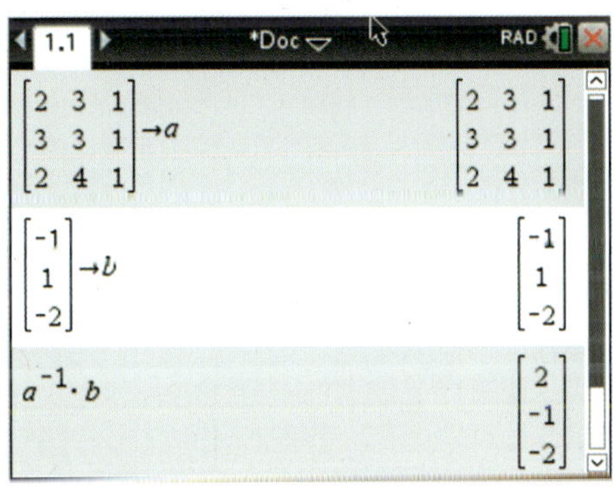

$$X=A^{-1}B\begin{bmatrix}2\\ -1\\ -2\end{bmatrix}$$

따라서 연립방정식의 해는 $x=2$, $y=-1$, $z=-2$이다.

문제 1 다음 연립일차방정식의 해를 역행렬을 이용하여 구하여라.

$$\begin{cases} x_1+2x_2+3x_3=1 \\ x_1+5x_2+3x_3=3 \\ x_1+8x_3=-1 \end{cases}$$

CHAPTER

11 수열과 급수

SEQUENCES and SERIES

11.1 수열

1 수열

수열(sequence)은 양의 정수를 정의역으로 하는 하나의 함수이다. 그러나 표현하는 방법은 보통의 경우 정의역의 수를 아래의 첨자로 사용하여 나타낸다.

$$f(1),\ f(2),\ f(3),\ \cdots,\ f(n),\ \cdots$$
$$a_1,\quad a_2,\quad a_3,\ \cdots,\quad a_n,\ \cdots$$

a_1, a_2, a_3, ...를 수열의 **항**(term)이라고 한다. 따라서 수열의 항은 함숫값에 해당하므로 다음과 같이 표현할 수 있다.

$$f(1)=a_1,\ f(2)=a_2,\ f(3)=a_3,\ \ldots.,\ f(n)=a_n,\ \ldots$$

함수의 경우 대응 규칙을 나타내는 함수식이 있듯이 수열에도 대응 규칙이 있는데 이것을 **일반항**(general term)이라 한다. 예를 들어, $f(n)=a_n=\dfrac{1}{n}$ 인 대응 규칙에 의하면 함숫값은 다음과 같다.

$$f(1)=a_1=1,\ f(2)=a_2=\frac{1}{2},\ f(3)=a_3=\frac{1}{3},\ \cdots,\ f(n)=a_n=\frac{1}{n},\ \cdots$$

여기서 n 번째 항으로 표현한 것을 수열 a_n 의 일반항이라 하고 보통 다음과 같이 나타낸다. 일반항으로 표현하면 어떤 항이든 해당하는 수열의 값을 쉽게 찾을 수 있다.

$$a_n=\frac{1}{n} \ \text{또는}\ \{a_n\}=\frac{1}{n}$$

수열에서 정의역을 양의 정수의 집합으로 하는 수열을 **무한수열**이라고 하고, 양의 정수 중 n까지만 정의역으로 하는 수열을 **유한수열**이라고 한다.

예제 1

다음 수열의 네 번째 항까지의 값을 구하여라.

$$a_n=\frac{2n}{1+n}$$

풀이

수열에 직접 수를 대입하여 계산하여 구한다.

$$a_1 = \frac{2(1)}{1+1} = \frac{2}{2} = 1$$

$$a_2 = \frac{2(2)}{1+2} = \frac{4}{3}$$

$$a_3 = \frac{2(3)}{1+3} = \frac{6}{4} = \frac{3}{2}$$

$$a_4 = \frac{2(4)}{1+4} = \frac{8}{5}$$

주어진 수열을 직접 입력 후 표를 통해 값을 구할 수도 있다.

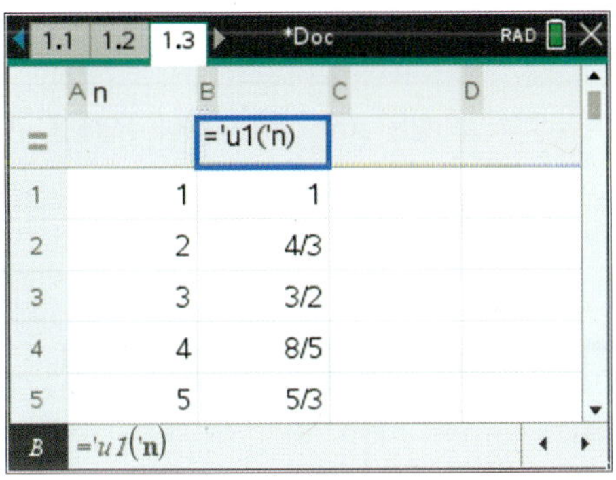

- ctrl + I로 새로운 페이지 열기
- 4. Add Lists & Spreadsheet를 선택하여 위의 표처럼 하면 n에 대한 항의 값을 표로 구할 수 있음

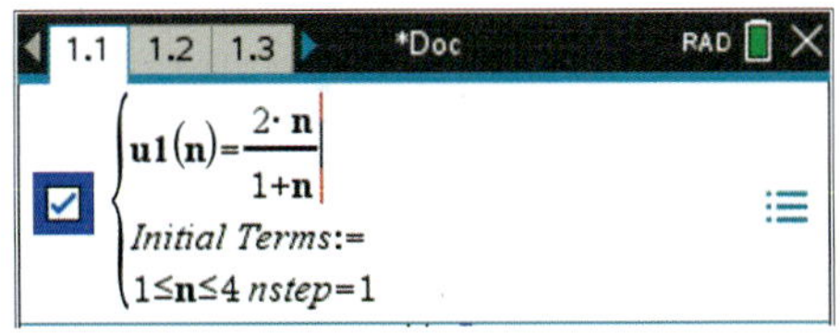

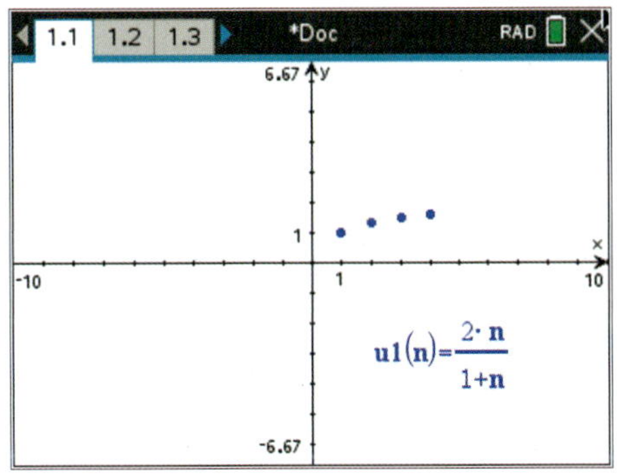

- menu > 3.Graph Entry/Edit > 7. Sequence > 1. Sequence
- u1(n)= n에 관한 일반항을 입력한다.
- Initial Terms에는 첫째항을 입력, 보통 입력하지 않지만 첫째항을 밝힐 필요가 있을 때는 입력한다.
- 항번호 $1 \le n \le 99$ 에서 99는 문제에 맞도록 수정, 이 문제의 경우 4로 입력한다.
- nstep은 항 사이의 간격이므로 항상 1을 입력한다. 수열의 정의역이 양의 정수로 간격이 1이기 때문이다.
- 항의 값을 좌표로 바로 읽으려면 menu > 5. Trace > 1. Graph Trace를 이용

예제 2

다음 수열의 다섯 번째 항까지의 값을 구하여라.(단, $n=0$에서 시작함)

$$a_n = \frac{2^n}{n!}$$

풀이

$$a_0 = \frac{2^0}{0!} = \frac{1}{1} = 1$$
$$a_1 = \frac{2^1}{1!} = \frac{2}{1} = 2$$
$$a_2 = \frac{2^2}{2!} = \frac{4}{2} = 2$$
$$a_3 = \frac{2^3}{3!} = \frac{8}{6} = \frac{4}{3}$$
$$a_4 = \frac{2^4}{4!} = \frac{16}{24} = \frac{2}{3}$$

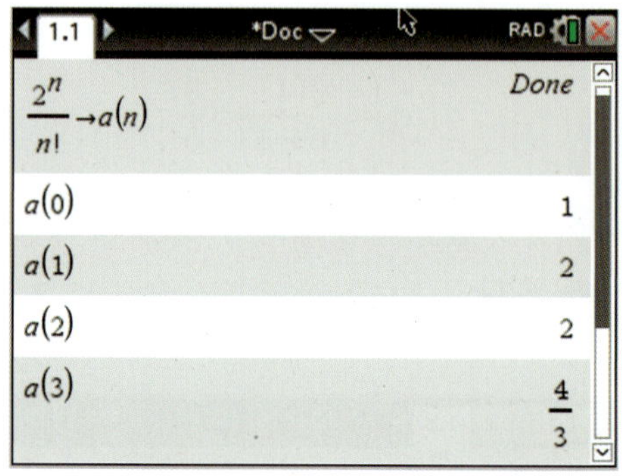

■ 수열의 일반항을 a(n)으로 저장하여 수열항을 구한 경우이다.

Nspire 창에 수열을 저장한 후 원하는 항까지의 수를 입력하면 항의 값을 간단하게 구할 수 있다.

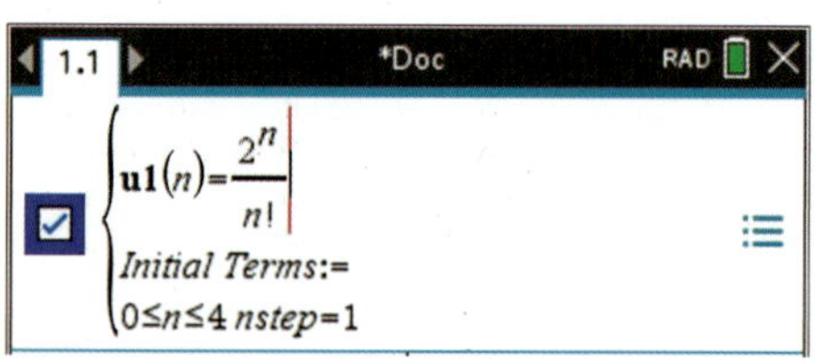

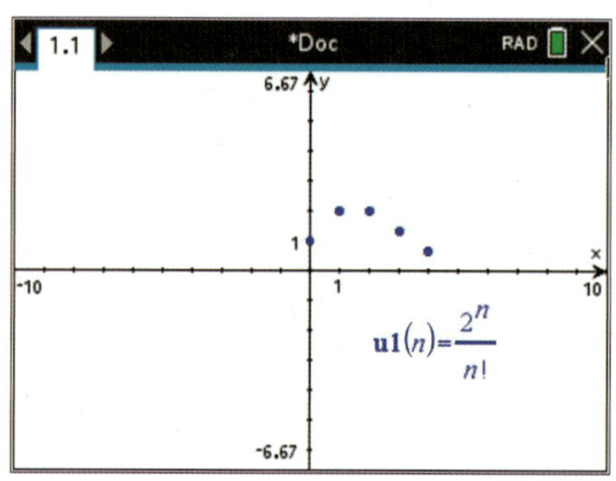

2 ∑(합 기호)

수열에서 첫 번째 항부터 n 번째 항까지의 합은 합 기호를 사용하여 아래처럼 간단히 표현한다.

$$\sum_{i=1}^{n} a_i = a_1 + a_2 + a_3 + a_4 + \cdots + a_n$$

3 $\sum$의 성질

1. $\sum_{i=1}^{n} ca_i = c\sum_{i=1}^{n} a_i$ (c는 상수)

2. $\sum_{i=1}^{n}(a_i + b_i) = \sum_{i=1}^{n} a_i + \sum_{i=1}^{n} b_i$

3. $\sum_{i=1}^{n}(a_i - b_i) = \sum_{i=1}^{n} a_i - \sum_{i=1}^{n} b_i$

예제 3

다음을 계산하여라.

$$\sum_{i=1}^{5} 3i$$

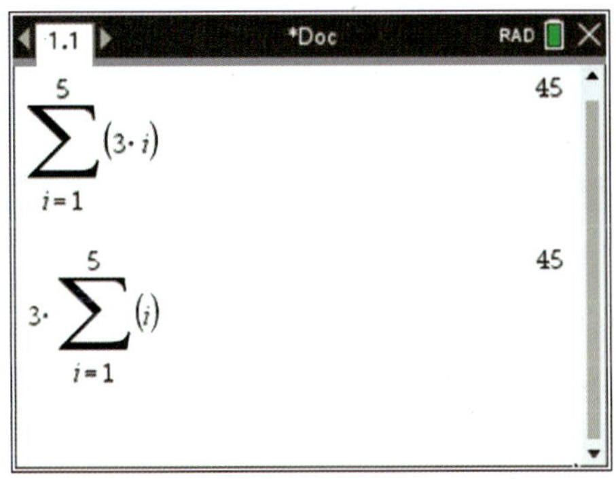

- 템플릿 에 있는 $\sum$(summation) 기호를 사용한다.
- 수열의 일반항을 입력하고 변수, 시작 항, 마지막 항의 순서로 입력한다.

풀이

$$\begin{aligned}\sum_{i=1}^{5} 3i &= 3\times1+3\times2+3\times3+3\times4+3\times5 \\ &= 3(1+2+3+4+5) \\ &= 3\times15 = 45\end{aligned}$$

예제 4

다음 무한수열의 합을 구하여라.

$$\frac{3}{10^1},\ \frac{3}{10^2},\ \frac{3}{10^3},\ \frac{3}{10^4},\ \frac{3}{10^5},\ \cdots$$

풀이

$$\begin{aligned}\sum_{n=1}^{\infty}\frac{3}{10^n} &= \frac{3}{10^1}+\frac{3}{10^2}+\frac{3}{10^3}+\frac{3}{10^4}+\cdots \\ &= 0.3+0.03+0.003+0.0003+0.00003+\cdots \\ &= 0.3333\cdots \\ &= \frac{1}{3}\end{aligned}$$

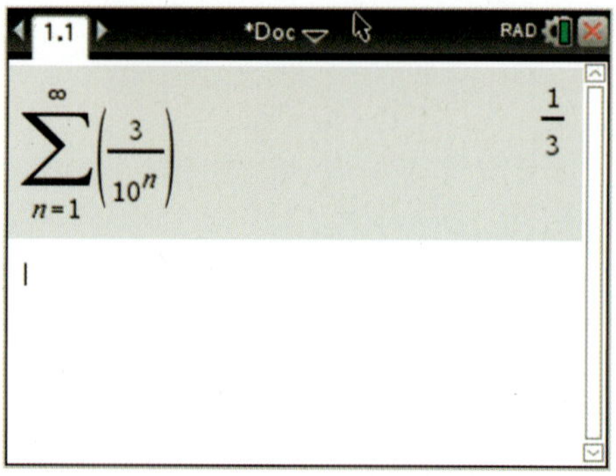

주어진 무한수열의 항을 계속해서 더하면 그 합이 $\frac{1}{3}$에 근사함을 의미한다.

문제 1 다음 수열의 네 번째 항까지의 값을 구하여라.

$$a_n = 3 - \frac{1}{2^n}$$

문제 2 다음을 계산하여라.

$$\sum_{i=0}^{4} i^2$$

11.2 등차수열

1 등차수열

수열 1, 4, 7, 10, …은 1에서 시작하여 3씩 더하여 얻어진 수열이다. 또 수열 2010, 2006, 2002, 1998, 1994, …은 2010에서 시작하여 -4씩 더하여 얻어진 수열이다. 이와 같이 어떤 수에서 차례로 일정한 수를 더하여 수열을 만들 때 이 일정한 수를 **공차**(commod difference)라 하고, 이 수열을 **등차수열**(arithmetic sequence)이라 한다.

예제 1

다음 수열 중에서 등차수열인 것을 찾고, 등차수열인 것은 첫째 항과 공차를 구하여라.

(1) 7, 11, 15, 19, …

(2) 1^3, 2^3, 3^3, 4^3, 5^3, …

(3) $2,\ \frac{3}{2},\ 1,\ \frac{1}{2},\ 0,\ -\frac{1}{2},\ \cdots$

풀이

(1) 첫째 항: 7, 공차: 4

(2) 앞항에 어떤 수를 더해서 다음 항이 만들어진 수열이 아니므로 등차수열이 아니다.

(3) 첫째 항 : 2, 공차: $-\frac{1}{2}$

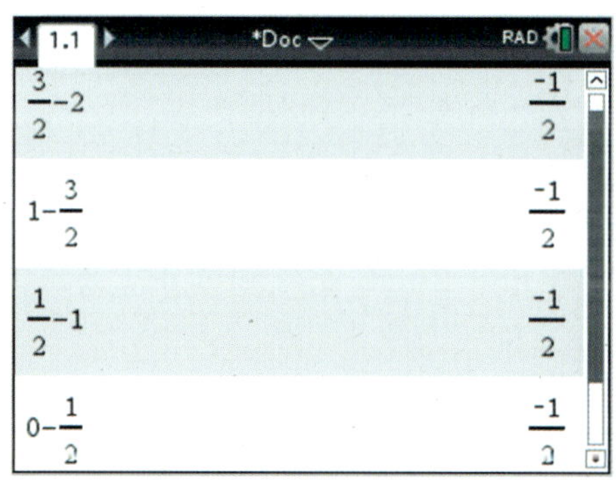

2 등차수열의 일반항

등차수열의 일반항을 구하여 보자. 첫째 항이 a, 공차가 d인 등차수열 $\{a_n\}$의 각 항은

$$a_1 = a$$
$$a_2 = a_1 + d = a + d$$
$$a_3 = a_2 + d = (a + d) + d = a + 2d$$

$$a_4 = a_3 + d = (a+2d) + d = a + 3d$$
$$\vdots$$

이므로 일반항 a_n은

$$a_n = a + (n-1)d$$

와 같이 표현된다.

예제 2

첫째 항이 -4이고, 공차가 3인 등차수열의 일반항을 구하여라.

풀이

$$a_n = a + (n-1)d = -4 + (n-1)3 = 3n - 7$$

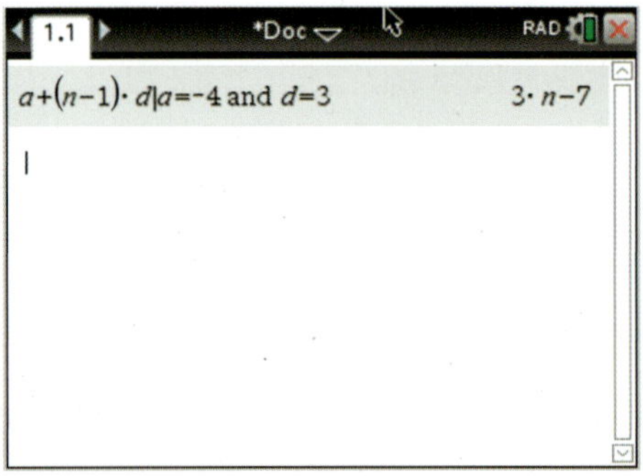

예제 3

첫째 항이 2이고, 둘째 항이 9인 등차수열의 여덟 번째 항을 구하여라.

풀이

$a_2 - a_1 = 9 - 2 = 7$이므로 공차는 7이다.

풀이 1

2에서 차례로 7씩 더하면

2, 9, 16, 23, 30, 37, 44, 51이므로 여덟 번째 항은 51이다.

풀이 2

$$a_n = a + (n-1)d = 2 + (n-1)7 = 7n - 5$$

이므로 $a_8 = 7 \times 8 - 5 = 51$ 이다.

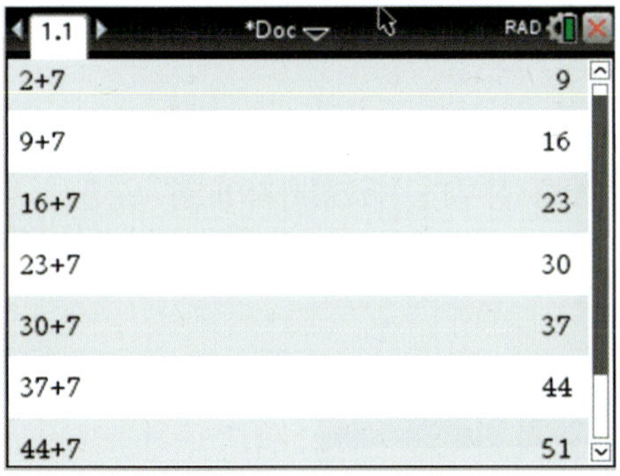

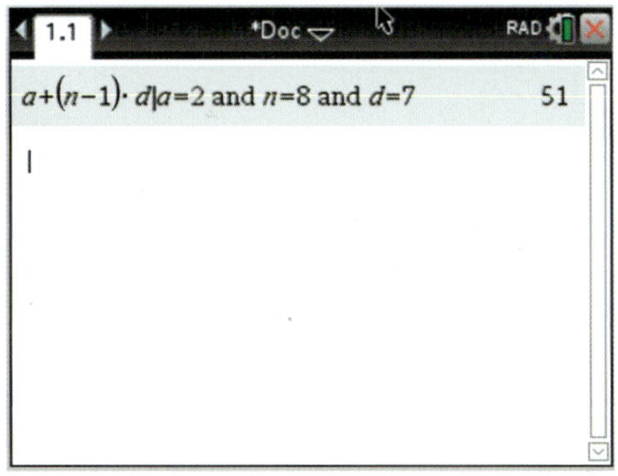

3 등차수열의 합

제n항을 l이라 하면

$$S_n = a + (a+d) + \cdots + (l-d) + l \qquad \cdots ①$$

①의 우변에서 더하는 순서를 바꾸어 쓰면

$$S_n = l + (l-d) + \cdots + (a+d) + a \qquad \cdots ②$$

①, ②를 변끼리 더하면

$$2S_n = (a+l) + (a+l) + \cdots + (a+l) + (a+l) = n(a+l)$$

따라서

$$S_n = \frac{n(a+l)}{2} \qquad \cdots ③$$

그런데 $l = a + (n-1)d$이므로 이것을 ③에 대입하면

$$S_n = \frac{n\{2a + (n-1)d\}}{2}$$

이상을 정리하면 등차수열의 합은 다음과 같다.
등차수열의 첫째 항부터 제n항까지의 합 S_n은

① 첫째 항이 a, 제n항이 l일 때, $S_n = \dfrac{n(a+l)}{2}$

② 첫째 항이 a, 공차가 d일 때, $S_n = \dfrac{n\{2a+(n-1)d\}}{2}$

예제 4

등차수열 2, 5, 8, 11, ⋯의 첫째 항부터 제n항까지의 합 S_n을 구하여라.

풀이

첫째 항이 $a=2$, 공차가 $d=5-2=3$이므로 첫째 항부터 제n항까지의 합 S_n은

$$S_n=\frac{n\{2\times2+(n-1)\times3\}}{2}=\frac{n(3n+1)}{2}$$

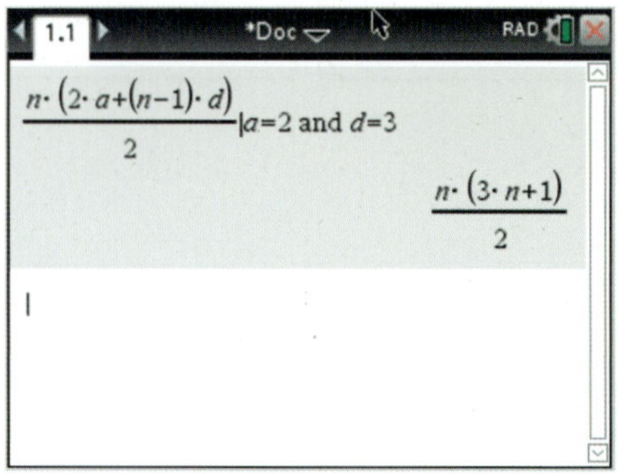

예제 5

$\sum_{n=1}^{20} 2n+5$을 구하여라.

풀이

첫째 항이 7이고, 공차가 2인 등차수열의 첫째 항부터 20번째 항까지의 합이므로

$$S_{20}=\frac{n\{2a+(n-1)d\}}{2}$$
$$=\frac{20\{2\times7+(20-1)2\}}{2}=520$$

이다.

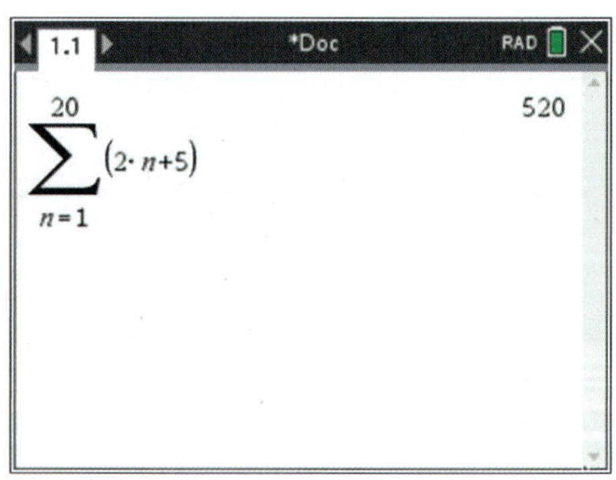

4 등차중항

세 수 a, b, c가 이 순서대로 등차수열을 이룰 때, b를 a와 c의 **등차중항**이라고 한다. 이때, 공차의 정의에 따라 $b-a=c-b$이므로 다음이 성립한다.

$$b=\frac{a+c}{2}$$

예제 6

다음은 등차수열이다. 등차중항의 성질을 이용하여 □ 안에 알맞은 수를 구하여라.

$$4,\ \square,\ -8,\ \square,\ -20$$

풀이

$\frac{4+(-8)}{2}=-2$, $\frac{-8+(-20)}{2}=-14$이므로 4, -2, -8, -14, -20이다.

문제 1 수열 10, 8, 6, 4, 2, ⋯이 등차수열인지 판별하고, 등차수열이면 공차를 구하여라.

문제 2 첫째 항이 1이고, 공차가 5인 등차수열의 일반항 a_n을 구하여라.

문제 3 수열 $a_n=2n+5$의 첫 번째 항에서 20번째 항까지의 합을 구하여라.

11.3 등비수열

1 등비수열

아래와 같이 연속된 두 항의 비율이 일정한 수열을 **등비수열**(geometric sequence)이라고 한다.

$$a_1,\ a_2,\ a_3,\ \cdots,\ a_n,\ \cdots$$

$$\frac{a_2}{a_1}=r,\quad \frac{a_3}{a_2}=r,\quad \frac{a_4}{a_3}=r,\quad \cdots \quad (\text{단}, r \neq 0)$$

여기서 r을 등비수열의 **공비**(common ratio)라고 한다.

예제 1

다음 주어진 등비수열의 공비를 구하여라.

(1) 2^n　　　(2) $4(3^n)$　　　(3) $\left(-\frac{1}{3}\right)^n$

풀이

주어진 수열의 공비를 구하기 위해 연속된 두 항을 나누어서 비를 구한다.

(1) $2, 4, 8, \cdots, 2^n, \cdots$

공비: $\frac{4}{2}=\frac{8}{4}=2$

(2) $12, 36, 108, \cdots, 4(3^n), \cdots$

공비: $\frac{36}{12}=\frac{108}{36}=3$

(3) $-\frac{1}{3}, \frac{1}{9}, -\frac{1}{27}, \cdots, \left(-\frac{1}{3}\right)^n, \cdots$

공비: $\frac{\frac{1}{9}}{-\frac{1}{3}}=\frac{-\frac{1}{27}}{\frac{1}{9}}=-\frac{1}{3}$

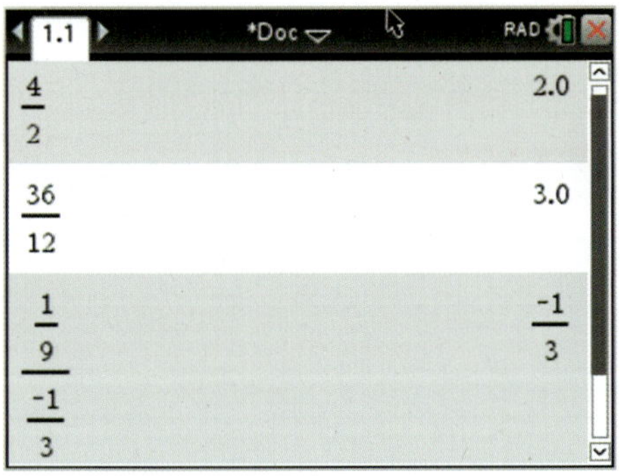

2 등비수열의 일반항

모든 등비수열은 다음과 같이 표현된다. 여기서 r은 공비를 말한다.

$$\begin{array}{cccccc} a_1, & a_2, & a_3, & a_4, \cdots & a_n, \cdots \\ \downarrow & \downarrow & \downarrow & \downarrow & \downarrow \\ a, & ar, & ar^2, & ar^3, \cdots & ar^{n-1}, \cdots \end{array}$$

그러므로 등비수열의 일반항은 $a_n = ar^{n-1}$이다.

예제 2

다음과 같이 시작되는 등비수열의 12번째 항의 값을 구하여라.

$$5,\ 15,\ 45,\ \cdots$$

풀이

공비: $\dfrac{15}{5} = 3$

$$\begin{aligned} a_{12} = ar^{n-1} &= 5 \times 3^{11} \\ &= 5 \times 177,147 \\ &= 885,735 \end{aligned}$$

Nspire에서 우선 공비를 먼저 구한다. 그리고 난 뒤에 초항과 구하려고 하는 항의 수를 조건으로 입력해 값을 구한다.

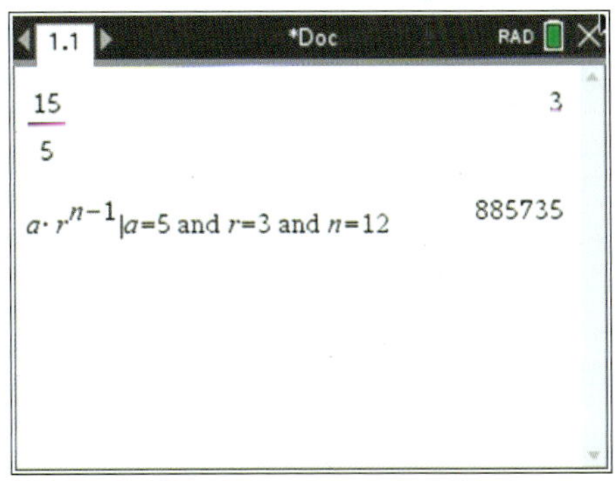

3 등비수열의 합

수열 $\{a_n\}$을 첫째 항이 a이고 공비가 r인 등비수열이라고 하자. 그러면 등비수열 $\{a_n\}$의 첫째 항에서부터 제n항까지의 합 S_n은 다음과 같이 구할 수 있다.

$$S_n = a_1 + a_2 + a_3 + \cdots + a_n$$

이므로

$$S_n = a + ar + ar^2 + \cdots + ar^{n-1} \qquad \cdots ①$$

이다. 여기서 위의 ①식의 양변에 r을 곱하면

$$rS_n = ar + ar^2 + \cdots + ar^n \qquad \cdots ②$$

이다. ②식에서 ①식을 빼면

$$
\begin{array}{rl}
rS_n &= ar + ar^2 + \cdots + ar^n \\
-\big)\quad S_n &= a + ar + ar^2 + \cdots + ar^{n-1} \\
\hline
(r-1)S_n &= ar^n - a
\end{array}
$$

이다. 따라서 등비수열의 합 $S_n = \dfrac{a(r^n-1)}{r-1} = \dfrac{a(1-r^n)}{1-r}$ 이다.

예제 3

다음 등비수열의 합을 구하여라.

$$\sum_{n=1}^{8}(0.3)^n$$

풀이

$$
\begin{aligned}
\sum_{n=1}^{8}(0.3)^n &= (0.3)+(0.3)^2+(0.3)^3+\cdots+(0.3)^8 \\
&= a\left(\frac{1-r^n}{1-r}\right) \\
&= 0.3\times\left(\frac{1-(0.3)^8}{1-0.3}\right) \\
&\approx 0.429
\end{aligned}
$$

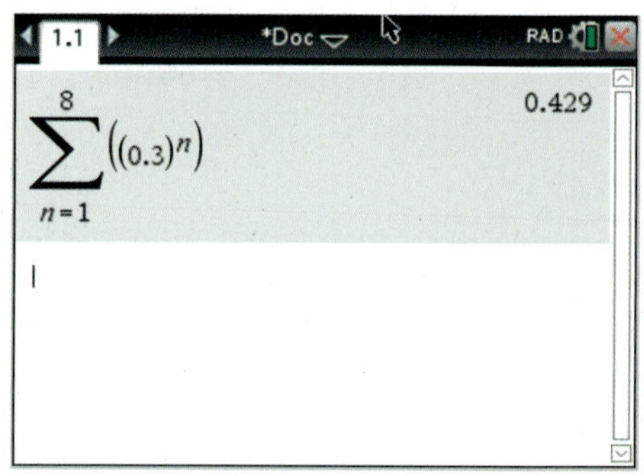

예제 4

다음 무한 등비수열의 합을 구하여라.

$$4,\ 4(0.6),\ 4(0.6)^2,\ 4(0.6)^3,\ \cdots,\ 4(0.6)^{n-1},\ \cdots$$

풀이

$a_1 = 4, r = 0.6$이고 공비 $|r| < 1$이므로

$$S = \sum_{n=1}^{\infty} 4(0.6)^{n-1}$$
$$= \frac{a}{1-r}$$
$$= \frac{4}{1-0.6} = 10$$

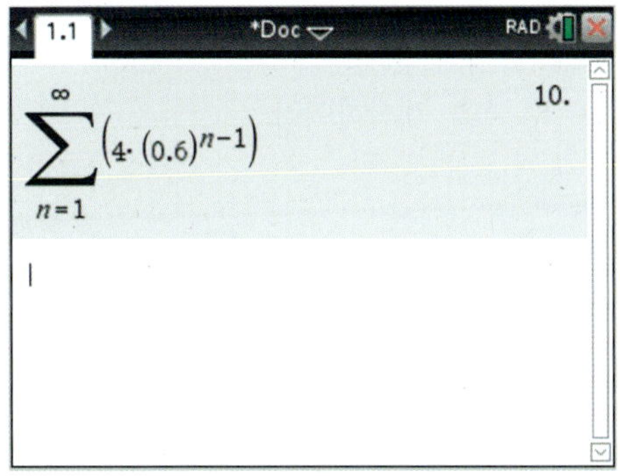

예제 5

수열 $\left\{\left(\frac{1}{2}\right)^n\right\}$의 첫째 항에서부터 n번째 항까지의 합을 계산하여라.

풀이

수열 $\left\{\left(\frac{1}{2}\right)^n\right\}$은 첫째 항 a는 $\frac{1}{2}$, 공비는 $\frac{1}{2}$인 등비수열이다. 첫째 항에서부터 n 번째 항까지의 합 S_n은

$$S_n = \sum_{k=1}^{n}\left(\frac{1}{2}\right)^n$$
$$= \frac{1}{2} + \frac{1}{4} + \frac{1}{8} + \frac{1}{16} + \cdots + \left(\frac{1}{2}\right)^n$$
$$= \frac{1}{2}\left[\frac{1-\left(\frac{1}{2}\right)^n}{1-\frac{1}{2}}\right]$$
$$= \frac{1}{2}\left[\frac{1-\left(\frac{1}{2}\right)^n}{\frac{1}{2}}\right]$$
$$= 1-\left(\frac{1}{2}\right)^n$$

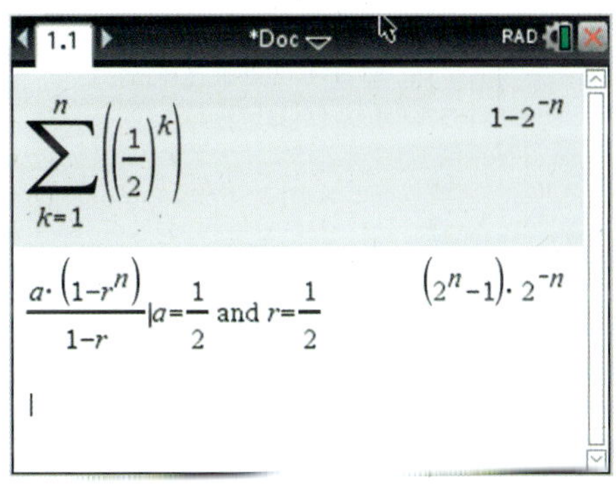

예제 6

$\sum_{n=1}^{5} 3 \cdot 2^{n-1}$을 계산하여라.

풀이

수열 $\{3 \cdot 2^{n-1}\}$은 첫째 항이 3이고, 공비가 2인 등비수열이다. 이 등비수열의 첫째 항부터 다섯 번째 항까지의 합이므로 위의 공식을 이용하면

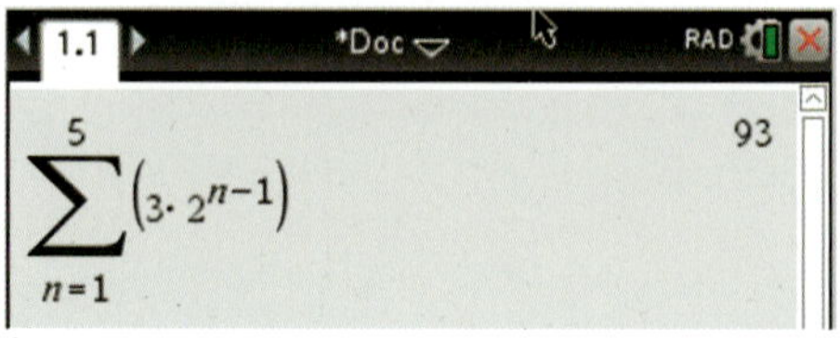

$$S_5 = \frac{a(r^5-1)}{r-1} = \frac{3(2^5-1)}{2-1} = 93$$

이다.

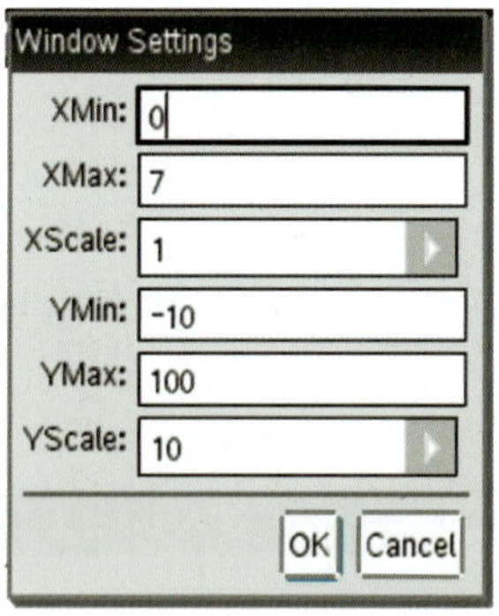

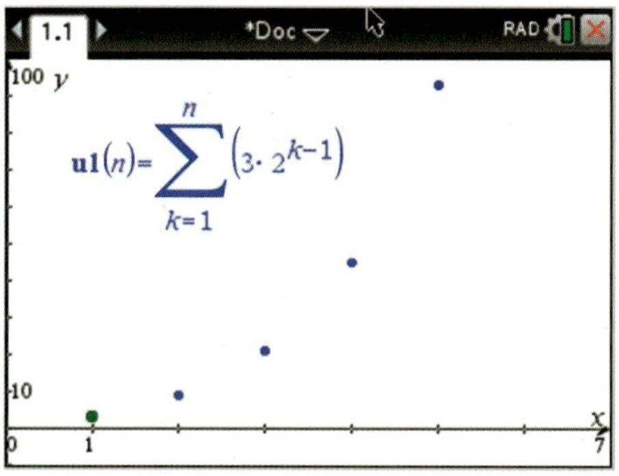

문제 1 다음 등비수열의 네 번째 항을 구하여라.

$$a_1 = 6, \quad r = 2$$

문제 2 다음 등비수열의 합을 구하여라.

$$\sum_{n=1}^{10} \left(-\frac{1}{2}\right)^n$$

11.4 수열의 합

1 수열의 합 공식

1. $\sum_{i=1}^{n} i = 1+2+3+4+ \cdots +n = \frac{n(n+1)}{2}$

2. $\sum_{i=1}^{n} i^2 = 1^2+2^2+3^2+4^2+ \cdots +n^2 = \frac{n(n+1)(2n+1)}{6}$

3. $\sum_{i=1}^{n} i^3 = 1^3+2^3+3^3+4^3+ \cdots +n^3 = \frac{n^2(n+1)^2}{4}$

4. $\sum_{i=1}^{n} i^4 = 1^4+2^4+3^4+4^4+ \cdots +n^4 = \frac{n(n+1)(2n+1)(3n^2+3n-1)}{30}$

5. $\sum_{i=1}^{n} i^5 = 1^5+2^5+3^5+4^5+ \cdots +n^5 = \frac{n^2(n+1)^2(2n^2+2n-1)}{12}$

예제 1

다음을 계산하여라.

$$1^3+2^3+3^3+4^3+5^3+6^3+7^3$$

풀이

위에 주어진 공식을 사용하면

$$\begin{aligned} 1^3+2^3+3^3+4^3+5^3+6^3+7^3 &= \frac{7^2(7+1)^2}{4} \\ &= \frac{49 \times 64}{4} \\ &= 784 \end{aligned}$$

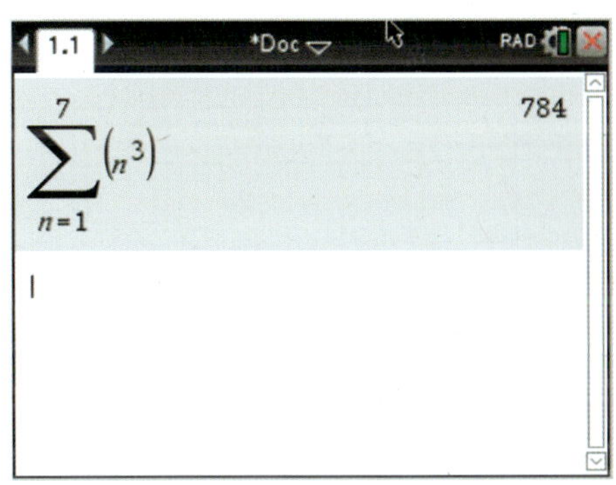

문제 1 다음을 계산하여라.

$$\sum_{n=1}^{5} (n^2-n)$$

11.5 수열의 일반항

1 수열의 일반항

수열의 일반항을 찾는 방법은 다음과 같다.

1. 수열의 첫 항부터 몇 개의 항을 계산하여 나타내본다. (이는 수열의 식을 단순화하거나 인수로 만드는 과정에 도움이 된다.)
2. 위에서 구한 항들로부터 패턴을 찾아 n 번째 항에 대한 공식을 만들어 본다. (여기서 만들어낸 공식은 추측일 뿐이다. 이 추측의 확인을 위해 몇 개의 항을 더 계산하여 본다.)
3. 위에서 구한 일반항을 수학적 귀납법을 사용하여 증명한다.

2 수열의 일반항 모델

제1차 **계차수열**(difference sequence)은 주어진 수열에서 서로 연속된 항끼리의 차를 구하여 만든 새로운 수열을 말한다. 제2차 계차수열은 제1차 계차수열에서 서로 연속된 항끼리의 차로 만든 두 번째 새로운 수열을 말한다. 예를 들어, 주어진 수열 3, 5, 8, 12, 17, 23, ⋯은 제1차 계차수열이 2, 3, 4, 5, 6과 같이 등차수열을 이룬다. 다시 여기서 제2차 계차수열을 구하면 모든 항이 1인 수열이 된다. 이러한 수열의 경우 최초로 주어진 수열의 일반항은 이차식의 형태로 나타내어진다. 만약 제1차 계차수열이 모두 같은 수로 일치할 경우에는 원래 수열의 일반항은 일차식의 형태로 된다. 다시 말해, 최초의 수열의 모양은 등차수열이라는 것이다.

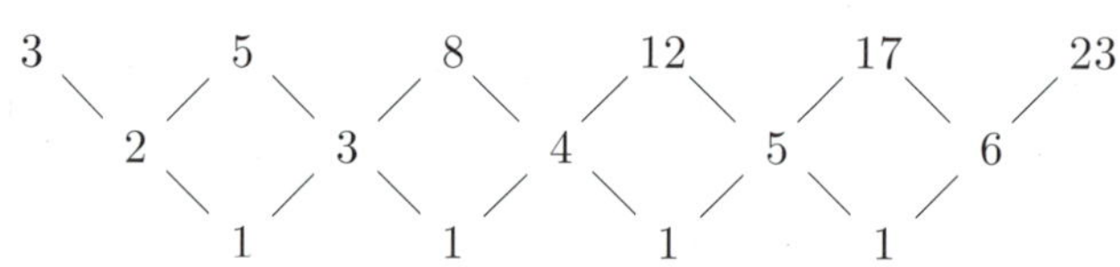

예제 1

다음 합에 대한 일반항을 구하여라.

$$\frac{1}{1\cdot 2}+\frac{1}{2\cdot 3}+\frac{1}{3\cdot 4}+\frac{1}{4\cdot 5}+\ \cdots\ +\frac{1}{n\cdot(n+1)}$$

풀이

(1) 우선 몇 개의 항을 계산하여 본다.

$$S_1 = \frac{1}{1 \cdot 2} = \frac{1}{2} = \frac{1}{1+1}$$
$$S_2 = \frac{1}{1 \cdot 2} + \frac{1}{2 \cdot 3} = \frac{4}{6} = \frac{2}{3} = \frac{2}{2+1}$$
$$S_3 = \frac{1}{1 \cdot 2} + \frac{1}{2 \cdot 3} + \frac{1}{3 \cdot 4} = \frac{9}{12} = \frac{3}{4} = \frac{3}{3+1}$$
$$S_4 = \frac{1}{1 \cdot 2} + \frac{1}{2 \cdot 3} + \frac{1}{3 \cdot 4} + \frac{1}{4 \cdot 45} = \frac{48}{60} = \frac{4}{5} = \frac{4}{4+1}$$

(2) 위에서 계산한 결과를 바탕으로 k번째 항을 나타내보면

$$S_k = \frac{1}{1 \cdot 2} + \frac{1}{2 \cdot 3} + \frac{1}{3 \cdot 4} + \cdots + \frac{1}{k(k+1)} = \frac{k}{k+1}$$

로 나타내어진다.

(3) 수학적 귀납법으로 위의 식을 증명하기 위해 S_1과 S_k가 성립한다고 가정하고 $k+1$번째가 성립함을 보여주면 된다.

$$S_{k+1} = \left[\frac{1}{1 \cdot 2} + \frac{1}{2 \cdot 3} + \cdots + \frac{1}{k(k+1)}\right] + \frac{1}{(k+1)(k+2)}$$
$$= \frac{k}{k+1} + \frac{1}{(k+1)(k+2)} = \frac{k(k+2)+1}{(k+1)(k+2)}$$
$$= \frac{k^2+2k+1}{(k+1)(k+2)} = \frac{(k+1)^2}{(k+1)(k+2)} = \frac{k+1}{k+2}$$

$k+1$번째도 성립되므로 모든 자연수에 대해 성립한다. 즉 주어진 수열의 일반항은 $\frac{n}{n+1}$임을 알 수 있다.

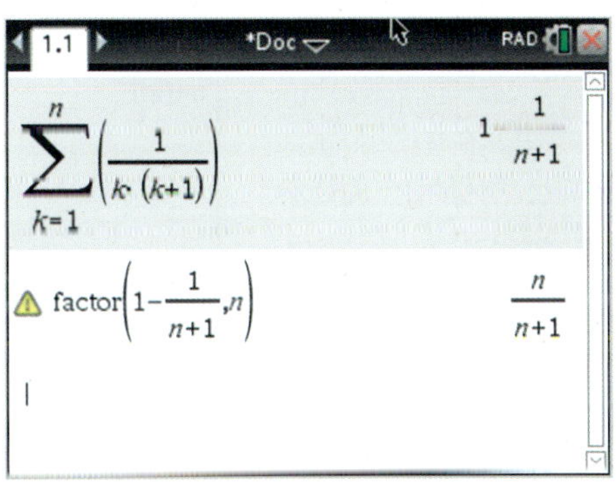

예제 2

다음 세 개의 수로 시작하는 이차식 형태를 가진 수열의 일반항을 구하여라.

$$3,\ 5,\ 8$$

풀이

수열을 $f(n)$이라고 하면, $f(n)=an^2+bn+c$ 라고 쓸 수 있다. 그리고 주어진 조건에 의해

$$f(1)=a(1^2)+b(1)+c=3$$
$$f(2)=a(2^2)+b(2)+c=5$$
$$f(3)=a(3^2)+b(3)+c=8$$

식이 성립한다. 정리하면

$$a+b+c=3$$
$$4a+2b+c=5$$
$$9a+b+c=8$$

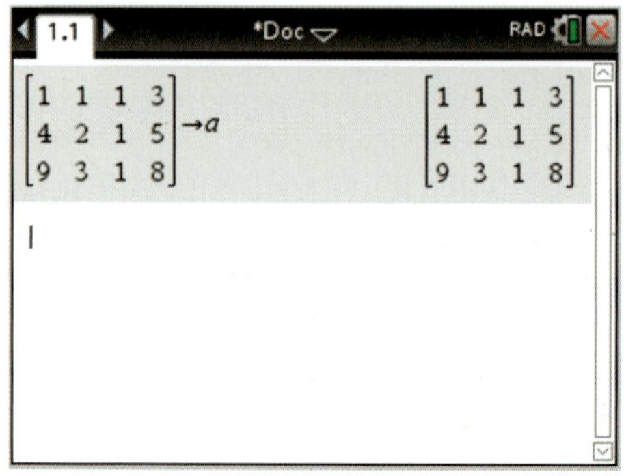

▪ 확대행렬을 a로 저장함

이므로 a, b, c에 관한 연립일차방정식임을 알 수 있다.

앞에서 배운 연립방정식의 풀이에 의해 주어진 방정식은 해는 $a=\frac{1}{2}$, $b=\frac{1}{2}$, $c=2$이다.

그러므로 주어진 수열의 일반항은

$$f(n)=\frac{1}{2}n^2+\frac{1}{2}n+2$$

이다.

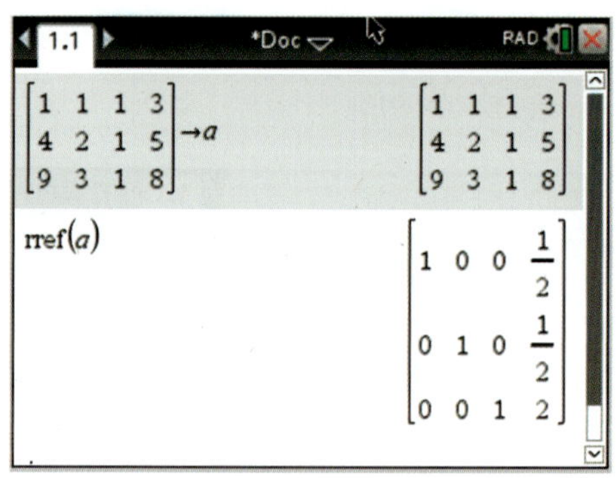

Nspire를 사용하여 a, b, c에 관한 연립일차방정식을 가장 간단하게 푸는 방법은 행렬을 이용하는 방법이다. 상수항까지 포함된 확대행렬을 이용하여 a, b, c를 구한다. 이때 사용되는 명령어는 RREF를 사용하여 기약 행사다리꼴 행렬로 바꾸어주면 해가 구해진다.

문제 1 다음 합에 대한 일반항을 구하여라.

$$\frac{1}{2\cdot 3}+\frac{1}{3\cdot 4}+\frac{1}{4\cdot 5}+\cdots+\frac{1}{(n+1)\cdot(n+2)}$$

문제 2 다음 세 개의 수로 시작하는 이차식 형태를 가진 수열의 일반항을 구하여라.

$$-3,\ 1,\ 9$$

11.6 급수의 소개

1 급수

유한수열에서 항들의 합은 어떤 유한의 수로 표현된다. 하지만 무한수열의 경우 모든 항의 합이 유한의 수로 표현되는 것을 보이는 것은 쉽지 않다. 예를 들면, 오른쪽 그림과 같이 n번째 항이 $\frac{1}{2^n}$인 수열의 모든 항들의 합은 다음과 같이 표현된다.

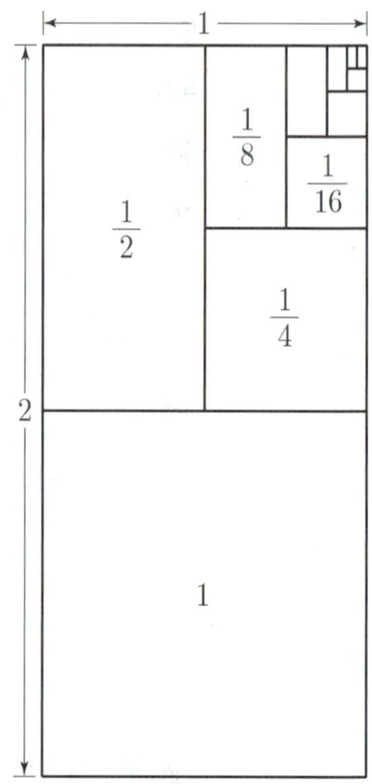

전체 넓이는 2이다.

$$\sum_{n=0}^{\infty}\frac{1}{2^n}=1+\frac{1}{2}+\frac{1}{4}+\frac{1}{8}+\frac{1}{16}+\frac{1}{32}+\cdots=2$$

이러한 수열의 합을 **무한급수**라고 부른다.

일반적으로 수열 $\{a_n\}$에서 각 항을 차례로 합 기호 $+$로 연결한 식

$$a_1+a_2+a_3+a_4+\cdots+a_n+\cdots$$

을 **무한급수**(infinite series) 또는 간단히 급수라 하고, $\sum$ 기호를 써서 $\sum_{n=1}^{\infty}a_n$ 또는 $\sum_{k=1}^{\infty}a_k$로 나타낸다. 그리고 이 무한급수에서 첫째 항부터 제n항까지의 합

$$\sum_{k=1}^{n}a_k=a_1+a_2+a_3+a_4+\cdots+a_n$$

을 이 무한급수의 제n 부분합 또는 간단히 **부분합**(partial sum)이라고 하고, 이 부분합을 S_n으로 표현한다.

예제 1

다음 무한수열의 합을 Σ를 이용해서 나타내고 그 값을 구하여라.

$$\frac{3}{10^1},\ \frac{3}{10^2},\ \frac{3}{10^3},\ \frac{3}{10^4},\ \frac{3}{10^5},\ \cdots$$

풀이

$$\sum_{n=1}^{\infty}\frac{3}{10^n}=\frac{3}{10^1}+\frac{3}{10^2}+\frac{3}{10^3}+,\frac{3}{10^4}+\frac{3}{10^5}+\cdots$$
$$=0.3+0.03+0.003+0.0003+0.00003+0.000003+\cdots$$
$$=0.33333333\cdots$$
$$=\frac{1}{3}$$

아래쪽 그림을 보면 무한수열의 각 항은 계속해서 0에 가까워지고 있다. 반면 무한수열의 항을 계속해서 더한 합은 $\frac{1}{3}$에 근사함을 알 수 있다.

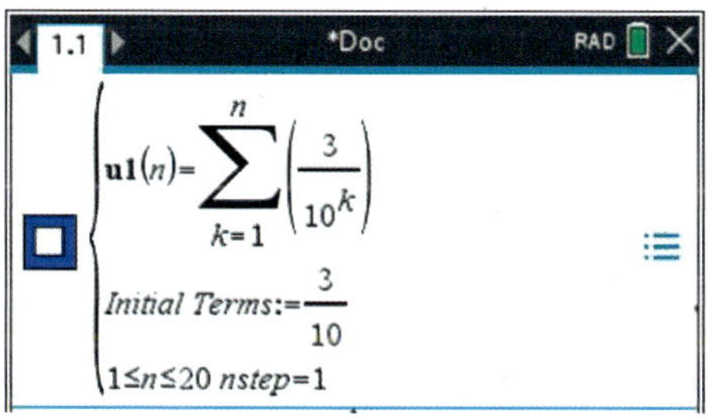

- menu > 3.Graph Entry/Edit > 7. Sequence > 1. Sequence
- u1(n)= 에 무한수열의 부분합을 입력한다. 이때 $n=1$과 ∞는 $k=1$과 n으로 입력한다.
- 첫째 항 3/10은 생략 가능하다.
- 20항까지의 부분합만 구해봄. 구하고자 하는 부분합 항 번호를 입력한다.
- 창설정을 아래와 같이 적절하게 설정한다.

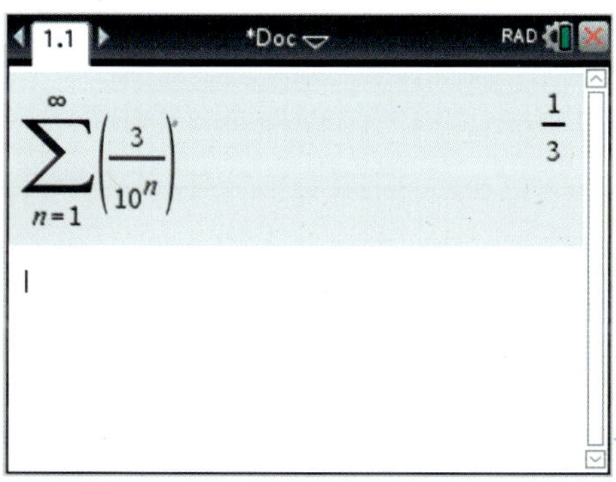

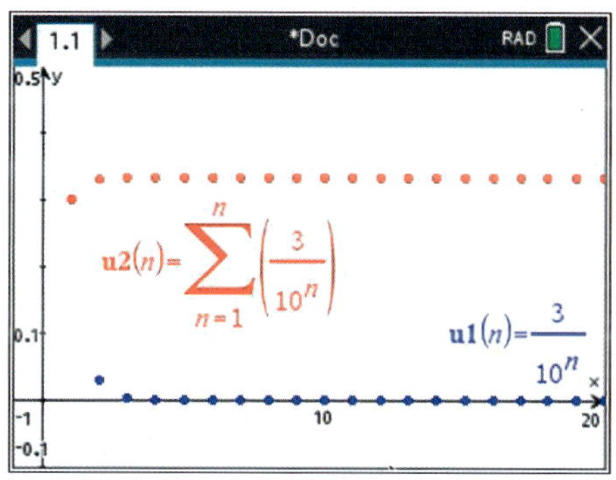

문제 1 다음 무한수열의 합을 $\sum$를 이용해서 나타내고 그 값을 구하여라.

$$\frac{7}{10^1},\ \frac{7}{10^2},\ \frac{7}{10^3},\ \frac{7}{10^4},\ \frac{7}{10^5},\ \cdots$$

2 무한 등비급수

첫째 항이 a이고 공비가 r인

$$a + ar + ar^2 + \cdots + ar^{n-1} + \cdots$$

형태의 무한합을 **무한 등비급수**(infinite geometric sequence)라고 하고, 기호로

$$\sum_{n=1}^{\infty} ar^{n-1}$$

으로 나타낸다.

이 등비급수의 처음부터 n번째 항까지의 부분합 S_n은

$$S_n = a\frac{(1-r^n)}{1-r} = \frac{a}{1-r} - \frac{ar^n}{1-r}$$

이다. 만약에 $|r| < 1$이면, n이 커짐에 따라 r^n은 거의 0에 가까워진다. 그러므로 무한 등비급수의 합은

$$S = \sum_{n=1}^{\infty} ar^{n-1} = \frac{a}{1-r}$$

이다.

예제 2

다음 무한 등비급수의 합을 구하여라.

$$4,\ 4(0.6),\ 4(0.6)^2,\ 4(0.6)^3,\ \cdots,\ 4(0.6)^{n-1},\ \cdots$$

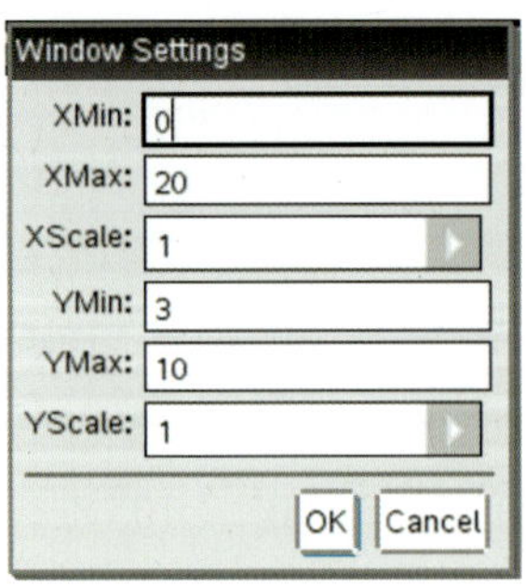

▶ 풀이

첫째 항 $a=4$, $r=0.6$이고, $|r|<1$이므로

$$\begin{aligned} S &= \sum_{n=1}^{\infty} 4(0.6)^{n-1} \\ &= \frac{a}{1-r} \\ &= \frac{4}{1-(0.6)} \\ &= 10 \end{aligned}$$

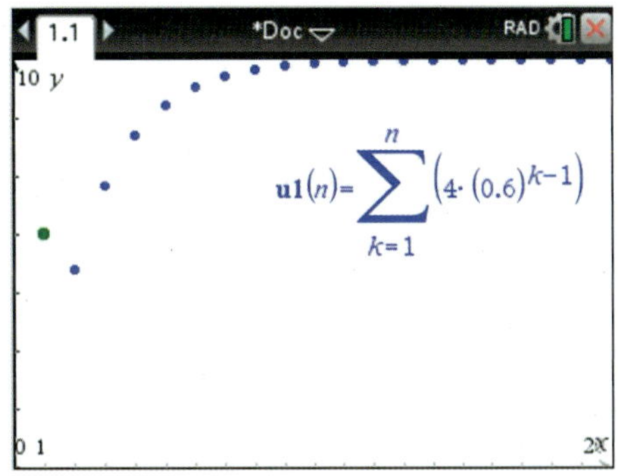

예제 3

0.99999999999 ⋯가 1이 됨을 설명하여라.

▶ 풀이

$0.99999999999\cdots=\frac{9}{10}+\frac{9}{100}+\frac{9}{1000}+\frac{9}{10000}+\cdots$이므로 첫째 항은 $\frac{9}{10}$이고, 공비가 $\frac{1}{10}$인 무한 등비급수이다. 따라서

$$0.99999\cdots=\frac{\frac{9}{10}}{1-\frac{1}{10}}=\frac{\frac{9}{10}}{\frac{9}{10}}=1$$

이다.

문제 1 수열 $\left(\frac{1}{3}\right)^n$의 첫째항부터 열다섯 번째 항까지의 합을 구하여라.

문제 2 $\sum_{n=1}^{10}\left(\frac{2}{5}\right)^n$을 구하여라.

문제 3 $\sum_{n=1}^{10}5\left(\frac{1}{4}\right)^{n-1}$을 구하여라.

CHAPTER

12 매개변수방정식과 극좌표

PARAMETRIC EQUATIONS and POLAR COORDINATES

12.1 평면 곡선과 매개변수방정식

1 평면 곡선

이제까지 그래프를 나타낼 때 x, y 두 개의 변수를 사용한 하나의 방정식으로 나타내었다. 이 절에서는 평면에서 곡선을 표현하기 위해 세 번째 변수를 사용하는 상황들을 다루게 된다. 이 방법의 유용함을 보기 위해 45° 의 각을 이루면서 공중으로 던져진 물체에 의하여 생긴 아래의 경로를 생각해보자.

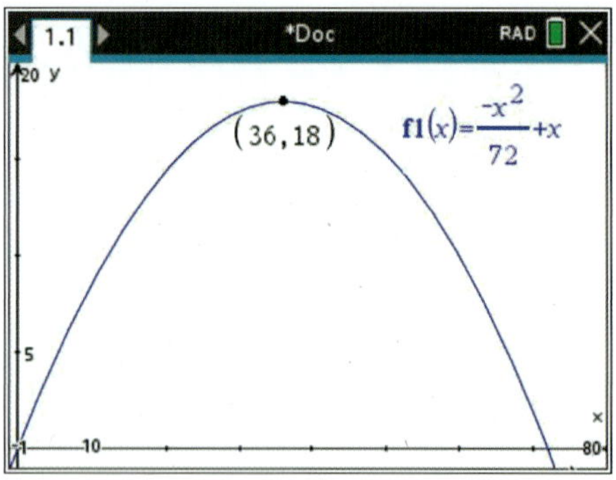

- 좌표 입력은 menu > 1.Actions > 8.Coordinates and Equations를 선택한다.
- 왼쪽 괄호 (하면 자동으로 좌표가 열린다.
- 36을 입력하고 enter하고 18 입력 후 enter하면 좌표가 입력된다.

하지만 이 방정식은 모든 것을 말해 주지 않는다. 비록 그 물체가 어디에 있는지는 말해 줄 수 있어도 물체가 경로 위의 점 (x, y)에 언제 있는지, 즉 시간에 대한 위치를 알려주지는 않는다. 이 시간을 결정하기 위해 **매개변수**(parameter)라 불리는 세 번째 변수 t를 도입한다. 이처럼 어떤 동점의 경로나 궤적을 표시할 때는 직교좌표방정식보다 극좌표방정식이나 매개변수를 사용한 방정식으로 표현하는 것이 더 편리하다.

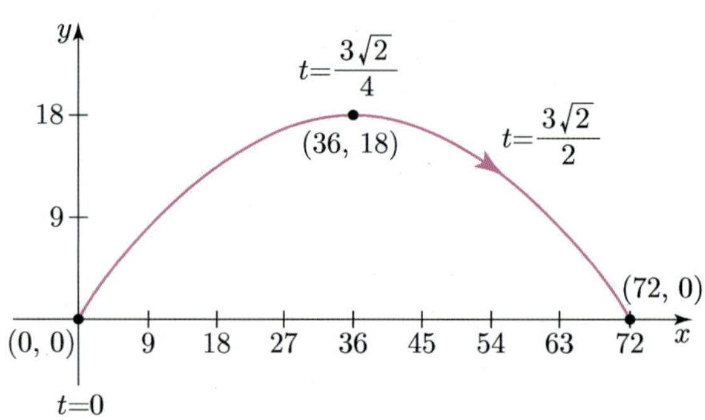

- 직교좌표방정식 : $y=-\dfrac{x^2}{72}+x$
- 매개변수방정식 :
  $x=24\sqrt{2}t$, $y=-16t^2+24\sqrt{2}t$

위치에 대한 두 개의 변수 x, y 그리고 시간에 대한 변수 t로 점의 위치 표현

위치를 나타내는 두 개의 변수 x, y와 시간을 나타내는 변수 t를 사용해서 $x=f(t)$,

$y=g(t)$로 표현한 방정식을 **매개변수방정식**(parametric equation) 또는 **매개방정식**이라 한다. 위의 물체가 시간에 따라 이동하는 경로를 매개변수 t를 사용한 매개변수방정식으로 표현하면 다음과 같이 t에 관한 함수로 적는 것이 가능하다.

$$x=24\sqrt{2t}\ ,\ \ y=-16t^2+24\sqrt{2t}$$

이 방정식에서 시간 $t=0$일 때 물체는 $(0, 0)$에 있고, 시간 $t=1$일 때는 $(24\sqrt{2},\ 24\sqrt{2}-16)$에 있음을 알 수 있다. 위의 공중에 던진 물체의 이동 문제에서 x, y는 t에 관한 연속함수 $x=f(t)$, $y=g(t)$이므로 t의 변화에 따라 점 (x, y)가 곡선을 그리게 된다. 이 곡선을 **평면 곡선**이라 한다. 평면 곡선에는 평면 위의 모든 곡선인 직선, 원, 타원, 포물선, 쌍곡선 등이 포함된다.

평면 곡선의 정의

f, g가 구간 I에서 t에 관한 연속함수일 때, 순서쌍 $(f(t), g(t))$의 집합을 평면 곡선 C라 한다. 이때 방정식 $x=f(t)$, $y=g(t)$를 C에 대한 매개변수방정식이라 하고, t를 매개변수라 한다.

---

2 평면 곡선 그리기

매개변수방정식의 곡선을 그리는 한 가지 방법은 xy 평면에 점을 찍는 것이다. 각 좌표 (x, y)들의 집합은 매개변수 t의 값에 의해 결정된다. 증가하는 t의 값의 순서에 따라 결정되는 점 (x, y)를 찍음으로써 특정한 방향으로 이동하는 곡선을 그릴 수 있는데, 이것을 곡선의 방향이라 한다.

예제 1

매개변수방정식 $x=t^2-4$, $y=\dfrac{t}{2}$, $\quad 2\le t\le 3$이 나타내는 곡선을 그려라.

풀이

주어진 구간의 변수 t의 값을 사용하여 주어진 매개변수방정식에 대입하여 아래 표와 같은 점 (x, y)를 만든다.

t	$x=t^2-4$	$y=\frac{t}{2}$
-2	0	-1
-1	-3	$-\frac{1}{2}$
0	-4	0
1	-3	$\frac{1}{2}$
2	0	1
3	5	$\frac{3}{2}$

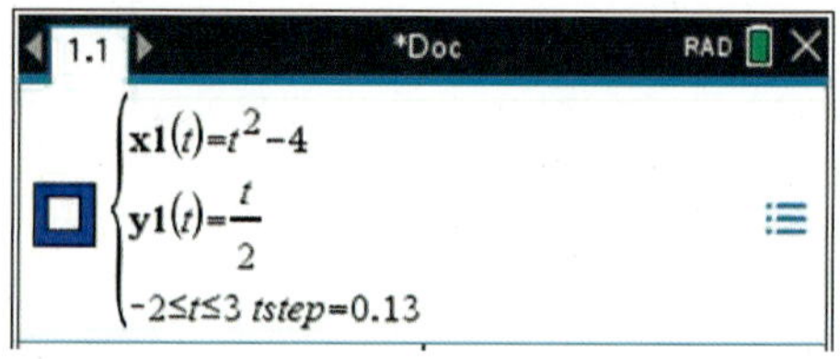

- menu > 3.Graph Entry/Edit > 4. Parametric
- t 범위는 주어진 문제에 따라 수정한다.
- tstep=0.13은 초기값으로 설정되어 있다. 오른쪽 표에서 tstep=1이므로 문제에 맞게 수정 가능하다.

증가하는 t 값의 순서에 따라 이들 점을 찍음으로써 아래와 같은 곡선을 얻을 수 있다. 여기서 화살표는 t가 -2에서 3으로 증가할 때 곡선의 방향을 나타낸다.

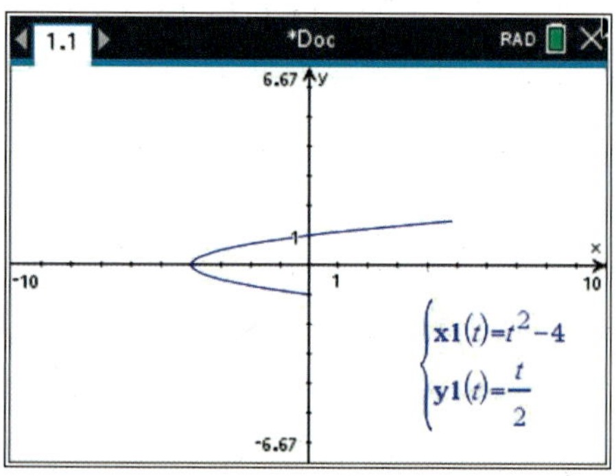

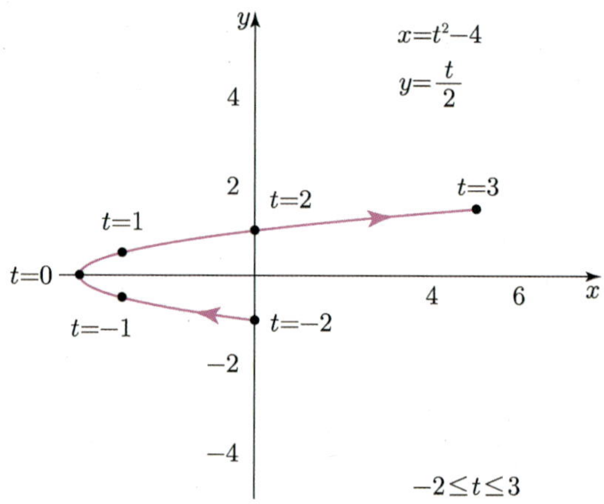

[예제 1]은 x에 관한 y의 함수, 즉 양함수로 정의되지 않았다. 이는 매개변수방정식의 하나의 이점이다. 매개변수방정식은 함수의 그래프보다 좀 더 일반적인 그래프를 나타내는 데 사용된다. 매개변수방정식에서는 서로 다른 두 매개변수방정식이 같은 그래프를 나타낼 수 있다. 예를 들어, 다음과 같은 매개변수방정식

$$x=4t^2-4\ ,\ y=t \qquad -1\le t\le \frac{3}{2}$$

은 **[예제 1]**과 같은 그래프를 나타낸다. 하지만 t의 값들을 비교해 보면 두 번째 그래프가 첫 번째 그래프보다 좀 더 빠르게(시간으로써 t를 고려할 때) 그려짐을 볼 수 있다. 그 이유는 두 방정식 $x=t^2-4$와 $x=4t^2-4$를 비교해 보면 $4t^2$의 기울기가 t^2의 기울기보다 더 급하기 때문이다.

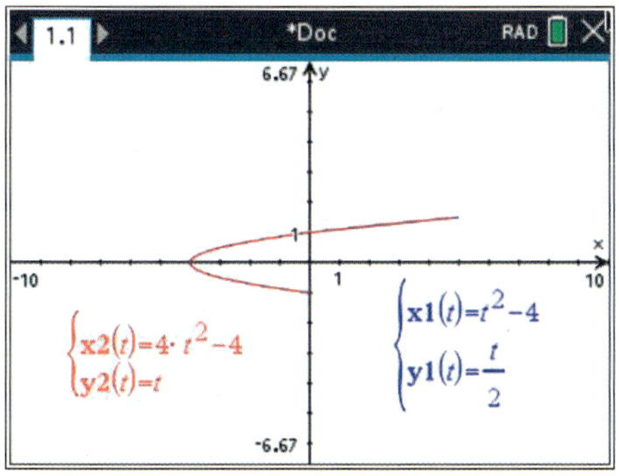

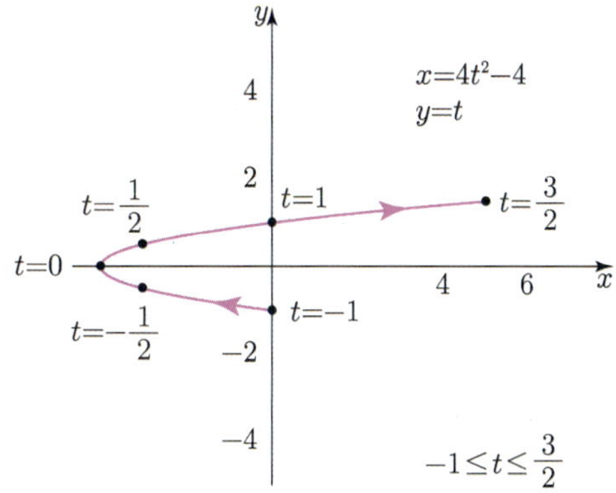

그러므로 서로 다른 매개변수방정식 표현들은 경로를 따라 움직이는 물체의 다양한 속도를 나타내는 데 사용될 수 있다.

예제 2

Nspire를 사용하여 다음 매개변수방정식의 그래프를 그려라. 어느 것이 x에 관한 y의 함수인가?

(1) $x=\cos^3 t$

$y=\sin^3 t$

(2) $x=t$

$y=t^3$

풀이

Nspire의 설정을 매개변수 그리고 라디안 모드로 한다. 그래프가 화면에 적절하게 잘 그려지게 하려면 x, y의 최대, 최소뿐만 아니라 t의 최대, 최소도 설정해야 한다.

(1) x, y에 매개변수방정식을 입력한다. 그래프를 보면 x값에 대해 y값이 하나씩 대응되지 않으므로 x에 관한 y의 함수라고 할 수 없다.

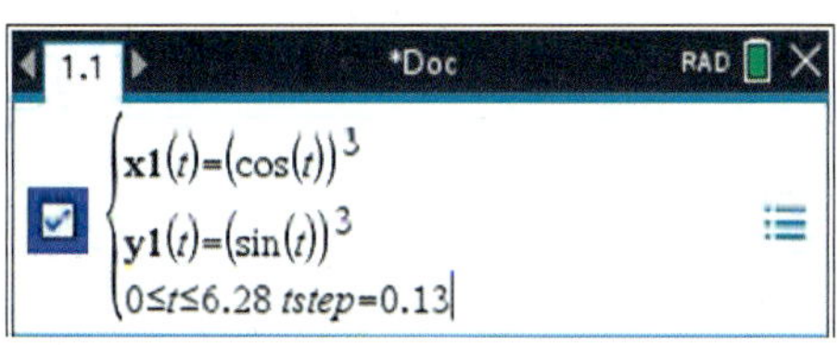

■ $0 \le t \le 6.28$에서 6.28은 2π를 나타낸다.

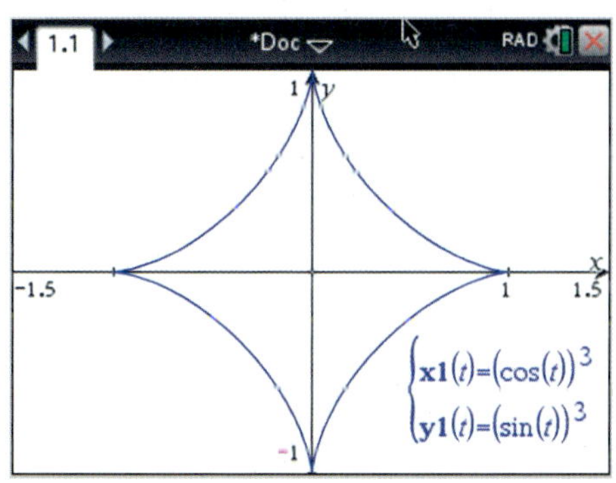

(2) x, y에 매개변수방정식을 입력한다. 그래프를 보면 이 방정식은 x값에 대해 y값이 하나씩 대응되므로 x에 관한 y의 함수라고 할 수 있다.

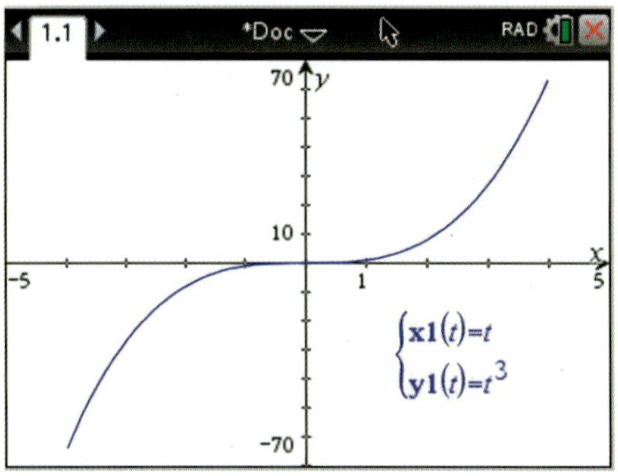

3 매개변수의 소거

매개변수방정식으로 표현되는 많은 곡선들은 직교좌표방정식으로도 나타낼 수 있고 이로부터 그래프를 그릴 수도 있다. 직교좌표방정식을 찾는 방법을 **매개변수의 소거**라고 한다.

매개변수 방정식	→	간단한 방정식을 선택하여 t에 관해 푼다.	→	다른 방정식에 t를 대입한다.	→	직교좌표 방정식
$x=t^2-4$, $y=\dfrac{t}{2}$		$t=2y$		$x=(2y)^2-4$		$x=4y^2-4$

이 예에서 매개변수를 소거하게 되면 이 곡선은 수평 축과 $(-4,\ 0)$을 꼭짓점으로 갖는 포물선임을 알 수 있다.

매개변수방정식에서 직교좌표방정식으로 변환하면 매개변수 t에 의해 x, y의 범위가 변화된다. 이 경우에 직교좌표방정식에서 x, y를 제한해야 한다.

예제 3

매개변수방정식 $x=\dfrac{1}{\sqrt{t+1}}$, $y=\dfrac{t}{t+1}$에 의해서 나타나는 곡선을 확인하여라.

풀이

이 방정식을 t에 관해 정리한다.

$$t=\frac{1-x^2}{x^2}$$

위의 식을 y에 대한 방정식에 대입하여 정리하면 다음 식을 얻을 수 있다.

$$y = \frac{t}{t+1} = 1 - x^2$$

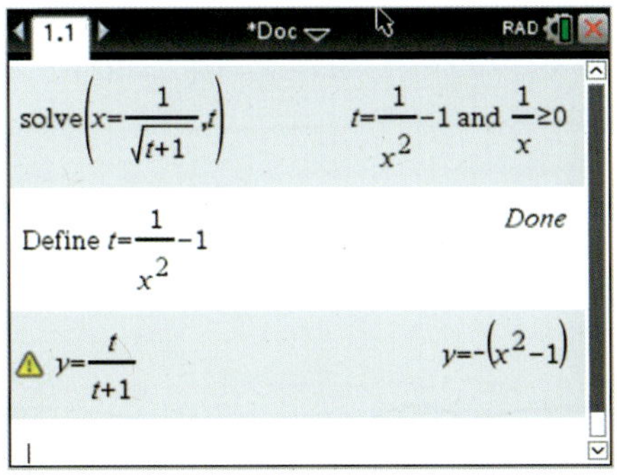

Nspire 화면과 매개변수방정식에서 알 수 있듯이 x의 범위가 $x \geq 0$이므로 그래프를 확인할 때 x값을 제한해서 입력한 후 그리도록 한다.

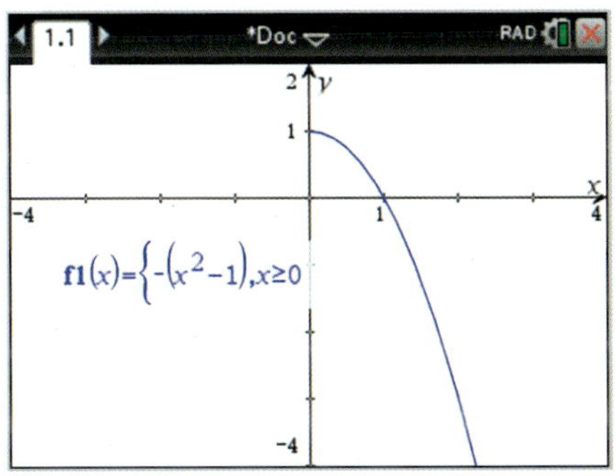

■ 함수식은 $f1(x) = -(x^2-1)|x \geq 0$로 정의역을 제한해서 입력한다.

[예제 3]에서 매개변수 소거는 주로 곡선을 확인할 목적으로 이루어진다는 점이 중요하다. 만약 움직이는 물체의 경로를 알아보려면 매개변수를 소거하여 나타낸 함수의 그래프만으로는 물체의 움직임을 설명하기에 충분하지 않다. 따라서 그래프를 어떤 목적으로 사용하느냐에 따라 매개변수를 소거할지를 결정해야 한다.

4 그래프에 대한 매개변수방정식 찾기

예제 4

평면의 직선을 따라 회전하는 원에서 반지름이 1인 원의 원주 위의 점 P에 의해서 그려지는 사이클로이드(cycloid)를 매개변수방정식으로 나타내어라.

풀이

매개변수 t는 라디안으로 원의 회전량을 나타낸다. $t=0$일 때 점 $P(x, y)$는 원점에 위치한다. 시간이 t일 때 원은 x축을 따라 t 라디안만큼 이동하게 되어 이때 점 P의 좌표는 $(t, 1)$이 된다. $t=\pi$일 때 P의 좌표는 최고점 $(\pi, 2)$, 그리고 $t=2\pi$일 때, P는 다시 x축의 $(2\pi, 0)$에 위치한다. 아래 그림을 보면 반지름이 1인 단위원에 의해 그려지는 사이클로이드의 매개변수방정식은 다음과 같다.

$$x=t-\sin t,\ \ y=1-\cos t$$

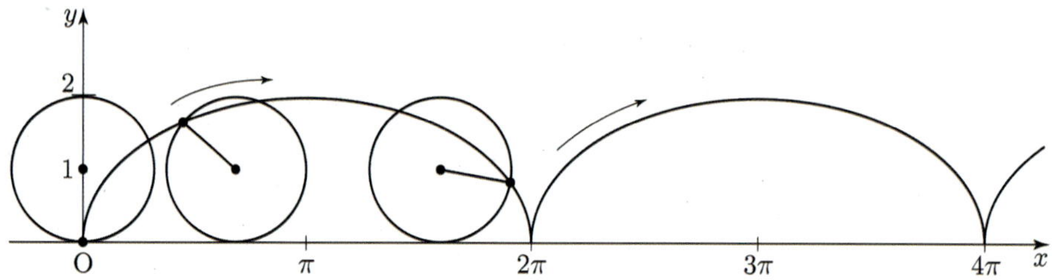

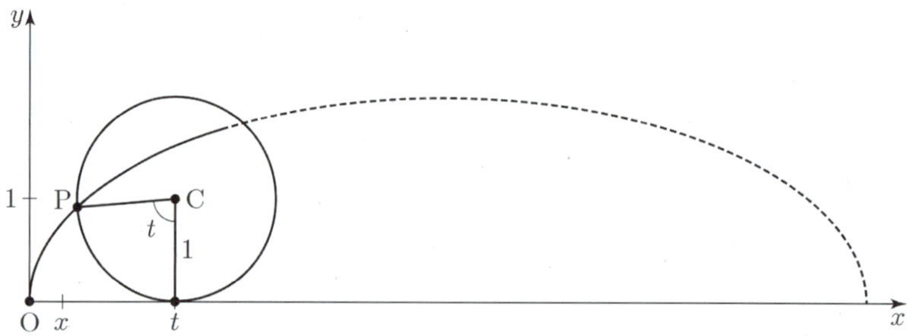

시간 t일 때 P의 위치

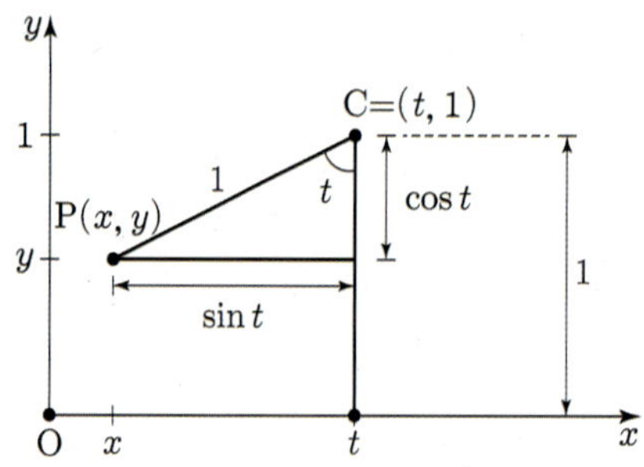

P의 좌표 $x=t-\sin t$, $y=1-\cos t$

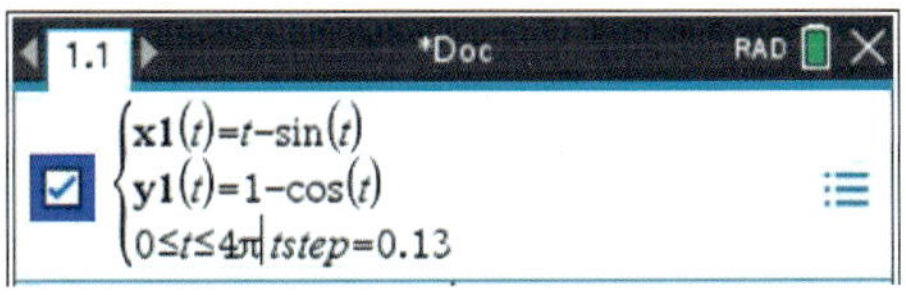

여기서 반지름이 R인 원에 의해 그려지는 사이클로이드의 매개변수방정식은 다음과 같다.

$$x = Rt - R\sin t, \; y = R - R\cos t$$

Nspire를 사용하여 그린 매개변수방정식의 곡선은 아래와 같다.

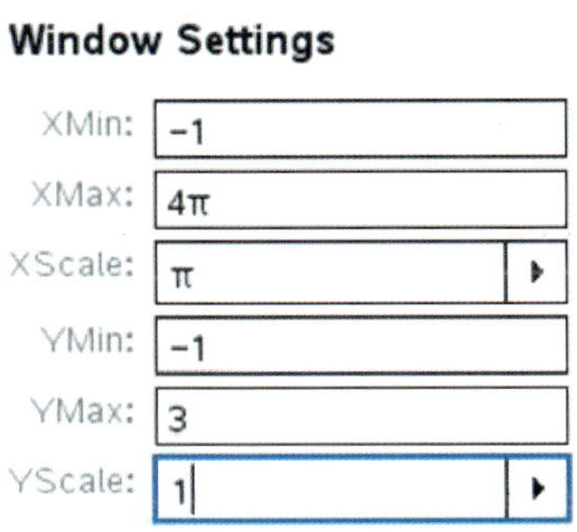

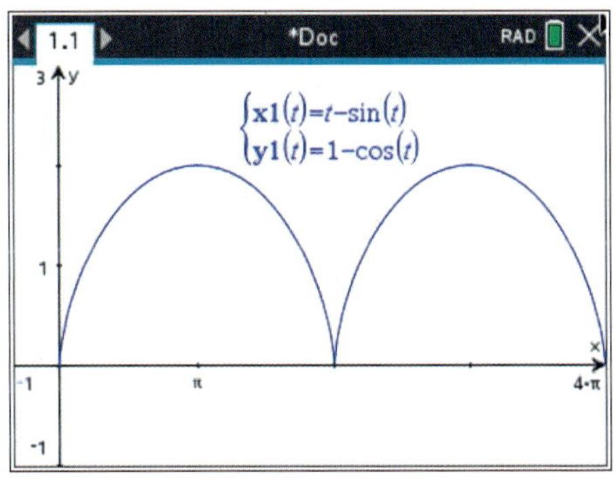

문제 1 곡선 $y = 2y^2$ $(-3 \le y \le 0)$을 (i) $y = t$로 둘 때와 (ii) $x = t$로 둘 때 곡선은 동일하지만 매개변수방정식은 서로 다르다는 사실을 보여라.

문제 2 매개변수방정식에 의한 평면곡선은 $C(t)$로 나타내기도 한다. 다음 곡선을 따라 움직이는 물체의 경로를 설명하여라.

(1) $C(t) = (t^3, t^6)$ (2) $C(t) = (t^2, t^4)$

(3) $C(t) = (\cos t, \cos^2 t)$

12.2 극좌표

1 극좌표

평면에서 극좌표계(polar coordinates)는 극(pole) 또는 원점(orgin)이라고 불리는 고정점 O로부터 오른쪽 수평 방향으로(직교좌표계의 x축의 양의 방향) 고정된 반직선을 잡는다. 이때 이 반직선을 **극축**(polar axis)이라 부른다. 이때 극좌표 (r, θ)는 다음과 같이 정한다.

1. $r = O$에서부터 P로 유향거리(directed distance)
2. $\theta =$ 극축에서 $\overline{OP}$까지 반시계방향으로 이루는 유향각(directed angle)

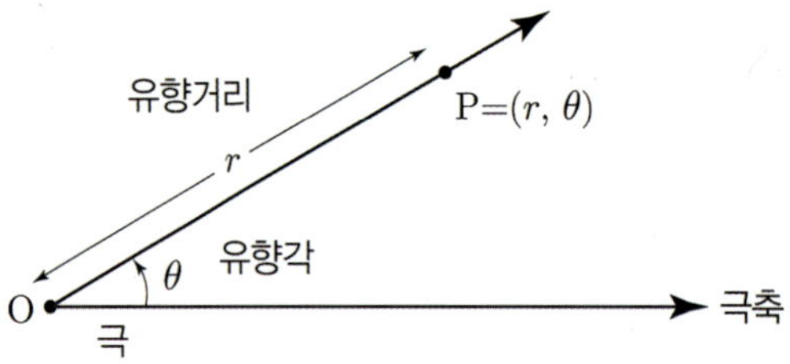

극좌표는 극 O를 중심으로 하는 원과 이 원의 중심에서 뻗어 나오는 반직선과의 교점으로 나타낼 수 있으며 이는 **[예제 1]**에서 확인할 수 있다.

예제 1

극좌표계에 다음 점들을 표시하여라.

(1) $\left(3, \frac{5\pi}{3}\right)$ (2) $\left(2, -\frac{\pi}{4}\right)$ (3) $(3, 0)$ (4) $\left(-2, \frac{\pi}{4}\right)$

▶ 풀이

(1) (2) (3) (4)

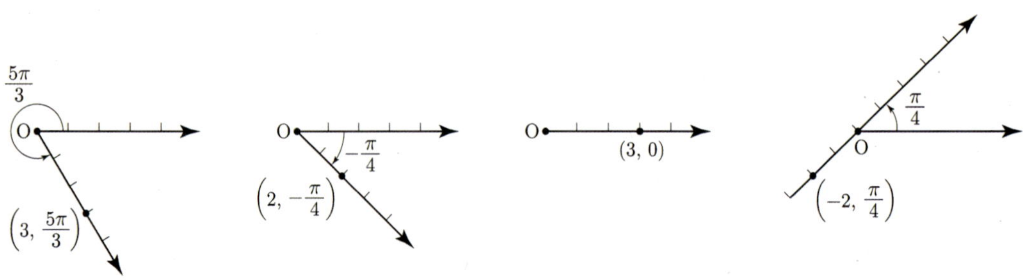

일반적으로 평면좌표계에서는 한 점을 표시하는 방법이 한 가지뿐이다. 하지만 극좌표계에서는 여러 가지 표시 방법이 존재한다. 예를 들어, $(r,\ \theta)$와 $(r,\ 2\pi+\theta)$는 같은 점을 표시한다. 또한 r은 유향거리이므로 $(r,\ \theta)$와 $(-r,\ \theta+\pi)$도 같은 점을 표시한다. 요약하면, 점 $(r,\ \theta)$는

$$(r,\ \theta\pm 2n\pi)\ \text{또는}\ (-r, \theta\pm(2n+1)\pi)\ (n\in Z)$$

으로 표시할 수 있고 더욱이 극은 임의의 각 θ에 대하여 $(0,\ \theta)$로 표시할 수 있다.

예제 2

점 $\left(2,\ \frac{\pi}{4}\right)$을 나타내는 여러 극좌표를 구하여라.

풀이

$P=\left(2,\ \frac{\pi}{4}\right)$에서 $\frac{\pi}{4}$에 1회전(2π)를 더하여 $\frac{\pi}{4}+2\pi=\frac{9\pi}{4}$이므로 $P=\left(2,\ \frac{9\pi}{4}\right)$이다.

$P=\left(2,\ \frac{\pi}{4}\right)$에서 $-2\pi+\frac{\pi}{4}=-\frac{7\pi}{4}$이므로 $P=\left(2,\ -\frac{7\pi}{4}\right)$이다.

$P=\left(2,\ \frac{\pi}{4}\right)$에서 2의 반대 방향으로 -2를 하면 π만큼 회전하므로 $\frac{\pi}{4}+\pi=\frac{5\pi}{4}$가 되어 $P=\left(-2,\ \frac{5\pi}{4}\right)$이다.

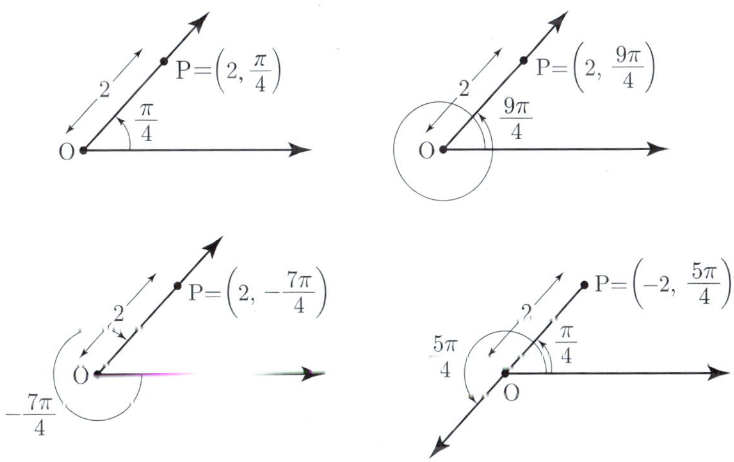

2 좌표변환

극섬을 원점으로 하고 극축이 직교좌표계의 x축의 양의 부분과 일치한다고 가정하면 그림과 같이 점 (x, y)를 반지름이 $r(r^2=x^2+y^2)$인 원 위에 있기 때문에

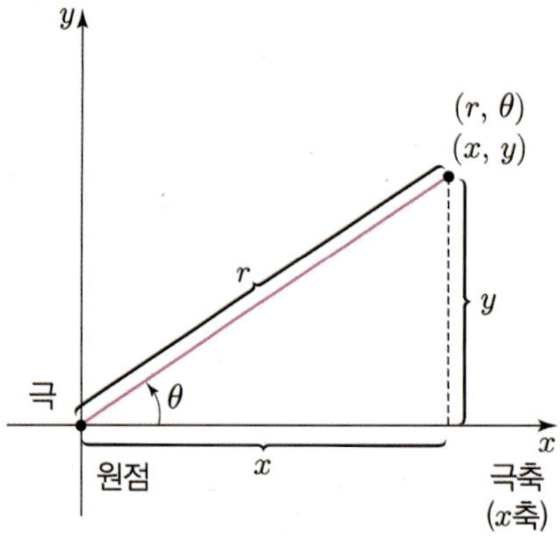

극좌표와 직교좌표의 관계

$r > 0$ 이면

$$\tan\theta = \frac{y}{x}, \quad \cos\theta = \frac{x}{r}, \quad \sin\theta = \frac{y}{r}$$

$r < 0$ 일 때도 성립함을 확인할 수 있다. 예를 들어, $r < 0$ 인 점 (r, θ) 에 대하여 $(r, \theta) = (-r, \theta + \pi)$ 이고 $-r > 0$ 이므로 $-\sin\theta = \sin(\theta + \pi) = -\frac{y}{r}$ 이므로 $\sin\theta = \frac{y}{x}$ 이다. 따라서 극좌표 (r, θ) 와 직교좌표 (x, y) 사이에는 다음 관계가 성립한다.

$$x = r\cos\theta, \quad \tan\theta = \frac{y}{x}$$
$$y = r\sin\theta, \quad r^2 = x^2 + y^2$$

예제 3

다음 극좌표를 직교좌표로 변환하여라.

(1) $(r, \theta) = \left(6, \frac{\pi}{6}\right)$ (2) $(r, \theta) = \left(-4, -\frac{\pi}{4}\right)$

풀이

(1) 점의 극좌표 $(r, \theta) = \left(6, \frac{\pi}{6}\right)$ 에 대하여

$$x = r\cos\theta = 6\cos\frac{\pi}{6} = 6 \cdot \frac{\sqrt{3}}{2} = 3\sqrt{3}$$

$$y = r\sin\theta = 6\sin\frac{\pi}{6} = 6 \cdot \frac{1}{2} = 3$$

이므로 이 점의 직교좌표는 $(x, y) = (3\sqrt{3}, 3)$ 이다.

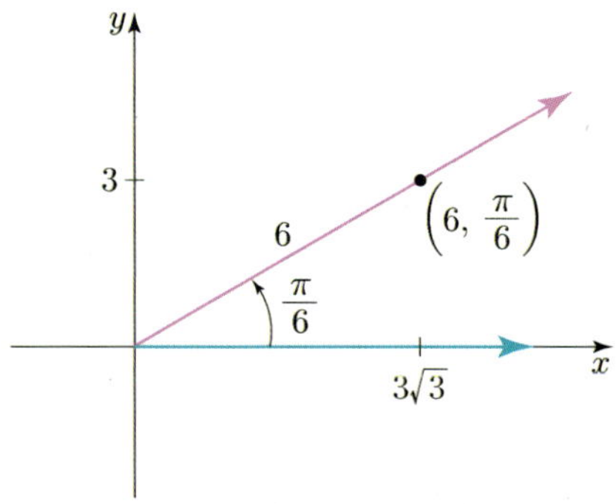

(2) 점의 극좌표 $(r, \theta) = \left(-4, -\frac{\pi}{4}\right)$에 대하여

$$x = r\cos\theta = -4\cos\left(-\frac{\pi}{4}\right) = -4 \cdot \frac{\sqrt{2}}{2} = -2\sqrt{2}$$

$$y = r\sin\theta = -4\sin\left(-\frac{\pi}{4}\right) = -4 \cdot \left(-\frac{\sqrt{2}}{2}\right) = 2\sqrt{2}$$

이므로 이 점의 직교좌표는

$$(x, y) = (-2\sqrt{2}, 2\sqrt{2})$$

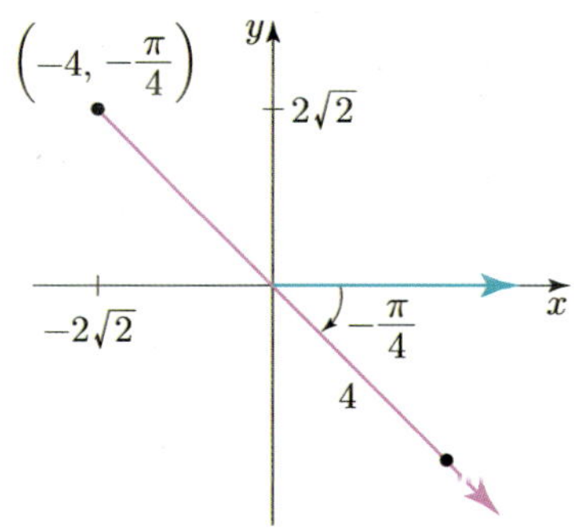

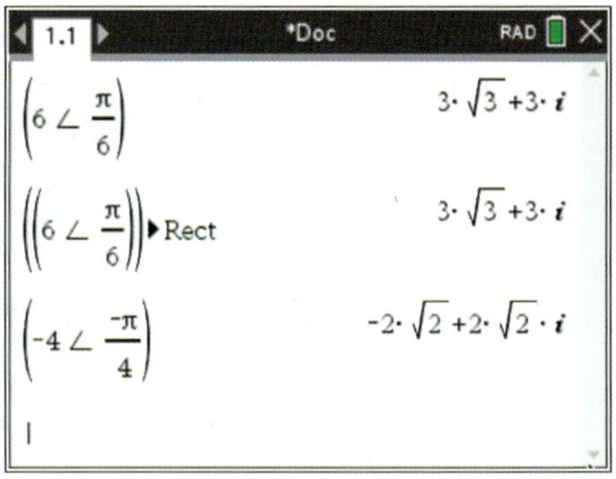

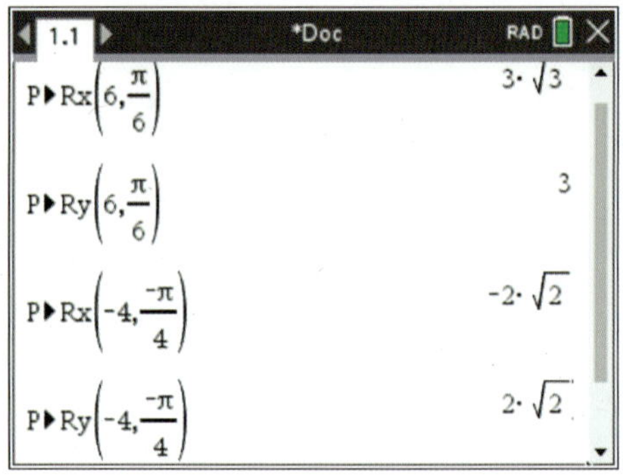

- 기호 ∠ 는 [ctrl] [📖] 에서 찾는다.
- [menu] > 2.Number > 9.Complex Number Tools > 7.Convert to Rectangular로 입력해도 된다.
- 극좌표는 괄호로 입력하는데 화면에서 이중 괄호는 자동 입력된다.

- 극좌표를 직교좌표로 변환할 때는 카탈로그 [📖]의 1번에서 영어 p(polar)키를 누른다.
- 극좌표를 직교좌표의 x 좌표(Rx)와 y 좌표(Ry)로 각각 구할 수도 있다.

예제 4

다음 직교좌표를 극좌표로 변환하여라.

(1) $(x, y) = (-1, 1)$　　　　(2) $(x, y) = (0, 2)$

풀이

(1) 원점에서 점 $(-1, 1)$까지 거리 r은

$$r = \sqrt{x^2 + y^2} = \sqrt{(-1)^2 + (1)^2} = \sqrt{2}$$

이다. 그리고 제2사분면의 점 $(x, y) = (-1, 1)$에 대하여 θ 또한 제2사분면의 각이므로

$$\tan\theta = \frac{y}{x},\ \theta = \tan^{-1}\frac{y}{x},\ -\frac{\pi}{2} < \theta < \frac{\pi}{2}$$

$$\theta = \tan^{-1}\frac{y}{x} = \tan^{-1}\left(\frac{1}{-1}\right) = \tan^{-1}(-1) = -\frac{\pi}{4}$$

이고 $\theta - \frac{\pi}{4} = \frac{3\pi}{4}$ 이다. 따라서 $(-1, 1)$에 대한 극좌표는 $(r, \theta) = \left(\sqrt{2}, \frac{3\pi}{4}\right)$이다. 다른 가능한 극좌표는 $\left(\sqrt{2}, -\frac{5\pi}{4}\right)$와 $\left(-\sqrt{2}, \frac{7\pi}{4}\right)$

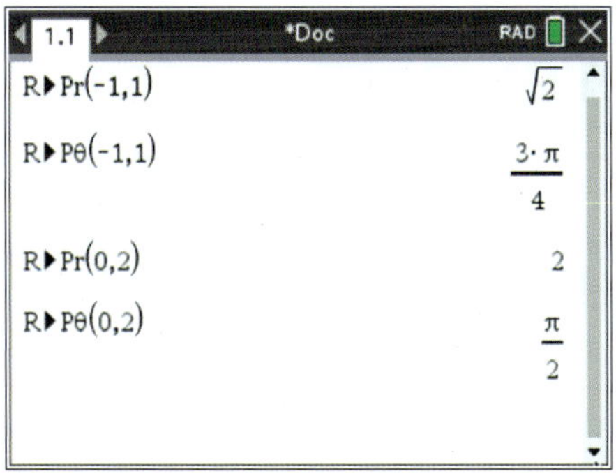

- 직교좌표를 극좌표 변환할 때는 카탈로그 (카탈로그 키) 의 1번에서 영어 R(Rectangular)키를 누른다.
- 직교좌표를 극좌표의 r(Pr)과 θ(Pθ)로 각각 구할 수 있다.

(2) $(x, y) = (0, 2)$는 y축의 양의 방향에 있는 점이므로

$$\theta = \frac{\pi}{2}, \quad r = 2$$

따라서 $(r, \theta) = \left(2, \frac{\pi}{2}\right)$

문제 1 $\left(2, \frac{\pi}{6}\right)$에 대응하는 직교좌표를 구하여라.

문제 2 $(-3, \sqrt{2})$에 대응하는 극좌표를 구하여라.

12.3 극방정식의 그래프

1 극방정식과 그 그래프

극좌표 (r, θ)에서 r과 θ를 변수로 사용하여 표현하는 방정식을 **극방정식**(polar equation)이라 한다. 그리고 이 방정식을 만족하는 모든 점들로 이루어진 그래프를 극방정식의 그래프라고 한다. 극방정식을 그리는 한 가지 방법은 극방정식을 직교좌표방정식으로 변환하는 것이다.

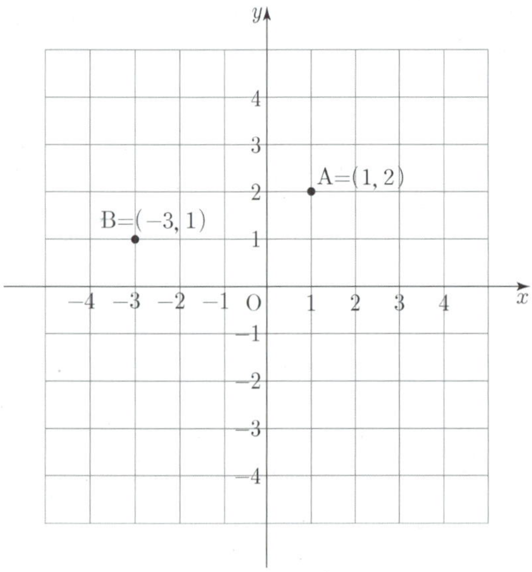

직교좌표계

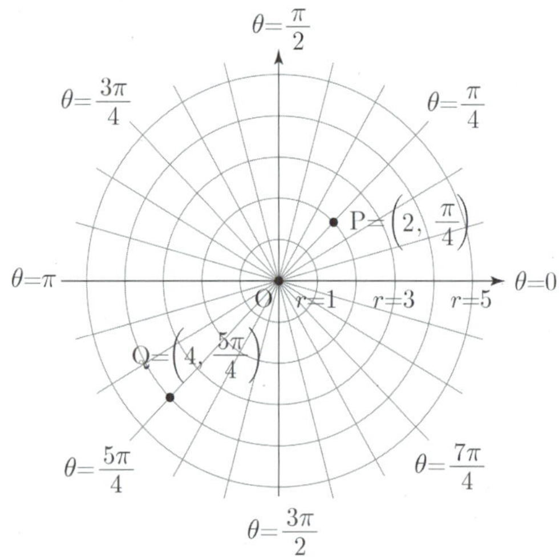

극좌표계

예제 1

다음 극좌표 방정식의 그래프를 그려라.

(1) $r=2$　　　　(2) $\theta=\dfrac{\pi}{3}$

풀이

(1) 극방정식 $r=2$의 그래프는 극으로부터 2만큼 떨어진 점들로 이루어진 도형이다. 다시 말해, 이 그래프는 중심이 원점이고 반지름이 2인 원이다.

$r^2=x^2+y^2$이므로 극방정식 $r=2$의 그래프를 직교좌표방정식으로 변환하면 아래와 같다.

$$r = 2 \rightarrow r^2 = 2^2 \rightarrow x^2 + y^2 = 2^2$$

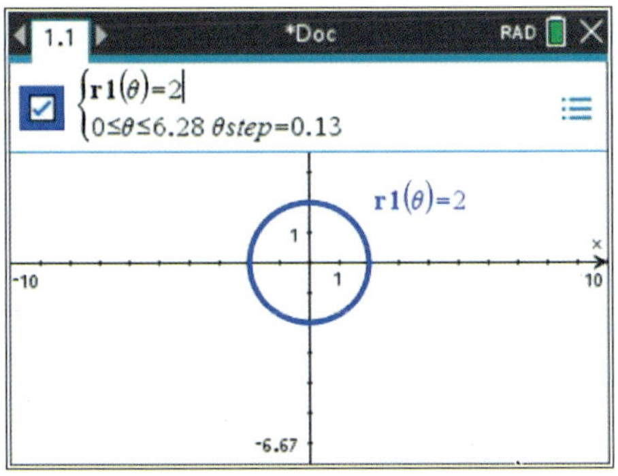

- Nspire에서는 극방정식을 직접 입력하여 극방정식 그래프를 그릴 수 있다.
- menu > 3.Graph Entry/Edit > 5.Polar를 선택하여 극방정식을 입력한다.

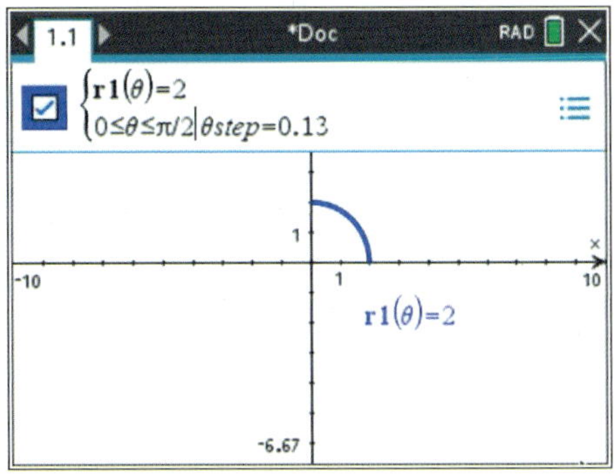

- 범위를 $0 \le \theta \le \frac{\pi}{2}$로 하면 제1사분면에서만 그래프를 그릴 수 있다.

(2) 극방정식 $\theta = \frac{\pi}{3}$의 그래프는 x축과 이루는 각이 $\frac{\pi}{3}$인 점으로 이루어진 도형이다. 다시 말해, 원점을 지나고 기울기가 $\tan\frac{\pi}{3}$인 직선이다. $\tan\theta = \frac{y}{x}$이므로

$$\theta = \frac{\pi}{3} \rightarrow \tan\theta = \sqrt{3} \rightarrow y = \sqrt{3}x$$

예제 2

극방정식 $r = 4\sin\theta$의 그래프를 그려라.

풀이

사인은 주기함수이므로 r값의 치역을 구하기 위해서는 다음 표와 같이 0에서 2π까지 θ에 대해서 살펴보면 충분하다.

θ	0	$\frac{\pi}{6}$	$\frac{\pi}{3}$	$\frac{\pi}{2}$	$\frac{2\pi}{3}$	$\frac{5\pi}{6}$	π	$\frac{7\pi}{6}$	$\frac{3\pi}{2}$	$\frac{11\pi}{6}$	2π
$4\sin\theta$	0	2	$2\sqrt{3}$	4	$2\sqrt{3}$	2	0	-2	-4	-2	0

이 값들을 좌표에 나타내면 중심이 $(x, y) = (0, 2)$이고 반지름이 2인 원이다. 직교좌표방정식으로 변환하기 위해 양변에 r을 곱한다.

$$r^2 = 4r\sin\theta$$

$r^2 = x^2 + y^2$ 과 $y = r\sin\theta$ 를 이용하면 아래와 같다.

$$x^2 + y^2 = 4r\sin\theta = 4y$$
$$x^2 + (y^2 - 4y) = 0$$
$$x^2 + (y^2 - 4y + 4) = 4$$
$$x^2 + (y-2)^2 = 4$$

따라서 중심이 $(x, y) = (0, 2)$이고 반지름이 2인 원이다.

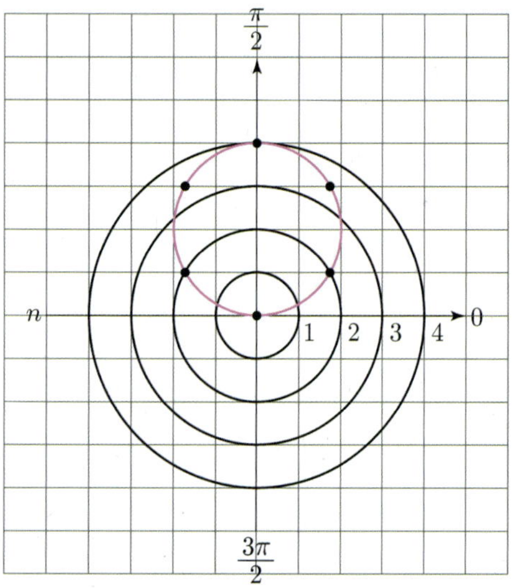

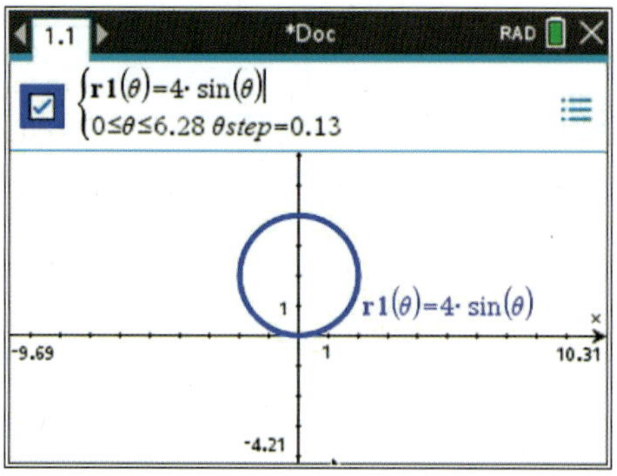

- θ 는 [π▸] 에서 찾는다.
- 사인함수 주기가 2π 이므로 범위는 조정하지 않는다.

[예제 2]에서 보듯이 어떤 그래프는 직교좌표로 표시하는 것 보다 극좌표로 표시하는 것이 훨씬 간단하다. 이 예에서도 극좌표로는 $r = 4\sin\theta$ 로 간단히 표현되지만 직교좌표로는 더 복잡한 원의 방정식 $x^2 + (y-2)^2 = 4$의 형태로 표현된다.

2 대칭성

점 (r, θ)와 점 $(r, -\theta)$는 극축(또는 x 축)에 대해 대칭이고, (r, θ)와 $(r, \pi - \theta)$는 $\theta = \dfrac{\pi}{2}$에 대칭(symmetry)이다. 그리고 (r, θ)와 $(-r, \theta)$는 극(또는 원점)에 대해 대칭이다.

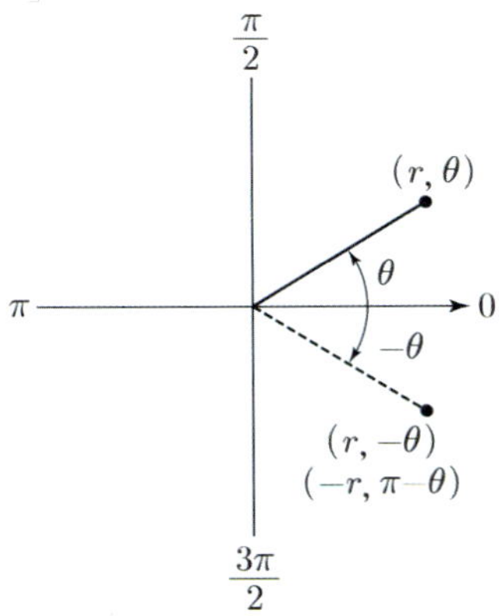

극축에 대칭

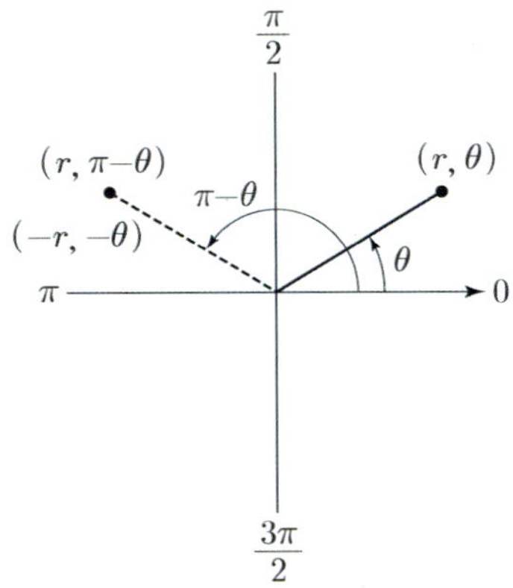

직선 $\theta=\frac{\pi}{2}$ 에 대칭

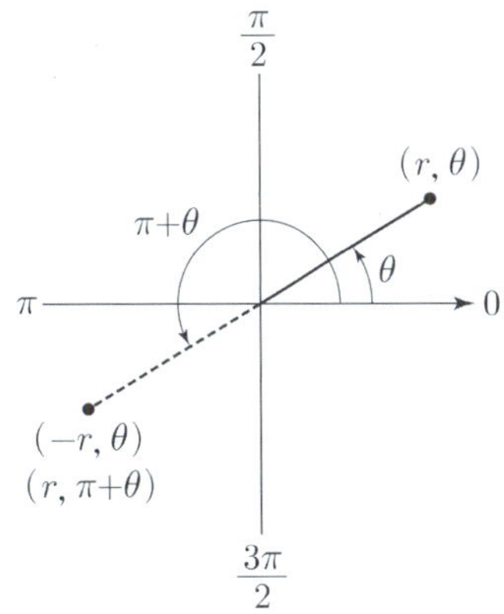

극축에 대칭

예제 3

다음 극좌표 방정식을 그리고 대칭성을 설명하여라.

$$r - 3 + 2\cos\theta$$

풀이

- **극축에 대칭 확인:** θ 대신에 $-\theta$를 대입한다.

$$r = 3 + 2\cos(-\theta) = 3 + 2\cos\theta$$

이므로 이 그래프는 극축에 대해 대칭이다.

- **직선 $\theta = \frac{\pi}{2}$ 에 대칭 확인:** θ 대신에 $\pi - \theta$를 대입한다.

$$\begin{aligned} r &= 3 + 2\cos(\pi - \theta) \\ &= 3 + 2(\cos\pi\cos\theta + \sin\pi\sin\theta) \\ &= 3 - 2\cos\theta \end{aligned}$$

이므로 이 그래프는 직선 $\theta = \frac{\pi}{2}$ 에 대해 대칭이 아니라고 할 수 있다.

θ	$r = 3 + 2\cos\theta$
0	$3 + 2(1) = 5$
$\frac{\pi}{6}$	$3 + 2\left(\frac{\sqrt{3}}{2}\right) \approx 4.73$
$\frac{\pi}{3}$	$3 + 2\left(\frac{1}{2}\right) = 4$
$\frac{\pi}{2}$	$3 + 2(0) = 3$
$\frac{2\pi}{3}$	$3 + 2\left(-\frac{1}{2}\right) = 2$
$\frac{5\pi}{6}$	$3 + 2\left(-\frac{\sqrt{3}}{2}\right) \approx 1.27$
π	$3 + 2(-1) = 1$

- **극에 대칭:** r 대신에 $-r$을 대입하면 이 그래프는 극에 대해 대칭이 아니라고 할 수 있다.

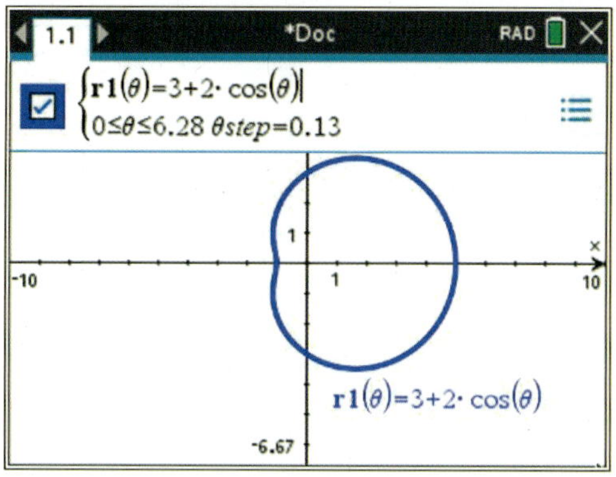

예제 4

다음 극방정식의 그래프를 그려라.

$$r^2 = 4\sin(2\theta)$$

풀이

[예제 3]과 같이 대칭성을 확인할 수 있다. 아래 표는 $0 \le \theta \le \frac{\pi}{2}$ 범위에서 함숫값을 구한 것으로 제1사분면에서 극방정식의 그래프를 개략적으로 보여준다.

제2사분면의 범위 $\frac{\pi}{2} < \theta < \pi$일 때 $\sin(2\theta) < 0$이므로 제2사분면에서는 그래프가 그려지지 않는다. 따라서 대칭성을 이용하면 아래와 같은 그래프가 그려진다.

θ	$r = 4\sin(2\theta)$	r
0	$4(0) = 0$	0
$\frac{\pi}{6}$	$4\left(\frac{\sqrt{3}}{2}\right) = 2\sqrt{3}$	± 1.9
$\frac{\pi}{4}$	$4(1) = 4$	± 2
$\frac{\pi}{3}$	$4\left(\frac{\sqrt{3}}{2}\right) = 2\sqrt{3}$	± 1.9
$\frac{\pi}{2}$	$4(0) = 4$	0

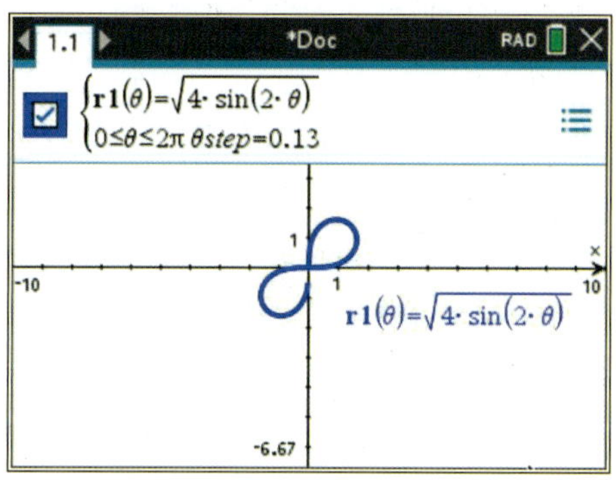

문제 1 다음 극방정식의 대칭성을 확인하여라.

$$r = 4\sec\theta\csc\theta$$

문제 2 다음 극방정식에서 r의 최댓값을 구하여라.

$$r = 5\cos 3\theta$$

문제 3 다음 극방정식의 그래프를 그려라.

$$r = 9\sin 2\theta$$

참고문헌

Carter, J. A., Cuevas, G. J., Day, R. and Malloy, C. (2011). *Glencoe Precalculus*. McGraw-Hill.

Stewart, J., Redlin, L. and Watson, S. (2017). *Precalculus: Mathematics for Calculus(7th ed.)*. Cengage Learning.

Sullivan, M. & Sullivan, M III. (2003). *Precalculus: Enhanced with Graphing Utilities(3th ed.*). Prentice Hall.

Sullivan, M. (2005). *Precalculus(7th ed.*). Pearson Prentice Hall.

Tyman, D., Dowsey J. and Ball, L. (2006). *CAS-Active Mathematics: A Student Guide to the Voyage200 in VCE Mathematics*. VCAA.

찾아보기

[ㄱ]

가역 행렬 254
가우스 소거법 252
가우스-조르단 소거법 252
계수행렬 246
계차수열 274
공비 268
공차 263
교점 39
극값 66
극댓점 165
극방정식 298
극솟점 165
극축 292
극형식 205
근 41, 46
기본 단위벡터 197
기본 삼각항등식 174
기본행 연산 246
기약 행사다리꼴 행렬 250

[ㄴ]

나눗셈 알고리즘 74

[ㄷ]

다항함수 56
단위벡터 192, 197
단위행렬 232
대수학의 기본정리 83
동치 242
드무아브르의 정리 210
등비수열 268
등차수열 263
등차중항 267

[ㄹ]

라디안 132
로그방정식 124
로그함수 110

[ㅁ]

매개방정식 285
매개변수 284
매개변수방정식 285
매개변수의 소거 288
몫 항등식 174
무연근 32
무한급수 278
무한 등비급수 280
무한수열 258

[ㅂ]

방정식 32, 174
방정식을 푼다 41
방향각 199
벡터 190
변수 18
변역 18
복소수 80
복소수의 극형식 205
복소수 평면 203
복소평면 203
부분분수 98
부분분수 분해법 98
부분합 278
부호 항등식 174

[ㅅ]

사인 역함수 152
사인법칙 178
삼각방정식 170
상수함수 56
상용로그 111
선행 성분 250
성분(원소, 계수) 191, 218
성분표시 191
수직점근선 90
수평점근선 90
실수축 203

[ㅇ]

아크(인버스) 사인 152
역 항등식 174
역행렬 232, 254
영벡터 191, 192
영인자 성질 41
영점 36, 66, 165
위치벡터 191
유리함수 90
유한수열 258
유향선분 190
이차방정식 41
이차함수 56
일반항 258
일반해 171
일차결합 198
일차함수 56

[ㅈ]

자연로그 함수 115
절댓값 203, 205
정칙 행렬 254
주대각(선) 성분 218
지수방정식 124
지수함수 104

[ㅋ]

켤레복소수 80
코사인법칙 177, 184

[ㅌ]

특수해 171
특이 행렬 254

[ㅍ]

편각 205
평면 곡선 285

평행사변형의 법칙 194
포물선 56
피타고라스 항등식 174

[ㅎ]

항 258
항등식 174
해 32, 41
행동치 246
행동치 행렬 246
행렬 218
행렬식 229
행사다리꼴 249
행사다리꼴 행렬 250
허수 단위 80
허수축 203
호도법 132
확대행렬 246
후방대입법 249

[기타]

x절편 36
y절편 36